现代水禽生产技术

刘　健　黄炎坤　陈志港　主编

中原农民出版社

· 郑州 ·

图书在版编目（CIP）数据

现代水禽生产技术／刘健,黄炎坤,陈志港主编
—郑州:中原农民出版社,2018.6
ISBN 978 - 7 - 5542 - 1888 - 4

Ⅰ.①现… Ⅱ.①刘…②黄…③陈… Ⅲ.①水禽 - 养禽学
Ⅳ.①S83

中国版本图书馆 CIP 数据核字（2018）第 106938 号

现代水禽生产技术

刘　健　黄炎坤　陈志港　主编

出版社：中原农民出版社

地址：河南省郑州市经五路 66 号

网址：http://www.zynm.com

发行单位：全国新华书店

承印单位：新乡豫北印务有限公司

邮编：450002

电话：0371 - 65788655

传真：0371 - 65751257

投稿邮箱：1093999369@qq.com

交流 QQ：1093999369

邮购热线：0371 - 65788040

开本：710mm × 1010mm　1/16

印张：27.25

字数：446 千字

版次：2018 年 6 月第 1 版

印次：2018 年 6 月第 1 次印刷

书号：ISBN 978 - 7 - 5542 - 1888 - 4

定价：58.00 元

本书如有印装质量问题,由承印厂负责调换

本书作者

主　编　刘　健　黄炎坤　陈志港

副主编　王鑫磊　韩占兵　刘东奇　张红艳

参　编　范佳英　张立恒　杨朋坤　王寅涛

　　　　张晓霞

前　言

中国是世界水禽第一生产与消费大国,在国内市场上,水禽肉、蛋拥有十分重要的地位。据产业统计,中国水禽业总产值已超过 1 000 亿元,约占我国家禽业总产值的 30%,成为中国畜牧业的重要组成部分。水禽产品因其品味独特,营养价值高,具有广泛的消费群体,深受消费者的青睐。

然而,我国水禽业的整体水平不高,生产水平和效益的提升空间还很大。因此,普及先进实用的水禽生产技术是提高我国水禽生产水平和市场竞争能力的重要措施。

高等职业技术教育以培养高等技术应用型人才为目标。突出体现技术、技能教育的特色。为了提高本教材的实用效果,在各位编写人员参阅大量相关资料、紧密结合自己的教学体会和参与生产实践的感受的同时,我们还邀请了一些生产企业的技术和管理人员对本教材内容进行审阅,以期与生产实践能够更好地相结合。

本书编写过程中参考了大量先贤时俊的资料,对他们所付出的心血表示深切的感谢。由于作者水平有限,书中不妥之处敬请读者指正。

本书既可以作为高等农业职业技术院校畜牧兽医及相关专业的教材,也可以作为家禽养殖及相关企业技术和管理人员的培训资料和参考书。

目　录

第一章 绪 论

　　充分了解我国目前水禽业生产现状,积极探索加快水禽业稳定、健康、有效发展的策略,是增加我国肉类产量、丰富人民"菜篮子工程"以及积极应对WTO的一个重要途径。我国的水禽业对世界水禽业的发展起到了促进作用,当前世界上大多数白羽肉鸭都含有北京鸭的血统,绍兴鸭和豁眼鹅的产蛋性能也是世界上同类水禽中产量最高的。

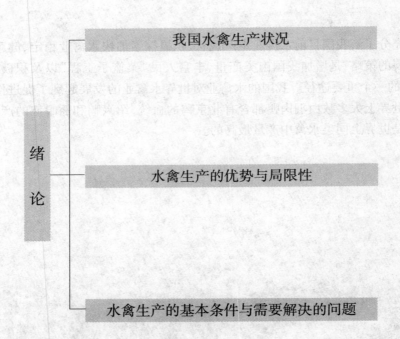

第一节　我国水禽生产状况

人类利用水禽作为肉、脂肪肝、蛋和羽毛的来源已有 5 000 多年历史。早在公元前 4 000～前 5 000 年，中国的南方就已经开始驯养绿头鸭和斑嘴鸭。中国人工孵化技术的应用要比欧洲早得多。印度的文献记载，在公元前 2 000 年以前，印度半岛就已经出现了鸭的育种。在小亚细亚，人们也发现了 3 000 年前的海豹皮、挂饰和鸭子造型的砝码。大量的证据表明，古希腊也有鸭的存在。在古罗马，人们从野鸭的巢中取出鸭蛋，用母鸡进行孵化，再对孵出的雏鸭进行育肥。

一、水禽存栏数量

(一)鸭的饲养量

1. 存栏数量

目前，我国肉鸭主要包括白羽肉鸭、番鸭、半番鸭、麻鸭、淘汰蛋鸭，其中白羽肉鸭的出栏数量占整个肉鸭出栏数量的 80%～90%。我国白羽肉鸭的主要品种包括樱桃谷肉鸭、北京鸭、美国枫叶鸭、法国南特鸭、法国奥白星鸭等。2012～2015 上半年商品代白羽肉鸭苗月销售量信息监测见图 1-1。

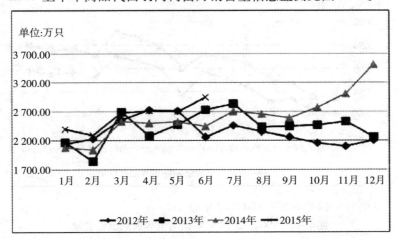

图 1-1　2012～2015 上半年商品代白羽肉鸭苗月销售量信息监测

我国蛋鸭主要品种包括金定鸭、绍兴鸭、高邮鸭，年产蛋量均在 280 枚以上，是我国蛋鸭发展的珍贵资源。育种人员在此基础上，培育了不同品种的青壳系，使我国蛋鸭的生产性能一直处于世界的领先水平，但蛋鸭在饲料转化率方面还有待提高。

2. 鸭产品

几十年来我国鸭的饲养量一直位居世界各国之首,我国鸭饲养量的增减对世界鸭数量的增减产生了极大的影响。

据不完全统计,2010 年我国鸭肉产量占世界总产量的 75%。2012 年,我国蛋鸭存栏 1.16 亿只;2014 年,我国蛋鸭存栏 1.94 亿只,产鸭蛋 314.20 万吨;白羽肉鸭出栏 29.29 亿只,产鸭肉 571.23 万吨;番鸭、半番鸭出栏约 4 亿只,产鸭肉约 98 万吨;2014 年,淘汰蛋鸭约 1.52 亿只,产鸭肉约 34.21 万吨;2015 上半年,出栏白羽肉鸭 14.37 亿只,产鸭肉 266.20 万吨;番鸭、半番鸭出栏约 2 亿只,产鸭肉约 49 万吨。

(二)鹅的饲养量

1. 存栏数量

根据联合国粮食与农业组织(FAO)公布的数据,2013 年,我国鹅存栏 2.87 亿只,占世界鹅存栏总量的 84.42%。2014 年,我国鹅存栏数量接近 2.97 亿只,保持继续增长的势头。2000 - 2014 年中国与世界的鹅出栏数量见图 1 - 2。

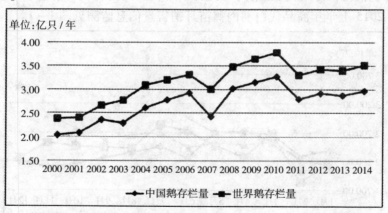

注:2014 年中国与世界的鹅存栏数量为估算值。

图 1 - 2 2000 ~ 2014 年中国与世界的鹅出栏数量

2. 鹅肉产量

根据 FAO 的鹅出栏量,按照 1 只鹅产出鹅肉 2.40 千克折算,2013 年,我国鹅肉产量为 153.45 万吨,占世界鹅肉总产量的 95.45%。2014 年,我国鹅肉产量约为 158.81 万吨。2000 ~ 2014 年中国与世界的鹅肉产量见图 1 - 3。

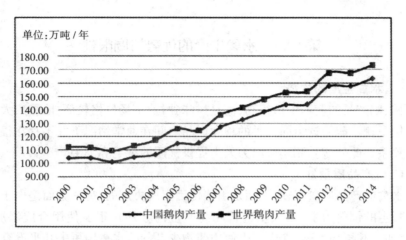

单位:万吨/年

注:2014 年中国与世界的鹅肉产量为估算值。

图 1 - 3　2000 ～ 2014 年中国与世界的鹅肉产量

二、水禽市场

我国是世界羽毛和羽绒及其制品的出口大国,其中有 2/3 出口,根据中国商会羽毛羽绒制品分会(CFNA)统计,2008 年我国羽毛羽绒及其制品进出口总额为 20.23 亿美元,其中出口 19.33 亿美元,进口 9 033 万美元,约占国际总贸易量的 55%。受国际金融的影响,2009 年我国羽绒及其制品的出口额下降到 17.4 亿美元,下降 10%,进口额达到 9 800.1 万美元,提高 8.5%。中国是世界最大的羽绒生产国和出口国。国际市场鹅毛价是 6 ～ 10 美元/千克,羽绒则是 75 ～ 80 美元/千克,1 只成年鹅可产鹅毛 150 ～ 200 克。

近年来,随着水禽养殖数量的增长,国内服装行业对鸭鹅羽绒的需求量日益增长,促进了羽绒交易的发展。据有关资料报道,我国目前有羽绒服加工企业 2 000 多家。在安徽省六安、四川省广汉、吉林省农安、河南省台前和广东省吴川等地已经形成了具有较大规模和影响的羽绒集散和交易市场。

在我国,长江流域以南各省区是传统的水禽消费区域,黄河流域以北的消费量则相对较小。但是,据近年来的统计显示,北方地区水禽的消费量也处于逐渐增长的趋势。福建是我国鸭生产和消费量最大的省份,据有关资料报道,2000 年该省人均消费鸭、鸭蛋 4.2 千克;江苏是我国鹅消费量最大的省区,南京、扬州等地是鸭、鹅消费的重要城市。

各地区在水禽消费的习惯方面也存在着差异,如对鹅的消费,在广东一般喜欢吃灰鹅,而在江苏、浙江、上海等地则多喜欢吃白鹅。在南京市场,麻鸭的价格要比樱桃谷肉鸭高出许多。

第二节　水禽生产的优势与局限性

一、水禽生产的优势

鸭、鹅产品的营养价值很高,而且风味独特、市场价格较低,能被广大消费者所接受;鸭、鹅的饲料同人类的粮食产品之间在通常情况下并不存在很强的竞争关系。此外,鸭、鹅还可以为人类提供优质的绒毛和羽毛。

(一)产品质量好

水禽的产品质量好,一方面是由遗传因素所决定的,另一方面是由于其饲料以野生的饲料为主(快大型肉鸭和高产蛋鸭除外),很少使用合成添加剂。此外,加上其抗病力强,在生产中使用药物少,因此,水禽肉蛋中几乎没有药物残留。另外,由于水禽采用地面散养方式,日常活动量大,这对于其肉蛋的风味也是有影响的。

1. 肉的品质优良

根据传统的中医观点,鸭肉性凉、味甘,具有滋阴、补虚、养胃、利水之功效。据《本草纲目》记载:治水、利小便,宜用青头雄鸭;治虚劳热毒,宜用乌骨白鸭。此外,其他一些医学典籍中也介绍兴鸭适宜于营养不良、水肿、有内热内火、盗汗、遗精、眩晕头痛患者食用。

鹅肉性平味甘,具有益气、补虚之功效。《随息居饮食谱》中介绍:鹅肉有补虚益气、暖胃生津的作用。适宜于身体虚弱、气血不足、营养不良之人食用。对于当今大多数人来说,吃水禽肉不必担心像吃鸡肉那样容易"上火"。水禽肉均为红肉(鸡的胸肌是白肉),风味比较好,尤其适合亚洲(主要为东亚和东南亚)消费者的消费习惯。在华东、华南和东南亚地区水禽在人们的日常食品消费中占有重要的地位,而且在近年来北方的水禽消费量也处于迅速增加的趋势。

快大型肉鸭屠体的皮下脂肪层较厚,屠体中脂肪的含量约为23%,适合制作烤鸭。鹅和地方麻鸭通常以野生饲料为主,不仅肉质好,而且污染少,用它们制作的盐水鸭、盐水鹅具有独特的风味,消费市场的潜力很大。

2. 蛋的品质优良

与肉相似,水禽蛋也属于凉性。鸭蛋性微寒、味甘咸,具有滋阴清肺作用。据《医林纂要》介绍鸭蛋"补心清肺,治热嗽,治喉痛。百沸汤冲食,清肺火,解阳明结热"。鹅蛋补中,滞气更甚于鹅肉。此外,鸭蛋和鹅蛋中脂肪的含量比较高。鸡蛋、鸭蛋和鹅蛋的组成对比见表 1-1。

表 1-1　鸡蛋、鸭蛋和鹅蛋的组成对比（以全蛋为基础）

类型	含水率(%)	蛋黄比例(%)	脂肪含量(%)	产热量(千焦/千克)
鸡蛋	72.5	31.9	11.6	6 610
鸭蛋	70.1	35.4	14.5	7 700
鹅蛋	70.4	35.1	13.3	7 524

3. 羽绒的价值高

鸭、鹅羽绒的质量分数小，保暖效果好，是制作羽绒服、羽绒被等防寒保暖用品的主要原料。

一只中型良种鹅每次可以拔 100 克左右的纯绒，种鹅一年能够拔 2 次。一只肉鹅屠宰后可以得到含绒 30% 的羽毛 150~200 克。

4. 肥肝质量好

鹅、瘤头鸭和骡鸭是生产肥肝的主要禽类。鸭肥肝、鹅肥肝的重量比正常肝脏质量大 10 多倍，主要由不饱和脂肪酸组成。在欧洲，尤其是在法国，鹅肥肝以及由鸭、鹅肥肝制成的肥肝酱是高级的食品。

据有关资料介绍，鹅、鸭肥肝中的不饱和脂肪酸有助于降低人血液中胆固醇的含量，是预防心血管系统疾病的优质食品。

5. 屠宰副产品价值高

羽毛是主要的屠宰副产品，如前所述具有很高的经济价值。消化道（胃、肠）经过清洗、加工后，是销路很好的食品，鸭肫干是江浙地区著名的食品原料；鹅的胆汁可以提取（去氧）鹅胆酸，是一种价值很高的药物；鸭掌、鹅掌是名贵的菜肴原料。

鸭、鹅血液可以食用和药用，鸭血性寒、味咸，有补血、解毒之功效。有关医学典籍中介绍热饮鸭血可以救中恶、溺死及服金银、丹石、砒霜、盐卤、诸蛊毒。《本经逢原》中载：鹅血性平、味咸，能涌吐胃中淤结，开血膈吐逆，食不得入，乘热恣饮，即能呕出病根。民间也有喝白鹅血医治食管癌和胃癌的经验。此外，从鸭鹅中还能够提取多种生物化学成分。

（二）适应性强、抗病力强

1. 适应性强

水禽有很强的环境适应能力，从冬季气候十分严寒的地区到赤道附近，世界各地都有水禽的饲养。在我国，除西藏外，其他各省区都有自己的地方水禽良种。冬季寒冷的辽宁、吉林、黑龙江有豁眼鹅、籽鹅等优良鹅种，西北的新疆有伊犁鹅，云贵高原有三穗鸭、云南鸭等，而中原、华东、华南各地地方水禽良种更是数不胜数。

鸭、鹅的适应性强还表现在引种后，在一个新的环境中仍然能够保持良好的生产性能。如英国的康贝尔鸭引进我国后，在大部分地区都表现出了遗传性能稳定、产蛋量高的优点；浙江的绍兴鸭引进中原地区后，其高的产蛋性能仍然得到充分的发挥。东北的豁眼鹅引进黄河、长江流域后其产蛋率与其原产地基本相同，广东的狮头鹅在中原地区繁殖的后代也保持了体型大、产肉多的特点。

2. 抗病力强

与鸡相比，水禽生产中发生的疾病比较少。目前，鸡的常见传染病有近20种，而水禽则不足10种；营养代谢病是养鸡生产中常遇到的问题，而在水禽生产中则很少出现。

水禽的抗病力强与其采用地面散养方式、平时运动量大有一定的关系。

（三）生产设施简单、成本较低

1. 房舍结构简单

与养鸡生产相比，水禽舍的建造要简单得多。对于大多数的水禽生产者来说，饲养规模相对较小，所占的场地面积少。一般都是利用池塘、湖泊、水库、河渠的岸边或地势较高的地方建造禽舍，基本不占用农田。水禽舍一般都是用砖砌墙、舍内用砖柱或竹木立柱支撑屋顶，不需要大规格的木材，也不需要大量的钢材，建造成本低。水禽舍没有一定的规格，可以根据场地大小、形状灵活决定其长度和宽度。

2. 饲养设备简单

一般的水禽饲养都是采用地面散养方式，不需要笼具。喂饲用具可以用塑料盆、瓷盆，也可以用木片制作。其他没有什么特殊或价格贵重的用具。

（四）生产性能高

1. 蛋鸭的产蛋性能

蛋鸭的开产日龄早，一般在120日龄前后就开产。在一个产蛋年度内一只蛋鸭的产蛋量在270枚左右，高产群体能够达300多枚，比蛋鸡的产蛋量还要高。

2. 肉鸭的产肉性能

商品肉鸭在6周龄的平均体重能够达3千克，其增重速度超过了肉鸡。

3. 瘤头鸭的生产性能

瘤头鸭的繁殖力比较高,公瘤头鸭与母肉种鸭杂交所产生的骡鸭不仅保留了其父本肉质好的特点,而且生长速度也不低于肉鸭。

4. 鹅的生产性能

良种鹅在以青绿饲料为主的情况下,10 周龄的平均体重可达 3 千克以上,每增加 1 千克的体重仅消耗配合饲料 1 千克左右。

(五)食性广、觅食能力强

水禽中鸭和瘤头鸭都是杂食性的,动物性和植物性饲料都能够很好利用;鹅是草食性禽类,在青草充足的情况下仅需要补饲少量的配合饲料就能够满足其生长、繁殖需要。

水禽不仅在圈养条件下能够发挥良好的生产性能,在放牧饲养条件下同样能够保持高的生产水平。放牧条件下鸭、鹅能够采食牧地中的杂草叶子、种子及散落在田间的谷粒等。鸭还可以觅食田间的昆虫及其他小型动物,在水中还能够觅食水草和藻类,还可以捕捉鱼虾等水生动物。南方多水面地区,鸭群以放牧为主,可以节约大量的饲料成本。

二、水禽生产的局限性

(一)场地的局限

由于水禽基本上都是采用地面散养的饲养方式,占地面积比较大,同时还需要一定的水体。没有河流、湖泊、池塘的地方水禽的饲养量是很少的。

鸭、鹅平时喜欢鸣叫,而且鸣叫的声音大,显得很嘈杂。在靠近民房、学校等人群比较集中、要求环境安静的地方不适宜建造水禽场。

(二)产品市场的局限

目前,水禽肉蛋的消费主要集中在我国东南沿海和长江流域以南省区和东南亚各国,以及日本、韩国。

国内的消费占主体地位。目前,在国内水禽的生产已经逐渐向黄河流域及其以北扩展,而且其产量也迅速增加。但是,这些地区的人们对水禽的消费还没有形成习惯,消费量很少,大量的产品需要向华东和华南地区运销。由于活禽运输途中损失较大,这对北方地区水禽的生产造成了一定的影响。

三、水禽生产的发展趋势

我国水禽的饲养量和水禽肉蛋产量在世界上占据主要位置,但是水禽肉蛋的消费主要在国内,尤其在淮河流域以南。出口的产品以羽绒、肥肝为主,包括一部分鸭肉。因此,我国今后水禽业发展的方向:一是满足国内消费者对肉蛋风味的需求,二是满足国外消费者对无公害食品的需求。

(一)外向型集约化生产

产品出口需要某个企业在某一时间内提供相当数量、规格统一、质量符合标准的产品。粗放的生产方式无法满足这种要求,只有大型企业集团才能够做到这一点。大型企业集团生产方式的优势在于:

1. 有利于疫病控制

疫病问题不仅影响水禽的成活率、生长速度和产蛋率,更重要的是鸭(鹅)群一旦感染某种病原微生物后,其屠体中会有相应的微生物污染,为了防治疾病所使用的药物也可能在屠体中残留。后两者在当今的世界畜禽产品贸易中是最大的障碍。

集团化生产的卫生防疫管理比较规范、有关措施的制定和实施能够统一,所使用的疫苗、药品不仅质量可靠(大批量购买可以进行质量检测,价格也较低),而且能够真正禁止违禁药品的使用。

2. 有利于保证产品质量

水禽产品的质量受水禽的品种、饲料、疫病防治所使用的药物、饲养管理技术(方法)的影响。目前,不同国家制定的有关在畜禽生产中禁止使用的饲料添加剂、抗菌药物的品种不同。因此,外向型水禽生产企业在生产过程中必须了解产品进口国在这方面的要求,坚决不使用违禁的饲料添加剂和抗菌药物。

大型企业集团生产和经营模式也有助于产品规格的统一。因为,企业内所饲养的品种、使用的饲料、饲养管理方式、技术管理措施等都是相同的。而不像小型生产者,在上述各方面都有差异,所提供的产品规格很难一致。

公司加农户的生产方式在目前不适宜发展外向型生产的要求。因为,即便是少数的农户在生产中使用了违禁的饲料添加剂和抗菌药物,造成的药物残留也可能影响到这个公司出口产品的质量,一旦被进口商检测到则可能会导致整个公司惨重的经济损失。

3. 短期内可以提供足量的产品

有的产品如鹅肥肝主要是出口产品,不能冷冻贮藏,而在冷藏保鲜的情况下要求在生产出来后 3 天内要运抵进口国的市场,这对于小型的农户生产几乎是不可想象的。

(二)内需型小规模生产

国内市场的需求地域和时间都比较分散,对产品的风味要求更高,而且多数要求活禽上市。小规模的生产方式对于满足国内市场需求来说很有优势。

1. 有利于降低生产成本

农户小规模生产可以充分利用自己所有的资源,如闲置的房屋、自己生产的粮食、闲散的劳力、野生的饲料资源等。在我国经济还不发达的情况下,价格低廉的商品具有很大的市场竞争力。

2. 产品的风味较好

农户小规模生产由于饲养周期相对较长、生产性能相对较低、喂饲的野生饲料较多、水禽日常的活动量较大等,这些都有助于提高水禽产品的风味,更适合国内消费者的需求。

3. 产品类型多样化

小规模生产转型快,能够及时根据市场需求调整产品类型。同时,由于我国水禽品种资源丰富、一些具有特色的地方水禽种群对城市消费者具有很大的吸引力,能够满足不同消费者的需求。

(三)产品深加工是提高生产效益的重要途径

目前,国内水禽生产中所提供的产品主要是活禽、生的屠体或分割肉,熟肉制品所占比重很小。这也为水禽产品的深加工提供了广阔的市场前景。

目前,国内在水禽产品深加工方面已经开始做出努力。如江苏省的溧阳竹箦镇和扬州的"风鹅"、南京的"桂花鸭"等都具有相当大的加工规模。

水禽羽绒的深加工也是提供经济效益的重要途径。

(四)规范化生产技术和管理模式的应用

我国畜禽生产中存在的主要问题之一就是规范性差。其中包括品种繁育、饲料配制与供应、饲料添加剂的生产与使用、卫生防疫制度、动物药品的生产与使用、发生疫情后紧急措施的实施、饲养管理规程、产品加工过程中的卫生等内容。

我国畜禽生产中之所以存在规范性差的问题,主要与生产和经营模式有很大关系。我国畜禽总数的70%左右是由农户小规模饲养,所提供的产品总数中约70%是通过农贸市场进行交易。农户生产很难进行规范化管理,这与生产者的科学技术素质有关,也与法制意识淡薄有关。但是,我国加入WTO后,生产和贸易要与国际市场接轨,这就要求生产者自觉提高自己的素质,进行规范化生产。

(五)绿色水禽产品的开发

随着国家经济水平的不断提高,消费者的科学意识在不断增强,对食品的安全性会提出越来越高的要求。尤其是近10年来先后出现的二噁英污染、瘦肉精危害、疯牛病和禽流感病毒致人死亡等事件，使人们对食品安全更加重视。我国农业部于2001年在全国范围内启动了"无公害食品行动计划"，之后相继出台了《农业部关于加强农产品质量安全管理工作的意见》和《农业部关于加强绿色食品发展的意见》，并制定和实施了一系列措施，这对推动绿色食品的生产具有重要意义，也是促进我国畜禽产品出口必不可少的手段。

绿色水禽产品生产包括生产环境的治理（环境条件控制、污物和污水的无害化处理、病死畜禽的无害化处理等）、饲料添加剂和药品的合理选择和使用、产品加工、包装过程的安全规范等环节。

第三节　水禽生产的基市条件与需要解决的问题

尽管水禽的适应性和抗病力强，容易饲养成功，但是在大规模生产条件下有许多未曾预料到的问题会暴露出来，而这些问题中任何一个问题的出现都可能影响到水禽的生产效益。因此，对于每一个水禽生产者来说，在进行投资之前能够对影响水禽生产效益的主要因素进行认真分析十分必要。

一、水禽生产的基本条件

（一）生产和经营者的素质

生产和经营者的素质决定着水禽生产企业能否稳定、高效地发展。

1. 思想素质

在水禽生产中，生产和经营者的思想素质主要是指敬业精神，因为水禽生产的对象是活的家禽，其生理状况、健康状况、生产性能容易受外界因素的影响。而某些生产环节可能是费心、费力、费时的，但是对生产影响又是直接且重大，如育雏需要昼夜值班以观察雏禽对周围环境的反应，免疫接种时需要保证疫苗接种的数量、部位的准确性，在孵化过程中需昼夜值班以了解孵化设备的运行是否正常等。

水禽生产中许多环节是需要细心观察、耐心处理的，如果对工作的责任心不强、处理问题粗心则常常导致严重的后果。

2. 技术素质

水禽生产是一门专业技术，其中的各个环节看似简单，但是要真正做好并不是件容易的事情。因此，对于从事水禽生产的人来说，不仅要具备必要的思想素质、资金条件，更要有科学意识和技术水平。对生产中的各个环节不仅要愿意去做,还要知道如何去做,怎样做好。

技术素质通过学习和领会才能够得到提高,生产中一些人在没有了解和掌握生产技术的情况下仅凭热情盲目上马,而最终失败的教训很多。

3. 管理素质

水禽生产企业与其他企业一样,在生产和经营管理中有很深的学问,尤其是在市场经济条件下,水禽产品市场变化频繁。如果不能很好地确定经营理念、制定经营策略,加强企业人事、财务、物资、技术和质量管理,则很难在市场竞争中站稳脚跟。

（二）能够把握市场需求的变化

养殖业是我国跨入市场调节机制最早的行业,生产效益在很大程度上是由产品的市场价格所决定的。

作为水禽生产和经营者来说,在进行投资之前需要对市场的需求进行广泛的调查,了解市场对某种产品的需求量和供应情况。对于那些市场需求量较小、市场供应比较充足的产品要慎重投资。

任何一种商品的市场供应情况不会一直稳定不变,都处于波动的变化过程之中,而这种变化通常体现在商品的价格上。同时,这种变化有一定的规律,对于经营者来说需要通过分析市场行情来把握市场变化的规律,决定饲养的时间和数量等,使产品在主要供应市场阶段与市场上该产品的高价格时期相吻合。

开发市场也是提高水禽生产效益的重要措施,一些水禽所特有的经济学特性或药用价值还不为消费者所了解,需要通过宣传才能够让消费者认识、了解和接受。

（三）水禽的品种质量

品种是水禽生产的关键,不同的品种其生产性能和产品质量有很大差别,选择优良品种是水禽生产的关键步骤。作为优良品种应该具备的条件有以下几点:

1. 产品符合市场（消费者）的需要

不同地区的消费者对产品质量的认可有很大差别,如在华南各地人们喜欢吃灰鹅,而在华东地区白鹅的消费则更多;在南京"金陵乌嘴鸭"(从原产于福建的连城白鸭中选育的品种)的销售价格要比樱桃谷肉鸭的价格高很多。消费者对产品质量的要求就决定了产品价格,而产品价格决定了生产和经营效益。

2. 具有良好的生产性能表现

各个品种之间的生产性能会有较大差别,如豁眼鹅的年产蛋量达 100 枚左右,而同样是小型鹅的乌鬃鹅年产蛋量仅有 30 枚左右。蛋鸭品种,江南 1 号和江南 2 号的年产蛋量约为 300 枚,而其他多数地方蛋用麻鸭为 250 枚左右。普通瘤头鸭的 10 周龄体重(公、母平均)约 2 000 克,而高产的克里莫瘤头鸭则能达 3 300 克。由此可见,选择生产性能高的品种对于提高生产水平非常关键。

3. 适应性和抗病力强

有的品种在某些地区(尤其是原产地)能够表现出良好的生产水平,但是引种到其他地区后则生产性能或抗病力明显下降。这对于引种者来说可能会造成很大的经济损失。

(四)水禽生产设施与环境

合格水禽的生产设施能够为水禽提供一个良好的生活和生产环境,能够有效地缓解外界不良条件对水禽的影响。此外,还可以降低生产成本、提高劳动效率。

水禽生产过程中有相当一部分时间是在舍外进行的(如在运动场、水池中或放牧的田地间),其健康和生产受环境条件变化的影响比较大。但是,这种影响主要发生在白天,容易受人为控制。而晚上不适宜的外界环境条件则主要靠房舍和环境控制设备来缓解。

由于生产设施对水禽舍内环境影响很大,能否保持舍内环境条件的适宜是衡量生产设施质量的决定因素。

水禽舍的投资也是生产成本的重要组成部分,合理利用当地资源,在保证设施牢固性和高效能的前提下降低投资也是降低生产成本的重要途径。

环境条件对家禽的生产和健康影响很明显,生产中应防止环境污染,对粪便、污水进行无害化和资源化处理。

(五)水禽的饲料

水禽的生产水平是由遗传品质所决定的,而这种遗传潜力的发挥则很大程度上受饲料质量的影响。没有优质的饲料任何优良品种的水禽都不可能发挥出高产的遗传潜力。因此,饲料可以说是现代养殖业发展的重要基础。

由于水禽自身的生物学特性和特殊的饲养方式,水禽的饲料配合与鸡的饲料有明显的区别,必须按照水禽的生产要求配制饲料。目前,国内大多数饲料加工企业没有配制专门的水禽饲料,使得一些水禽饲养场(户)用鸡饲料喂饲鸭、鹅,这在一定程度上会影响水禽的生产性能。

饲料质量不仅影响水禽的生产水平,而且对产品质量影响也很显著。如屠体中脂肪含量、蛋黄的颜色深浅等。有些饲料营养成分还能够进入肉或蛋内,进而影响肉和蛋的质量。

(六)水禽的疫病防治

由于我国水禽生产主要集中在广大农户,呈现出大群体、小规模分散饲养的生产和经营方式,给疫病的防治工作带来很大困难,也使疫病成为当前威胁水禽生产发展的主要障碍。

疫病发生不仅导致水禽死亡率增加、生产水平下降、生产成本增高,而且还直接影响到产品的卫生质量。疫病问题也是造成部分水禽饲养场(户)生产失败的主要原因。

疫病防治需要采取综合性的卫生防疫措施,单纯依靠某一种措施或方法是难以达到防治目的的。

(七)水禽的饲养管理技术

饲养管理技术实际上是上述各项条件经过合理配置形成的一个新的体系,包含了上述各环节的所有内容。它要求根据不同生产目的、生理阶段、生产环境和季节等具体情况,选择恰当的配合饲料、采取合理的喂饲方法、调整适宜的环境条件、采取综合性卫生防疫措施。满足水禽的生长发育和生活需要,创造达到最佳的生产性能的条件。

二、当前水禽生产应解决的问题

尽管水禽生产有很多的优势,而且在近年来发展也很快,但是有一些问题不能忽视,其中有的问题在生产中已经表现得十分突出,对于水禽业的稳定发展已经产生了不良影响,需要引起从业者的高度重视。

(一)片面理解水禽的综合养殖效益高

水禽产品有许多独特的优越性,但是其不同产品在不同国家和地区的消费需求和销售价格差别很大。如鹅肉中蛋白质含量高、脂肪含量低、几乎无药物残留,从品质看要明显优于其他多种肉类;鹅绒的保暖性能好、翅膀上大羽毛的价值比较高也为大家所共识。但是,看一看其他产品则并非如此:鹅的肥肝在国内基本没有多大的消费市场,而出口主要是销往西欧(如法国),要求屠宰取肝后不能冷冻并在 48 小时内运送到销售市场,这对于大多数地区的生产者(尤其是小规模生产者)来说是可望而不可即的;鹅血具有提高人的免疫力,可以用于癌症治疗的报道有很大的局限性,尚没有被大量的试验所证实,其中的有效成分尚不清楚;鹅裘皮的鞣制技术尚有一些问题没有完全解决,绒朵脱落是主要问题;鹅胆酸的精提工艺不是一家一户所能够做到的。因此,尽管水禽的综合价值很高,但是在当前条件下真正能够被饲养户和小规模饲养场有效应用的并不是很充分。

作为水禽的饲养者应该注意在本地区、现阶段条件下能够转化为商品(或价值)的产品有哪些,并以此作为衡量该产业所能实现的实际效益的依据。

(二)忽视本地自然环境条件盲目上马

"有水有草好养鹅"反映了养鹅所需要的基本条件;同样,有适宜的场地也是养鸭生产的基本条件。因为鹅是草食性的水禽,从食性来看它喜食青草,也能够充分消化和利用青绿饲料中的营养物质;从生活习性来看鹅喜欢在水中洗浴和嬉戏,而且在水中也有利于交配活动的顺利进行。鹅是一种非常喜欢干净的水禽,没有水面供其洗浴或水质污染严重而不愿意下水洗浴会影响鹅的健康、生产和繁殖。

有些地区水资源缺乏,然而当地一些农民却要大量养鹅,这样很难满足鹅的生理需要,也就很难获得理想的生产效果。有的饲养户在院内修建一个小的水池作为鹅的洗浴用,这对于小规模生产仔鹅来说是可行的,对于种鹅或大群量的仔鹅生产则不一定合适。如果不经常换水或消毒则小水面容易出现水质恶化,这样会影响鹅洗浴的积极性,也容易导致鹅病。水源缺乏的地区青草的生长也受影响,没有足够的青绿饲料就无法保证鹅的采食需要,这就可能影响到鹅的生长发育或增加鹅的饲养成本。

从满足水禽的生活需要和降低饲养成本角度出发,我们在提倡水禽业发展的过程中时刻不忘提醒人们要因地制宜:没有条件的就不要发展,条件有限的要适度发展,条件优越的可以大量发展。

(三)不了解规模化养殖条件下疫病发生的特点

水禽的抗病力强是相对的,尤其是在农户小量饲养的情况下,其疾病很少。正是这样造成了一些人对水禽疫病防治这一至关重要问题的麻痹大意,以至于在河南省内不少地方出现水禽群疾病的暴发,造成很大的经济损失。

在规模化生产条件下,由于单位生活空间内鹅的饲养量大幅度增加,一方面造成生活环境的恶化(如地面粪便积聚过多,空气中湿度、有害气体含量和微生物浓度增高,水质的恶化等),另一方面也由于鹅群内相互争斗增加、饮水和采食的不自由,这些都给鹅群造成应激,导致抗病力的降低。再者,凡是动物生活拥挤的情况下疾病的流行更快、危害也越严重。

（四）种质质量的问题

种质是影响水禽生产的关键因素，没有优良的品种就不可能有好的生产效果。虽然，良种的概念还比较模糊，没有统一的标准。但是，它最重要的一点就是必须能够最有效地提供适合市场需求的产品。目前，国内鹅的主要产品是仔鹅，其次是毛绒；鸭的产品则主要是肉和蛋。

我国地方水禽种类比较多，它们不仅在体形、外貌方面有差异，在生长速度、产蛋性能、毛绒质量和产量方面也有明显差别。一般而言，体形大的鹅种其繁殖性能多数比较低，而产蛋多的鹅种其体重则较小；我国地方鸭种选育程度差异很大，生产性能也有很大差别，如高产种群年产蛋量可以达 300 枚，有些仅 220 枚左右，选育程度高的水禽生产性能好。

以鹅业生产为例，河南省有不少养鹅户，在了解到鹅的饲养效益较高的情况后急于四处寻找购买鹅苗，而对所购鹅苗的种质质量则基本是不闻不问，许多养殖者对这方面的专业知识可以说是一片空白。一些孵坊甚至一些较大的孵化厂也是四处收集、购买鹅蛋孵化，根本不去过问是什么鹅所产的蛋。正是如此，导致了一些养鹅户由于饲养的鹅群生长速度慢（尤其是前期）、整齐度差、外貌特征不一致（白鹅群内还存在有部分个体带有黑色毛片）、饲养期长、成活率低而亏损。

目前，我国在水禽的育种方面工作开展的面还很小，深度也不足。蛋鸭方面绍兴鸭和高邮鸭的选育做得比较好。在鹅方面，从当前以仔鹅生产为主兼顾毛绒生产的具体情况下，四川白鹅、扬州白鹅、吉林的长白鹅是比较好的鹅种，它们都属于中型鹅，产蛋性能比较好，仔鹅早期生长速度比较快。当然，使用公的皖西白鹅（或浙东白鹅）与母的豁眼鹅（或籽鹅、四川白鹅）进行杂交会更好，前者具有早期生长速度快的特点，后者具有产蛋多的优势，这样杂交不仅能够降低鹅苗的成本（由于种鹅繁殖力高），而且杂交鹅的早期生长速度也比较快，在良好的饲养条件下 10 周龄前后其体重可以超过 3 千克。采用这种杂交模式的不足之处在于有的时候由于种鹅的体重差别较大，配种的成功率相对较低，需要采取综合措施加以调整。选择杂交用的种鹅不仅要考虑到上述内容，很重要的一点是还要考虑它们是否具有前期生长速度快的特点。此外，广东省的消费者大多数喜欢灰色的鹅，如果是向广东省提供仔鹅的话，则应该考虑饲养乌鬃鹅或雁鹅、马岗鹅、永康灰鹅、狮头鹅等，也可以进行这些品种（群）之间的杂交。

以河南省为例，近年来先后引进的鹅种有四川白鹅、豁眼鹅、扬州鹅、皖西白鹅、浙东白鹅、朗德鹅等，已经建立多个种鹅生产基地。蛋鸭方面，引进的主要有绍兴鸭、金定鸭、江南1号、江南2号，肉鸭方面则以樱桃谷为主，有部分克里莫（奥白星）肉鸭和北京鸭。

（五）饲料问题

鸭的营养研究进行得比较深入，但是在北方地区蛋鸭的饲养标准尚没有可靠的资料。鹅的饲养标准是当今家禽饲养标准中最不完善的，我们所见到的饲养标准，在实际生产中必须进行适当的调整才能应用。因为在当前生产不规范的情况下，一方面是不同的鹅种其体形、体重、生长速度差别大，对营养的要求不同；另一方面种鹅繁殖期和非繁殖期的营养需要量差别更大；再一方面青绿饲料的供应量和质量也对此有显著的影响。

鹅是草食性家禽，对青草中的营养成分能够有效利用。因此，充分利用青绿饲料（包括人工种植的牧草和野生的各种杂草等）是降低鹅生产成本的主要途径，精饲料主要是为雏鹅和繁殖期的种鹅提供。通常在3日龄以后就可以在雏鹅的饲料中添加少量的青草，随其日龄的增大青草的用量也随之加大，在3周龄后青草可以作为鹅的主要饲料，精饲料只是作为补充使用。非繁殖期的种鹅也是以青绿饲料为主，不必使用大量的精饲料。

河南省一些地方的养鹅户在生产中或者是因为条件限制没有足够的青绿饲料，或者是对饲料知识的缺乏而以精饲料为主用于养仔鹅，甚至包括非繁殖期的种鹅，结果使生产成本大幅度增加，效益降低。

对于青绿饲料的利用，一方面可以使用田间地头幼嫩的野生杂草、某些树叶（如槐树、榆树叶等），它们来源广泛，收集成本低；另一方面可以种植优质牧草（如紫花苜蓿、黑麦草、聚合草、苦荬菜、三叶草、串叶松香草、鲁梅克斯等），它们的营养价值比较高，产量也高，既可以使用农田种植也可以在房前屋后、沟旁渠畔种植；必要的时候也可以利用农作物幼苗作为饲料（如在秋季提前密播大麦或小麦在冬春季把麦苗作为种鹅的补充饲料）。必须注意，应该有两种以上的青绿饲料混合食用，因为任何单一的饲料作物都不可能充分满足鹅的营养需要，同时混合食用也可以减轻某些青草中有害成分对鹅的不良影响。

在鸭的饲料方面，由于采用地面散养方式，体能消耗较大，尤其是在水中运动的时候更突出，所以对饲料能量水平要求会更高。

（六）饲养管理技术问题

不同类型的家禽,在不同生理阶段其生理特点和需要都有很大差别,饲养管理技术需要针对这些特点来实施。目前,大多数水禽饲养户由于对鹅、鸭的生理特点了解甚少,各个阶段的饲养管理重点模糊不清,不能采取有效的饲养管理措施,这也是养殖效益不好的重要因素之一。

对于这个问题,我们不仅需要经常性地、集中地进行技术培训,也需要从业者自己购买一本专业书籍作为参考,以减少生产技术方面的盲目性。

（七）产品销售渠道不通畅

我国是世界上最大的鹅肉生产和消费国,但是消费主要集中在江苏、上海、浙江、福建、广东、安徽等东南部省市以及四川省。尽管近几年来北方地区鹅的饲养量大幅度增加,而北方养鹅、南方吃鹅的传统格局依然没有大的改变。在河南省许多地方养鹅者只考虑饲养,对于仔鹅的出路关注的相对较少,流通组织机构和人员相对缺乏。与主要消费地区之间建立的购销关系比较少,而且大多数联系不紧密,这也会使活鹅贩运的损失很大。鸭的情况也是如此。

由于水禽产品需要向外省销售,对于某一个地方来说,需要能够在一定时间内提供较大数量的、规格相对一致的产品,这就要求当地需要有较大的饲养量。目前,河南省真正能够形成规模化生产的水禽基地并不多,大多数地方的情况是只有少数的群众存栏数量不多的水禽,形不成规模和市场,这也是影响其产品外销的重要原因。因此,发展水禽业生产,需要在自然条件好的地区集中连片开发,形成公司加农户的生产经营模式,为产品的外销创造条件。

以鹅的饲养为例,由于销售渠道不通畅造成一些饲养户养成的仔鹅不能及时销售出去,而大多数品种的仔鹅生长到 10 周龄后不仅其生长速度减慢,饲料效率降低,生产成本增加,而且还会因为部分羽毛开始更换而造成屠宰时皮肤表面残余毛尖较多,影响屠体质量。

加工技术落后是影响水禽销售的又一个障碍。无规模化加工厂的主要原因:一方面是我们许多人不了解东南部省市消费者的具体要求,另一方面是不了解相关技术,同时也缺少投资者。对于这一点我们必须充分发挥各方面的能动性,加强与江浙等地客商的合作,在河南省内建立若干个水禽产品的深加工企业,为小规模养殖区、饲养户的仔鸭、仔鹅寻找出路。

（八）综合利用不充分

前面提到水禽的饲养价值体现在综合利用上,单纯依赖种鹅产蛋、仔鹅长肉或者单纯利用鸭蛋或肉仔鸭作为水禽业生产的获利手段显然是不够的。

鸭、鹅的绒毛是经济价值非常高的产品，尤其是从活鸭、鹅身上拔的毛绒，在农村集市的收购价格在 80～120 元/千克。绒朵和小片羽是制作羽绒服装的高级原料，翅膀上的大毛可以制作羽毛球、鹅毛扇及其他工艺品。尽管我们在多年来通过多种形式推广鸭、鹅的活体拔毛技术，但是还有不少种鹅、种鸭饲养者却没有充分利用，尤其是在河南省除信阳以外的其他各地，这既是资源的浪费也是影响生产效益的重要原因。

加工设施和技术跟不上也是影响水禽产品综合利用的重要因素，鸭、鹅的屠体分割产品可以分别适应不同地区消费者的特殊需要，其他如血液、胆汁等副产品的加工等也都有赖于适宜的总体饲养规模和加工技术。

鉴于此，在水禽的产业化发展过程中我们应该考虑从加强水禽品种选育配套、开展技术培训、开发牧草资源、加强基地建设、开展水禽产品深加工的研究、拓展流通渠道、引导当地消费等方面进一步做好配套和协调工作，以保证水禽产业化进程的顺利实施。

第二章　水禽的生物学

　　水禽中的家鸭、瘤头鸭、家鹅都是由鸟类驯化而来的,它们具有与鸟类共有的结构特征,但外形上又与鸟类不完全相同,具有与环境相适应的特点。同时,水禽的外形也是机体内部结构和机能的反映,不同品种、不同性别、不同年龄、不同生产性能的水禽在外形上都有所区别。

水禽的外貌特征

水禽的生物学

水禽的生物学特性和经济学特性

水禽的行为学

第一节 水禽的外貌特征

一、鸭的外貌特征

蛋鸭和肉鸭的外貌特征基本相似,它们外貌上的差别主要是体形的差别,见图2-1。

蛋鸭　　　　　　　　　　　　　　　肉鸭

图2-1　鸭的外貌特征

1. 头部

鸭的头较大,无冠、无肉瘤和肉垂。头的形状因品种不同而有差异,一般来说,肉鸭头较粗重,蛋鸭头相对小而清秀。鸭喙长而扁平,呈筒状,分为上下两片,上喙大,下喙小,边缘呈锯齿状,便于汲水、排水和洗涤食物;上喙前端有角质化的、向下弯的甲状突起,称为喙豆,喙豆与上下喙合拢,可以咬住较大的食物。喙豆也是水禽在水边泥沼中觅食的工具。喙的颜色有绿色、黄色、橘黄色、青色或黑色等,可作为品种识别的特征之一。上喙基部两侧为鼻孔开口处。

鸭的眼睛位于头顶部两侧,大而圆,瞬膜发达。肉用型鸭的眼睛略显凹陷,蛋用型鸭的眼睛向外突起。鸭的耳孔较小,位于头后两侧。整个头部,除喙之外,几乎全被短的羽毛覆盖,耳朵也被羽毛覆盖,可以防止水进入耳内,这样有利于头部潜入水中觅食。

2. 颈部

鸭的颈一般较长,颈部与头部连接灵活,既能够上仰下弯又能够左右翻转,可用喙梳理躯体除头颈外的任何部分的羽毛。鸭颈平时呈直角,在采食或攻击时则前伸接近成直线。一般情况下,肉鸭颈相对粗而短,蛋鸭颈相对细而长;同一品种中,公鸭颈粗短,母鸭颈细长。

3. 体躯

鸭的体躯呈船形,分为胸、背、腰、荐、腹、尾等几部分,各部分的发育与品种、性别及年龄有关。肉鸭体形大,躯干近似长方形,体躯深宽,喙长而直,肌肉发达,前躯稍微抬起,体轴角(体躯的中轴与地平面所形成的角度)小,举止笨拙。蛋鸭体形小,体躯细长,细致紧凑,胸部挺突,后躯发达呈楔形,体轴角较大,举止灵活轻巧。一般说来,公鸭的体形比母鸭大,公鸭体躯接近长方形,母鸭体躯较细长,胸宽深,臀部近似正方形。

4. 腿

鸭腿位于体躯后部,较短。上部着生羽毛,胫部、趾部皮肤裸露、角质化呈鳞片状。两脚各有四趾,第一趾位于后上方,其余三趾在前且趾间有蹼,划水时蹼张开,像船桨一样推动身体前进,在前进过程中,蹼并拢并向后弯曲,减少阻力。胫、蹼的颜色因品种而异,但多数为橘黄色或橘红色。

5. 羽毛

除喙、眼、胫、蹼以外,鸭的全身被羽毛所覆盖。头颈部的羽毛较短,背部、腹部的羽毛较长。根据形态结构可把羽毛分为3种:最外面的一层,包括翅羽、毛片在内称为正羽;紧贴皮肤较厚实、松软的一层绒毛称为绒羽;形似头发、数量很少的一部分羽毛称为纤羽。在绒羽之间可储存部分空气,正羽又紧覆绒羽上面,起到很好的保温作用。鸭翼短小,由轴羽、主翼羽、覆主翼羽、副翼羽、覆副翼羽组成。轴羽最短,主翼羽尖狭而坚硬,副翼羽较大。有色鸭的副翼羽中,比较光亮有翠绿色光泽的羽毛称为镜羽。鸭的尾羽不发达,公鸭的尾羽中央有2~4根的副尾羽向上卷曲,称为雄性羽,又称卷羽,由此可鉴别出公鸭、母鸭。

二、瘤头鸭的外貌特征

瘤头鸭起源于栖鸭属的野生瘤头鸭,其形态特征与起源于河鸭属的家鸭有明显区别,见图2-2。

1. 头部

瘤头鸭的头部明显区别于其他家鸭,头较大,喙相对短而窄。喙基部和眼睛周围不像一般家鸭那样被羽毛所覆盖,而是着生红色或黑色皮瘤,一般公鸭的皮瘤比母鸭发达,皮瘤较宽并且肥厚,瘤头鸭即因此而得名。瘤头鸭面部皮肤裸露无羽毛覆盖,颜色鲜红,雄鸭在发情期颜色更为鲜艳。瘤头鸭头顶部有

图2-2　瘤头鸭的外貌特征

一排纵向长羽,受刺激时竖起呈冠状形成"后风头"。喙及皮瘤的颜色因品种而异:黑羽瘤头鸭,喙红色带黑斑,皮瘤黑红色;白羽瘤头鸭,喙粉红色,皮瘤鲜红色;少数花羽瘤头鸭,喙红色带黑斑,皮瘤红色。

2. 体躯

瘤头鸭的体形前后窄小,中间宽,呈纺锤形。站立时体躯与地面呈水平状态,即体轴角趋近于零。颈中等长,较粗,胸宽而平,腿粗短有力,步态平稳,翅膀长达尾部,胸腿部的肌肉发达,能作短距离飞翔。后腹部不发达,尾狭长。腿短,但很粗壮,胫、蹼的颜色,主要为黑色,但也有橙红色等其他颜色,趾间具全蹼,爪短而尖锐。瘤头鸭的外貌特征见图2-2。

3. 羽色

我国瘤头鸭的羽色主要有黑羽、白羽和黑白花杂色羽。

4. 尾部

瘤头鸭的尾部羽毛比较长,向后平伸,在尾根部没有性羽。

三、鹅的外貌特征

起源于鸿雁的中国鹅和起源于灰雁的欧洲鹅在外貌特征上有明显的区别,见图2-3。

1. 头

鹅头较大,前额高大是鹅的主要特征。鹅喙不像鸭喙那样扁长,而是略扁宽,呈楔形,上喙基部两侧为鼻孔开口处,下喙边缘有锯齿。头的前上方,喙的基部交界处即前额有肉瘤,肉瘤多数呈半圆形,一般公鹅的肉瘤较大,母鹅的肉瘤较小。喙和肉瘤的颜色主要有橘色和黑色两大类。有的品种鹅头下方咽

图 2-3　鹅的外貌特征

喉部皮肤松弛,下垂如袋状,称为咽袋。头顶部两侧为眼睛,虹彩颜色因品种而异。头后两侧为耳孔,没有耳叶。整个头部除眼睛、肉瘤和喙之外均覆盖有较短的羽毛。非洲鹅的头部特征与中国鹅相似。

欧洲鹅的头部与鸭相似,没有头瘤,前额较平。

2. 颈

鹅的颈较长,由 17～18 个颈椎组成,弯曲呈弓形。颈的长短及弯曲程度因品种不同而不同:一般小型鹅种颈细长,大型鹅种颈粗短。在符合品种特征要求的前提下,颈不宜过长,宜粗短些,以利于提高生产性能。鹅颈灵活,伸缩转动自如,喙可以随意伸向以颈为直径的各个方向和身体的各个部位,便于进行觅食、修饰羽毛、配种、营巢、自卫等活动,尤其是能半潜入一定深度的水中觅食。

3. 体躯

鹅的体躯外形呈船形,比其他水禽显得长而宽。不同品种、不同年龄、不同性别、不同生产用途的鹅体形不同。一般大型鹅种的体躯硕大,体形长宽,骨骼大,肉质较粗;小型鹅种的体躯较小,体形紧凑,骨骼小,肉质较细。有些鹅种的腹部皮肤皱褶较大,称为腹褶,母鹅的腹褶在产蛋期明显增大。鹅体躯的长短与宽窄关系到生产性能,体躯长而宽的个体,产肉性能好,产的羽绒也多,背宽腹大的个体产蛋性能好。

欧洲鹅的体形与中国鹅有区别,其前胸较浅。

4. 腿

鹅的腿稍偏后躯,粗壮有力。胫骨以上的大小腿被羽毛覆盖,胫、趾部皮肤裸露,角质化呈鳞片状,下端有 4 趾,趾间有蹼,依靠蹼在水中自由游动、觅食嬉戏。胫、蹼颜色相同,有橘色和黑色两种。

5. 羽毛

除喙、肉瘤、胫、蹼以外,鹅的全身被羽毛覆盖。羽毛由正羽、绒羽、毛羽、纤羽等组成。正羽覆盖于整个体表,着生在翼部的称为飞翔羽,其他部位的正羽称为体羽;绒羽紧贴皮肤表面,位于正羽内层,主要着生在颈下侧、胸、腹、腿、肛门、背、尾等部位;毛羽所占比例很小,也位于正羽内层,主要着生在腹部两侧;纤羽着生在正羽内层及无绒羽的部位,较细小,单根独立存在。鹅羽毛的色泽不那么丰富,相对单调一些,主要有白色和灰色。白羽鹅种色泽一致,有少数个体的某些部位带有灰色斑点;灰羽鹅种中,各品种羽毛的色泽深浅不同,各部位的毛色也不一致,一般说来,背侧的羽毛颜色深一些,腹部两侧的羽毛浅一些,在腹下部的羽毛则接近白色。灰羽鹅种中,还可以见到镶边羽,即灰色羽毛的边缘较浅,好像镶了个边。公、母鹅的羽毛很相似,公鹅不具有像公鸭那样明显的性羽,所以仅依靠羽毛的颜色和形状不能准确鉴别出公、母鹅。

四、水禽的体尺测量

体尺是用数字和计量单位表示的外形指标。体尺测量通常在水禽成年时进行,通过对测量数据的分析,客观地了解水禽的生长发育水平,对水禽的外形结构进行量化描述,可以作为体形外貌的选择依据之一,同时体尺测量是鉴定水禽品种和品种资源调查的基本工作。在进行体尺测量前,要确认所用工具的准确性,以尽量减小测量误差。另外,测量时动作要轻快,所用器械松紧程度要适当,对准起止部位,以取得准确的数据。

现将鸭、鹅的主要体尺指标和测量方法介绍如下:

1. 体斜长

用皮尺测量从肩关节前缘至坐骨结节后缘的距离。体斜长反映的是鸭、鹅体躯在长度方面的发育情况。

2. 胸宽

用卡尺测量左右两肩关节之间的距离。胸宽反映鸭、鹅胸腔和胸肌的发育情况。

3. 胸深

用卡尺测量从第一胸椎到胸骨前缘的距离。胸深反映鸭、鹅胸腔、胸肌、胸骨的发育情况。

4. 胸骨长

胸骨长又叫龙骨长,用皮尺测量胸骨前后两端的距离。胸骨长反映鸭、鹅体躯的长度发育情况,也反映胸骨、胸肌的发育情况。

5. 背宽

背宽又叫骨盆宽,用卡尺测量左右两腰角外缘之间的距离。背宽反映骨盆宽度和后躯的发育情况。

6. 胫长

用卡尺测量蹠骨上关节至第三与第四趾间的直线距离。胫长反映骨干的发育情况。

7. 胫围

用皮尺测量胫中部的周径。胫围也反映骨干的发育情况。

8. 半潜水长

用皮尺测量鸭、鹅颈向前拉直时由喙前端至髋结节的距离。这个长度与喙长、颈长、体躯长度有关,反映了鸭、鹅半潜水时,没入水中部分的最大垂直深度,见图 2-4。

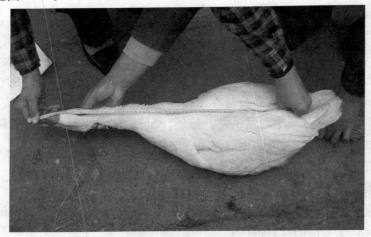

图 2-4 鹅的体尺测量(半潜水长)示意图

9. 颈长

用皮尺测量第一颈椎前缘至最后一个颈椎的后缘的直线距离。测量时要将鸭、鹅的颈拉直,颈长反映颈部的发育情况。

体尺指标受多基因控制,但遗传力都很高,均属于高遗传力性状。如体斜长遗传力为 0.55～0.65,胸骨长遗传力为 0.37～0.59,背宽的遗传力为0.42～0.52,胫长的遗传力为 0.43～0.54,胫围的遗传力为 0.72～0.90。所以,对体尺指标的选择采用个体选择即能够取得较好的选择效果。体尺大小不同的两个品种或品系杂交时,子一代的体尺往往介于两亲本之间。

第二节 水禽的生物学特性和经济学特性

一、水禽的生物学特性

(一)喜水、喜干

水禽的祖先都是在河流、湖泊、沼泽附近生活的,喜欢在水中洗浴、嬉戏、配种、觅食。虽然经过长时间的驯化、选育,但是家养水禽仍然保留了其祖先的这种习性。

水禽的尾脂腺都很发达,分泌的油脂被水禽用喙部涂抹于羽毛上,会使羽毛具有良好的沥水性,在水中活动不会被浸湿;水禽趾蹼的结构也非常有利于在水中划水,耳叶、耳孔被羽毛覆盖可以防止进水。这些都为水禽在水中活动创造了条件。

在水禽生产中,尤其是在选择场地时必须考虑到有适当的水面供水禽活动,若无水面则会因为鸭的一些生活习性无法得到满足而影响生产。鹅有喜爱干净的习性,如果缺水洗浴会使羽毛脏污,不仅影响羽绒质量而且影响种鹅的交配活动。

另一方面,从生产效益方面考虑,要求鸭每天在水中活动的时间是有限的,大部分时间仍是在陆地活动和休息。因为,在水中活动会消耗大量的体能,影响饲料效率。在其休息和产蛋的场所必须保持干燥,否则对水禽的健康、产蛋量以及蛋壳质量都会产生不良影响。

有的蛋鸭品种如康贝尔鸭,还有山麻鸭等对水体的依赖性较小,在没有河流、湖泊和池塘的地方只要能够保证充足的饮水供应同样也能高产。

对于瘤头鸭来说,虽然同家鸭一样喜欢在水中洗浴,但是瘤头鸭并不善于长时间在水中活动。种鸭的交配在水中或在陆地上都可以顺利完成,因此,在水面较少的地方也可以养好瘤头鸭,有些地方也将瘤头鸭称为"旱鸭"。在小群量饲养时可以利用房前屋后的空地或果园、林地,即便是没有水面对其生产也无大碍。但是,在大群生产条件下,为了适应水禽喜水的习性和保持羽毛的清洁,应该有一定的水面或人工砌设的小水池。

(二)耐寒、怕热

1. 耐寒习性

水禽的颈部和体躯都覆盖有厚厚的羽毛,羽毛上面油脂的含量较高,羽毛不仅能够有效地防水,而且保温性能非常好,能有效地防止体热散发和减缓冷空气对机体的侵袭。在寒冷的冬季水禽也可以在水中嬉戏,因而有"春江水暖鸭先知"之说。冬季只要舍内温度不低于10℃,不让水禽吃雪水则仍然可以使产蛋率保持在较高的水平。不过应该注意的是,温度过低(舍温低于3℃)同样会使产蛋量下降。

相对于鸭、鹅来说,瘤头鸭对低温的反应比较敏感,由于其原产地在南美洲,当地气候温暖甚至炎热,在这种自然条件下经过长期的驯养,适应了这种环境。在生产过程中,瘤头鸭对高温具有较好的适应性,即便是在炎热的夏季仍可以保持良好的生产性能。但是,在冬季气温较低的情况下其健康状况虽然不受大的影响,但其生产性能会受明显影响,尤其是在北方地区,当气温低于15℃的情况下,种瘤头鸭的产蛋率会明显降低,甚至停产,青年鸭的性成熟期也会推迟。在河南省一些饲养户不注意种鸭舍冬季的保温问题,鸭群或是开产晚或是产蛋少,许多人不清楚其中的原因而怀疑是饲料问题或是健康问题。而将舍温提高后这一问题随之得到解决。

2. 怕热习性

由于水禽体表大部分被羽毛覆盖,加上羽毛良好的隔热性能、没有汗腺,其体热的散发受到阻止,在夏季酷暑的气温条件下,如果无合适的降温散热条件,则会出现明显的热应激,造成产蛋减少或停产。

相对于鸡来说,水禽对炎热的耐受性也是比较强的。一方面水禽是散养,活动范围广,饲养密度较小,可以自己寻找阴凉的休息场所;另一方面水禽可以在水中活动,借以散发体热。

(三)合群性

水禽都具有良好的合群性,其祖先在野生状态下都是群居生活的,在驯化过程中它们仍然保留了这种习性。因此,在水禽生产中大群饲养是可行的。

雌性水禽通常性情温驯,在大群饲养条件下有良好的合群性,相互之间能够和平相处。但是,雄性水禽的性情比较暴躁,相互之间会出现争斗现象,尤其是不同群的公禽相遇后表现得更突出。因此,在成年种用水禽群管理中尽可能注意减少调群,当不同群体到运动场或水池活动时也应防止出现混群。

(四)鸭胆小、鹅胆大

蛋鸭和肉鸭性情温和,群内相互间争斗较少,具有良好的群栖性,适于大群饲养;鸭胆小,到陌生的地方去时,走在前面的鸭往往显得踌躇不决,不愿前进,只有当后面的鸭拥上时才被迫前进;当一只或几只鸭发觉自己与大群走散时会不停地鸣叫并追寻鸭群。在生产中如果出现某些突发的情况也容易使鸭群受到惊吓，会使它们惊恐不安、相互挤压、践踏，造成伤残，严重影响生产。因此，生产当中必须保证鸭舍周围的安静，减少外来人员和其他动物的接近，防止意外的声响和灯光晃动。蛋鸭在饲养过程中，如果夜间鸭舍内太黑，则鸭群会感到害怕而挤堆，因此，夜间鸭舍内必须保持微光照明。

鹅则相对胆大，一旦有陌生人接近鹅群则群内的公鹅会颈部前伸、靠近地面，鸣叫着向人攻击。鹅的警觉性很高，夜间有异常的动静其就会发出尖厉的鸣叫声。因此，有人养鹅作守夜用。

（五）生活有规律、易调教

水禽稍经训练很容易建立条件反射。这对于采用放牧饲养方式的鸭、鹅群来说，给鸭、鹅群的管理带来了很大的便利。在生产当中鸭群、鹅群的产蛋、闹圈、采食、运动、休息等都容易形成固定的模式，管理人员不能随意改变这些环节以免影响生产。

（六）鸭嗜腥、鹅喜青

水禽都是杂食性禽类。鸭是由野鸭驯化成的，野鸭生活在河、湖之滨，主要以水草和鱼虾及蛙类等水生动植物为食，家鸭仍然保留了野鸭喜食动物性饲料的生活习性。在蛋鸭的饲养管理中必须保证饲料中有一定比例的动物性原料，这是保证蛋鸭健康和高产的物质基础。鹅喜欢采食植物性饲料，但是，在生产中配制饲料时可以添加一些动物性原料，以利于维持鹅的健康和提高生产性能。

（七）就巢性

就巢性是禽类在进化过程中形成的一种繁衍后代的本能，其表现是雌禽伏卧在有多个种蛋的窝内，用体温使蛋的温度保持在37.8℃左右，直至雏禽出壳。

鸭在驯化过程中已经丧失了就巢性。瘤头鸭和鹅仍然保留有就巢习性。就巢性的强弱与产蛋量呈负相关。鸭在长期的驯化和选育过程中，蛋鸭的就巢性已基本消失。尽管在生产实践中有时也会见到鸭伏卧在窝内如就巢状，但它不会持久。就巢时家禽的卵巢和输卵管萎缩，产蛋停止，这对总产蛋量影响很大。蛋鸭无就巢性，则不受此影响，因而产蛋量较高。

瘤头鸭的就巢性还很强，多数母鸭在产蛋期间都会表现出一次或几次就巢，这也是瘤头鸭产蛋率较低的主要原因。因此，在选育时应将就巢性作为一项选择性状，选留没有或就巢性弱的个体，这样有利于提高后代的产蛋性能。

（八）瘤头鸭行动笨拙，但有飞翔能力

瘤头鸭不喜爱跑动，比较安静温驯，吃饱后一般喜欢卧伏在地面或以"金鸡独立"的姿势长时间呆立；当饲养人员在鸭群内走动的时候，它们也只是缓缓而行，很少出现奔跑离开的情况。由于它不爱运动，在生产中对于有的类型鸭群（如后备种鸭群）有时需要人为驱赶以促进其增加运动。但是，对于青年和成年种鸭，在某些情况下鸭会飞起来，母鸭比公鸭飞得更高、更远。因此，在生产中育成和成年鸭的运动场需要有拦网用于防止鸭的逃逸。

二、水禽的经济学特性

（一）繁殖潜力大

优秀的蛋鸭品种年产蛋量可以达300多枚，重量超过20千克，比蛋用型鸡的产蛋量高出许多。一些地方麻鸭种群经过选育后产蛋量的提高幅度也十分大，比地方鸡种的选育效果明显。

鹅的产蛋量普遍比较低，但是有的品种（种群）产蛋量也比较高，如我国东北地区的豁眼鹅高产群体的年平均产蛋量达到120枚，优秀个体可以超过150枚。这为通过选育提高鹅的繁殖力提供了很好的遗传基础。

（二）肉的品质好

水禽肉都是红肉，具有良好的风味，尤其适合亚洲人的消费习惯。鹅肉为平性、鸭肉为凉性，多食不会"上火"。

（三）羽绒价值高

水禽的羽绒具有良好的保暖效果，质地很轻，是重要的保暖服装材料，也是国际市场上紧缺的产品。

（四）肥肝生产效果好

肥肝是一种高价值的食品，在欧洲市场有很大的消费量。部分鹅和鸭品种是生产肥肝的重要家禽，一只鹅的肥肝重量能够达500克左右，一只鸭的肥肝重也可以达350多克。

第三节　水禽的行为学

一、水禽的觅食行为

（一）野外觅食行为

水禽在野外有结群觅食的习惯，成群的鸭、鹅相对集中在某一区域内觅食。鸭群在陆地觅食的时候颈部平伸，以喙部啄食地面的青草、谷粒。在岸边浅水泥沼中觅食的时候，会用喙豆勾挖稀泥以捕食其中的鱼虾等水生动物。

鹅的野外觅食主要是在陆地上采食青草或谷粒，采食时颈部呈弓形弯曲以便于拔掉青草。

（二）人工喂饲时觅食行为

在舍饲情况下，鸭饲料一般都是用湿拌料装在盆内喂饲的。当鸭采食的时候上下喙张开，向前推进将饲料铲入嘴中，然后仰头吞食，每吞食几口饲料后就跑到水盆处饮几口水，如此往返。

雏鸭在采食方面有学习行为，在群内如果有几只雏鸭在地上或器皿内觅食，其他雏鸭见到后也会模仿去觅食。在人工育雏情况下，只要在开食的时候诱导几只雏鸭到料盘或塑料布上采食饲料，其他雏鸭在较短的时间内都能够学会采食。

鹅在舍饲情况下仍然是以青绿饲料为主，配合饲料为辅。在采食青绿饲料的时候，鹅会利用喙部扯断或撕碎饲料以便于下咽。

二、水禽的繁殖行为

（一）求偶与交配行为

水禽的交配既可以在陆地上进行，也可以在水中进行。以狄高鸭为例，其在陆地上交配时的性行为可以分为3个阶段：

1. 求偶行为

公、母鸭在要求交配时，有相互点头或某一方向另一方点头的求偶表现，并会发出低的鸣叫声。

2. 爬跨表现

当公、母鸭相互点头后，公鸭咬住母鸭头部羽毛，母鸭双腿弯曲、身躯下伏，头颈部伸直，公鸭踩在母鸭背上。

3. 交配行为

公鸭踩上母鸭背之后尾部不断从左向右斜下方压，母鸭尾部上翘，暴露泄殖腔，此时公鸭阴茎伸出与母鸭泄殖腔接触并排出精液。一般的交尾时间都比较短。

交配完毕后公鸭从母鸭右侧落地，片刻后从地上站起。母鸭则在交配后抖动羽毛，之后离开。

鸭在水中交配时，往往是一只或几只公鸭追逐一只母鸭，然后爬跨和交配，交配的时候公鸭往往把母鸭的头部压进水中。

(二)就巢行为

瘤头鸭和鹅都有就巢行为表现。当母瘤头鸭或母鹅产若干枚蛋之后,就逐渐开始出现就巢。就巢时,就巢的雌禽在舍内有干燥、柔软垫草的地方,将硬且长的草棍移出做成一个内部柔软、温暖的巢窝,将几个蛋拢在窝内并伏卧在蛋的上面。

当瘤头鸭和鹅出现就巢行为后,食欲降低、饮水和活动都减少,长时间伏卧在蛋上面。如果强行将其拉离巢窝,放开后它会很快返回窝内。

(三)产蛋行为

鸭是在后半夜产蛋的,产蛋时处于伏卧休息状态,白天产蛋的水禽,在临产蛋前常常寻找有柔软垫草或松软沙土的、比较昏暗或安静的场所(如角落处),然后伏卧在上面。

三、水禽的栖息行为

鸭在夜间休息的时候往往需要有微弱的光亮才能安然入眠,完全黑暗的情况下鸭反而会感到不安。夜间休息的鸭往往保持着警觉性,一旦有异常响动会引起惊恐不安。

鹅的警觉性更高,夜间有响动则公鹅会发出响亮的鸣叫声。

四、水禽的群居行为

水禽大都比较胆小,在野生状态下也都是群居生活,在被驯化成为家禽后仍然保留了这种习性。

第三章　水禽品种

　　水禽品种是指经过选育后体形外貌相对一致、生产性能较高并有较大群体数量的水禽种群。鸭的品种根据经济用途划分为蛋用型、肉用型和兼用型3种,作为商品生产来说主要是饲养蛋用型或肉用型鸭。蛋用型鸭的体重较小、体形轻巧、头小颈细;肉用型鸭一般体重较大、头大颈粗、体躯宽深。但是,在一些地方的消费者更喜欢用地方麻鸭育肥的鸭作为肉鸭食用。瘤头鸭都是作为肉用鸭饲养的。鹅的肉用性很强,其分类是根据体形大小进行的。

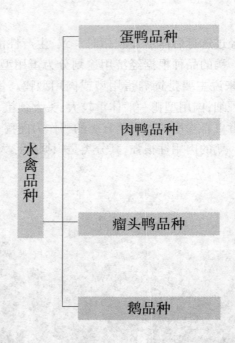

水禽品种
- 蛋鸭品种
- 肉鸭品种
- 瘤头鸭品种
- 鹅品种

第一节　蛋鸭品种

蛋鸭是指专门化的蛋用型鸭品种、品系或杂交种,具有体形小、产蛋多、耗料少等特点。饲养的目的主要是用于产蛋。

一、我国培育的蛋鸭品种

我国各地在对鸭群进行数百年的选育过程中,形成了大量的地方优良品种或种群。其中,大多数的地方良种鸭是以产蛋为主要饲养目的。这些鸭群不仅生产性能良好,对当地自然环境条件的适应性也很强。应用现代育种技术对地方良种鸭进行系统选育后产蛋性能提高非常明显。

(一)选育程度较高的蛋鸭品种

1. 绍兴鸭

(1)产地与分布　绍兴鸭(图3-1)简称绍鸭,又称绍兴麻鸭,因原产地为旧绍兴府所属的绍兴、萧山、诸暨等市县而得名,是我国优良的蛋鸭品种。绍兴鸭分布浙江全省和上海各郊县及江苏南部的太湖流域,产于浙江绍兴、萧山、诸暨、上虞等市县。

(2)保种方式　保种区和保种场保护(绍兴市绍兴鸭原种场)。

(3)数量　绍兴鸭2016年产区年存栏是7 000万只。现在已分布于江西、福建、湖南、广东、黑龙江等十几个省,具有良好的适应性。

(4)体形外貌　绍兴鸭属小型麻鸭,头小,喙长,颈细长,体躯狭长,前躯较窄,臀部丰满,腹略下垂,结构紧凑,体态均匀,体形似琵琶,具有理想的蛋用鸭体形。站立或行走时,前躯高抬,体轴角为45°。雏鸭绒毛为乳黄色,成年后全身羽毛以褐色麻雀羽为主,有些鸭颈羽、腹羽、翼羽有一定变化,后经系统选育,按其羽色培育出两个高产品系——带圈白翼梢(WH系)和红毛绿翼梢(RE系)。

1)带圈白翼梢(WH系)　该品系母鸭全身披覆浅褐色麻雀羽,并有大小不等的黑色斑点,但颈部羽毛的黑色斑点细小,颈中部有2~4厘米宽的白色羽圈,主翼羽白色,腹部中下部白色,故称为"带圈白翼梢"鸭或"三白"鸭。公鸭羽毛以深褐色为基色,颈圈、主翼羽、腹中下部羽毛为白色,头、颈上部及尾部性羽均呈墨绿色,性成熟后有光泽。虹彩灰蓝色,喙、胫、蹼橘红色,喙豆和爪白色,皮肤黄色。

2)红毛绿翼梢(RE系)　该品系母鸭全身以红褐色的麻雀羽为主,并有

绍兴鸭（公）　　　　　　　　绍兴鸭（母）

图3-1　绍兴鸭

大小不等的黑斑,不具有WH系的白颈圈、白主翼羽和白色腹部的"三白"特征,颈上部深褐色无黑斑,镜羽墨绿色,有光泽,腹部褐麻色。总体感觉是本系母鸭的羽毛比WH系的颜色深。公鸭全身羽毛以深褐色为主,从头至颈部均为墨绿色,镜羽和尾部性羽墨绿色,有光泽。喙灰黄色,胫、蹼橘红色,喙豆和爪黑色,虹彩褐色,皮肤黄色。

带圈白翼梢(WH系)和红毛绿翼梢(RE系),除了外貌上的区别外,性情也不相同,带圈白翼梢鸭性情活泼好动,觅食力强,较适于放牧饲养。红毛绿翼梢鸭的体形略小,性情温驯,较适于圈养。

(5)生产性能

1)生长速度　绍兴鸭体形小,出生雏鸭一般为37～40克,30日龄体重450克,60日龄体重860克,90日龄体重1 120克,成年体重1 450克左右,且公、母鸭体重无明显差异。

2)产蛋性能　带圈白翼梢母鸭年产蛋量为250～290枚,300日龄蛋重约为68克,蛋壳颜色以白色为主;红毛绿翼梢母鸭年产蛋量260～300枚,300日龄平均蛋重为67克,蛋壳颜色以青色为主。绍兴鸭饲料利用率较高,产蛋期料蛋比为(2.7～2.9):1。经过系统选育的群体生产性能更高些。

3)繁殖性能　母鸭开产日龄为100～120天,个别的90日龄即可开产。在控制饲养的条件下,140～150日龄,群鸭产蛋率可达50%。公鸭性成熟日龄为110天左右,公鸭平均每天交尾次数为25次,公、母鸭配种比率随着季节和气温的变化而调整,早春为1:20,夏秋为1:30,受精率在90%以上。母鸭无就巢性,利用年限为1～3年,公鸭只能利用1年。

近年来,浙江省农业科学院对上述绍兴鸭的两个品系进行了系统的选择,种群的遗传稳定性更好,生产性能高而且稳定。

经过选育的绍兴鸭有青壳 1 系、2 系,白壳 1 系、2 系。

2. 金定鸭

(1)产地与分布　金定鸭(图 3-2)因中心产区位于福建省龙海市金定镇而得名,是我国著名的蛋鸭品种。主产区为厦门市郊区、龙海、同安、南安、晋江、惠安、漳州、云霄和诏安等沿海市县,现在,北京、黑龙江、山东、广西、湖南、湖北、江苏、浙江等省、直辖市、自治区均有分布。选育前的金定鸭羽毛颜色有赤麻、赤眉和白眉 3 种类群,1958 年以来,厦门大学生物系对赤麻类群进行了系统选育,使金定鸭成为体形、羽毛、蛋壳色一致,产蛋量高的品种。

金定鸭(公)　　　　　　　　　　　　金定鸭(母)

图 3-2　金定鸭

(2)体形外貌　金定鸭体形中等,体躯狭长,结构紧凑。母鸭体躯细长紧凑、后躯宽阔,站立时体长轴与地面呈 45°,腹部丰满。全身羽毛呈赤褐色麻雀羽,背部羽毛从前向后逐渐加深,腹部羽毛颜色较淡,颈部羽毛无黑斑,翼羽深褐色,有镜羽。公鸭体躯较大,体长轴与地面平行,胸宽背阔,头部、颈上部羽毛翠绿有光泽,因此又有"绿头鸭"之称,背部灰褐色,前胸红褐色,腹部灰白带深色斑纹,翼羽深褐色,有镜羽,尾羽黑褐色,性羽黑色并略向上翘。公、母鸭喙呈黄绿色,胫、蹼橘红色,爪黑色,虹彩褐色。

(3)生产性能

1)产蛋性能　年产蛋量为 270~300 枚,一般为 280 枚。舍饲条件下,平均年产蛋量可达 313 枚,最高个体记录为 360 枚。高产鸭在换羽期和冬季持续产蛋而不休产。平均蛋重 72 克,蛋壳以青色为主。

2)生长速度　出生雏鸭,公雏体重约 48 克,母雏体重约 47 克,30 日龄公鸭体重 560 克,母鸭 550 克;60 日龄公鸭体重 1 039 克,母鸭 1 037 克,90 日龄公、母鸭体重 1 470 克,成年公、母鸭体重相近,公鸭比母鸭略轻些,公鸭体重

1 760克,母鸭体重1 780克。金定鸭虽属蛋用型鸭,但在产区一带,一直利用金定鸭为母本,以瘤头鸭为父本,进行杂交,生产半番鸭供肉用,其仔鸭生长迅速,产肉性能良好,一般饲养90天体重可达3 000克。

3)繁殖性能　母鸭开产日龄为110～120天,公鸭性成熟日龄110天左右,在公、母鸭配种比例为1:25的情况下,种蛋受精率为80%～93%。受精蛋孵化率为85%～92%。利用年限,母鸭可利用3年,公鸭1年。

3. 江南Ⅰ号、江南Ⅱ号

(1)产地与分布　江南Ⅰ号和江南Ⅱ号是由浙江省农业科学院畜牧研究所主持培育的配套杂交高产商品蛋鸭,适合我国农村的圈养条件。这两种商品蛋鸭的抗病力、适应性和产蛋性能都比较高,但由于种群规模尚小,还没有得到大范围推广。在该鸭的培育过程中利用绍兴鸭为基础,引进卡叽-康贝尔鸭进行杂交,经过正反反复选择而育成。

(2)体形外貌　江南Ⅰ号母鸭体躯近似长方形,站立时体长轴与地面的夹角较小。初生雏鸭绒毛黄褐色并有少量褐色花斑,成年后羽毛呈浅灰褐色(略有发白的颜色感觉),并布有较小的黑色斑点,斑点数量也较少,所以外观感觉不太明显。喙、胫橘黄色。江南Ⅱ号母鸭体形与绍兴鸭相似,站立时前躯高抬,体长轴与地面的夹角较大。初生雏鸭绒毛褐黄色并有较多的褐色花斑,成年后全身羽毛深褐色,布有大而明显的黑色斑点。

(3)生产性能　江南Ⅰ号和江南Ⅱ号都具有产蛋率高、生产持续期长、成熟早、生命力强、饲料利用率高的特点,生产性能的各项指标见表3-1。

表3-1　江南Ⅰ号和江南Ⅱ号的生产性能

项目	江南Ⅰ号	江南Ⅱ号
成年体重(千克)	1.67	1.66
产蛋率达5%的日龄(天)	118	117
产蛋率达50%的日龄(天)	158	146
产蛋率达90%的日龄(天)	220	180
产蛋率达90%以上保持期(月)	4	9
500日龄平均产蛋量(枚)	306.9	327.9
平均蛋重(克)	67.5	66.5
产蛋期料蛋比	2.84:1	2.76:1
产蛋期存活率(%)	96	98

与绍兴鸭相比,这两个品系的鸭不仅产蛋量有所提高,公雏的生长速度也明显提高,育肥效果明显改善。

4. 高邮鸭(又称台鸭、绵鸭)

(1)产地与分布　主产于江苏省的高邮、兴化、宝应等市县,分布于苏北京航运河沿岸的里下河地区。该品种潜水深,觅食力强,善产双黄蛋,以前属于蛋肉兼用型麻鸭,近年来经系统选育,培育出了专门的蛋用型品系,其产蛋性能较以前有明显提高。

(2)体形外貌　高邮鸭(图3-3)母鸭颈细长,胸部宽深,臀部方形,全身为浅褐色麻雀羽毛,斑纹细小,主翼羽蓝黑色,镜羽蓝绿色,喙紫色,胫蹼橘红色。公鸭体躯呈长方形,背部较深。头和颈上部羽毛墨绿色,背部、腰部羽毛棕褐色,胸部羽毛棕红色,腹部羽毛白色,尾部羽毛黑色,主翼羽蓝色,有镜羽;喙青绿色,胫、蹼橘黄色。

高邮鸭(公)　　　　　　　　　　高邮鸭(母)

图3-3　高邮鸭

(3)生产性能

1)产蛋性能　经过系统选育的兼用型高邮鸭平均年产蛋量248枚左右,平均蛋重84克,双黄蛋占39%。蛋壳颜色有青、白两种,以白壳蛋居多,占83%左右。

2)生长速度　成年鸭体重,公鸭2.0~3.0千克,母鸭约2.6千克。

3)繁殖性能　母鸭开产日龄120~140天,公、母鸭配种比例为1:(25~30),种蛋受精率达90%以上,受精蛋孵化率在85%以上。母鸭利用2年,公鸭利用1年。

由高邮鸭研究所新育成的高产品系苏邮Ⅰ号(种用),成年鸭体重1.65~

041

1.75 千克,开产日龄 110～125 天,年产蛋量 285 枚,平均蛋重 76.5 克,料蛋比为 2.7∶1 蛋壳青绿色。苏邮Ⅱ号(商品用)成年体重 1.5～1.6 千克,开产日龄 100～115 天,年产蛋 300 枚,平均蛋重 73.5 克,料蛋比约为 2.5∶1,蛋壳青绿色。

(二)选育程度相对较低的蛋鸭品种

1. 莆田黑鸭

(1)产地与分布 莆田黑鸭(图 3－4)是我国蛋用鸭品种中唯一的黑色羽品种。中心产区位于福建省莆田市,分布于平潭、福清、长乐、连江、福州郊区、惠安、晋江、泉州等市县以及闽江口的琅岐、亭江、莆口等地。该品种是在海滩放牧条件下发展起来的蛋用型鸭,具有较强的耐热性和耐盐性,既适应软质滩涂放牧,又适应硬质海滩放牧,尤其适应于亚热带地区硬质滩涂放牧饲养。该鸭种在内地的饲养效果不太理想。

(2)体形外貌 莆田黑鸭体形轻巧紧凑,行动灵活迅速。公、母鸭外形差别不大,全身羽毛均为黑色,喙墨绿色,胫、蹼、爪黑色。公鸭头颈部羽毛有光泽,尾部有性羽,雄性特征明显。

莆田黑鸭(公)　　　　　　　　　莆田黑鸭(母)

图 3－4　莆田黑鸭

(3)生产性能

1)产蛋性能 莆田黑鸭年产蛋 260～280 枚,平均蛋重 65 克,蛋壳颜色以白色居多,料蛋比为 3.84∶1。

2)成年鸭体重 公鸭 1.4～1.5 千克,母鸭 1.3～1.4 千克。

3)繁殖性能 母鸭开产日龄为 120 天左右,公、母鸭配种比例为 1∶25,种蛋受精率 95% 左右。

2. 连城白鸭

(1)产地与分布 连城白鸭(图 3－5)是中国麻鸭中独具特色的小型白

色变种,也称为"白鹜鸭"。产于福建省的连城县,分布于长汀、宁化、清流和上杭等市县。当地一直很重视这个鸭种,民间将其作为小儿麻疹、肝炎、无名低热、高热和血痢的治疗和辅助治疗之药物广泛应用,据称它具有清热解毒、滋阴降火、去痰开窍、宁心安神、开胃健脾的独特功效,该鸭生长时间越长药用价值越高,因此被誉为"全国唯一药用鸭"。最近江苏省南京市培育的"金陵乌嘴鸭"也是以连城白鸭为基础而选育出的。

图 3-5 连城白鸭

(2)体形外貌　连城白鸭体躯狭长,头清秀,颈细长,行动灵活,觅食能力较强。全身羽毛白色,紧密而丰满,喙呈暗绿色或黑色,因此又称其为"绿(乌)嘴白鸭"。胫、蹼均为青绿色。(这种白羽,而喙、胫、蹼青绿色的鸭种在我国仅有一个,国外也极少见到。)成年公鸭尾部有 3~5 根性羽,除此之外,公、母鸭外形上没有明显区别。

(3)生产性能

1)产蛋性能　母鸭开产日龄 120~130 天,年产蛋量为 220~240 枚,平均蛋重 58 克。白壳蛋占多数。

2)成年鸭体重　公鸭 1.4~1.5 千克,母鸭 1.3~1.4 千克。

3)繁殖性能　母鸭开产日龄 100~120 天,公、母鸭配种比例为 1:(20~25),种蛋受精率 90% 以上。母鸭利用年限为 3 年,公鸭利用年限为 1 年。

3. 山麻鸭

(1)产地与分布　原产地为福建省的龙岩市,主要分布在其周围各市县。

(2)体形外貌　山麻鸭(图 3-6)母鸭羽毛浅褐色,有黑色斑点,眼的上方有白色眉纹,喙黄色,胫、蹼橘黄色;公鸭背部羽毛灰褐色、胸部羽毛红褐色、腹部白色、尾羽黑色,头部和颈部上段羽毛墨绿色,颈部有白项环。

（3）生产性能　开产日龄约120天,年产蛋240枚左右,平均蛋重55克;成年体重1.5千克左右,公、母鸭基本相似。

（4）保种方式　保种区和保种场保护(龙岩市山麻鸭原种场)。

（5）数量　山麻鸭2016年存栏1 200万只。

山麻鸭（公）　　　　　　　　　　　山麻鸭（母）

图3-6　山麻鸭

（6）主要特性　山麻鸭属小型蛋用鸭种。公山麻鸭头中等大,颈秀长,眼圆大,胸较浅,躯干呈长方形;头颈上部羽毛为孔雀绿,有光泽,有白颈圈;前胸羽毛赤棕色,腹羽洁白;从前背至腰部羽毛均为灰棕色;尾羽、性羽为黑色。母山麻鸭羽色有浅麻色、褐麻色、杂麻色3种。喙青黄色,胫、蹼橙红色,爪黑色。成年山麻鸭体重:公鸭1 430克,母鸭1 550克。山麻鸭屠宰率:半净膛72.0%,全净膛70.3%。

4. 三穗鸭

（1）产地与分布　三穗鸭中心产区是贵州省三穗县,在镇远、岑巩、天柱、台江、黄平、施秉等县有较多分布。

（2）体形外貌　体形近似船形,体躯较长、颈部较细,前胸突出并上抬。母鸭羽毛以深褐色为基调,散布有黑色条斑,有墨绿色镜羽;公鸭头部和颈部上段羽毛深绿色,背部羽毛灰褐色,前胸羽毛红褐色,腹部羽毛浅褐色。胫、蹼橘红色,爪黑色。

（3）生产性能　开产日龄在120天前后,年产蛋约240枚,平均蛋重64克,蛋壳以白色为主,少数为青色。公、母鸭成年体重相似,约1.6千克。

5. 淮南麻鸭（固始鸭）

（1）产地（或分布）　淮南麻鸭(图3-7)产于河南省固始县及信阳地区其他市县。

（2）保种方式　保种区保护。

（3）数量　淮南麻鸭2006年存栏1 800万只。

淮南麻鸭（公）　　　　　　　　　　淮南麻鸭（母）

图3-7　淮南麻鸭

（4）主要特性　淮南麻鸭属中型蛋肉兼用型麻鸭。公淮南麻鸭黑头,白颈圈,颈和尾羽黑色,白胸腹。母鸭全身褐麻色,蹼黄红色,喙青黄色。成年淮南麻鸭体重:公鸭1 550克,母鸭1 380克。淮南麻鸭屠宰率:半净膛,公鸭83.1%,母鸭85.1%;全净膛,公鸭72.8%,母鸭71.6%。淮南麻鸭年产蛋130枚,平均蛋重61克,蛋壳大多呈白色,10%～20%为青色。

6. 四川麻鸭

（1）产地(或分布)　四川麻鸭(图3-8)产于四川省绵阳、温江、乐山、宜宾、内江、涪陵、万县、达县和永川等地。

（2）保种方式　保种区保护。

（3）数量　四川麻鸭2002年存栏2 000万只。

四川麻鸭（公）　　　　　　　　　　四川麻鸭（母）

图3-8　四川麻鸭

（4）主要特性　四川麻鸭属小型蛋肉兼用型鸭种。体格较小,体质坚实紧凑,喙呈橙黄色,喙豆多为黑色,胫、蹼橘红色。母四川麻鸭羽色以麻褐色居多,体躯、臀部的羽毛均以浅褐色为底,上具黑色斑点;颈下部有白色颈圈。公四川麻鸭毛色有"青头公鸭"和"沙头公鸭"两种。青头公鸭的头颈部羽毛为翠绿色,腹部为白色羽毛,前胸为红棕色羽毛,性羽灰色。沙头公鸭的头颈部羽毛为黑白相间的青色,不带翠绿色光泽。四川麻鸭成年鸭体重:公鸭 1 670克,母鸭 1 850 克。开产日龄 150 天,年产蛋 150 枚,蛋重 73 克,蛋壳多为白色,少数为青色。

7. 云南麻鸭

(1)产地(或分布)　云南麻鸭(图 3 - 9)主产于云南省曲靖、玉溪、昆明、红河、文山、保山、西双版纳、思茅、德宏、昭通等地市。

(2)保种方式　保种区和保种场保护(昆明市晋宁县滇麻鸭种场)。

(3)数量　云南麻鸭 2002 年存栏 17.2 万只。

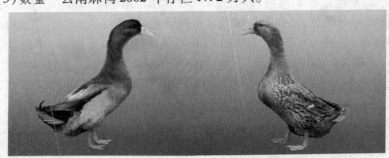

云南麻鸭(公)　　　　　　　　云南麻鸭(母)

图 3 - 9　云南麻鸭

(4)主要特性　云南麻鸭属蛋肉兼用型鸭种。公云南麻鸭胸深,体躯长方形,头颈上半段羽毛为深孔雀绿色,有的颈部有一白环,体羽深褐色,腹部羽毛灰白色,尾羽黑色,翼羽常见黑绿色,镶白边。母云南麻鸭全身麻色带黄、黑斑纹,喙微带黄色或橘黄色,喙豆黑色,胫、蹼橘红色或橘黄色,爪黑色,皮肤白色,虹彩红褐色,部分瓦灰色。成年云南麻鸭体重:公鸭 1 580 克,母鸭 1 550克。成年云南麻鸭屠宰率:半净膛,公鸭 86.4%,母鸭 82.5%;全净膛,公鸭74.9%,母鸭75.3%。云南麻鸭开产日龄150 天,年产蛋 120 ~ 150 枚,平均蛋重 72 克,蛋壳分淡绿色、绿色和白色 3 种。

8. 汉中麻鸭

(1)产地(或分布)　汉中麻鸭(图 3 - 10)主产于陕西省汉江两岸的汉中、城固、南郑、西乡、勉县、洋县等县。

(2)保种方式　保种区保护。

（3）数量　汉中麻鸭2002年存栏12万只。

汉中麻鸭（公）　　　　　　　　　　汉中麻鸭（母）

图3-10　汉中麻鸭

（4）主要特性　汉中麻鸭属蛋肉兼用型鸭种。体形较小,羽毛紧凑,头清秀,喙呈橙黄色,胫、蹼多为橘红色,少数黑色,毛色麻褐色居多,体躯及背部土黄色并有黑褐色斑点,有的斑点较大,胸部及腹部羽毛为土黄色或白色。公汉中麻鸭的头、主翼羽及颈部上的羽毛多为青绿色,具有翠绿光泽。性羽2~3根,呈墨绿光泽,向前上方卷曲。成年汉中麻鸭体重:公鸭87.7%,母鸭91.3%;全净膛,公鸭78.2%,母鸭81.8%。汉中麻鸭开产日龄160~180天,在良好舍饲条件下,汉中麻鸭年产蛋220枚,平均蛋重68克,蛋壳以白色为主,部分为青色。

9. 攸县麻鸭

（1）产地（或分布）　攸县麻鸭(图3-11)属小型蛋鸭品种。主产于湖南攸县境内的攸水和沙河流域一带,以网岭、鸭塘浦、新市等地为其中心产区。雏鸭远销广东、贵州、湖北和江西等省。

（2）保种方式　保种区和保种场保护(攸县麻鸭原种场)。

（3）数量　攸县麻鸭2002年存栏50万只。

（4）主要特性　攸县麻鸭属小型蛋用鸭种。体形狭长,呈船形,羽毛紧凑,公攸县麻鸭颈上部羽毛呈翠绿色,颈中部有白环,颈下部和前胸羽毛赤褐色;翼羽灰褐色;尾羽和性羽墨绿色。母攸县麻鸭全身羽毛黄褐色具椭圆形黑色斑块,胫、蹼橙黄色,爪黑色。成年攸县麻鸭体重:公鸭1 170克,母鸭1 260克。成年攸县麻鸭屠宰率:半净膛,公鸭80.7%,母鸭80.6%;全净膛,公鸭72.6%,母鸭70.8%。攸县麻鸭开产日龄100~110天,年产蛋量:放牧条件下230~250枚,圈养条件下270~290枚,平均蛋重62克,蛋壳以白色居多,占86%左右,其余为青色。

攸县麻鸭（公）　　　　　　　　　　　　攸县麻鸭（母）

图 3 - 11　攸县麻鸭

10. 荆江麻鸭

（1）产地（或分布）　荆江麻鸭（图 3 - 12）主产于湖北省,西起江陵,东至监利的荆江两岸,以江陵、监利和沔阳县为中心,毗邻的洪湖石首、公安、潜江和荆门也有分布。

（2）保种方式　保种区保护。

（3）数量　荆江麻鸭2006年存栏170万只。

荆江麻鸭（公）　　　　　　　　　　　　荆江麻鸭（母）

图 3 - 12　荆江麻鸭

（4）主要特性　荆江麻鸭属蛋用型鸭种。头清秀,喙青色,胫、蹼橘黄色,全身羽毛紧密,眼上方有长眉状白羽。公荆江麻鸭头颈羽毛翠绿色,有光泽,前胸、背腰部羽毛红褐色,尾部淡灰色。母荆江麻鸭头颈羽毛多呈泥黄色,背腰部羽毛以泥黄色为底色上缀黑色条斑。成年荆江麻鸭体重:公鸭2 415克,母鸭2 495克。180日龄屠宰率:半净膛,公鸭79.7%,母鸭79.9%;全净膛,公鸭72.2%,母鸭72.3%。荆江麻鸭开产日龄100天,年产蛋214枚,平均蛋重64克,蛋壳以白色居多。

11. 建昌鸭

(1)产地(或分布)　建昌鸭(图3-13)主产四川凉山安宁河谷地带的西昌、德昌、米易和会理等县。

(2)保种方式　保种区和保种场保护(德昌县种鸭场)。

(3)数量　建昌鸭2016年存栏为140万只。

建昌鸭(公)　　　　　　　　　　建昌鸭(母)

图3-13　建昌鸭

(4)主要特性　建昌鸭属偏肉用型鸭种。体躯宽阔,头大颈粗。公建昌鸭头颈上部羽毛黑绿色,有光泽,颈下部多有白色颈圈,尾羽黑色,2~4根性羽,前胸和鞍羽红褐色,腹部羽毛银灰色。母建昌鸭浅褐麻雀色居多,胫、蹼橘红色。成年建昌鸭体重:公鸭2 410克,母鸭2 035克。建昌鸭180日龄屠宰率:半净膛,公鸭79.0%,母鸭81.4%;全净膛,公鸭72.3%,母鸭74.1%。建昌鸭开产日龄150~180天,年产蛋140~150枚,平均蛋重73克,蛋壳以青色为主,占60%~70%。

12. 大余鸭

(1)产地　大余鸭产于江西省大余县,分布遍及周围的遂川、崇义、赣县、永新等赣西南各县及广东省南雄市。

(2)保种方式　保种区和保种场保护(大余县畜禽良种养殖场)。

(3)数量　大余鸭2016年存栏700万只。

(4)主要特性　大余鸭(图3-14)该鸭以腌制板鸭而闻名,体形中等偏大,头形稍粗,喙青色,皮肤白色,胫、蹼青黄色。公大余鸭头、颈、背部羽毛红褐色,少数头部有墨绿色羽毛,翼有墨绿色镜羽。母大余鸭全身羽毛褐色,有较大的黑色雀斑,称"大粒麻",翼有墨绿色镜羽。成年大余鸭体重:公鸭2 147克,母鸭2 108克。屠宰率:半净膛,公鸭84.1%,母鸭84.5%;全净膛,公鸭74.9%,母鸭75.3%。大余鸭50%开产日龄180天,500日龄产蛋190枚,平

大余鸭(公)   大余鸭(母)

图 3 - 14   大余鸭

均蛋重 70 克,蛋壳呈白色。

13. 巢湖鸭

(1)产地   巢湖鸭(图 3 - 15)主产地安徽省巢湖周围的庐江、巢县、肥东、肥西、舒城、无为等县。

(2)保种方式   保种区保护。

(3)数量   巢湖鸭 2016 年存栏 350 万只。

巢湖鸭(公)   巢湖鸭(母)

图 3 - 15   巢湖鸭

(4)主要特性   巢湖鸭属中型蛋肉兼用型鸭种。体躯长方,羽毛紧密,公巢湖鸭头颈上部羽毛墨绿色有光泽,前胸和背腰羽毛浅褐色带黑色条斑,腹部羽毛白色。母巢湖鸭全身羽毛浅褐色带黑色细花纹,翅膀有蓝绿色镜羽。眼眶上有半月状白眉或浅黄眉。胫、蹼橘红色,爪黑色。成年巢湖鸭体重:公鸭 2 420 克,母鸭 2 130 克,巢湖鸭 270 日龄屠宰率:半净膛,公鸭 83.8%,母鸭 84.4%;全净膛,公鸭 72.6%,母鸭 73.4%。巢湖鸭开产日龄 150 天,年产蛋 160 ~ 180 枚,平均蛋重 70 克,蛋壳以白色居多,青色较少。

14. 中山麻鸭

（1）产地（或分布）　中山麻鸭（图3-16）产于广东中山市。珠江三角洲亦有分布。

（2）数量　中山麻鸭产地处于濒危状态。

中山麻鸭（公）　　　　　　　　　　　中山麻鸭（母）

图3-16　中山麻鸭

（3）主要特性　中山麻鸭属中小型蛋肉兼用型鸭种。公中山麻鸭头、喙稍大,体躯深长,头羽花绿色,颈、背羽黑褐麻色,颈下月白色颈圈。胸羽浅褐色,腹羽灰麻色,镜羽翠绿色。母中山麻鸭全身羽毛以褐麻色为主,颈下有白色颈圈。蹼橙黄色,虹彩褐色。成年中山麻鸭体重:公鸭1 690克,母鸭1 700克。中山麻鸭63日龄屠宰率:半净膛,公鸭84.4%,母鸭84.5%;全净膛,公鸭75.7%,母鸭75.7%。中山麻鸭开产日龄130～140天,年产蛋180～220枚,平均蛋重70克,蛋壳呈白色。

15. 文登黑鸭

（1）产地（或分布）　文登黑鸭（图3-17）产于山东省文登市。乳山、牟平也有分布。

（2）保种方式　保种区保护。

（3）数量　文登黑鸭2016年存栏9 500只。

（4）主要特性　文登黑鸭全身羽毛以黑色为主,有"白嗉""白翅膀尖"的特征,头方圆形,颈细、中等长,全身皮肤浅黄色,虹彩深褐色,喙以青黑色为主,深黑色较少。公文登黑鸭头颈羽毛青绿色,尾部有3～4根性羽,蹼黑色或蜡黄色。成年文登黑鸭体重:公鸭1 900克,母鸭1760克。成年文登黑鸭屠宰率:半净膛,公鸭77.0%,母鸭72.9%;全净膛,公鸭71.8%,母鸭66.0%。文登黑鸭开产日龄为140天,年产蛋210枚,平均蛋重80克,蛋壳多为淡绿色,约占67%,还有淡褐色和白色。

文登黑鸭（公）　　　　　　　　　　　　文登黑鸭（母）

图 3 - 17　文登黑鸭

二、国外培育的蛋鸭品种

（一）咔叽－康贝尔鸭

1. 产地与分布

咔叽－康贝尔鸭（图 3 - 18）是世界上著名的高产蛋鸭。1901 年在英国育成。康贝尔（Campbell）用当地的芦安鸭与印度跑鸭杂交，其后代母鸭再与野鸭及鲁昂鸭杂交，经多代培育而成为高产品种，康贝尔鸭有黑色、白色和黄褐色 3 个变种。我国上海于 1979 年从荷兰引进咔叽－康贝尔鸭（黄褐色康贝尔鸭），由于其表现出良好的适应性和优良的生产性能，目前华东、华北、东北等很多地方均有饲养。

图 3 - 18　咔叽－康贝尔鸭

2. 体形外貌

咔叽－康贝尔鸭的体形为长方形，体躯结实、宽深，头部清秀，眼大而明亮,颈细长而直,背部宽广平直,胸部丰满,腹部发育良好,大而不下垂,两翼紧贴,两腿中等长,距离较宽;站立或行走时体长轴与地面夹角较小。母鸭的羽毛为暗褐色,头、颈部羽毛和翼羽为黄褐色,喙绿色或浅黑色,胫、蹼的颜色与体躯颜色接近呈暗褐色。公鸭的头、颈部、尾羽和翼羽均为青铜色,其他部位的羽毛为暗褐色,喙蓝褐色(个体越优者,颜色越深),胫、蹼为深橘红色。

3. 生产性能

(1)产蛋性能 年产蛋量为 260 ~ 300 枚,平均蛋重 70 ~ 75 克,蛋壳以白色居多,少数青色。

(2)生长速度 30 日龄平均体重 630 克,60 日龄公鸭体重 1 820 克,母鸭 1 580 克。90 日龄公鸭 1 865 克,母鸭 1 625 克。成年公鸭体重 2 400 克,母鸭 2 300 克。康贝尔鸭肉质鲜美,有野鸭肉的香味。

(3)繁殖性能 母鸭开产日龄为 120 ~ 130 天,公、母鸭配种比例 1:(15 ~ 20),种蛋受精率 85% 左右,公鸭利用 1 年,母鸭利用 2 年,但第二年生产性能有所下降。咔叽 - 康贝尔鸭与绍兴鸭杂交具有明显的杂种优势,杂种代的产蛋量和蛋重均有提高。

(二)樱桃谷 P2000、CV2000 型蛋鸭

樱桃谷套系蛋鸭是由英国的樱桃谷农业有限公司培育而成的,我国曾先后引进过。20 世纪 80 年代江苏省曾引进樱桃谷 P2000 型蛋鸭。这一类型鸭头小颈细,身躯狭长,前躯高抬,羽毛有花色和白色两种,其中白羽鸭的喙粉红色,胫、蹼橘红色,公鸭有性羽,除此之外,公母鸭外貌没有明显区别。P2000 型父母代鸭成年体重 2 210 ~ 2 230 克,年产蛋量 250 枚,平均蛋重 80 克,平均开产日龄 150 天,公母鸭配种比例为 1:6.5,受精蛋孵化率 76%;P2000 型商品代鸭成年体重 1 750 克,年产蛋量 275 枚,平均蛋重 75 克,开产日龄为 150 天。由于该品种蛋鸭的适应性不如我国地方蛋鸭品种和咔叽 - 康贝尔鸭,因此没有得到大范围推广。

1993 年,四川省引进樱桃谷 CV2000 型蛋鸭,目前饲养量较少。樱桃谷 CV2000 型蛋鸭体形小而长,头中等大,眼睛大且位置偏高,站立时前胸高抬,尾部下垂。全身羽毛白色,喙橘黄色,爪肉色。成年母鸭体重约 1 700 克,开产日龄为 140 天,年产蛋量 280 枚,平均蛋重 75 克,蛋壳为浅绿色。

(三)印度跑鸭

印度跑鸭(图 3 - 19)是世界著名的蛋用型鸭,根据羽毛颜色可以分为 3 个品系,分别是白色、黄褐色和花色(白色和褐色)。其中淡黄褐色和白色花

图 3-19 印度跑鸭

鸭的体躯羽毛红褐色,腹部和翅膀下部羽毛白色,颈部上段为白色,头顶和眼睛周围为暗褐色,如同戴着墨镜一样。前躯上挺,体长轴与地面夹角约 70°。年产蛋量 300 枚左右,成年公鸭体重约 2 000 克,母鸭体重 1 820 克。

第二节 肉鸭品种

肉鸭泛指专门化的肉用型品种的仔鸭和兼用品种的仔鸭。这类鸭多具有生长速度快,饲养周期短,饲料转化率高,肉质好,易饲养等特点。

一、我国培育的肉鸭品种

(一)快大型肉鸭品种

1. 北京鸭

(1)产地与分布 北京鸭(图 3-20)原产于我国北京近郊,具有丰富的遗传基础,使之既可向产肉多、脂肪低方向培育,还可用作母系向产蛋方向选育。现代世界著名鸭种均有其血缘,加之生长快、胴体美观、肉质上等、易饲养、适应性广,早被美国、英国等国引进列为标准品种,并作为主要育种素材,育成新的鸭种。北京鸭现已扩展五大洲,成为蜚声世界的标准的肉用鸭品种,也就是说北京鸭对世界肉鸭业的发展起了积极的推动作用。

(2)体形外貌 北京鸭体形硕大丰满,挺拔美观。头大,眼睛大而明亮,颈粗而中等长,体躯呈长方形,前躯抬起与地面呈 30°。背宽平,胸部丰满突出,前胸高平,腹部深广下垂但不擦地,后腹稍向下倾斜。双翅较小紧贴体侧,

图 3-20　北京鸭

尾部钝齐微向上翘,公鸭尾部有 4 根卷起的性羽。羽毛丰满、紧凑,羽色纯白而带有奶油色光泽。腿粗短有力,蹼宽厚,喙、胫、蹼橘黄色或橘红色。由于体躯笨重,腿短,行动迟缓,适宜圈养。

（3）生产性能　传统的北京鸭 70 天体重达到 2 千克;国内外于近年来采用家系繁殖、品系繁育,经配合力检测,组合了好几个配套系,生产水平大有提高。例如,中国农业科学院畜牧研究所培育的北京鸭 Z1 系与 Z2 系取得良好效果。北京鸭与任何鸭种杂交,都有很高的配合力与杂交优势。

1）生长速度与产肉性能　我国及国外选育的高产系肉用仔鸭 7 周龄体重可达 3 千克以上,其大型父本品系公鸭体重 4 ~ 4.5 千克,母鸭 3.5 ~ 4 千克;母本品系的公、母鸭体重稍轻些。经过选育的品系鸭,在自由采食的情况下,7 周龄的全净膛率公鸭为 77.9% ,母鸭为 76.5% 。北京鸭肌肉纤维细致,富含脂肪,并且脂肪在皮下和肌肉间分布均匀,肉的风味较好,是制作烤鸭的优质原料。另外,北京鸭与番鸭杂交生产的半番鸭生长速度快、肉质好、饲料利用率高,而且肥肝性能良好,填饲 2 ~ 3 周,每只可产肥肝 300 ~ 400 克。

2）繁殖性能　北京鸭繁殖性能较强,开产日龄为 150 ~ 180 天,经选育的大型父本品系需 190 天开产。年产蛋量在 200 枚左右,平均蛋重 90 克,蛋壳白色。为了提高种蛋质量和利用第二个产蛋年,目前采用人工强制换羽技术,可使母本品系在第一个产蛋期产蛋 200 枚,第二个产蛋期蛋量 100 枚以上。公、母鸭配种比例 1:5,种蛋受精率达 90% 以上,受精蛋孵化率为 80% ~ 90% 。

2. 天府肉鸭

(1)产地与分布　天府肉鸭是由四川农业大学主持培育的肉鸭新品种,也是我国首次选育成功的大型肉鸭品种。目前在四川的饲养量最多,云南、浙江、广西、湖南、湖北等省区也有饲养。

(2)体形外貌　天府肉鸭的羽毛颜色有两种,即白色和麻色。白羽类型是在樱桃谷肉鸭的基础上选育出的,外貌特征与樱桃谷相似,初生雏鸭绒毛金黄色,绒羽随日龄增加逐渐变浅,至4周龄左右变为白色,喙、胫、蹼均为橙黄色,公鸭尾部有4根向背部卷曲的性羽,母鸭腹部丰满,脚趾粗壮;麻羽肉鸭是用四川麻鸭经过杂交后选育成的,羽毛为麻雀羽色,体形与北京鸭相似。天府肉鸭行动迟缓,不爱活动,贪睡。

(3)生产性能　父母代种鸭年产蛋240多枚;白羽商品肉鸭7周龄体重平均为2 840克,胸肌率10.3%～12.3%,腿肌率10.7%～11.7%,料肉比2.84∶1,皮脂率27.5%～31.2%。

3. 芙蓉鸭

芙蓉鸭是由我国上海市农业科学院畜牧兽医研究所育成的新型瘦肉型鸭配套系,其父母代生产性能为:26～65周龄入舍母鸭年产蛋188～210枚,种蛋受精率为88%～92%,受精蛋孵化率为71%～74%,商品代8周龄活重达2 800～3 000克,料肉比为2.87∶1。该品种鸭在制种过程中引入了野鸭血统,所以带有野鸭风味且肉质鲜嫩,颇受消费者欢迎。

4. 高邮鸭肉用系

高邮鸭肉用系也称为苏邮Ⅲ号,由江苏省高邮市种鸭场培育。羽毛颜色以黑麻雀羽为主,商品鸭50日龄前后上市,体重2.8～3.5千克,每千克增重耗料2.5千克,性能与白羽肉鸭接近。但是,由于其羽毛颜色属于麻雀羽色,皮下脂肪含量也相对较低,对国内消费者具有较大的吸引力。

(二)肉用性能良好的麻鸭

国内一些科研机构和生产单位目前也正在致力于麻鸭的选育工作,通过杂交选育或本品种选育,可有效提高地方良种麻鸭的肉用性能,对于满足国内消费者对土种肉鸭需求不断增长的需要、增加麻鸭饲养者的效益将会起到重要作用。尤其是一些体形较大的兼用品种经过选育后其肉用性能有显著提高。

1. 建昌鸭

(1)产地与分布　建昌鸭(图3-21)主要分布在四川省西南部的西昌

（旧称建昌）、德昌、会里、米易和冕宁等市县,是麻鸭中肉用性能良好的品种。

建昌鸭（公）　　　　　　　　　建昌鸭（母）

图 3-21　建昌鸭

（2）体形外貌　　该鸭体躯宽深,头大颈粗,具有肉鸭的外貌特征。母鸭羽毛以浅麻雀羽居多,部分为深麻雀羽,颈部羽毛为黄褐色,喙黄褐色,胫、蹼橘红色;公鸭头部和颈部上段羽毛墨绿色,胸、背部羽毛红褐色,腹部浅灰色,尾羽黑色,喙橘黄色,胫、蹼橘红色。此外,建昌鸭中还有部分个体为黑羽白胸,喙、胫、蹼均为黑色。

（3）生产性能　　母鸭的开产期为 150～180 日龄,年产蛋约 150 枚,平均蛋重约 72 克,蛋壳青色较多,白色较少。成年公鸭体重在 2.2～2.6 千克,母鸭在 2.0～2.1 千克,仔鸭 90 日龄体重可达 1.66 千克。

建昌鸭的肥肝生产效果在麻鸭中是最好的,20 周龄前后的鸭经过 2～3 周的填饲,肝脏重量 200～400 克,质地细嫩肥美。上海市农业科学院畜牧研究所,以建昌鸭作父本,狄高商品鸭作母本,杂交子一代作肥肝鸭生产,饲养至 90 日龄,选择健康、发育正常的鸭进行个体笼养填饲,日填饲 2～3 次,填饲期 23 天,据研究填饲末体重与肝重相关,末重达到 4.0 千克时,公、母鸭肝重均 300 克以上。

2. 昆山大麻鸭

（1）产地与分布　　昆山大麻鸭的集中产地在江苏省的苏州市周边地区,其中以昆山市为主。它是利用北京鸭与当地的麻鸭进行杂交选育的。

（2）体形外貌　　昆山大麻鸭与北京鸭相似,大头粗颈,体躯近似长方形。母鸭羽毛为深褐色,有黑色斑点,有镜羽,眼上面有白色眉纹;公鸭头和颈部上段羽毛墨绿色,背部和尾部羽毛深褐色,体侧羽毛灰褐色并有芦花样斑纹,腹部羽毛灰白色。该鸭的喙青绿色,胫、蹼橘红色。

（3）生产性能　母鸭的开产期为 180 日龄前后,年产蛋约 150 枚,平均蛋重约 80 克,蛋壳灰色,少数青色。成年公鸭体重约 3.5 千克、母鸭约 3.0 千克,仔鸭 60 日龄体重 2.4 千克。

3. 桂西大麻鸭

（1）产地与分布　桂西大麻鸭出产于广西壮族自治区西部与云南省部分地区。

（2）体形外貌　成年鸭羽毛颜色有 3 个类型:深麻色、浅麻色和黑背白腹,在当地分别被称作"马鸭""凤鸭"和"乌鸭"。

（3）生产性能　母鸭的开产期为 140 日龄前后,年产蛋约 145 枚,平均蛋重约 82 克,蛋壳主要为白色。成年鸭体重 2.4～2.7 千克,仔鸭 70 日龄体重约 2.0 千克。

4. 巢湖鸭

（1）产地与分布　主要产地在安徽省巢湖周围的庐江、肥东、肥西、巢湖、无为等市县。在当地饲养量较大。

（2）体形外貌　体躯近似长方形,体形中等大小。母鸭羽毛浅褐色,散布有黑色斑纹,有镜羽,眼上面有白色或浅黄色眉纹;公鸭头和颈部上段羽毛墨绿色,背部和前胸羽毛褐色,有黑色条斑,腹部羽毛灰白色,尾部羽毛黑色。喙黄绿色,胫、蹼橘红色,爪黑色。

（3）生产性能　母鸭的开产期为 150 日龄前后,年产蛋 150～180 枚,平均蛋重约 70 克,蛋壳主要为白色。成年公鸭体重 2.1～2.7 千克、母鸭 1.9～2.4千克,仔鸭 90 日龄体重约 2.0 千克,全净膛率约 72%。

此外,肉用性能较好的麻鸭还有:江西省的大余鸭、山东省的微山鸭、四川省的麻鸭、广东省的松香黄鸭和江苏省的高邮鸭等。

二、国外培育的肉鸭品种

（一）樱桃谷鸭

1. 产地与分布

樱桃谷鸭(图 3－22)由英国樱桃谷公司以我国的北京鸭和埃里斯伯里鸭为亲本,经杂交育成的优良肉鸭品种。该品种共有 9 个品系,其中 5 个为白羽系,其余为杂色羽系。世界上已有 60 多个国家和地区引进该鸭种,我国曾先后引进樱桃谷 L2 型商品代和 SM 系超级肉鸭,目前,樱桃谷鸭在我国各省区均有分布。

图3-22 樱桃谷鸭

2. 体形外貌

由于樱桃谷鸭的血缘来自北京鸭,所以体形外貌酷似北京鸭,属大型北京鸭型肉鸭。体形较大,头大额宽,颈粗短,胸部宽深,背宽而长,从肩到尾部稍倾斜,几乎与地面平行。翅膀强健,紧贴躯干,脚粗短。全身羽毛洁白,喙橙黄色,胫、蹼橘红色。

3. 生产性能

(1)生长速度与产肉性能 父母代成年公鸭体重4 000～4 500克,母鸭3.5～4千克。商品代6周龄平均体重达3千克以上,最重达3.8千克,料肉比为2.89:1,半净膛率为85.55%,全净膛率为71.81%,瘦肉率为26%～30%,皮脂率为28%。SM系超级肉鸭,商品代肉鸭46日龄上市活重3千克以上,料肉比(2.6～2.7):1。

(2)繁殖性能 种鸭开产日龄为180天左右,年平均产蛋量为200枚,平均蛋重80克。每只母鸭提供初生雏153～168只。SM系超级肉鸭,其父母代群66周龄产蛋220枚,每只母鸭可提供初生雏155只左右。

潢川华英公司目前饲养的主要是SM3。父本有两个,一个为大型、一个为中型,母本只有1个。根据市场需要使用不同的父本进行杂交。

（二）狄高鸭

1. 产地与分布

狄高鸭是由澳大利亚狄高公司利用中国北京鸭,采用品系配套方法选育而成的优质肉用鸭种。该品种具有生长速度快、早熟易肥、肉嫩皮脆等特点,并且抗旱耐热能力较强,适应性广,并可以在陆地上配种,所以饲养期间不一定需要水池放养。我国广东省每年从澳大利亚引进该父母代种鸭,其商品代仔鸭经许多专业户饲养,均取得较好的经济效益,反映良好。

2. 体形外貌

狄高鸭外形近似北京鸭,体形比北京鸭大,头大而扁长,颈粗而长,胸宽背阔,体躯稍长,胸肌丰满,体躯前昂,后躯接近地面,尾稍翘起,胫粗而短。全身羽毛乳白色,喙橙黄色,胫、蹼橘红色。

3. 生产性能

（1）生长速度与产肉性能 该品种早期生长速度较快,雏鸭21天长出大毛,45天齐羽,饲养49日龄或56日龄时体重达3~3.5千克,料肉比为3:1。半净膛率为92.86%~94.04%,全净膛率为79.76%~82.34%,胸肌重273克,腿肌重352克。

（2）繁殖性能 种母鸭开产日龄为182天,33周龄时可进入产蛋高峰期,即产蛋率达90%,公、母鸭配种比例为1:5,年产蛋量230枚左右,平均蛋重88克。

（三）克里莫肉鸭

法国克里莫公司育成的奥白星63超级肉用种鸭（在我国内称雄峰肉鸭）,1998年我国四川省成都雄峰农牧发展有限责任公司种鸭场引进推广。其外貌特征与樱桃谷肉鸭相似（图3-23）,体形优美,硕大丰满,挺拔强健,头颈粗短,躯体呈长方形,前胸突出,背宽平,胸骨长而直,躯体倾斜度小,几乎与地面平行。种公鸭尾部有2~4根向背部卷曲的性指羽;母鸭腹部丰满,腿粗短。商品代成年鸭全身羽毛白色,喙橙黄色。

超级肉鸭奥白星63父母代种鸭性成熟期为24周龄,42~44周的产蛋期内产蛋量为220~230枚,种蛋受精率为90%~95%。其商品代饲养45~49日龄,体重达3.2~3.3千克,料肉比为(2.4~2.6):1。

图 3 – 23　奥白星肉鸭

（四）力佳鸭

　　丹麦力佳公司育种中心育成的力佳鸭,我国福建省、广东省等曾先后引进其父母代饲养,种母鸭入舍 40 周可产蛋 200 ~ 220 枚,平均蛋重 85 克。每只母鸭可提供初生雏 142 ~ 170 只。其商品代仔鸭 49 日龄体重 2.9 ~ 3.7 千克,料肉比为 2.95:1,该品种具有长羽快、抗应激能力强的特点。

第三节　瘤头鸭品种

一、普通瘤头鸭

（一）产地与分布

　　瘤头鸭(学名),又称麝香鸭、番鸭、疣鼻栖鸭,商品名称肉鸳鸯、鸳鸯鸭、红面鸭等。海南称为加积鸭、台湾称为巴巴里鸭。原产于南美洲,分布于南美洲和中美洲亚热带地区,是不太喜欢水的森林禽种,适合旱地舍饲。260 年前引入我国福建省饲养,经过长期驯化已经非常适应我国南方各省的自然环境,目前在广东、江西、广西、江苏、安徽、浙江及其中南部、湖南、台湾等省区饲养较为普遍。

（二）体形外貌

　　按照瘤头鸭的毛色可以分为白色、黑色、黑白花色瘤头鸭。

　　1. 白色瘤头鸭

　　白色瘤头鸭(图 3 – 24)是目前饲养最多的一种瘤头鸭,由于屠宰后皮肤上不会残留有色毛根,屠体外观比较好。这种瘤头鸭全身羽毛白色,喙部为粉红色,面部皮瘤为红色,而且比较大,成串珠状排列。虹彩为浅灰色,胫、蹼为橘黄色。另外有一些种群的羽毛为白色,但是在头顶上有一小片黑色羽毛

（也称为黑顶鸭），有些个体的喙部、胫、蹼部位也有黑点或黑斑。

图3－24　白色瘤头鸭

图3－25　黑色瘤头鸭

2. 黑色瘤头鸭

黑色瘤头鸭（图3－25）比较少，全身羽毛为黑色，而且有光泽，皮瘤为黑红色，比较小，喙部颜色为红色有黑斑，虹彩为浅黄色，胫、蹼多为黑色。

3. 黑白花色瘤头鸭

黑白花色瘤头鸭目前饲养量也较大。其体躯上白毛和黑毛的比例在不同个体间差别很大，多数是黑白羽毛相间，有的是白羽多、黑羽少，也有的是黑羽多、白羽少。三点黑的鸭比较多见，即头顶、背部和尾部羽毛为黑色，其他部位羽毛为白色。

（三）生产性能

1. 产蛋性能

开产日龄为6～9月龄，年产蛋量80～120枚，蛋重70～80克。蛋壳玉白色。

2. 生长速度与产肉性能

成年公鸭体重3.5～4千克，母鸭2～2.5千克，雏鸭初生重为40克，福建农业大学经过测定证明，3～10周龄是雏鸭增重的最快时期，10周龄时公鸭体重2 780克，母鸭1 840克，料肉比3.1:1，公鸭全净膛率为76.3%，母鸭全净膛率为77%。瘤头鸭10周龄时经填饲2～3周，公鸭平均产肝350克，母鸭产肝300克，料肝比为（30～32）:1。采用公瘤头鸭与母家鸭杂交生产的半番鸭或骡鸭，具有生长快、肉质好、饲料报酬高、抗逆性强的优点。在南方，特别是福建和台湾饲养半番鸭的较多。如用公瘤头鸭和母北京鸭杂交生产的半番鸭，生长速度较快，60日龄平均体重达2 160克。用瘤头鸭、北京鸭、金定鸭进行三元杂交，得到"番北金"杂种鸭，3月龄平均体重2 240克。这类杂交是不同属间的远亲杂交，所以受精率低，这是目前推广中的最大困难。

二、法国瘤头鸭高产品系

(一)产地与分布

法国瘤头鸭(图 3 - 26)高产品系由法国克里莫育种公司培育而成,该鸭种在法国发展很快,约占全国养鸭总数的 80%。

图 3 - 26　法国瘤头鸭

(二)法国瘤头鸭主要品系的外貌特征

1. CANEDINS 重型灰瘤头鸭

父本种公鸭(DT)羽毛为黑白花色,头颈部羽毛以白色为主,体躯羽毛黑色较多,胫部黄中带青,皮瘤红色。母本种母鸭(CK)全身羽毛为白色,头顶有一小片黑毛,喙部和胫部为橘黄色。其杂交后代的商品名称为"R31",其羽毛颜色为条灰色,公鸭颈部中下段及前胸部羽毛为斑点状灰白色,母鸭为白色带有灰色斑块,背部羽毛深灰色,喙部和胫部黄中带青色。

2. CANEDINS 重型白瘤头鸭

父本种公鸭(CR)全身羽毛为白色,母本种母鸭(CA)羽毛为白色,头顶有一块较大的黑斑,其杂交后代的商品名为"R51",羽毛颜色为白色,头顶有一块黑色斑块(公鸭的颜色比母鸭深)。

3. HYTOP 中型骡鸭

父本种公鸭(SR60)为白色瘤头鸭,母本种母鸭(M12)为白色北京鸭,杂交后代的商品名为"HYTOP62",羽毛颜色为蓝色(胸腹部羽毛浅灰白色,背部及尾部羽毛深灰色),胫、蹼为橘黄色。

(三)生产性能

1. CANEDINS 重型灰瘤头鸭

父母本性成熟期均为 28 周龄,母本两个产蛋期可产蛋 210 枚,种蛋受精率可达 91% ~92%,孵化率达 90%。其杂交后代 R31 灰瘤头鸭的生产性能见

表 3 - 2。

表 3-2　R31 灰瘤头鸭生产性能

性别	屠宰日龄(天)	体重(克)	料肉比值	胸肉率
公鸭	88	5 000	2.8	16%
母鸭	70	2 700	2.8	16%

2. CANEDINS 重型白瘤头鸭

父母本性成熟期均为 28 周龄,母本两个产蛋期可产蛋 210 枚,种蛋受精率可达 92%~93%,孵化率达 90%。商品代 R51 白瘤头鸭的生产性能见表 3-3。

表 3-3　R51 白瘤头鸭生产性能

性别	屠宰日龄(天)	体重(克)	料肉比值	胸肉率
公鸭	88	5 100	2.9	16%
母鸭	70	2 750	2.8	16%

3. HYTOP 中型骡鸭

父本性成熟期为 30 周龄,母本性成熟期为 24 周龄。在人工授精的条件下,42 周龄的产蛋期内可产蛋 230 枚。商品代 HYTOP62 骡鸭的生产性能见表 3-4。

表 3-4　HYTOP62 骡鸭的生产性能

性别	9 周龄			12 周龄		
	体重(克)	料肉比值	胸肉率(%)	体重(克)	料肉比值	胸肉率(%)
公鸭	3 700	2.6	15.75	4 000	3.7	17.75
母鸭	3 450	2.6	15.75	3 800	3.7	17.75

第四节　鹅品种

一、我国鹅的主要品种

(一)大型鹅

1. 狮头鹅

(1)产地与分布　狮头鹅(图 3-27)是我国著名的大型鹅种,原产于广东省饶平县溪楼村,现在中心产区为广东省澄海县和汕头市郊,在澄海县建立了狮头鹅种鹅场,并且开展了系统的选育工作。由于狮头鹅可以作为肉用仔鹅和肥肝鹅的杂交配套父本,所以分布较广。目前黑龙江、辽宁、河北、陕西、山西、山东等省均有分布。

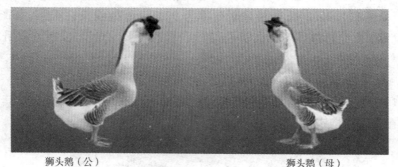

狮头鹅（公）　　　　　　　　　　　狮头鹅（母）

图3-27　狮头鹅

（2）体形外貌　狮头鹅体形硕大,体躯呈方形,前胸宽深,前躯略高,背部宽平。公鹅头部肉瘤发达前倾,两颊有左右对称的肉瘤1~2对,从正面看犹如狮头,因而得名狮头鹅。母鹅的肉瘤相对小而扁平。脸部皮肤松软,眼皮突出呈黄色,眼圈金黄色,外观眼球似下陷,喙短坚实呈黑色。颌下咽袋发达,一直延伸到颈部。背部、前胸羽毛及翼羽呈棕褐色,腹部羽毛呈白色或灰白色,由头顶至颈部的背面形成鬃状的深褐色羽毛带。胫粗壮,蹼宽大,均呈橘黄色。

（3）生产性能

1）生长速度与产肉、产肝性能　成年公鹅体重9 000克左右,母鹅体重8 000克左右,较以前的标准体重有所下降。雏鹅早期生长速度快,初生公鹅体重为134克,母鹅为133克。在以放牧饲养为主的条件下,30日龄公鹅体重为2 249克,母鹅为2 063克;60日龄公鹅体重为5 550克,母鹅体重为5 115克;70~90日龄未经育肥的公鹅体重为6 180克,母鹅体重为5 510克。公鹅半净膛率为81.9%,母鹅为84.2%。公鹅全净膛率为71.9%,母鹅为72.4%。狮头鹅具有良好的肥肝性能,经过短期填饲,平均肝重在600克以上,肝料比为1∶40。公鹅与其他品种母鹅杂交,能明显提高仔鹅的产肉性能和产肥肝性能。杂交后代的体形接近狮头鹅的体形。

2）产蛋性能　母鹅在170~180日龄开产,产蛋具有季节性,每年的8~9月至翌年的3~4月为产蛋季节,第一个产蛋年平均产蛋20~24枚,平均蛋重为176.3克;第二年以后平均产蛋28枚,平均蛋重217.2克。每个产蛋季节分为 3 个产蛋期,每期产蛋 6~10 枚,蛋壳呈乳白色。

3)繁殖性能　种公鹅配种一般在 200 日龄以上,公、母鹅配种比例为1:(5~6)。1 岁母鹅产蛋受精率为 69%,受精蛋孵化率为 87%,两岁以上母鹅的产蛋受精率为 79.2%,受精蛋孵化率为 90%。母鹅就巢性很强,每产完 1期蛋就巢 1 次。母鹅盛产期在 2~4 岁,可持续利用 5~6 年,公鹅可利用 3~4年。

2. 合浦鹅

(1)产地与分布　合浦鹅(图 3-28)主要分布在广西的合浦县及其周围地区,在全国的推广量不多。

图 3-28　合浦鹅

(2)体形外貌　由于合浦鹅含有狮头鹅的血统,所以体形与狮头鹅相似,体躯长方形,头粗大、有褐色的大额瘤,颌下有咽袋。雏鹅羽毛呈黑绿色,胸颈部带少量黄色羽(长大后变为白色),成年鹅背部羽毛浅褐色、腹部灰白色,喙、胫、蹼均为黑色。

(3)生产性能　成年公鹅体重在 9 千克以上、母鹅 7 千克以上,年产蛋 25枚左右。仔鹅 7 周龄体重在 3.5 千克以上。

(二)中型鹅

1. 皖西白鹅

(1)产地与分布　皖西白鹅(图 3-29)属于中型鹅种,产于安徽省西部丘陵山区和河南省固始县一带,在河南省当地也称固始鹅,主要分布在安徽省的霍邱、寿县、庆安、肥西、舒城、长丰等县及河南的固始等县。该鹅具有生长快、觅食力强、耐粗饲、肉质好、羽绒品质优良等特点。

图3-29 皖西白鹅

（2）体形外貌 皖西白鹅体形中等,头中等大小,前额有发达而光滑的肉瘤。母鹅体躯呈蛋圆形,颈相对细短,腹部轻微下垂。公鹅肉瘤大而突出,颈粗长有力,呈弓形,体躯略长,胸部丰满,前躯高抬,全身羽毛洁白、眼眶后部有褐色小斑块,喙和肉瘤呈橘黄色,胫、蹼橘红色。皖西白鹅中约有6%的个体颌下有咽袋,还有少数鹅头顶后部有球形羽束,即顶心毛。

（3）生产性能

1）生长速度与产肉性能 皖西白鹅早期生长速度较快,初生重90克,30日龄体重可达1.5千克,60日龄达3～3.5千克,90日龄达4 500克。成年公鹅体重为5.5～6.5千克,成年母鹅的体重5～6千克。在粗放的饲养条件下,8月龄放牧饲养不催肥的鹅的半净膛率为79.0%,全净膛率为72.8%。

2）产蛋性能 母鹅一般6月龄可开产,但产区群众习惯于早春孵化,人为将开产期推迟到9～10月龄,所以母鹅多集中在每年的1～4月产蛋。一般母鹅分两期产蛋,61%的母鹅在1月产第一期蛋,65%的母鹅在4月产第二期蛋,平均年产蛋25枚,平均蛋重142克,蛋壳白色。有就巢性的母鹅相应抱孵2次,所以3月和5月是出雏高峰。没有就巢性的母鹅每年产蛋50枚左右,但仅占群体的3%～4%,由于不符合当地自然孵化的繁殖习惯,多被淘汰,所以人为地限制了该鹅种的产蛋量。

3）繁殖性能 在自然交配的条件下,公、母鹅的配种比例为1:（4～5）,种蛋受精率为88.7%;由专养的配种公鹅进行人工辅助配种时,公、母鹅配比为

1：(8~10)，种蛋受精率为91%。受精蛋孵化率为91%以上，健雏率可达97%。母鹅可利用4~5年，特别优秀者可利用7~8年，公鹅可利用3~4年或更长。

4）产羽绒性能　皖西白鹅羽绒的产量和质量均很优秀，羽绒洁白，尤其以羽绒的绒朵大而著称。3~4月龄仔鹅平均每只产羽绒270~280克，其中纯绒16~20克；8~9月龄鹅平均每只产羽绒350~400克，其中纯绒40~50克。

2. 溆浦鹅

（1）产地与分布　溆浦鹅（图3-30）属中型鹅种，原产于湖南省溆浦县沅水的支流溆水的沿岸溆浦县，与该县领近的隆口、洞口、新化、安化等县均有分布。

溆浦鹅（灰鹅，左公右母）　　　　溆浦鹅（白鹅，左公右母）

图3-30　溆浦鹅

（2）体形外貌　溆浦鹅体形较大，体躯略长。公鹅体躯呈长方形，肉瘤明显，颈长呈弓形，前躯丰满而高抬，叫声清脆而洪亮，有较强的护群性。母鹅体躯呈椭圆形，胸宽大于胸深，后躯丰满有腹褶。羽毛主要有白、灰两种，但以白色居多。约有20%的个体枕骨后方着生一簇旋毛，也叫顶心毛。白鹅全身羽毛白色，喙、肉瘤、胫、蹼呈橘黄色；灰鹅颈部、背部、尾部羽毛灰褐色，腹部白色，喙黑色，肉瘤灰黑色。

（3）生产性能

1）生长速度与产肉、产肝性能　溆浦鹅成年公鹅体重6 500~7 500克，母鹅5 500~6 500克。溆浦鹅生长速度快，初生雏鹅体重120克，30日龄达1 540克，60日龄达3 160克，90日龄达4 420克，120日龄达4 550克，150日龄达5 250克，180日龄的公鹅体重可达5 890克，母鹅可达5 340克。其半净膛率公鹅为88.70%，母鹅为87.29%；全净膛屠宰率公、母鹅分别为80.72%和79.83%。溆浦鹅产肥肝性能优秀，在国内鹅种中位居第二，有生产特级肥肝的潜力,成年鹅填肥 3 周,肥肝平均重 627 克,最大肥肝重 1 330 克。肝料比为 1:28,白色和灰色两种羽色的鹅产肥肝性能无差异。

2)产蛋性能 母鹅一般 7 月龄开产,年产蛋 30 枚左右,产蛋季节集中在秋末和初春,分 2~3 个产蛋期产蛋,每期产蛋 8~12 枚,母鹅每产完 1 期蛋之后,就巢孵蛋 1 次。蛋壳以白色居多,少数为淡青色,平均蛋重在 200 克以上。

3)繁殖性能 公鹅 5~6 月龄具有交配能力,公、母鹅配种比例为 1:(3~5),种蛋受精率为 96%,受精蛋孵化率在 90% 以上,一般母鹅可利用 5~7 年,公鹅利用 3~5 年。

3. 雁鹅

(1)产地与分布 雁鹅(图 3-31)属于中型鹅种,是我国灰色鹅种的代表。原产于安徽省六安地区的霍邱、寿县、广安、舒城、肥西等县,现分布于全国各地,以安徽省的宣城、郎西、广德一带和江苏省西南部及河南省固始县饲养相对集中,形成了新的饲养中心。

雁鹅(公)   雁鹅(母)

图 3-31 雁鹅

(2)体形外貌 雁鹅体形中等,结构匀称,全身羽毛紧贴。头中等大小,圆形略方,前额有光滑的肉瘤,突起明显,颈细长呈弓形。公鹅体躯呈长方形,母鹅体躯呈蛋圆形。胸部丰满,前躯高抬,后躯发达,外形高昂挺拔。部分个体有咽袋和腹褶。成年鹅羽毛呈灰褐色或深褐色,颈的背侧有一条明显的灰褐色羽带,体躯从上往下羽色渐浅,腹部羽毛灰白色或白色,背、翼、肩及腿羽均为银边羽,排列整齐。肉瘤、喙黑色。肉瘤的边缘和喙的基部有半圈白羽。胫、蹼橘黄色,爪黑色。

(3)生产性能

1)生长速度与产肉性能 雁鹅耐粗饲,饲料利用率高,早期生长速度快。初生公鹅重为 149 克,母鹅为 104 克。在放牧饲养条件下,60 日龄公鹅体重

2 440克,母鹅重2 170克;90日龄公鹅重3 950克,母鹅重3 460克。如果饲养条件好,喂以配合饲料,2月龄体重即可达4 000克以上。成年公鹅体重6~7千克,母鹅4~5千克。成年公、母鹅的半净膛率分别为86.14%和83.98%,全净膛率分别为72.6%和65.43%。

2)产蛋性能　母鹅一般8~9月龄开产,在饲养管理较好的条件下,7月龄即可开产,年产蛋25~35枚,平均蛋重150克,蛋壳白色。雁鹅有就巢性,每产一定数量的蛋即进入就巢期而休产。一般是1个月产蛋、1个月孵化、1个月加料复壮,每个季节循环1次,因此,雁鹅被称为四季鹅。且年产蛋量、蛋重逐年增加。

3)繁殖性能　公鹅4~5月龄有配种能力,其性行为表现有季节性,且公鹅对母鹅有选择性,公、母鹅配种比例一般为1:5,种蛋受精率在85%以上,受精蛋孵化率为70%~80%。母鹅一般利用3年,公鹅一般利用1~2年。

4.四川白鹅

(1)产地与分布　四川白鹅(图3-32)属中型鹅种,原产于四川省的温江、乐山、宜宾和重庆市的永川等县区,现广泛分布于四川盆地的坪坝和丘陵水稻产区,是四川省及重庆市饲养量最大的鹅种。

四川白鹅(公)　　　　　　　　四川白鹅(母)

图3-32　四川白鹅

(2)体形外貌　四川白鹅全身羽毛洁白、紧密,喙、胫、蹼橘红色,眼睑椭圆形,虹彩蓝灰色。成年公鹅体质结实,头颈较粗,体躯稍长,前额肉瘤成半圆形,不发达;成年母鹅头清秀,颈细长,肉瘤不明显。公、母鹅均无咽袋和皱褶。

(3)生产性能

1)生长速度与产肉性能　四川白鹅60日龄前生长较快,据测定,初生重81.1克,60日龄平均重2 855.7克,平均日增重46.2克,90日龄平均重3 518.9克,60~90日龄平均日增重22.1克。6月龄公鹅平均体重3 570克,母鹅体重 2 900 克;成年公鹅体重 3 850 克,母鹅体重 3 400 克。

2)繁殖性能　四川白鹅公鹅性成熟期 180 天左右,母鹅开产日龄 200 ～ 240 天。产蛋旺季为每年的 10 月至翌年的 4 月,一般年产蛋 60 ～ 80 枚,平均蛋重 149.92 克,蛋壳呈白色。母鹅基本上无就巢性。自然交配公、母鹅配比为 1:(3～4),受精率为 84.5%,受精蛋孵化率为 84.2%。育雏成活率为 97.6%。

3)产肥肝和产羽绒性能　四川白鹅羽毛洁白,3 月龄时羽绒生长已基本成熟,即可开始活体拔绒,据张子元(1992 年)报道,四川白鹅种鹅育成期拔毛 3 次,每只平均产毛 198.66 克,其中绒羽 46.83 克,含绒率 23.57%。休产期拔毛 3 次,每只平均产毛 236 克,其中绒羽 51.26 克,含绒率 21.72%。同时四川白鹅具有一定的产肝性能,经填肥后,平均肝重 344 克。

5. 浙东白鹅

(1)产地与分布　浙东白鹅(图 3 - 33)为中型鹅种,原产于浙江省东部奉化、象山、定海等县,现广泛分布于浙江省及周边地区,中心产区为宁波市。由于其一年四季都能产蛋和繁育,当地群众喜称四季鹅。

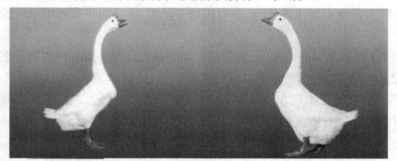

浙东白鹅(公)　　　　　　　　　　浙东白鹅(母)

图 3 - 33　浙东白鹅

(2)体形外貌　浙东白鹅全身羽毛洁白,约有 15% 的个体在头部、背部夹杂少量斑点状灰褐色羽毛。前额肉瘤高突,随着年龄的增长肉瘤越来越明显。颌下无咽袋,颈细长。喙、颈、蹼在年幼时为橘黄色,成年以后变为橘红色,肉瘤颜色略浅于喙的颜色。成年公鹅昂首挺胸,鸣声洪亮,好追逐人;母鹅肉瘤较低,性情温驯,腹部宽大而下垂。

(3)生产性能

1)生长速度与产肉性能　浙东白鹅早期生长速度快,出生重 86.7 克,30 日龄体重为 1 340 克,70 日龄体重为 3 200 ～ 4 000 克。一般在 70 日龄即可上市。公鹅半净膛率为 87.54%，母鹅半净膛率为 88.07%。成年鹅体重达 5 000 克，其肉质较好。

2）繁殖性能　公鹅 4 月龄达到性成熟，母鹅 3 月龄达到性成熟，配种产蛋在 5 月龄，母鹅每年有 4 个产蛋期，每期 70 天，产蛋 8～13 枚，每年可产蛋 40 枚左右，平均蛋重 150 克。自然交配公、母鹅比例为 1∶4，人工辅助交配，公、母鹅比例为 1∶15，受精率 90% 以上。浙东白鹅利用期较长，公鹅可利用 3～5 年，以第二年至第三年最好，母鹅可利用 10 年，以第三年至第五年最好。

浙东白鹅的主要优点是肉质好，早期生长速度快，最大的缺点是产蛋量少。浙江省农业部门成立了宁波市浙东白鹅选育协作组，在象山县种鹅场对浙东白鹅进行了系统的品种选育，现在该鹅的体形外貌和生产性能都有不同程度提高，其中产蛋量提高了 4.7%，体重增加了 11.6%，杂毛率下降了 88.9%，个体间生产性能基本趋于一致。

6. 扬州鹅

（1）产地与分布　扬州鹅是由扬州大学联合当地几个部门共同选育的新品种。其基础群是太湖鹅，经过多年的系统选育而成。具有耐粗饲、抗病力强、肉质好、仔鹅生长快等优点，在当地饲养较多，而且向华东和中原地区进行推广。

（2）体形外貌　羽毛洁白，绒质好。个别商品仔鹅头部和尾部有小黑斑。

（3）生产性能　成年公鹅体重约 4 600 克、母鹅体重 4 200 克，年产蛋约 72 枚，受精率、孵化率均在 90% 以上，年提供雏鹅 50～57 只。在放牧补饲条件下，仔鹅 70 日龄体重达 3 400 克左右，增重与精饲料消耗比为 1∶（1.5～2）。

7. 武冈铜鹅

（1）产地（或分布）　武冈铜鹅（图 3－34）产于湖南省武冈市。

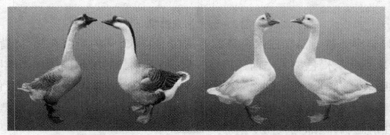

武冈铜鹅（灰羽，左公右母）　　　武冈铜鹅（白羽，左公右母）

图 3－34　武冈铜鹅

（2）保种方式　保种区保护。

（3）数量　武冈铜鹅2002年存栏68万只。

（4）主要特性　武冈铜鹅属中型肉用鹅种，体态呈椭圆形，颈较细长。羽色有灰、白两种，白武冈铜鹅喙、胫、蹼橘黄色，爪白色。灰武冈铜鹅喙、胫、蹼均呈青灰色，爪黑色。颌下咽袋较小，成年母武冈铜鹅有腹褶。成年武冈铜鹅体重：公鹅5 240克，母鹅4 410克；成年武冈铜鹅屠宰率：半净膛，公鹅86.2%，母鹅87.5%；全净膛，公鹅79.6%，母鹅79.1%。武冈铜鹅开产日龄185天，年产蛋30~45枚，平均蛋重160克，蛋壳呈乳白色。

8. 兴国灰鹅

（1）产地（或分布）　兴国灰鹅（图3-35）产于江西省兴国县。

兴国灰鹅（公）　　　　　　　兴国灰鹅（母）

图3-35　兴国灰鹅

（2）保种方式　保种区和保种场保护（兴国灰鹅保种场）。

（3）数量　兴国灰鹅2002年存栏为260万~300万只。

（4）主要特性　兴国灰鹅属中型肉用鹅种，喙青色，头、颈、背部羽毛呈灰色，胸、腹部羽毛为灰白色，虹彩乌黑色。胫、皮肤均呈黄色。公兴国灰鹅性成熟后额前有黑色肉瘤突起，下颌无咽袋，母兴国灰鹅大多数有明显腹褶。成年兴国灰鹅体重：公鹅5 100克，母鹅4 670克。屠宰率：半净膛，公鹅81.0%，母鹅81.5%；全净膛，公鹅68.8%，母鹅69.4%。兴国灰鹅开产日龄180~210天，年产蛋30~40枚，平均蛋重149克，蛋壳呈白色。

9. 钢鹅（又名铁甲鹅）

（1）产地　钢鹅（图3-36）产于四川省凉山彝族自治州安宁河流域的河谷区，四川平原也有分布。

（2）保种方式　保种区保护。

（3）数量　钢鹅2002年存栏12.3万只。

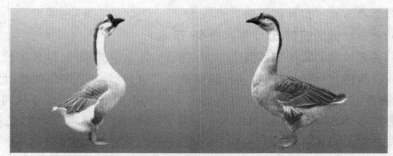

钢鹅（公）　　　　　　　　　　钢鹅（母）

图3-36　钢鹅

（4）主要特性　钢鹅属中型肉用鹅种,体形较大,体躯向前抬起,公鹅肉瘤比较发达。钢鹅背羽、翼羽、尾羽为棕色或白色镶边的灰黑色羽,状似铠甲,故又称铠甲鹅,钢鹅从头顶起,沿颈的背面直到颈的基部,有一条由宽渐窄的深褐色的鬃状羽带。胫、蹼橘黄色、趾黑色。钢鹅成年鹅体重:公鹅5 000克,母鹅4 500克。钢鹅成年鹅屠宰率:半净膛,公鹅88.5%,母鹅88.6%,全净膛,公鹅76.8%,母鹅75.5%。钢鹅开产日龄180~200天,年产蛋42枚,平均蛋重173克。

（三）小型鹅

1.太湖鹅

（1）产地与分布　太湖鹅(图3-37)是我国鹅种中一个小型的高产白鹅品种,原产于江苏、浙江两省沿太湖地区,现主要分布于江苏、浙江、上海等地,在东北、河北、湖南、湖北、江西、安徽、广东、广西等地也有饲养。

太湖鹅（公）　　　　　　　　　　太湖鹅（母）

图3-37　太湖鹅

（2）体形外貌　太湖鹅体形小,体质细致紧凑,全身羽毛洁白,体态高昂,前躯丰满而高抬。前额肉瘤明显,圆而光滑,呈淡姜黄色,颈细长呈弓形,无咽袋,从外表看公母鹅差异不大,公鹅体形相对高大,常昂首展翅行走,叫声洪亮;母鹅肉瘤较公鹅为小,喙也相对短些,叫声较低。公、母鹅的喙,胫,蹼均呈橘红色。

(3)生产性能

1)生长速度与产肉性能 太湖鹅主要用于生产肉用仔鹅,雏鹅出生重平均为91.2克,70日龄即可上市,放牧饲养,体重为2 250~2 500克;关棚饲养,体重达2 900~3 400克,料肉比为(2.5~4.5):1,70日龄仔鹅的半净膛率为78.6%,全净膛率为64%;成年公鹅体重为4 000~4 500克,母鹅3 500~4 250克,半净膛率分别为84.75%和79.75%,全净膛率分别为75.64%和68.73%。为了提高仔鹅的生长速度和屠体品质,常用太湖鹅作母本与其他鹅种杂交生产肉用仔鹅,如用皖西白鹅与太湖鹅杂交,杂交代68日龄体重达3650克,料肉比为2.04:1,全净膛率为72.5%,其肉用性能优于纯种太湖鹅。

2)产蛋性能 太湖鹅产蛋性能较好,母鹅一般150日龄开产,即3月孵化出的母鹅,当年9月至翌年6月为产蛋期,年产蛋60~70枚,高产鹅群在80~90枚以上,平均蛋重138克。蛋壳色泽较一致,蛋壳几乎全为白色。

3)繁殖性能 公、母鹅的配种比例为1:(6~7),种蛋受精率在90%以上,受精蛋孵化率在85%以上,母鹅就巢性差,因此,太湖鹅的繁殖几乎全为人工孵化。种鹅停产后全部淘汰,即只利用1年。

4)产羽绒性能 太湖鹅羽绒洁白如雪,轻软,弹性好,保暖性强,经济价值高,每只鹅可产羽绒200~250克。

2. 豁眼鹅

(1)产地与分布 豁眼鹅(图3-38)又名豁鹅,属于小型高产鹅种,因其上眼睑边缘后上方有明显豁口,因而得名豁眼鹅。原产于山东省莱阳地区,后来推广到辽宁、吉林、黑龙江省区,目前,山东、辽宁、吉林、黑龙江省区饲养的豁眼鹅较多,并且各地经过选育后有了新的名称,如在山东省被称为五龙鹅,在辽宁昌图地区被称为昌图豁鹅,在吉林通化地区、黑龙江延寿县周围一带称为疤拉眼鹅。近年来,新疆、广西、内蒙古、福建、安徽等省、自治区也先后引入了豁眼鹅品种。

(2)体形外貌 豁眼鹅体形较小,体质细致紧凑。头较小,额前有光滑的肉瘤,眼呈三角形,上眼睑有一疤状豁口,为该品种独有的特征。颈长呈弓形,前躯挺拔高抬。公鹅体形较短,呈椭圆形,母鹅体形稍长呈长方形。山东豁眼鹅颈较细长，腹部紧凑，只有少数鹅有腹褶且腹褶较小；少数鹅有咽袋。辽宁、吉林、黑龙江等省的豁眼鹅大多数有咽袋和腹褶。豁眼鹅全身羽毛洁白，喙、肉瘤、胫、蹼均呈橘红色。

豁眼鹅（公）　　　　　　　　　　　　　豁眼鹅（母）

图3-38　豁眼鹅

（3）生产性能

1）生长速度与产肉性能　因各产区饲养条件不同，仔鹅生长速度差异很大。据测定，山东、吉林地区在半放牧条件下，初生重平均为75克和73克的公、母雏鹅，60日龄时公鹅重1 380～1 480克，母鹅为890～1 480克。辽宁鹅相对较重，初生重75克，60日龄体重达2 500克，90日龄体重达3 000～4 000克。150日龄上市，半净膛率为78.3%～81.2%，全净膛率为70.3%～72.4%。在肉用仔鹅的生产中，豁眼鹅是理想的母本品种，与国外的大型鹅种，如莱茵鹅、朗德鹅杂交，杂交代生长速度可大大提高，70日龄仔鹅体重在3 200克以上，料肉比为2.9∶1。

2）繁殖性能　豁眼鹅无就巢性，种蛋要进行人工孵化。年产蛋100枚左右，高产个体能够达到150枚，也称为鹅中来航。公、母鹅配种比例为1∶（5～7），种蛋受精率为85%左右，受精蛋孵化率为80%～85%，母鹅产蛋高峰在第二年至第三年，利用年限一般不超过3年。

3）产羽绒性能　豁眼鹅羽绒洁白，含绒量高，但绒絮稍短。成年公鹅1次活拔羽绒200克，母鹅150克，其中含绒量为30%左右。

3. 伊犁鹅

（1）产地与分布　伊犁鹅（图3-39）是我国地方良种鹅中唯一起源于灰雁的品种。主要分布在新疆西北部的伊宁和博乐市周围地区。内地基本没有饲养。

（2）体形外貌　头顶无额瘤、颈部短粗、胸宽且前挺，体躯呈扁的椭圆形，

伊犁鹅（公）　　　　　　　　伊犁鹅（母）

图 3 – 39　伊犁鹅

与地面的夹角较小。羽毛可以分为 3 种类型：灰色、花色和白色。

灰色鹅的头、颈、背、翼部位羽毛为灰褐色，胸、腹部羽毛灰白色，并有少量深褐色小斑块。花色鹅的头、背、翼部位羽毛为灰褐色，其他部位白色，肩部常见白色羽毛。白色鹅全身羽毛为白色。

（3）生产性能　成年伊犁鹅体重：公鹅 3 600～3 900 克，母鹅 3 300～3 600 克；仔鹅体重：90 日龄 2 770～3 410 克，120 日龄为 3 440～3 690 克；该品种产蛋量低，每年 3 月、4 月产蛋，第一个产蛋年度产蛋约 9 枚、第二个产蛋年度约 12 枚、第三个产蛋年度产蛋量达最高，约 16 枚。蛋壳呈乳白色。成年鹅每年可产羽绒 240 克。

4. 乌鬃鹅

（1）产地与分布　乌鬃鹅（图 3 – 40）主产区在广东省的清远市及其附近县市，当地也称为清远鹅。该品种在广东省颇受消费者喜爱。

乌鬃鹅（公）　　　　　　　　乌鬃鹅（母）

图 3 – 40　乌鬃鹅

（2）体形外貌　该品种的鹅体形紧凑，头小、颈细、脚短。背、胸、肩和尾部羽毛灰褐色，颈部两侧和前胸部羽毛灰白色，腹部白色；从头顶到颈肩结合处沿颈部背侧有一条棕褐色条带,如同马的深色鬃毛一般。喙、肉瘤、胫、蹼均为黑色。

(3)生产性能　成年公鹅体重4~4.5千克,母鹅3.5千克,母鹅20周龄开产,年产蛋约30枚,平均蛋重145克左右,蛋壳呈灰色,就巢性强。仔鹅70日龄体重平均2.85千克。

5. 籽鹅

(1)产地(或分布)　籽鹅(图3-41)主产于黑龙江省绥化和松花江地区,以肇东、肇源、肇州最多,辽宁和吉林省均有分布。

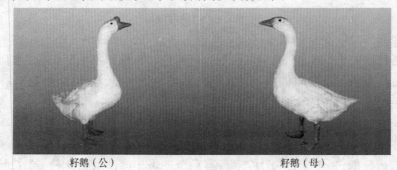

籽鹅(公)　　　　　　　　　　　籽鹅(母)

图3-41　籽鹅

(2)保种方式　保种区保护。

(3)数量　籽鹅2016年存栏750万只。

(4)主要特性　籽鹅属小型蛋用鹅种,略呈长圆形,颈细长,头上肉瘤小,多数小顶有缨。喙、胫、蹼为橙黄色。颌下垂皮较小。腹部不下垂。白色羽毛。成年籽鹅体重:公鹅4 230克,母鹅3 410 克。屠宰率:半净膛,公鹅80.7%,母鹅83.8%;全净膛,公鹅74.8%,母鹅70.7%。籽鹅开产日龄180天,年产蛋100~130枚,平均蛋重131克,蛋壳呈白色。

6. 百仔鹅

(1)产地(或分布)　百仔鹅(图3-42)产于山东省金乡县南部。

(2)保种方式　保种区保护。

(3)数量　百仔鹅2002年存栏10万只。

(4)主要特性　百仔鹅属小型蛋用鹅种,体质紧凑强健,体躯稍长,胸宽略上挺,体态高昂。按羽毛颜色可分白百仔鹅和灰百仔鹅,现存大多为白百仔鹅。头方圆形,额前有一肉瘤,公百仔鹅大而显著。灰百仔鹅喙部为黑色,白百仔鹅为橘红色。颌下有一大咽袋,成年母百仔鹅有腹褶,腿稍短,呈橘红色。

灰百仔鹅蹼为黑色,白百仔鹅为黄色。皮肤白色。成年百仔鹅体重:公鹅4 180克,母鹅3 630 克。成年百仔鹅屠宰率:半净膛,公鹅86.4%,母鹅88.4%;全净膛,公鹅74.7%,母鹅80.6%。百仔鹅开产日龄270~300天,年产蛋100~120 枚,蛋重160~220 克,蛋壳呈白色。

百仔鹅(公)　　　　　　　　　百仔鹅(母)

图3-42　百仔鹅

7. 莲花白鹅

(1)产地(或分布)　莲花白鹅(图3-43)产于江西省莲花县。

莲花白鹅(公)　　　　　　　　莲花白鹅(母)

图3-43　莲花白鹅

(2)保种方式　保种区保护。

(3)数量　莲花白鹅2016年存栏78 万只。

(4)主要特性　莲花白鹅属小型肉用鹅种,羽毛白色,喙、胫、蹼橘黄色,皮肤淡黄色。喙后基部正上方有一半球橘黄色肉瘤。公莲花白鹅颈长,头上肉瘤较大,呈半球形。母莲花白鹅肉瘤较小。颌下无咽袋,无腹褶。成年莲花白鹅体重:公鹅4.5~5.5 千克,母鹅3.5~4.5 千克。屠宰率:半净膛,公鹅84.9%,母鹅84.0%;全净膛,公鹅78.9%,母鹅76.5%。莲花白鹅开产日龄

240 天,年产蛋 32~36 枚,平均蛋重 138 克,蛋壳呈乳白色。

8. 永康灰鹅

（1）产地（或分布）　永康灰鹅（图 3 - 44）产于浙江省永康及武义县。

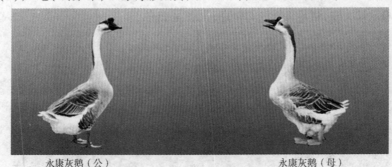

永康灰鹅（公）　　　　　　　　　　　　　　永康灰鹅（母）

图 3 - 44　永康灰鹅

（2）保种方式　保种区保护。

（3）数量　永康灰鹅 2002 年存栏 3.5 万只。

（4）主要特性　永康灰鹅属小型肉用鹅种。羽毛呈灰黑色或淡灰色,颈部正中至背部主翼羽颜色较深,颈部两侧和前胸部羽毛为灰白色,腹部羽毛白色,尾部羽毛上灰下白。肉瘤为黑色。颌下无咽袋,无腹褶。皮肤淡黄色,胫、蹼橘红色。好斗会啄人。成年永康灰鹅体重:公鹅 4 175 克,母鹅 3 726 克。屠宰率:半净膛为 82.4%,全净膛为 61.8%。永康灰鹅开产日龄 140~160天,年产蛋 40~60 枚,平均蛋重 145 克。

9. 酃县白鹅

（1）产地（或分布）　酃县白鹅（图 3 - 45）产于湖南省炎陵县沔水流域的沔渡、十都等地。

（2）保种方式　保种区保护。

（3）数量　酃县白鹅 2002 年存栏 3 万只。

（4）主要特性　酃县白鹅属小型肉用鹅种,体形小而紧凑。头中等大小,有较小的肉瘤,母酃县白鹅肉瘤偏平,不突出。全身羽毛白色。喙、肉瘤、胫、蹼橘红色,爪白玉色,皮肤黄色,少数个体下颌有咽袋,部分个体有腹褶。成年酃县白鹅体重:公鹅 4 250 克,母鹅 4 100 克。180 日龄屠宰率:半净膛,公鹅84.2%,母鹅 84.0%;全净膛,公鹅 78.2%,母鹅 75.7%。酃县白鹅开产日龄160 天,年产蛋 45 枚,平均蛋重 143 克,蛋壳呈白色。

鄱县白鹅（公）　　　　　　　鄱县白鹅（母）

图 3 - 45　鄱县白鹅

10. 长乐鹅

（1）产地（或分布）　长乐鹅（图 3 - 46）主产福建省的长乐市潭头、金峰、湖南、文岭、梅花等乡镇。

长乐鹅（公）　　　　　　　　　长乐鹅（母）

图 3 - 46　长乐鹅

（2）保种方式　保种区和保种场保护（福建省长乐市宝护长乐灰鹅良种场）。

（3）数量　长乐鹅 2002 年存栏种鹅 1.5 万只。

（4）主要特性　长乐鹅属小型肉用鹅种,羽毛灰褐色,纯白色的很少,成年长乐鹅从头到颈部的背面,有一条深褐色的羽带,与背、尾部的褐色羽区相连。颈部内侧到胸、腹部呈灰白色或白色。有的在颈、胸肩交界处有白色环状羽。喙黑色或黄色,肉瘤黑色或黄色,带黑斑。虹彩褐色。皮肤黄色或白色。胫、蹼黄色。颌下无咽袋,无腹褶。成年长乐鹅体重:公鹅 4 380 克,母鹅 4 190克。70 日龄屠宰率:半净膛,公鹅 83.4% ,母鹅 82.3% ;全净膛,公鹅 71.7% ,母鹅 70.2% 。肝较重,公鹅 103 克,母鹅 78.8 克,填肥 4 周,公长乐鹅肝重420 克,母长乐鹅肝重 398 克。长乐鹅开产日龄 210 天,年产蛋 30 ~ 40 枚,平均蛋重 153 克,蛋壳白色。

11. 阳江鹅(黄鬃鹅)

（1）产地(或分布)　阳江鹅(图 3 - 47)广东省阳江市。

阳江鹅（公）　　　　　　　　　　　　阳江鹅（母）

图 3 - 47　阳江鹅

（2）保种方式　保种场保护(阳江市畜牧科学研究所阳江鹅保种繁育场)。

（3）数量　阳江鹅 2002 年存栏 600 只。

（4）主要特性　阳江鹅属小型肉用鹅种,体形较一致、紧凑,全身羽毛紧贴。自头顶至颈背部有一条棕黄色的羽毛带,形似马鬃,故称黄鬃鹅。背、翼和尾为棕灰色,胸羽灰黄色,腹羽白色。喙、肉瘤黑色,胫、蹼橙黄色,虹彩棕黄色。无咽袋,无腹褶。成年阳江鹅体重:公鹅 4 050 克,母鹅 3 120 克。63 日龄屠宰率:半净膛,公鹅 82.2%,母鹅 82.0%;全净膛,公鹅 74.1%,母鹅 72.9%。阳江鹅开产日龄 150 ~ 160 天。年产蛋 26 枚,平均蛋重 141 克,蛋壳呈白色。

二、国外鹅的主要品种

（一）大型鹅

1. 图卢兹鹅

（1）产地与分布　图卢兹鹅(图 3 - 48)又称茜蒙鹅,是世界上体形最大的鹅种之一。原产于法国南部图卢兹市郊区,19 世纪初由法国驯化选育而成,主要分布于法国西南部各省。现在图卢兹鹅已遍布欧洲、美洲,是生产鹅肥肝的传统专用品种。

（2）体形外貌　图卢兹鹅体形大,体态轩昂,具有重型鹅的特征:头大、喙尖、颈短、体躯丰满,整个前躯长且宽又深,尾巴平展稍向上翘起,胸部浑圆,体躯与地面平行。颌下有咽袋,腹部有腹褶。咽袋与腹褶均很发达。羽毛灰色,蓬松,头部灰色,颈部深灰色,胸部白色,翼羽深灰色带浅色镶边,尾羽灰白色。

图 3-48　图卢兹鹅

(2)生产性能

1)生长速度与产肉性能　成年公鹅体重 12 000～14 000 克,母鹅 9 000～10 000 克。该鹅早期生长较快,60 日龄仔鹅平均体重达 3 900 克,产肉多。但由于该鹅种骨骼粗壮,肌纤维较粗,因而肉质较差。图卢兹鹅沉积脂肪的能力较强,在法国多用来生产肥肝和鹅油,强制填肥后,每只鹅可产肥肝 1 200～1 300 克,最高的可达 1 800 克,但肥肝质量较差,大而软,一经煮熟,脂肪就流出来,肥肝因之而缩小。但作为一个大型灰鹅品种,图卢兹鹅曾用来改良、培育过许多其他鹅种,在鹅业今后的发展中仍具有非常重要的地位。

2)产蛋性能　在大型鹅种中,图卢兹鹅的产蛋量是最高的。其开产日龄为 305 天,年产蛋 30～40 枚,平均蛋重 170～200 克,蛋壳白色。

3)繁殖性能　公鹅的性欲较弱,患阳痿的公鹅普遍,约有 22% 的公鹅和 40% 的母鹅是单配偶,因此受精率较低,仅为 65%～75%,1 只母鹅 1 年只能提供 10 多只雏鹅。

2. 埃姆登鹅

(1)产地与分布　埃姆登鹅(图 3-49)产于德国的埃姆登,是一个古老的大型鹅种。有学者认为,该鹅种是由意大利白鹅和德国及荷兰北部的白鹅杂交育成的。19 世纪初,在英国大量饲养并且得到进一步改良,体形变大。在北美地区饲养量非常大,我国台湾地区已引入该鹅种。

(2)体形外貌　埃姆登鹅体形较大,外貌与图卢兹鹅很相似。头大呈椭圆形,颌下无咽袋,喙粗短。颈长略呈弓形,背宽阔,体长。胸部光滑看不到龙骨突出,腹部有两个皱褶,尾部比背部稍高,站立时身体横轴与地面呈 30°～40°。雏鹅在换羽前,一般可根据绒羽的颜色来鉴别公、母鹅,公雏头部、背部绒毛的灰色部分比母雏鹅的浅些。成年后均换为白色羽毛,羽毛紧凑,紧贴皮肤。喙、胫、蹼呈橘红色。

图 3-49　埃姆登鹅

（3）生产性能

1）生长速度与产肉性能　成年公鹅体重约 11 800 克,母鹅 9 100 克。埃姆登鹅耐粗饲,早期生长快,60 日龄体重达 3 500 克,该鹅种育肥性能好,肉质佳,主要用于生产优质鹅油及鹅肉。

2）产蛋性能　母鹅 10 月龄开产,年产蛋 35～40 枚,平均蛋重 160～200 克。蛋壳坚硬厚实,呈白色。

3）繁殖性能　母鹅就巢性强,公、母鹅配种比例为 1:（3～4）。

（二）中型鹅

1.朗德鹅

（1）产地与分布　朗德鹅（图 3-50）为中型鹅品种,原产于法国西南部靠比斯开湾的朗德省,由原来的朗德鹅与图卢兹鹅、玛瑟布鹅杂交而来,是目前世界上最著名的肥肝鹅品种。我国最早于 1979 年先后引进朗德鹅的商品代,近年来引进有祖代和父母代。国内许多地方把它称为大雁鹅。

（2）体形外貌　朗德鹅体形中等偏大,为典型的灰雁体形,羽毛灰褐色,颈背部接近黑色,胸腹部毛色较浅,呈银灰色,腹下部呈白色。也有部分白色个体或灰白杂色个体。通常,灰羽鹅的羽毛较蓬松,白羽鹅的羽毛紧贴。朗德鹅有咽袋,较小。喙橘黄色,胫、蹼呈肉色。

图 3 - 50　朗德鹅

（3）生产性能

1）生长速度与产肉、肥肝、绒羽性能　成年公鹅体重 7 ~ 8 千克,母鹅 6 ~ 7 千克。8 周龄仔鹅活重可达 4.5 千克,仔鹅填肥后体重达 10 ~ 11 千克,肥肝重 700 ~ 800 克。目前一些养鹅较先进的国家,都从法国引进朗德鹅,除直接用于肥肝生产外,主要是作为父本与当地鹅杂交,以提高后代的生长速度与产肥肝性能。我国引进朗德鹅后,经填肥,每只鹅可产肥肝 600 ~ 800 克,肝料比为 1:24。但用朗德鹅与太湖鹅杂交,后代的肥肝性能不太理想。朗德鹅对人工拔毛耐受性强,在每年拔毛 2 次的情况下,羽绒产量可达 350 ~ 450 克。

2）产蛋性能　母鹅 180 天左右开产,一般在 2 ~ 6 月产蛋,年平均产蛋 35 ~ 40 枚,平均蛋重 180 ~ 200 克。我国饲养的朗德鹅,每年 9 月至翌年 5 月为繁殖期。年平均产蛋 43 枚,平均蛋重 148 克。

3）繁殖性能　朗德鹅公、母鹅之间均具有择偶性,所以种蛋受精率不高,一般为 65% ~ 70%。在自然交配的情况下,公、母鹅配种比例为 1:3,母鹅无就巢性,种蛋需进行人工孵化。

用朗德鹅作父本与四川白鹅杂交,杂交后代的生长速度比四川白鹅提高 30% 左右。

2. 莱茵鹅

（1）产地与分布　莱茵鹅（图 3 - 51）原产于德国莱茵州,是欧洲产蛋量最高的鹅种,现已广泛分布于欧洲各国。在该品种的培育过程中,曾引入埃姆登鹅的血液以提高生长速度,改进其产肉性能。我国南京畜牧兽医站种鹅场于 1989 年由法国引入莱茵鹅,近年来四川、黑龙江等省区也引进了莱茵鹅。国内引进的莱茵鹅来自于法国。

图3－51　莱茵鹅

（2）体形外貌　莱茵鹅体形中等偏小，头上无肉瘤，眼呈蓝色，颈粗短且羽毛成束。初生雏背面羽毛为灰褐色，从2～6周龄逐渐变为白色，成年时全身羽毛洁白，无咽袋和腹褶，喙、胫及蹼呈橘黄色。

（3）生产性能

1）生长速度与产肉性能　成年公鹅体重5～6千克，母鹅4.5～5千克。仔鹅前期增长较快，8周龄体重达4.2～4.3千克，料肉比为（2.5～3.0）∶1。莱茵鹅合群性强，适合大群舍饲，是理想的肉用鹅种。产肥肝性能较差，平均肥肝重只有276克。作为母本，与朗德鹅配种杂交，杂交代产肥肝性能良好；与奥拉斯鹅杂交，用以生产肉用仔鹅。我国饲养的莱茵鹅，成活率高达95%以上，料肉比为2.73∶1。

2）产蛋性能　莱茵鹅在原产地开产日龄为210～240天，年产蛋50～60枚，平均蛋重150～190克。

3）繁殖性能　公、母鹅配种比例为1∶（3～4），受精率平均为74.9%，受精蛋孵化率为80%～85%。

与四川白鹅（母本）杂交，后代的生长速度比四川白鹅高20%左右，杂交后代母鹅的繁殖力很低。

第四章　水禽遗传育种

　　我国是世界上驯化和饲养水禽最早的国家之一,从出土的鸭形铜饰和家鹅的玉石雕像可以证实我国劳动人民在 4 000 年前就已开始驯化和饲养水禽。

　　考古学发现证实,古埃及公元前 3000 多年已经懂得了如何进行鹅的育种。西罗马帝国在泰王朝统治时期就已经开始饲养中国鹅,当时的查理曼大帝(742～814 年)颁布了一项法令,命令在他的帝国必须进行鹅的饲养。在安第斯山脉和东南亚,由于鹅具有敏锐的视觉和广阔的视力范围,并能够发出极其尖锐的叫声,因此,可以很好地对入侵者和掠夺者进行预警。时至今日,在苏格兰,鹅不但被用来保护仓库而且用来对军用设施进行警戒。

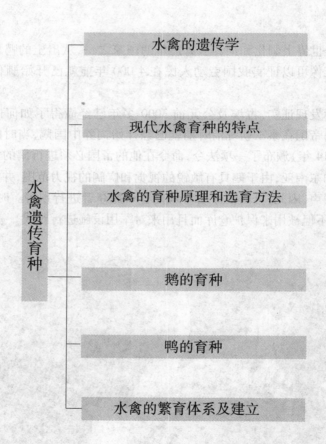

水禽的遗传学

现代水禽育种的特点

水禽遗传育种

水禽的育种原理和选育方法

鹅的育种

鸭的育种

水禽的繁育体系及建立

第一节 水禽的遗传学

一、水禽的起源

1. 家鸭的起源

世界上现有的鸭品种中,家鸭品种起源于河鸭属的野鸭,虽然野鸭类型有很多(20多种),但是家鸭主要由绿头野鸭和斑嘴野鸭驯化而来的。据我国和世界多数有关家鸭起源的文献记载,以及在实践中家鸭品种表现出来的生物学特性和生产性能,均能表明家鸭的祖先是绿头野鸭和斑嘴野鸭两个鸭种,并且近些年来血型研究的结果更深入地证明了这一观点。鸭属中的家鸭与绿头野鸭和斑嘴野鸭在外形和生活习性上有许多相似之处,也就是说,家鸭的众多品种中在很大程度上仍然保留着这两个野鸭种的形态特征。如公鸭的头颈部羽色为墨绿色或棕褐色,有颈圈和无颈圈,眉纹的显著与否,镜羽蓝绿色闪紫光和紫蓝色带金属光泽,尾羽黑色呈绿灰和黑褐色而无绿灰等,这些都是野鸭的形态特征在家鸭品种中的体现。

另外,绿头野鸭和斑嘴野鸭均非常容易驯养,用设有网棚运动场的鸭舍饲养野鸭,连续繁殖4个世代,其体形就变大、皮下脂肪沉积增多、失去就巢性、产蛋量增多、不能飞翔,外观与家鸭很相似,可像家鸭一样进行放牧饲养。在换羽和越冬时常可见到家鸭与野鸭混群现象,并且家鸭与这两种野鸭交配均能产生后代,后代具有正常的繁殖性能。由此可见,家鸭与绿头野鸭和斑嘴野鸭的血缘关系非常近。

到目前为止,学者们普遍认为,正是由于绿头野鸭和斑嘴野鸭容易在短期内驯化,所以世界各地饲养的鸭属家鸭应该是各自在当地驯化而成的。又由于绿头野鸭和斑嘴野鸭在世界上的分布范围很广,所以野鸭可能在世界不同地区、不同时间分别被驯化。加上世界各地的地理位置、气候条件、社会需求、选育目的和程度的差异,从而形成了各具特点的家鸭品种。

2. 瘤头鸭的起源

瘤头鸭起源于栖鸭属的野生瘤头鸭,是栖鸭属的唯一代表,其别名很多,如番鸭、洋鸭、鸳鸯鸭、火鸡鸭、蛮鸭和巴西鸭,又由于公鸭在繁殖季节散发出麝香气味,因此,又被称为麝香鸭。

瘤头鸭的原产地是南美洲和中美洲的热带雨林地区,至今在巴拿马、洪都拉斯、尼加拉瓜、墨西哥、哥伦比亚、委内瑞拉、巴西、巴拉圭、秘鲁等地仍存在有野生瘤头鸭。

瘤头鸭的生物学特性和形态特征均与河鸭属有很大区别，它们之间的亲缘关系相对较远，两者杂交虽然能够产生后代，但是后代没有繁殖能力。

3. 家鹅的起源

家鹅的起源，在世界上并不仅限于一个地方，同时家鹅也不是起源于一个野生雁种。一般认为，绝大多数中国地方鹅种起源于鸿雁，新疆的伊犁鹅和大部分欧洲鹅种起源于灰雁。

鸿雁和灰雁在动物学分类上，属鸟纲、雁形目、鸭科、雁属，它们同属不同种，并且鸿雁和灰雁体形差异也很大。鸿雁公、母相似，公的体形比较大，母的体形较小。喙黑色，较头部长，上喙基部有瘤状突起，公的突出，母的突出不显著。公、母的体羽均为棕灰色，下体接近白色，由头顶达颈后有一红棕色长纹，腹部有黑色条状横纹。颌下有咽袋，颈细长如弓形，前躯斜挺，后躯大而下垂。鸿雁常栖息于河川、湖泊、沼泽、旷野，特别是有水生植物丛生的水边，白天在水中或岸边休息、游荡，夜晚觅食，主食草本植物、藻类，有时也食软体动物。鸿雁分布于西伯利亚索加，在我国境内的东北部和内蒙古东部一带繁殖，在长江下游及稍南地区越冬。鸿雁性好结群，迁徙时常聚集成大群，排成"一"字形或"人"字形徐徐飞翔。灰雁体形较鸿雁大，喙基周围有狭窄的白纹，上体灰褐色，各个羽毛均有白色边缘；下体灰白色，并杂以暗褐色小斑块。灰雁头顶无瘤状突起，颌下无咽袋，颈相对粗短、较直，体躯与地面平行。灰雁的生态习性与鸿雁相似。

鸿雁和灰雁经驯化后变为鹅，但鹅的外形仍与雁相似。中国鹅与鸿雁有许多相似之处，如在头部有突出的肉瘤，头颈细长，颈羽平滑而不卷曲，常昂首挺胸，颈细长略呈弓形，颌下偶有咽袋，体形较小而斜长，腹部较大，成熟早而产蛋多；欧洲鹅的外形则与灰雁有许多相似之处，如头部无肉瘤，头颈粗短，颈羽卷曲，背宽胸深，体形大而矮胖，成熟迟而产蛋少，不像中国鹅那样善于鸣叫，且鸣声不如中国鹅高亢。

二、水禽的驯化与品种形成

(一)鸭的驯化与品种形成

1. 鸭的驯化

现在的家鸭是绿头野鸭和斑嘴野鸭经过劳动人民长期的驯化和驯养而来的。中国是驯养野鸭最早的国家之一，早在西周和春秋战国时期的古籍中即有记载，3 000 年以前我国便开始驯养野鸭，而欧洲在公元 1 世纪才有繁育鸭的文字记载,比我国晚数百年。在战国时期《尸子》中有"野鸭为凫,家鸭为鹜"的记载,说明战国时期以前已经驯化驯养野鸭,并且野鸭与家鸭已能明显区分。公元前506至公元前473年的吴国最早出现大群养鸭,《吴地记》中有"鸭城者,吴王筑城,城以养鸭,周数百里"的记述,说明当时的养鸭规模已经很大。四川凉山彝族自治州礼州汉墓出土的《陶塘》上有4只陶鸭,据考证为新莽至东汉初年的墓葬品,据此可以推断,四川省西昌地区1 900多年以前已经开始养鸭。《广志》(公元280年)中有"鹜生百卵"的记载,说明1 700多年以前,养鸭已很有经验。由此可见,不同地区的古籍及文物上关于鸭的驯化时间的记载不一致,这也正是由于野鸭容易驯化,所以世界各地的人们或早或晚都驯化成了当地现存的鸭种。

绿头野鸭和斑嘴野鸭经过劳动人民的长期驯化驯养成为家鸭,它们在解剖结构上没有发生太大变化,仍保留了许多与野鸭共同的特点,但经过长期的人工选育,已经发生了许多变异,对变异的定向选择,从而形成了对人类有利的一些特点:如失掉了飞翔能力,便于饲养管理;生长速度快,体重增大,便于肉食;打破了季节性繁殖的习性,可常年产蛋,同时大部分鸭种失掉了孵化育雏的本能,提高了生产力。

2. 鸭的品种形成

绿头野鸭和斑嘴野鸭经人类长期的驯养和驯化,渐渐失掉了一些野生习性而慢慢地适应了家养环境,经过不断的选择、培育、提高,逐步培养成了许多人类需要的品种。

品种的形成是自然选择和人工选择共同作用的结果,其形成过程受人类劳动、自然条件、社会经济条件的影响和制约。例如,北京鸭是当今世界各国广泛饲养的肉鸭品种,其品种形成过程与当时的社会需求和产品加工利用方法密切相关:例如,北京鸭已有300多年的饲养历史,过去北京是几代封建王朝的京城,是全国政治、经济、文化中心。统治阶级和达官显贵聚集于此,需大量的原料制作美味佳肴,劳动人民精心选择种鸭,同时为鸭群创造了良好的饲养管理条件,经过长期的培育,形成了世界著名的肉鸭品种,为北京烤鸭和鸭油点心提供了优质原料,随着国内外对优质肉鸭的需要量不断增加,使该品种得以广泛普及和提高。再比如,绍兴鸭是著名的高产蛋鸭品种,其饲养历史悠久,具有700多年的饲养历史,广大养鸭者在世代相传的专业生产实践中积累了丰富的饲养经验,长期的选择培育,使绍兴鸭的产蛋性能达到了很高的水平。浙江省有关单位对该鸭种进行了系统的育种工作,使其生产性能得到进一步提高,目前已达到蛋用型鸭种的国际先进水平。另外,其他家鸭品种的形成同样也是不同历史时期、不同选育目标、不同生态环境条件下形成的各具特色的品种和变种。

尽管家鸭的驯养已经有数千年的历史,但是,由于以前育种技术的落后,多数地方鸭群的生产性能不高。近年来,随着饲养业的不断发展,一些专门的育种组织在原有优良品种鸭的基础上,利用一些先进的育种手段和措施,有目的地培育了一些专门化品系或利用杂交优势进行品种内或品种间的品系杂交或配套杂交,对一些地方鸭种进行改良提高并育成新品种、品系。所以,世界上目前存在的鸭品种,除了一些古老的优秀品种外,还有近些年来新合成的品种和品系。近些年来出现的新的鸭品种、品系较一些古老的鸭种来说,其培育方向专一,育种目的明确,形成过程迅速。随着生物技术在育种中的应用,尤其是转基因技术、体细胞克隆技术、主基因定位技术的发展和应用,将对世界养鸭业起着积极的推动作用,不久的将来,人们不仅在一定程度上可以按照自己的意愿和需求塑造和培育新品种,同时也可以大大缩短育种历程。

(二)鹅的驯化与品种形成

1. 鹅的驯化

鹅是由鸿雁和灰雁驯化而来的。其驯化历史悠久。考古证明,我国对鹅的驯化驯养始于新石器时代,距今约有 6 000 年了,这是目前世界上最早的养鹅证据。以后各历史时期的古籍及后来出土的文物均有我国关于养鹅的记载。1976 年从殷王武丁的配偶"妇好"的墓葬中出土的家鹅玉雕,其形态与现在的鹅相仿,是当时的家鹅的写照。西汉昭帝时代的《盐铁论》中有"今富者春鹅秋雏"的叙述,说明养鹅已在人民中普及。后来的关于家鹅的选种、繁育、饲养管理的记载在我国古籍中有很多,在此不一一赘述。欧洲、非洲对鹅的驯化也具有悠久的历史。据法国和匈牙利的资料介绍,埃及是最早养鹅和填肥鹅肝的国家。早在 4 500 年以前,埃及的撒哈拉壁画中就有古埃及人填鹅的图画,所以有的学者认为埃及是驯化驯养家鹅最早的国家。也有人称欧洲最早把野生雁驯化为家鹅,距今有 3 000 年了。由此可见,不同国家对鹅的驯化历史不同,在世界上,家鹅不是在一个地方,也不是由一个雁种驯化而来的。

现代的家鹅,其外形与鸿雁和灰雁相似,但生理上发生了许多变化。家鹅体重大,生长迅速,更符合肉用需要;飞翔能力减弱甚至丧失,有利于人工饲养管理;产蛋季节明显延长,就巢性显著减弱甚至丧失,提高了产蛋率。随着对主要性状的选育提高,逐渐形成了现代的不同生产用途的家鹅品种。

2. 鹅的品种形成

鸿雁和灰雁经人类驯化成为家鹅,鹅在地球上分布很广,由于野生祖先的不同,自然生态条件复杂多样,不同时期的经济文化背景不同,社会需要的多样,世界各地选育程度和利用目的不同,逐步形成了许多具有不同遗传特性和生产性能的地方品种。

中国是世界上鹅饲养、驯化最早、品种资源最丰富的国家之一。

我国幅员辽阔,生态条件复杂多样,是我国鹅品种形成的基础。中国鹅在漫长的品种形成和普及过程中,由于对所处地区气候条件和饲养条件逐渐风土驯化,再加上按社会需要进行人工选择的作用,使这个拥有很大数量的品种内部,逐渐形成了许多固定产区的品变种或品种群。中国鹅遍布全国各地,品种丰富多样,适应性和生产性能各不相同。东北地区有以产蛋著称的籽鹅、豁眼鹅,新疆有适应高原寒冷气候的伊犁鹅,广东湛江沿海,有体大肉肥的狮头鹅,成都、重庆一带有生长快、产蛋多的四川白鹅,湖南有产肝性能好的溆浦鹅,江苏有肉质好、产蛋多的太湖鹅,浙江、安庆一带有一年四季产蛋的浙东白鹅和耐粗饲的安徽雁鹅、皖西小白鹅、群众又称"四季鹅"等。我国有如此之多的品种资源可以利用发展养鹅生产,这是任何国家都不能与之相比的。

我国饲料资源丰富,饲养环境得天独厚。我国辽阔的疆域上江河湖泊纵横,水草丰富;沿海、沿江滩地广阔;丘陵草地、草坡到处可见;路边田旁杂草丛生,都可被鹅广泛利用,这些都是品种形成的基本保证。

养鹅、爱鹅、食鹅的优良传统、不同时期不同地区选择目标不同是我国鹅品种形成的前提。在漫长的饲养实践过程中,勤劳智慧的中国人民不断总结经验,积累了一套行之有效的传统养鹅技术,在鹅的选育、饲养管理、鹅体的加工及综合利用等方面都取得了一定的成就。再加上不同的历史时期人们对鹅的选择和利用目的不同,出现了对某些性状的偏爱,使中国鹅的品种不断分化,最终形成各具特色的地方品种。下面分别以狮头鹅、皖西白鹅、伊犁鹅为例,简述地方大型、中型、小型鹅品种的形成过程。

(1)狮头鹅 原产地为广东省饶平县浮滨镇溪楼村,该村四面环山,气候温和,村北有一条蜿蜒曲折的溪水,溪流两岸为斜坡,野草茂盛,是良好的天然牧地。该村水田较多,水稻、杂粮充足,是历史上粮食丰足的乡村。过去农村逢年过节,拜神祭祖,有以鹅为祭品的传统,并同时进行赛鹅活动,以鹅最大者为荣,年年如此,形成养大鹅的习惯。200多年来,家家户户都选择体形大、增重快、肉质好的种鹅并精心管理和培育,育成了全国体形最大的狮头鹅。后来狮头鹅传至潮安县、澄海县一带,与当地鹅种杂交,人们选择具有狮头鹅外貌特征的后代,经长期培育成为目前饲养量最多的澄海类型狮头鹅。新中国成立后,在产区建立了种鹅场,进行了系统的选育工作,从而形成了外貌特征一致、遗传性能稳定的种群。

(2)皖西白鹅 产于安徽省西部丘陵山区和河南省固始一带,根据明代嘉靖年间的文字记载,该鹅种已有400多年的饲养历史。产于皖西丘陵区的白鹅种群,体形明显大于西部山区、北部平原和东南部巢湖地区的白鹅。这一鹅种的形成与当地的自然生态条件和当地的消费习惯密切相关:该产区在历史上人少地多,交通闭塞,以自给经济为主。气候温和,雨水充沛,盛产稻麦,河湖水草丰茂,草地广阔,放牧条件优越。当地群众素有选育2~3年的大鹅做种鹅的习惯,经自然孵化繁育雏鹅,雏鹅经过3~4个月的放牧饲养,体重已接近成年鹅,但并不宰杀,一般养到"小雪"前后,在屠宰前20天进行短期催肥,把鹅圈养起来,限制其运动并喂以稻谷等饲料,称为"站鹅",经过育肥的鹅体重增加,脂多肉嫩,羽丰绒厚,适于腌制腊鹅。这种生产方式和消费习惯,促使当地群众选养大鹅,对该品种的形成具有重要作用。

(3)伊犁鹅 是我国唯一起源于灰雁的鹅种,主要产于新疆维吾尔自治区伊犁哈萨克自治州各直属县市。据《塔城县志》记载,公元1766年当地就有人养鹅,由此推算,伊犁鹅已有200多年的饲养历史。这一品种的形成与特定的自然环境和社会条件有关:主产区属于大陆性气候,温差大,无霜期短。地形东高西低,南北东三面环山,山谷东窄西宽,地势向西敞开。境内地形、地势、地貌复杂,构成各种草场植被和生物群落。谷川幅员广阔,土地肥沃。夏季从大西洋吹来的湿气余波团,受到高山阻挡,凝集成雨,同时山上的积雪融化。因此水资源丰富,形成无数的河谷洼地沼泽,成为野生雁类栖息的理想环境。长期以来,当地居民每逢春季,就有人到苇湖滩中捡雁蛋,捉雏雁,予以孵化驯养,长大以后,每天飞出觅食,早出晚归,仅有个别的飞出去不回来。野生雁经驯养后,有很多习性,如飞翔、鸣叫声、就巢性、体形外貌、体尺、蛋壳颜色等都与伊犁鹅相似。但是有些方面也存在差异,如羽色,野生雁为褐色,而家养鹅多数为褐色,少量为褐白花和白色。以前,伊犁鹅主要由从事游牧生活的俄罗斯族人民饲养,不定居的放牧饲养条件,使该鹅种具有非常耐粗饲和耐寒的特性。牧民有了定居点后,养鹅也逐渐发展起来,伊犁、塔城一带沿河谷居住的各族人民,现已普遍养鹅,少数民族,尤其是哈萨克族,喜欢用鹅绒做枕头、冬衣和被褥，因其轻暖隔潮，被视为婚嫁珍品；鹅肉香美可口，严冬吃"鹅肉抓饭"，成为民族佳肴。由于该鹅种一直采用粗放的饲养管理方式，几乎全部是在草原上放牧，即使在冬季，也只用简易的棚舍，仅以青干草粉、秕燕麦和麦麸等粗饲料进行补饲。近于完全放牧饲养，使该鹅种的繁殖能力受到限制，并表现出较明显的季节性。特定的自然条件和社会条件促进了伊犁鹅的品种形成和发展。

欧洲和非洲养鹅也较早，并驯养和培育了一些优良的鹅种，尤以肥肝鹅著名，这与人们的消费习惯密切相关，鹅肥肝、鹅肝酱一直是西方国家餐桌上的佳品。如法国是最大的肥肝生产国、贸易国和消费国。朗德鹅是法国西部最佳的肝用鹅品种，原产于法国西南部靠比斯开湾的朗德省。当地原来的朗德鹅一直与附近的图卢兹鹅、玛瑟布尔鹅相互杂交，进行肥肝生产，经过长期选育，逐渐形成了世界闻名的肥肝专用品种——朗德鹅，又叫西南灰鹅。又如埃姆登鹅，产于埃姆登，是古老的大型鹅种，有学者认为，这种鹅由意大利白鹅与德国及荷兰北部的白鹅杂交而成。19世纪初，该鹅在英国普遍饲养。在北美地区，商品化饲养场饲养埃姆登鹅的数量比所有其他品种鹅的总和还要多。

（三）瘤头鸭的驯化

瘤头鸭首先是在中南美洲地区被驯化的，而后被引到世界各地。瘤头鸭的驯化历史较短，约有500年。引入我国已有270多年的历史，经过长期的驯养已经适应了我国的风土驯化，并且在我国南方的一些城市，已经成为饲养的主要鸭种之一。

在当今世界品种资源日趋匮乏，品种逐渐单一，基因库日益狭窄的情况下，我国各具特色的鹅品种本身就是一座天然的基因库，是进一步选育高产品种和利用杂种优势的良好原始材料，对世界养鹅业将起到不可估量的推动作用。但长期以来，各地方品种闭锁繁育，没有形成科学的选育制度和培育方法，尚没有将资源优势转变为生产优势，尤其是片面追求某一方面的利益，而忽视对优良品种综合、合理的开发利用和选育提高，已使某些品种的一些性状出现了下降趋势。因此，对鹅的优良品种应有计划、有目的地建立相应的保种场，有计划地开展杂交，有计划地对一些性状进行选育提高，从而使其发挥出应有的种用价值；对于特别优秀的品种应考虑配套繁育，创造出更适应集约化生产的新品种、新品系，从而推动养鹅业的发展。

三、水禽的遗传性状

(一) 水禽的质量性状

所谓质量性状,是指相对性状间没有明显的量的变化而表现为质的区别,呈现或有或无,或正或负的关系,性状间界限明显。质量性状一般由为数不多的基因控制,一个基因的差异可导致性状明显的变异。其遗传方式受孟德尔遗传规律所支配。这一类性状不易受环境条件的影响。

1. 鸭的质量性状

包括羽色、羽速、肤色、喙、胫、蹼、趾的颜色,虹彩的颜色,蛋壳的颜色,体形,生理生化指标等。现将我国目前饲养的主要鸭种的质量性状简介如下:

(1) 羽色 羽色是水禽品种的主要外貌特征之一,鸭的羽色种类较多,通过生物化学和组织学分析,羽色可分为无色(白色)和有色两种。对于有色羽来说,按色泽深浅不同,又可分为从浅黄、灰白至深黑多种颜色。白色羽毛的鸭种主要有北京鸭、连城鸭、樱桃谷鸭、狄高鸭等;我国饲养的地方鸭种多数为麻鸭,即羽色似麻雀羽,如绍兴鸭、金定鸭、山麻鸭、中山鸭、攸县鸭、荆江鸭、恩施鸭、三穗鸭、云南鸭、川麻鸭、大余鸭、高邮鸭、昆山鸭、桂西鸭等;黑色羽毛的鸭种主要有文登黑鸭、莆田黑鸭等;灰色羽毛的鸭种有咔叽-康贝尔等。

麻鸭是我国饲养量最多的鸭,公鸭头颈墨绿或深褐色,有些带白颈圈,镜羽墨绿或紫蓝色带金属光泽,母鸭全身羽毛褐色带黑色条斑,有红褐麻、灰褐麻、黄褐麻、深褐麻、浅褐麻等多种类型;除了白羽鸭和麻雀羽鸭之外,我国还有黑羽鸭,如莆田黑鸭、文登黑鸭等,其全身羽毛为黑色、有亮光。灰色羽毛的咔叽-康贝尔鸭体躯羽毛为灰褐色,没有黑色斑点。瘤头鸭的羽色有白色、黑色、黑白花色3种。杂交试验表明,鸭的白羽不是显性性状,其与有色羽杂交,呈现中间型,在一定程度上能够冲淡有色羽。对于黑羽或黑羽的变种来说,如黑鸭品种、麻鸭品种,它们均含有黑色素扩散基因 E。

在选择种鸭时,羽色是一个非常重要的外貌选择指标。羽色较一致,则表明种质相对较纯,这对种鸭的种用价值来说非常重要,这也是区别于其他鸭种的重要标志。如饲养种鸭者,必须经过育雏期、育成期的严格选择,剔除羽色不符合品种特征的个体,选留后的种鸭群所产的蛋才能作为种蛋进行孵化。例如,北京鸭,在雏期剔除有杂色毛的个体,选留全身为淡黄色绒毛的雏鸭,在16周龄前后再一次剔除有杂毛的个体,只留下全身羽毛洁白的鸭只作种用;对于带圈白翼梢品系则应选留具有明显"三白"特征的个体,"三白"特征不明显的个体要及时淘汰。

现代水禽生产技术

096

鸭的羽色虽是质量性状,但有时也与经济价值相关,如对于肉用鸭来说,白羽品种在屠宰拔羽后,屠体上看不出残痕,整洁美观,颇受消费者的欢迎,另外白色羽绒价值也较高。目前世界上大多数肉用型鸭种几乎都含有北京鸭血统,并且均是朝着白羽方向进行选育的。近年来,利用番鸭作父本,家鸭作母本生产半番鸭作为商品肉用鸭,半番鸭的数量在肉鸭中已占有相当大的比例,但是传统的黑麻羽半番鸭屠宰后胴体留下的黑羽根影响胴体品质,所以对其羽色遗传机制的研究越来越深入,人们期求着探索出控制半番鸭白羽色的遗传机制。

半番鸭的羽色遗传机理相当复杂,传统的半番鸭的羽色主要以黑褐色为主,即使是用白羽色的番鸭与白羽色的家鸭杂交,产生的半番鸭也是以黑褐色为主,仅个别出现黑白相间和全白羽个体。一般认为这是由于半番鸭亲本——番鸭和家鸭控制黑色羽毛基因不在同一位点上,甚至不在相应的染色体上,因此在属间杂交的染色体配对上表现出预期以外的基因交互作用现象。台湾地区在 1962 年就开始了对半番鸭白羽色的选育研究,经过 12 个世代的选育,获得了能生产 85% 白羽色合格的半番鸭母本品系,总结出了不同家鸭为母本与番鸭杂交羽色遗传的结果:半番鸭羽色在母本个体间产生变异。北京鸭为母本的半番鸭,白羽率最高,1~3 级羽色占 68%;蛋鸭(麻鸭、黑鸭、白羽蛋鸭)为母本的半番鸭白羽率很低,即使从麻鸭中分离出全白羽的蛋鸭为母本,测定结果 1~3 级白羽率仅占 38%,而且各组合正、反杂交半番羽色比率是一致的。另外,用父母本个体轮交方法测半番羽色,同母异父组间后裔半番羽色比率差异不显著,而同父异母组间后裔半番羽色比率差异显著。福建省农业科学院经多年研究,从高产蛋鸭中选育白羽系并掺入北京鸭血统,经过多世代选育,形成了专门用于生产白羽半番鸭的母本,与白番鸭杂交生产中型白羽骡鸭,白羽率(1~3 级)达 96%~98%。

通过羽色进行雏鸭的性别鉴定报道很少,不像鸡的羽色自别雌雄机制那样完善,利用也不广泛。Bondarenk(1986 年)报道乌克兰雏鸭羽毛的深灰色和棕色是一对伴性等位基因控制的,利用这对等位基因可以根据羽色辨别杂交子一代雏鸭的性别,但准确率尚不足 90%;陈耀王(1980 年)报道,根据羽色辨别咔叽-康贝尔公鸭与绍兴鸭杂交一代的雌雄,准确率可达 97%。

(2)羽速 羽速这一性状在养鸡业中是非常重要且研究利用较多的一个性状,利用该性状在蛋鸡生产中培育出了自别雌雄配套品系,在生产中对早期雏鸡的性别鉴定发挥了重要作用,鸭的羽速研究对比于鸡来说,相对较少,目前仅在番鸭的羽速研究方面有一些进展。王光瑛（2001年）在"番鸭快慢羽基因频率及伴性遗传的研究"中指出番鸭的翼羽长度因个体不同而不同且与性别有关，为番鸭早期性别鉴定提供了一些依据，因番鸭公、母生长速度差异悬殊，所以早期性别鉴定意义重大。其研究发现快羽Ⅰ型（主翼羽长于覆主翼羽5毫米以上）公鸭与慢羽母鸭（主翼羽长于覆主翼羽2毫米以内）的后代雌雄鉴别准确率为98.21%，快羽Ⅱ型（主翼羽长于覆主翼羽2～5毫米）与慢羽母鸭的后代雌雄鉴别准确率为85.43%。位于 Z 染色体上慢羽基因 k 的基因频率为0.074 6，快羽基因 k 的基因频率为0.925 4，即纯和慢羽鸭的比率较低（纯和慢羽公鸭占表型慢羽公鸭的比率为3.875%），所以要选育纯和慢羽系困难相当大，建立番鸭羽速自别雌雄品系还有许多具体工作等待开展。

（3）肤色　鸭的肤色性状主要包括体肤、喙、胫、蹼、虹彩的颜色。

1）体肤的颜色　鸭的体肤主要有黄色、白色，也有少数品种为灰色、黑色。如绍兴鸭的体肤为黄色，松香黄鸭的体肤为白色，大余鸭的体肤为白色，宜春麻鸭的体肤为粉红色，等等。据试验研究，体肤的黄色为隐性性状，由基因 W 控制；白色为显性性状，由基因 W 控制，基因 W 的作用仅在于限制叶黄素在皮肤中沉积，但白肤色的个体血液中仍富含叶黄素。体肤为粉红色的品种不是皮肤中存在色素的原因引起的，而恰恰是皮肤中不存在色素，而是由真皮层血管中血液的颜色造成的外在表象。

2）喙、胫、蹼的颜色　鸭喙、胫、蹼的外层为皮肤衍生物，对于瘤头鸭品种来说，皮肤衍生物还有面部皮瘤。它们的色泽有白、黄、黑、蓝、青、灰、红色等。如绍兴鸭的喙、胫、蹼均为橘红色；北京鸭的喙、胫、蹼为橘黄或橘红色；樱桃谷肉鸭的喙为橙黄色，胫、蹼为橘红色；金定鸭的喙呈黄绿色，胫、蹼为橘红色；莆田黑鸭的喙为墨绿色，胫、蹼为黑色；高邮鸭的喙呈青绿色，胫、蹼为橘黄色；连城白鸭的喙呈暗绿色或黑色，胫、蹼为青绿色；咔叽 - 康贝尔鸭的母鸭的喙为白色或浅黑色，胫、蹼为暗褐色，公鸭的喙为蓝褐色，胫、蹼为深橘红色；狄高鸭的喙为橙黄色，胫、蹼为橘红色；白色瘤头鸭的皮瘤为红色，喙为粉红色，胫、蹼为橘黄色；黑色瘤头鸭的皮瘤为黑红色，喙的颜色为红色有黑斑，胫、蹼为黑色。

喙、胫、蹼的色泽取决于真皮层和表皮层是否含有黑色素和黄色素。如果表皮层和真皮层都缺乏色素，则喙、胫、蹼为白色或红白色；如果表皮层含有黄色素，真皮层缺乏色素，则喙、胫、蹼为黄色。如果表皮层含黄色素，真皮层含黑色素，则表现为绿色；如果表皮层不含色素，真皮层含黑色素，则表现为蓝色。

据杂交试验研究表明,淡色胫(白色或黄色)对黑色胫呈显性关系,且淡色胫具有抑制黑色素形成的显性伴性基因 *Id*,基因型中有 *Id* 存在,则胫呈现黄色、白色或肉色;如其等位基因 *id* 存在,则使黑色素形成,使胫呈现黑色、蓝色、青色、灰色等。

喙、胫、蹼的颜色也是选种时的一个表观指标,要求其颜色符合该品种、品系的特征,这样繁育的后代才能具有相对一致的外貌。

3)虹彩的颜色 虹彩的颜色因品种而异,它也可以作为鉴定品种纯度的一项外观指标。鸭虹彩的颜色有黄色、褐色、蓝色、灰色等,如北京鸭虹彩为灰蓝色;高邮鸭虹彩为褐色;攸县麻鸭虹彩为黄绿色;绍兴鸭 RE 系虹彩为褐色,WH 系为灰蓝色;白瘤头鸭虹彩为浅灰色,黑瘤头鸭虹彩为浅黄色等。

(4)体形 体形是鸭的主要外貌特征之一,不同品种的鸭体形不同。如绍兴鸭的体形前躯高抬,后腹下垂,体躯狭长,整体感觉小而匀称;北京鸭的体形硕大丰满、挺拔,体躯长方,尾短上翘,整体感觉厚重、笨拙。对于不同品种、不同生产用途的鸭在选种时要对体形作严格的挑选:首先要求其体形要符合品种特征,其次要考虑生产用途。如对蛋用鸭的选择,要求母鸭头轻小,喙狭长,颈较细长,腹深臀丰,肥瘦适中,两脚间距宽,脚细高,动作轻捷灵活;对公鸭的要求则是体形大,头颈较本品种母鸭粗大,胸深挺实,体躯抬起,脚粗稍长而有力。对肉用鸭的选择,要求头大宽圆,喙宽直,颈粗,长度中等,胸丰满突出,背宽长,腹深而广,体形整体呈长方形,尾稍上翘,体躯与地面接近水平,脚较粗短,动作迟缓笨重。对鸭的体形选择一般在 16 周龄左右进行,因为这时鸭的羽毛已经长齐,体形基本确定。

(5)生理生化指标 随着生化检测技术的进步,生理生化指标与遗传相关研究的进展,生化遗传标记育种技术应运而生,它是根据育种目标,采血测定与之相关性比较强的血液生化指标,根据相关程度、选留强度和各自条件,选用 1~7 项生化指标决定个体的选留。选择理想个体繁殖后代,建立高产群体,达到育种目标。

近年来,国内外利用血液生化指标对鸡产蛋性能研究十分活跃,对鸭也开始了一些研究,主要研究方向为利用血液生化指标估测后期产蛋性状,目的在于辅助早期选种,缩短世代间隔,加速育种进程,克服限制性状和某些活体难以测定的性状选择。例如,在 2001 年,王长康对 56 周龄番鸭进行研究,根据产蛋量高、中、低分为 3 组,对其 9 项血液生化指标进行测定,结果表明:第一,谷丙转氨酶活性与开产日龄成极显著负相关($p < 0.01$)，与43周龄和56周龄产蛋量均呈极显著正相关($p < 0.01$)。第二，血清总蛋白含量与56周龄产蛋量呈显著正相关($p < 0.05$)。第三，高密度脂蛋白胆固醇含量与开产日龄呈极显著正相关($p < 0.01$)，与开产体重呈显著正相关($p < 0.05$)，与43周龄和56周龄产蛋量均呈极显著负相关($p < 0.01$)。浙江省农业科学院畜牧兽医研究所以500日龄蛋鸭产蛋量为选育目标，报道可选择测定60日龄和100日龄的总蛋白质和甲状腺素T4为指标，辅以100日龄的胰岛腺素IGF1及370日龄的谷丙转氨酶（GPT）来预测总产蛋量，效果十分明显。若以500日龄平均蛋重为选育目标，则测定60~100日龄的白蛋白、总蛋白、胰岛腺素IGF1以及370日龄的谷草转氨酶（GOT）的活性含量来预测500日龄的平均蛋重，选育效果非常有效。

2. 鹅的质量性状

鹅的质量性状包括羽色、肤色、肉瘤的有无及其形态、咽袋的有无、就巢性、体形、生理生化指标等。

（1）羽色　鹅的羽色主要有白色、灰色，也有的个体是白灰混生或灰白混生称为花羽。狮头鹅、雁鹅、武冈鹅、乌鬃鹅、阳江鹅、马岗鹅、永康鹅和长乐鹅为灰褐羽。在我国的地方鹅种中，华南地区灰色羽毛的鹅种较多，北方地区白羽鹅种较多。灰羽鹅种中，各品种羽毛的色泽深浅不同，各部位的毛色也不一致，一般来说，背侧的羽毛颜色深一些，腹侧的羽毛浅一些，后腹下部则接近于白色。灰羽品种中，常可见到镶边羽，即灰色羽毛的边缘颜色较浅就像镶了一个边。一般的灰色鹅种其头部羽毛为灰色，颈部背侧有一条褐色的条带。

太湖鹅、豁眼鹅、籽鹅、鄱县白鹅、皖西白鹅、浙东白鹅、四川白鹅，均为白羽鹅，白羽品种颜色较一致。也有少数未经选育的鹅种同时拥有两种羽色，如：溆浦鹅中灰羽个体占1/3，长乐鹅中也约有5%的个体为白羽。

灰鹅与白鹅交配，灰羽为显性，白羽为隐性，在选种、育种过程中，要正确运用羽色遗传的基本原理，才能少走弯路。比如：皖西白鹅，羽毛洁白，羽绒质量好，价值较高，假如为了提高其产蛋性能进行改良杂交，则尽量不选用灰羽品种，以免顾此失彼。实际上，在白鹅育种工作中，在条件允许的情况下，各世代按一定强度淘汰灰色羽的个体，经过若干个世代即可达到毛色一致的目标。

（2）肤色　鹅的肤色包括体肤及皮肤衍生物喙、胫、蹼、肉瘤的颜色。

1）体肤的颜色　鹅体肤的颜色主要有黄色、白色和灰色3种，如狮头鹅的体肤为黄色或乳白色，鄱县白鹅的皮肤为黄色，溆浦鹅体肤为浅黄色等。

2)喙、胫、蹼、肉瘤的颜色 一般来说,灰鹅的喙和肉瘤呈黑色,胫、蹼呈黑色或橘红色;白鹅的喙、肉瘤、胫、蹼为橘红色。

(3)品种间的外貌差异 包括肉瘤的有无,肉瘤的大小,咽袋的有无或其他方面的差别。

1)肉瘤 中国鹅种和非洲鹅种绝大多数都有肉瘤,欧洲鹅种和我国的伊犁鹅一般没有肉瘤。肉瘤形状多数呈半圆形,公鹅的较大,母鹅的较小。江苏、安徽等地的鹅种肉瘤发达,而东北豁眼鹅、籽鹅、四川白鹅、郫县白鹅等,肉瘤都比较小。多数品种鹅肉瘤光滑,但是狮头鹅的肉瘤发达却不光滑,长乐鹅公鹅的肉瘤稍带棱脊形。

2)咽袋和腹褶 法国的图卢兹鹅、德国的埃姆登鹅,我国的狮头鹅、豁眼鹅和籽鹅颌下有咽袋,皖西白鹅中少数有咽袋。豁眼鹅、籽鹅、溆浦鹅、武冈鹅腹部有腹褶,称为"蛋窝"。

3)其他方面的特征 豁眼鹅,眼呈三角形,上眼睑有一缺口,这是该品种独有的特征,在选种时,要求两眼睑均有缺口。籽鹅、溆浦鹅和皖西白鹅的部分个体头后部长有球形羽束,称为"顶心毛"。

(4)就巢性 不同的鹅种就巢性差异很大,有的鹅种就巢性弱,产蛋多:如豁眼鹅年产蛋 100 枚以上,基本上无就巢性,有的鹅种通常有就巢性,但不太强。每年就巢 2~3 次。而有的鹅种,如我国的狮头鹅就巢性强,每产 6~10 枚蛋就巢 1 次,全年就巢 3~4 次。我国的许多鹅种,由于长期沿用自然孵化法,造成母鹅就巢性增强,从而影响了产蛋性能的发挥。

即便是同一鹅种内,不同的个体之间就巢性差异也非常明显。如固始鹅(皖西白鹅的一个地方类群)中,约 5% 的个体基本不出现就巢,而每年出现 2次以上就巢的个体占 70% 左右。

(5)体形 一般大型鹅种体形宽长,小型鹅种体形短窄。体形与生产性能相关,体形长而宽的个体,产肉、产羽绒性能好;背宽腹大的个体产蛋性能好。体形是外貌选择的一项重要指标,所以对于不同生产用途的鹅种,对其体形要求不同,如对狮头鹅的选择,除了要求其具备本品种的狮头、羽色等特征外,对其体形则要求体躯硕大,颈部粗短;而对小型鹅种如豁眼鹅来说,则要求其体形小而紧凑,颈细长如弓,胸部丰满,体态优美。

(6)血液生理生化和遗传物质的研究 对血液生理生化和遗传物质的研究有利于搞清不同鹅种的遗传基础,并为鹅遗传育种研究提供理论依据。但有关鹅血液生理生化指标及遗传物质的研究报道较少。王元林等(1983 年)

为探索太湖鹅产蛋期血液生理生化指标与生产性能的关系,对太湖产蛋鹅33项血液生理生化指标进行了测定,为临床和生产提供了理论依据。为了进一步对太湖鹅遗传基础进行研究,吴译夫等(1989年)对太湖鹅血清转铁蛋白类型进行了测定,结果表明:太湖鹅血清 Tf 仅表现一种类型(TfB),而 Valenta 和 Stratil 测定4个欧洲鹅种的血清 Tf 中 TfA 频率高,TfB 则较低,证明了太湖鹅与欧洲鹅种起源于不同的祖先。张淑君等(1992年)对四川白鹅血浆蛋白多态性进行了研究,结果表明:血浆运铁蛋白(Tf)只有一种表现型,而前白蛋白(Pra)、淀粉酶(Amy)、脂酶(Es)则表现出不同程度的多态性。随着分子生物技术的发展,研究者开始从 DNA 分子水平来研究鹅的遗传结构。史宪伟等(1997年)研究了四川白鹅与云南鹅的线粒体 DNA 多态性,结果表明:四川白鹅与云南鹅线粒体 DNA 没有出现差异,证明它们均是起源于相同的鹅种。

(二)水禽的数量性状

数量性状是指一类由多基因控制、呈连续性变异、易受环境影响、可用数字表示其大小的性状。水禽的数量性状可以分为肉用性状、蛋用性状、繁殖力和生活力,以及饲料报酬等4大类,这4类性状均与生产和经济效益有关,所以也是重要的经济性状。了解和研究水禽的数量性状,对于提高育种技术水平和改善水禽业的经营管理具有重要意义。

1. 水禽的肉用性状

肉用水禽(包括肉用鸭、瘤头鸭和鹅)应具有良好的肉用性状,要求有高度的产肉力和优良的肉用品质。在生产中,衡量这一性状主要有以下几项具体指标:

(1)生长速度 生长速度是肉用水禽产肉性状的一项极为重要的指标。肉用水禽早期生长迅速,就意味着生产单位产品的时间短,在同等时间内可获得较多的产品,可以节省劳动力,提高饲料报酬,降低生产成本,加快资金和设备周转,获得较大的经济效益。因此早期生长速度被列为肉用禽种最重要的经济性状。

所谓早期生长速度,是指生长旺盛期的生长速度。对肉用仔鸭来说,7周龄之前为生长旺盛期,肉用仔鹅10周龄之前为生长旺盛期,瘤头鸭12周龄之前为生长旺盛期。据估计,早期生长速度的遗传力为0.4~0.5,即属于高遗传力性状,在选种育种过程中,采用个体表型值选择就能取得较好的效果。生长速度与胫长、胸宽、羽毛生长速度成正相关,所以这些性状可以作为生长速度的间接选择指标。

据研究表明,在一定生长期内,雏禽的生长速度与出生重成正相关,即出生重越大,早期生长速度越快,但是这种相关随着雏禽的生长很快就会减小到没有意义,但对于早期出栏的肉鸭来说有实际意义,也就是说,选择出生重大的个体育肥效果显著。

生长速度受品种或品系、性别、饲料质量、健康状况、饲养管理和外界条件等多种因素的影响。在鸭品种中,北京鸭类型的肉鸭早期生长速度快,兼用型的高邮鸭次之,一般的麻鸭则较慢;在鹅中,狮头鹅早期生长速度最快,70日龄体重平均为5 800克;而豁眼鹅生长较慢,60日龄体重为1 380～1 480克。在同一水禽品种中,性别对生长速度的影响比较明显,一般公禽的生长速度比母禽快。另外,生长速度也有伴性遗传的表现,不同品种进行正反交,其后代的生长速度不一样。在生产中,一般要求杂交父本与子代的生产方向一致,而母本则选用繁殖力好的品种,如用北京鸭公鸭与其他品种母鸭杂交,生产肉用仔鸭,其杂种优势明显。在肉用仔鹅的生产中,我国也进行了一些试验,初步选出了较好的杂交组合,如用狮头鹅或引进的商品代朗德鹅作父系,通过人工授精与太湖鹅母系杂交,杂种仔鹅生长速度提高,头颈变粗,填饲期伤残率降低,肥肝重增加。用狮头鹅与太湖鹅、籽鹅等杂交,仔鹅的生长速度均有显著提高。在瘤头鸭与家鸭的杂交中,以瘤头鸭作父本的杂交组合效果优于家鸭作父本的组合,并且瘤头鸭与肉用型母鸭杂交生产的骡鸭生长速度快于瘤头鸭与麻鸭杂交生产的骡鸭,而且兼备了大型肉鸭4周龄前生长快的优势和瘤头鸭4周龄后生长快的优势,同时克服了瘤头鸭公、母体重体形悬殊大的特点。

（2）屠宰率　肉用仔鸭一般在7周龄前后屠宰,瘤头鸭和肉用仔鹅在10周龄时屠宰。

宰前活重是指宰前禁食12小时的活禽体重。屠体重是指宰杀放血去羽后的胴体重。半净膛重是指屠体去气管、食管、肠、脾、胰和生殖器官,留心、肝（去胆）、肺、肾、肌胃（除去内容物及角质膜）和腹脂（包括腹部板油及肌胃周围的脂肪）的质量。全净膛重是指半净膛去心、肝、腺胃、肌胃、腹脂的质量。

下面列出几项屠宰率的计算公式,分别从不同角度反映上市部分在活体中所占的比例:

①屠宰率=（屠体重/活重）×100%。

②全净膛率=（全净膛重/活重）×100%。

③半净膛率=（半净膛重/活重）×100%。

（3）屠体剖分 在屠体中,肉用价值最高的部分是胸部、腿部和翅部。对屠体进行剖分,各部分所占的比例,这些比例越高该胴体肉用价值就越高。

①双腿率＝（两侧大小腿重/全净膛重）×100%。反映的是水禽腿部肌肉发育情况,该项指标在水禽肉用性能评价中非常重要,因为水禽的胸肌没有鸡发达。

②胸肌率＝（两侧全部胸肌重/全净膛重）×100%。反映的是水禽胸部肌肉发育情况,也是有潜力的选育指标。

③腿肌率＝（两侧大小腿净肌肉重/全净膛重）×100%。

④翅膀率＝（两侧翅膀重/全净膛重）×100%。反映的是双翅发育情况。

屠宰率主要反映育肥程度,胸肌率和腿肌率主要反映肌肉的丰满程度。全净膛屠体重的遗传力很高,全净膛屠宰率的遗传力很低,杂交时杂种的屠宰率优于双亲。体重与屠体重之间,体重与净肉量之间均有很高的表型相关与遗传相关。

（4）胸肉率 指水禽胸部肌肉重或占屠体重的比例。它具有很高的遗传力,约为0.6。目前,可以使用超声波测定仪测定胸肌的发育情况。通过对胸肌发育指标的选育能够达到每个世代胸肉增加0.14%的目标,而且在胸肉增加的同时腿肉也相应增加。有人对北京鸭进行了7年的选育,结果胸肉和腿肉量从27.7%增加到31.7%,屠体的脂肪含量则由29.3%减少到26.9%。也有人开展品种间杂交,以改进屠宰性能,瘤头鸭与樱桃谷鸭杂交子一代胸腿肌率为30.32%,高于樱桃谷鸭(26.36%),皮脂率为16.5%,显著低于樱桃谷鸭(30.6%)

（5）肉的品质 肉的品质取决于水分、蛋白质、脂肪和灰分的数量。现代肉用子禽生产,不但要求产肉的数量多,而且要求肉的品质好。肉用子禽应当具有肉嫩而鲜、脂少而匀、皮薄而脆、骨细而软等特点。衡量肉品质的指标包括肉的颜色、风味、肉的嫩度、肉的系水力、肌肉pH等。采用仪器分析和感官相结合的方法,分析屠体的化学成分,研究屠体的脂肪分布,测定肌肉纤维的粗细和拉力,有时可采用品尝的方法来鉴定肉的嫩度和风味。一般说来,肌肉的颜色是重要的肉质性状之一,人们可以由视觉加以鉴别。其实颜色本身并不会对肌肉的滋味有多大贡献,但是由于它是肌肉本身生理学、生物化学和微生物学变化的外部表现,所以被视为一种肉质性状。对肌肉颜色起主要作用的是肌红蛋白及其化学形态,肉色越深,肉中红肌纤维和呈色物质含量越高;肌肉中的脂肪的含量与肌肉肉质关系极为密切,肌肉脂肪含量与肌肉的多汁性和风味有关,在一定范围内,肌间脂肪越多,肉质越好,粗脂肪含量高,为肌肉味道香醇提供了物质基础。例如,以太湖鹅为育种素材培育成的"扬州鹅",其肌间脂肪含量显著大于隆昌鹅和太湖鹅,这恰恰是扬州鹅肌肉风味提高的主要原因;肌肉 pH 对肉的品质有重要影响,宰后肌肉 pH 变化直接受宰后肌细胞内肌糖原酵解产生的乳酸以及 ATP 分解产生的磷酸的影响,从而引起肌肉 pH 下降,当肌肉 pH 下降接近蛋白质等电点或使蛋白质变性时,又能引起蛋白质与水结合力下降,游离水增多,系水力下降;失水率和系水力也是肉品质的一项重要指标,并具有重要的经济意义,失水率低,有利于产品加工时出品率的提高。

2. 水禽的蛋用性状

蛋用水禽(蛋鸭)和种用水禽的母本品系都需要有优良的蛋用性能。衡量蛋用性状的主要指标有产蛋量、蛋重和蛋的品质。

(1)产蛋量　产蛋量是指母水禽在一定时间内的产蛋量量,或一个水禽群在一天时间内平均产蛋率。一般从出壳到 72 周龄为止计算蛋鸭的产蛋量;从出壳到 66 周龄或从开产起到 40~42 周龄计算肉用种鸭的产蛋量;对于小型品种鹅来说,用一个自然年度或一个繁殖年度的产蛋总数表示产蛋量,中型、大型品种鹅用每年产蛋的总数表示产蛋量。

1)产蛋量的计算　在群体测定时,用入舍母鸭(鹅)平均产蛋量表示,计算公式为:入舍母鸭(鹅)平均产蛋量 = 统计期内母鸭(鹅)群的总产蛋量/入舍母鸭(鹅)数。

如果测定个体产蛋记录,要用自闭产蛋箱测定。具体的做法是:晚间逐个捉住母鸭、鹅,用中指伸入泄殖腔内,向下探查有无硬壳蛋进入子宫部或阴道部,将有蛋的母鸭、鹅放入自闭产蛋箱内关好,第二天产蛋后放出,收蛋时在蛋的钝端用铅笔记上母鸭、鹅的编号和产蛋日期,并记入产蛋记录表。

2)产蛋量受多基因控制　其遗传力很低(0.10~0.15),所以环境因素是影响产蛋量的主要因素,如饲料、营养、环境、管理等因素的变化均对产蛋量有影响。一般说来,用产蛋量高、成熟早的品种作父本,其杂种后代的产蛋量较高。另外,产蛋量有近交衰退和杂交优势现象,近交时产蛋量降低,开产推迟;而进行品种、品系间杂交时,产蛋量增加,开产提前。

3)影响产蛋量的生理因素　主要有性成熟期、产蛋强度、产蛋持久性、就巢性和休止性。其中产蛋持久性对产蛋量影响最大,产蛋持久性好,开产后产蛋期长,第二年换羽迟,则可利用生物年度长,产蛋量高,反之则产蛋量低;产蛋强度对产蛋量影响也较大,产蛋强度大,产蛋量高,并且母禽前后期的产蛋强度有较大程度的相关性,早期产蛋强度大的禽群,其后期产蛋强度也会大,所以可测定 300 日龄产蛋量,用以观察产蛋强度的趋向,以实现早期选择,缩短世代间隔,从而加快遗传进展;休止性、就巢性和性成熟期对产蛋量也有影响,在实际生产中,随着集约化生产的普及,对性成熟期和休止性采取人为控制的方法,力求整齐一致,从而降低其对产蛋量的影响。就巢性与品种和饲养习惯有关,有些品种经产区人民长期选择,有就巢性的个体被淘汰,则基本上就失去了就巢性因而产蛋量较高,如吉林、辽宁、黑龙江、山东和江苏等地的小型鹅就是如此。而有些地区一直沿用自然孵化,有意选留有就巢性的个体留种,则其就巢性增强,所以产蛋量一直维持在较低水平。

由于产蛋量遗传力低,测定烦琐,个体选择效果差,所以研究者试图寻找与产蛋性状相关性强的间接选择方法,以实现早期个体选择来提高产蛋水平。近年来,有人用生化遗传标记选择蛋鸭产蛋量,取得了一定进展:用 60 日龄和 100 日龄的总蛋白和甲状腺素 T4 为指标,辅以 100 日龄胰岛腺素 1 克 F1 及 370 日龄的谷丙转氨酶 GTP 估测蛋鸭 500 日龄产蛋量,效果良好。也有人对瘤头鸭的生化遗传标记进行了研究,结果表明:谷丙转氨酶的活性与瘤头鸭 43 周龄和 56 周龄的产蛋量量显著正相关,高密度脂蛋白胆固醇的含量与 43 周龄和 56 周龄的产蛋量量极显著负相关。

(2)蛋重 平均蛋重从 300 日龄开始计算,个体记录时连续称取 3 枚以上的蛋,取平均值;群体测定时,连续称取 3 天总产蛋量,求平均值;大型鸭场、鹅场均按日产蛋量的 5% 称测蛋重,求平均值。

总蛋重,指每只母鸭、鹅在一个产蛋期内的产蛋总重,一般用于评价蛋鸭的生产性能。

总蛋重(千克)=[平均蛋重(克)×平均产蛋量]/1 000

蛋重这一性状受遗传、生理、环境等多种因素的影响。蛋重的遗传力较高(为 0.5 左右),通过个体选择可以获得产大蛋的品系。品种不同,蛋重差异很大,一般来说,体形大的品种,蛋重大。如:北京鸭的平均蛋重为 90 克,而绍兴鸭平均蛋重为 68 克。据研究表明,产蛋量往往与蛋重呈负的遗传相关,提高产蛋量,常导致蛋重下降,而提高单个蛋重,却引起产蛋量下降,这两个方向的选择均会影响总蛋重;随着年龄的差异,蛋重呈一定规律的变化曲线,一般初产蛋重小,以后逐渐增加,第二个生物年蛋重最大,以后又逐渐变小;饲养条件也影响蛋重,鸭、鹅在产蛋期适当放牧,辅助补喂精料,使营养充分全价,则蛋重会有所提高,如产蛋期营养供应不足则会引起蛋重下降。

蛋重与出生重之间存在强的直线相关,同时蛋重大,受精率高,但是孵化率低,这是由于重量大的蛋孵化前期胚胎感温和孵化后期胚胎散温不良,后期胚胎死亡率较高。蛋重过小,受精蛋孵化率也低,只有中等蛋重的受精蛋孵化率高。因此蛋重过大、过小的蛋不宜入孵。

(3)蛋的品质　蛋的品质包括外观品质和内在品质。外观品质有蛋壳的颜色、形状和结构;内在品质有蛋白品质、蛋黄品质和是否含有异质等。在测定蛋的品质时,所用蛋数不少于 50 枚,且要求每批种蛋在产出后 24 小时内进行测定。

1)蛋形指数　用蛋形指数测定仪或游标卡尺测量蛋的纵径与最大横径,以毫米为单位,精确度为 0.5 毫米,纵径与横径的比值为蛋形指数(也可以用横径与纵径的比值作为蛋形指数)。

蛋形指数 = 纵径/横径

鸭的最佳蛋形指数为 1.20~1.32,鹅的最佳蛋形指数为 1.30~1.45。在最佳蛋形指数范围内的种蛋孵化率高,健雏率高。蛋形指数过小则蛋的外形过圆,气室过大,孵化前期胚胎感温较差,孵化后期胚胎散温不良,而且水分蒸发又较快,因此到后期往往因缺水而温度又较高,导致胚胎死亡;蛋形指数过大则蛋的外形过长,气室较小,水分蒸发困难,到孵化后期往往因空气不足或胚胎不易转身破壳而窒息死亡。所以,在选择种蛋时,应选择卵圆形的蛋,过长、过圆、腰鼓、两头尖的蛋不宜用作种蛋进行孵化。

蛋形指数属于较为稳定的性状,它受种禽的遗传基因和环境条件的制约,且遗传力较高为 0.40~0.45。在选留后备种水禽的幼雏时,应从最佳种蛋蛋形指数中进行选择,并加强饲养管理,从而培育出较理想的种禽。同时,在每一只母水禽的整个产蛋期内,其蛋形也是基本稳定的。因此在种禽繁育工作中,可以把蛋形指数作为培育优良种禽的重要指标来考虑,经过几个世代的选择,就可以改变某个品种或品系的蛋形,以获得较理想的蛋形,并达到提高孵化率的目的。

2)蛋壳颜色　蛋壳颜色是品种特征之一,以白色、褐色、浅褐色、深褐色、青色等表示。蛋壳颜色受多基因控制,其遗传力为 0.3~0.9。蛋壳颜色在商品代孵化场一般不过分强调,但纯种种蛋必须按品种特征要求进行严格挑选,如北京鸭蛋壳颜色为乳白色,金定鸭蛋壳为青绿色,绍兴鸭 WH 系蛋壳为白色、RE 系为青色,鹅的蛋壳颜色多数为灰白色。进行纯种繁育时,除本品种特征外的其他壳色的蛋应剔除出去。

青壳鸭蛋的颜色会出现深浅不一的情况,有一部分蛋壳颜色为浅青色,用其孵化繁育的后代蛋壳颜色会出现变异。据报道,鸭蛋蛋壳色泽与蛋壳质量密切相关,青壳蛋蛋壳质量明显优于白壳蛋。另外,青壳蛋具有自然鲜艳的外观,深受消费者的喜爱。

3)蛋壳的强度 蛋壳强度以抗击力来表示,用蛋壳强度测定仪测定,单位千克/厘米^2。蛋壳强度与蛋壳厚度和致密性有关。

4)蛋壳厚度 用蛋壳厚度测定仪测定,分别测量蛋壳的钝端、中部、锐端3个厚度,取平均值。测量时剔除内壳膜,以毫米为单位,精确到 0.01 毫米。通常锐端蛋壳较厚、钝端较薄。鸭蛋蛋壳的厚度为 0.28 ~ 0.39 毫米。

5)蛋的密度 蛋的质量分数可间接表示蛋壳厚度,也能够反映气室的大小(蛋的存放时间长短)。测量时,用一定密度梯度的盐水漂浮法,以蛋的气室部分刚浮出为度,密度级别大,则蛋壳厚,密度级别小,则蛋壳薄,见表4-1。

表4-1 盐溶液各级密度(单位:克/厘米^3)

级别	0	1	2	3	4	5	6	7	8
密度	1.068	1.072	1.076	1.080	1.084	1.088	1.092	1.096	1.100

蛋壳厚度和蛋的质量分数均受遗传和环境两方面的影响。蛋壳厚度的遗传力为 0.3,蛋的质量分数的遗传力为 0.3 ~ 0.6;饲料中如果缺钙、维生素D 及锰会产生薄壳蛋和软壳蛋,某些疾病也可导致产薄壳蛋、软壳蛋和畸形蛋。蛋壳强度和蛋壳厚度无论在商品蛋还是在种用蛋方面都非常重要。就商品蛋来说,蛋壳强度、厚度大,运输过程中不易破损;就种用蛋来说,蛋壳厚薄适度或稍厚的蛋孵化率高,但蛋壳过厚的钢皮蛋、蛋壳过薄或软壳蛋都不宜孵化。

6)哈氏单位 蛋白品质取决于蛋内浓蛋白的含量,浓蛋白多,营养价值高、蛋的保存时间长、孵化率也高,反之,易造成死精或死胚,孵化率低。蛋的保存时间对哈氏单位的影响很大,随保存时间的延长哈氏单位减小。饲料和环境温度也影响哈氏单位。蛋白品质用哈氏单位表示,用蛋白高度测定仪测量蛋黄边缘与浓蛋白边缘的中点,避开系带,测 3 个等距离中点高度的平均值代表蛋白高度。

哈氏单位 $= 100\log(H - 1.7W^{0.37} + 7.57)$

H 为浓蛋白高度,单位为毫米,W 为蛋重,单位为克。

哈氏单位的遗传力为 0.1 ~ 0.7,蛋白高度的遗传力为 0.15 ~ 0.55。

7)蛋黄色泽　按罗氏比色扇的 15 个蛋黄色泽比色,统计每批蛋各级色泽的数量和百分比。蛋黄颜色的遗传力为 0.15。蛋品加工业喜欢蛋黄颜色深的蛋,优质蛋黄的比色值应在 12 以上。饲料原料质量、饲养方式、是否添加着色剂、健康状况等都影响蛋黄颜色。

8)血斑率和肉斑率　统计含血斑和肉斑的蛋在总蛋数中的百分比。正常情况下,蛋内应无血斑和肉斑,种蛋血斑和肉斑容许率在 2% 以下,超过 2% 则予以淘汰。血斑和肉斑的遗传力为 0.1 ~ 0.5,在饲养管理不善,应激多的条件下,血斑、肉斑率会升高。

3. 水禽的繁殖力和生活力

水禽的繁殖力和生活力是一项重要的育种指标和经济指标。

(1)繁殖力　水禽的繁殖力是其繁殖后代的能力,取决于产蛋量,种蛋合格率,种蛋受精率,受精蛋孵化率。

1)种蛋合格率　指水禽在规定产蛋期内所生产的符合本品种、品系要求的种蛋数与产蛋总数的百分比。(鸭在 71 周龄内,鹅在 70 周龄内)

种蛋合格率 = (合格种蛋数/产蛋总数) × 100%

2)每只母禽可提供种蛋数　在一个繁殖年度内每只种母鸭、瘤头鸭、鹅所能够提供的合格种蛋数。

3)种蛋受精率　指受精蛋占入孵蛋的百分率。血圈、血线蛋、死胚均按受精蛋计算,散黄蛋按无精蛋计算。

受精率 = (受精蛋数/入孵蛋数) × 100%

判断种蛋是否受精,通常采用破视和照检两种方法。随机抽样对种蛋进行破视,看胚珠是否发育为胚盘,可准确计算受精率。照检则是在种蛋入孵 6 ~ 8 天,用照蛋器检查,如为受精蛋,则胚胎发育为"小蜘蛛形",且蛋转动时胚胎随着转动,蛋的颜色发红;如是未受精蛋,则看不到胚胎,也看不见蛋黄,颜色淡黄;如为死精蛋,有时仅见一小黑点,有时可见不规则血环或一条血线,蛋黄散开蛋的颜色很浅。对于蛋壳颜色深的蛋早期死亡胚胎不容易观察。

正常情况下蛋用型鸭的种蛋受精率在 90% ~ 96%,肉种鸭约 90%,瘤头鸭约 86%,鹅由于品种、体形和公鹅质量等方面的差异,受精率变化较大,为 80% ~ 93%。

据遗传分析,受精率的遗传力仅为 0.05,而这一性状受环境的影响更大,所以一般用个体选择法取得受精率的遗传进展比较困难,只有通过家系选择并且尽量消除环境影响,才有可能获得遗传进展。

4)孵化率　在育种工作中,一般计算受精蛋孵化率。在孵化生产中,计算受精蛋孵化率或入孵蛋孵化率,计算公式为:

受精蛋孵化率 = (出雏数/受精蛋数) × 100%

入孵蛋孵化率 = (出雏数/入孵蛋数) × 100%

出壳后死亡、伤残的雏禽作为出雏数计算,而没有从壳内挣脱出来的雏禽作为未出雏蛋计算。正常情况下受精蛋孵化率蛋鸭约93%、肉鸭和瘤头鸭约90%、鹅约88%;入孵蛋孵化率蛋鸭约83%、肉鸭和瘤头鸭约80%,鹅为70%~83%。

孵化率的遗传力为0.10~0.15,受遗传基因、水禽的饲养管理、生理状况、种蛋储存方法及新陈度和孵化条件等诸多因素的影响,在育种工作中,也需要通过家系选择,以取得较高的孵化率。

(2)生活力　指水禽在一定外界环境条件下的生存能力,以育雏期成活率和育成期成活率作为统计指标。

1)育雏期成活率　指育雏末期成活的雏禽数占入舍雏禽的百分比。其中蛋用雏鸭育雏期为0~4周龄,肉用雏鸭为0~3周龄,肉用种鸭和雏鹅为0~4周龄。

育雏期成活率 = (育雏期末成活雏禽数/入舍雏禽数) × 100%

2)育成期成活率　指育成期末成活的育成禽数占育雏期末入舍雏禽数的百分比。蛋鸭育成期为5~16周龄,肉鸭为4~22周龄,鹅为5~30周龄。

育成期成活率 = (育成末期成活的育成禽数/育雏末期入舍雏禽数) × 100%

3)繁殖期成活率　指在一个产蛋期内种禽的成活率。用一个产蛋期末的存活种禽数占产蛋期初种禽数的比例表示。

繁殖期成活率 = (产蛋期末的存活种禽数/产蛋期初种禽数) × 100%

生活力受遗传和环境的影响,在遗传因素方面,受有害基因及一些质量性状基因的影响,其遗传力很低,约为0.05,生活力在近交时下降,在杂交时产生优势,所以品种、品系间的杂交代往往具有较强的生活力;环境方面,受饲养管理、温度、湿度、光照、卫生、免疫、疾病等诸多因素的影响。另外,种禽的生理状况如年龄、健康状况、种用价值等均对后代的成活率有较大影响。

4. 水禽的饲料报酬

饲料报酬是衡量品种和饲养管理技术的一项重要经济指标,一般以饲料转化比来表示,称为饲料转化率。

产蛋期料蛋比 = 产蛋期耗料量(千克)/总产蛋量(千克)

肉用子禽耗料比(料肉比) = 肉用子禽全程耗料量(千克)/总活体重(千克)

还有一种表示方法,称为饲料效率,是将上述两个公式的分子和分母调换位置。

耗料比的遗传力中等,约为 0.3,耗料比与生长速度和产蛋性能有较强的负相关($r = -0.6 \sim -0.5$),一般生长速度快的或产蛋多的品种耗料比自然低。不同品种对饲料的转化率不同,即使同一品种,不同的饲养管理方法、饲料质量,饲料转化也有差异,一般在正常生产情况下饲料消耗越少越好。

5. 鸭、鹅部分数量性状的遗传力

据有关专家对金定鸭部分性状遗传力的测定(全同胞测定法)结果见表 4-2。

表 4-2　金定鸭部分性状的遗传力估测值

性状	出壳重	30 日龄重	60 日龄重	100 日龄重	胸骨长	开产体重	开产日龄	初产蛋重
遗传力	0.74	0.61	0.31	0.27	0.55	0.19	0.42	0.31

据吉林农业大学动物科技学院的吴伟等人对吉林白鹅某些性状遗传力的测定(半同胞测定法)结果见表 4-3。

表 4-3　吉林白鹅部分性状遗传力估测值

性状	出壳重	8周龄体重	成年体重	开产日龄	产蛋量	蛋重	羽毛重	绒毛重	肥肝重	胸骨长	胸深
遗传力	0.60	0.51	0.57	0.31	0.28	0.58	0.53	0.41	0.52	0.45	0.34

对于遗传力较高的性状,采用对个体表型值的选种方法即能取得良好的选择效果,改良速度较快;而对于遗传力较低的性状,则需采用家系选择或综合选择法,并且必须连续进行选择,才能获得良好的遗传进展。

第二节　现代水禽育种的特点

一、水禽育种

是指有计划和理论技术为依据的规模育种。我国水禽育种大致分为 3 个时期:即 20 世纪 70 年代以前、20 世纪 80~90 年代和 21 世纪。

20世纪70年代以前，以体形外貌和主要生产性能为选择内容，而且也仅限于单一品种或者一个品系的选育。广东于1956年建立狮头鹅种鹅场，开始按体形外貌及主要生产性能选留种鹅，建立核心群，工作长期坚持，是我国育种工作时间最长的种禽场。从1958年开始，厦门大学生物系对金定鸭进行选育，首先从体形、羽色、蛋壳颜色等特征进行选择，逐渐使之趋于一致，产蛋性能也相应提高，至20世纪70年代末，金定鸭的产蛋量与绍兴鸭大致相同，是国内产蛋量最高的蛋鸭品种之一。绍兴鸭育种开始于20世纪70年代末，由于品种基础好，育种进展较快，80年代初就已经成为高产品种，并按羽色分成两个系。雁鹅的育种工作始于1959年，由安徽省农业科学院畜牧兽医所进行保种选择，至1965年已在该省建立了23个繁殖点，遗憾的是这项工作未能持续下去。北京鸭的育种从1963年开始，由中国农业科学院畜牧所和北京市农业科学院畜牧兽医研究所共同执行，在农业部拨款建设的种鸭场先后组建两个血缘不同的基础性能测定群，各经一年的测定后建立两个品系并开始连续继代选育，计划形成配套系。但是，当选育工作至1968年因历史原因而中断。这是北京鸭这个古老品种在国内首次由政府支持有计划的育种，与英国的樱桃谷肉鸭（北京鸭型肉鸭）的育种在时间上大约迟了5年。20世纪70年代由北京市畜牧局、北京市农场局、北京市食品公司等建立了一批种鸭场，恢复北京鸭育种工作。

从20世纪80年代初开始，由农业部投资在北京市畜牧局下成立北京市种鸭场，中国水禽育种在技术上出现了新的变化和提高。从北京开始，而后各地相继开展了具有现代育种特点的品系选育，再组成配套系，以及进一步形成繁育体系。对这个时期的水禽育种，由农业部支持的"六五"以及"七五"、"八五"等部级和国家级科研项目起到了主要支撑和推动作用。在这个时期进行育种并取得成果的有"北京鸭配套系选育"，在选育开始的"六五"期间，单一品系肉鸭在自由采食条件下7周龄体重超过2.5千克（在此之前从未达到2.5千克），"六五"期末达到2.9千克，"七五"期间3.4系配套商品肉鸭7周龄体重超过了3千克，耗料比1:3.0，年产蛋量也超过200枚，到21世纪初，北京鸭配套系肉鸭的主要生产性能指标是：6周龄体重3.2～3.3千克，耗料比1:（2.4～2.5），8周龄胸肉率达到18%，与国外的高水平相近。天府肉鸭是四川农业大学动物科技学院选育的，既有大型白羽肉鸭，也有适合农区半放牧饲养的中型肉鸭配套系，很受当地养殖户的欢迎。绍兴鸭和金定鸭至20世纪90年代，500日龄产蛋量都达到290～300枚，其中绍兴鸭与康贝尔鸭杂交的江南Ⅰ、Ⅱ号蛋鸭的 500 日龄产蛋量 300 枚,总蛋重为 21 千克,这是非常杰出的水平。

狮头鹅的育种一直是以保护大型鹅的本品种遗传特性为宗旨,但是到"九五"期间出现了转机,除纯种保存之外,利用国内其他鹅品种与之杂交,形成新型商品鹅。例如,SB21 配套系,70 日龄体重 5 千克,父母代群平均产蛋 52.5 枚,这是中国鹅在体重与繁殖性能达到双高的育种成果。山东五龙鹅的育种在育种规模和技术投入方面都非常可观,而且已经显示出选育的效果,在保持本品种体重标准的情况下,产蛋量已经达到中国小型鹅产蛋量的高水平(100 枚)。扬州鹅是在太湖鹅研究基础上多品种参与下杂交育成的新品种,已通过了江苏省的品种鉴定,其体重与产蛋量均达到较高水平。天府鹅是以四川白鹅为基础育成的配套系,在保持四川白鹅产蛋能力的前提下提高生长速度等综合肉用性能。

20 世纪 80~90 年代所进行的水禽育种,基本上是采用闭锁群繁育,根据经济性状遗传力的高低进行个体和家系选择,培育出专门化品系,经配合力测定形成最佳系间杂交组合,经扩大繁殖,建立祖代、父母代等梯级制种群形成繁育体系。鉴于我国水禽育种研究与应用均晚于国外,在理论、方法和应用都受益于国外已有的经验,但也同时受到外来种禽的负面影响和竞争。其中,在我国影响较大的当属樱桃谷肉鸭。这个大型肉鸭在中国有很大的销售量,对中国肉鸭育种也有积极作用,国内某些肉鸭配套系的父本品系的选育引入了樱桃谷鸭的血统,用以提高早期增重和胸肉率。还有法国奥白星肉鸭和番鸭,以及在福建泉州建有祖代场的丽佳鸭,20 世纪 80 年代还曾经引进澳大利亚狄高鸭和美国的枫叶鸭。引进肉鸭配套系的负面效果是在白羽肉鸭生产中对国内同类种鸭的冲击。鉴于樱桃谷鸭在胸肉率和饲料利用率方面的优势,使其旨在分割肉出口生产中具有较强的竞争力。尽管我国北京鸭具有一些传统食品加工,如"北京烤鸭"所需要的肉质细嫩、皮肤平滑、毛孔细小等优良胴体品质,在对烤鸭业原料供应方面有较大的市场,但在白羽肉鸭生产的大市场的竞争中已处于劣势。从国外引进的鹅品种主要是朗德鹅和莱茵鹅,前者用于肥肝生产,后者主要用于生产肉鹅,这两个品种都曾被用作与中国鹅杂交的试验。朗德鹅在肥肝生产中的绝对优势至今还没有其他品种可以取代。莱茵鹅在欧洲属轻型品种,产蛋性能中等偏上,多年来,莱茵鹅在我国表现出良好的种用性能。鉴于中国鹅除狮头鹅之外多数属中型和小型品种。因此,莱茵鹅在中国无论是直接用于生产,还是用于同中国鹅杂交的亲本都有较好的发展前景。

二、中国水禽地方品种

中国水禽地方品种总数及其肉蛋总产量,皆为世界之最。20世纪80年代经全国普查上报并选入《中国家禽品种志》的鸭品种12个,鹅品种13个。近些年调查发表的鸭品种27个,鹅品种26个。上述品种的形成除产区群众根据生产需要选留淘汰之外,许多品种已经得到地方政府支持,在建立保种场的条件下开展早期群体选择。各地方品种的经营方向和产品特点也对品种形成和发展起了重要作用,因而创造出丰富多彩的中国水禽品种。

北京鸭是在北京地区形成和发展起来的世界优良肉用品种。旧时的宫廷鸭油糕点制作和炉烤鸭应该是早期对鸭群选择和品种形成的重要因素。以生产食品蛋及其制品咸蛋和松花蛋为主的大量中小型鸭品种,成为中国早期养鸭业的主体,其中有许多优良的蛋用和兼用型品种,例如,绍兴鸭、金定鸭、高邮鸭等。根据群众喜爱和消费特点形成的大型品种狮头鹅;肉用早熟性显著的清远乌棕鹅;用1千克稻谷育雏后放牧60~70天上市,以及种鹅年年淘汰,仅利用一个产蛋季的太湖鹅;适合农家副业饲养的"四季鹅";由于人工孵化技术高而形成无就巢性并具有较高的产蛋性能的四川白鹅、豁眼鹅(包括五龙鹅)等品种,这些都是群众性育种的成果。

三、现代水禽育种

在我国开始应用水禽配套系育种,比鸡的育种、特别是蛋鸡育种大约晚5年,规模也远不如蛋鸡和优质肉鸡育种。鹅的育种更晚于鸭的育种,除肥肝生产之外,肉鹅生产到目前为止多数以未经系统选育的地方品种为主,而且多数采用小规模半舍饲散养方式。各类性状的群体一致性较低,体重与同类育成品种或配套系商品代鹅比较略轻,无就巢性的品种产蛋量较高,如豁眼鹅(包括五龙鹅)、四川白鹅、太湖鹅等,产蛋量70~100枚,而有就巢性的品种,其产蛋量多在20~50枚。许多农家利用母鹅的就巢性,每产一定数量种蛋后即进入就巢休产期,由母鹅自孵种蛋,雏鹅也由母鹅保育,待幼鹅能独立采食后母鹅又恢复产蛋,进入下一个产蛋期,雁鹅就是由于这个特性被称为"四季鹅",对于农村家庭副业养鹅这是一个有益的特性。广东清远鹅的种鹅场也曾完全用就巢母鹅在孵化厅的草囤中抱孵雏鹅。就巢性对现代集约型养鹅业是不能继续保留的,因为产蛋量与就巢性呈负相关。粗放的饲养环境使地方品种都有很强的青粗饲料利用能力。随着市场需求的增加,规模饲养和密集饲养的比重会有扩大,育成品种或配套系种鹅会更容易表现出综合经济效益优势。

21 世纪将是水禽育种发展更快的时期,鉴于中国水禽业的特点,即数量大、品种多、市场需求与产品品种多样化,以及从事生产的自然和经济环境的不同,将决定育种手段和品种(品系及配套系)的不同。例如,肥肝、分割肉、特色品牌食品加工或烹调所需要的鸭、鹅胴体和商品鸭蛋,都需要专门化的品种,又如体形小的攸县麻鸭,在稻鸭结合生产中具有明显的灵活性和对稻秧影响小的优势,是最佳的秧田放牧品种。新世纪家禽育种的一个亮点将是分子遗传学研究在育种中的应用。作为辅助选择手段的遗传标记研究,抗病育种以及在分子生物学水平上针对专门化品系的营养学研究等,都将为家禽育种拓宽途径。中国农业大学动物科技学院关于鸡的一些性状分子遗传学基础研究取得重要成果,这应该是实现中国第一次科学大会提出的遗传工程,或者说基因工程研究的一个组成部分,这类基础研究也将获益于水禽育种。

第三节　水禽的育种原理和选育方法

一、本品种选育

本品种选育又叫纯种繁育,是指在品种内部通过选种选配、品系繁育、改善培育条件等措施,提高品种性能的一种繁育方法。从遗传学角度来看,纯种繁育的与配双方具有共同的基因型特点,交配是为了使更多的基因纯合,或者使有利基因的频率增大,不利基因的频率减小。它可以使一个品种的优良特性得以保持和发展,同时又可克服该品种的某些缺点,从而达到保持品种纯度和提高整个产品质量的目的,经过有计划的系统选育,乃至培育出新的品种、品系。目前,这种方法在水禽育种中应用得比较多。

(一)本品种选育的方法

本品种选育的方法包括外貌选择和生产记录选择。

1. 外貌选择

毛色和体形的一致性是本品种选育的重要特点。如在蛋鸭的选育过程中要根据"一紧二硬三长"的标准选留,即在青年鸭或产蛋初期的鸭选择时要求留种的个体羽毛要紧凑,紧贴身躯;胸骨(龙骨)硬、肋骨硬,表示骨骼发育坚实,体质好;喙、颈部和体躯长,代表鸭在水中的觅食能力强。肉鸭外貌选择与蛋鸭有区别,要求青年羽更换较早(仔鸭 6 周龄屠宰时羽毛已经生长整齐)、胸部宽深,腿部发达。

在瘤头鸭的选择中除考虑毛色、体形的一致性外,面部皮瘤的大小、形状、颜色也是重要指标。

在鹅的选留中也要将特征突出来,如鹅的主生产方向为肉用仔鹅,则羽色方面不过多强调,只要胸宽背阔、体态高昂,体形符合本品种特征即可;如鹅的主生产方向是作为肥肝用,则要求鹅的颈粗短,胸深,腹部发达;作为绒用或绒皮用性能较好的鹅种,则要求羽色要纯。

2. 生产记录选择

生产记录最能够反映鸭、鹅的生产性能和种用价值。根据生产记录选择有以下 3 种情况:

(1)根据自身记录选择　如在肉用型鸭、鹅、瘤头鸭的选育中可以根据早期(如 6 ~ 7 周龄时)的体重和料肉比进行选留;肉种鸭可以根据性成熟期的早晚、性成熟时的体重、初产蛋重、产蛋率、蛋的形状等记录作为选择依据。鹅和瘤头鸭的选择还应该考虑就巢性记录。根据自身记录适用于选择遗传力较高的性状。

(2)根据后代性能记录　作为种禽其价值主要体现在其后代的生产性能方面,所以这种选择方法是最为准确可靠的。其所生产的后代生产性能好的种禽,应该留下来多作种几年,以生产更多的优秀后代。但这种方法需要把种禽的饲养期延长,耗费的资金也较多,那些后代生产性能不好的种禽可能会造成一些浪费。

(3)根据同胞性能记录　当对那些难于测量或者只有某一性别才具有的性状以及只有在屠宰后才能确定性能的性状,如开产日龄、产蛋量、胸肌率、腿肌率、皮脂率等,其选择只有通过同胞记录进行。在肉鸭、鹅和瘤头鸭的选育中这种方法应用较多。

(二)鸭的本品种选育

我国鸭种资源丰富,数量众多,并且相当多的品种已具有较高的生产性能,这是我国劳动人民长期选择和培育的结果,它们基本上能够满足社会经济的需要,性状不必作重大改变。但多数品种个体之间差异大,有的生产性能尚未充分发挥出来,所以需要系统地开展本品种选育工作,使其达到高产、稳产的目的。

在鸭的本品种选育过程中离不开个体外貌特征选择和自身及后代性能记录选择。其中外貌特征、生产性能中所涉及的一些具体指标,如羽色、肤色、体形、生长速度、产肉性能、产蛋性能等。然后依据这些具体指标,在种群内选优去劣,留纯去杂,连续每年、每批次进行,直至达到选育目标。以金定鸭的培育过程为例,厦门大学生物工程学院自1958年以来,长期对金定鸭进行闭锁繁育,使金定鸭的羽色,蛋壳色一致,并在继代选育过程中,以换羽性状作为选育指标,淘汰换羽休产期长的低产鸭,定向保留换羽期短和冬季持续产蛋的母鸭,从而使金定鸭遗传性能稳定,产蛋量从原来年平均212枚提高到260～300枚。其他鸭种如北京鸭、绍兴鸭等均是利用本品种选育而成为著名的肉用、蛋用品种。

我国的大部分鸭种产品独具特色,为世界上其他鸭种所不及,如北京鸭虽为著名的肉鸭品种,但具有较高的产蛋性能,这是肉用鸭种难得的优点;我国的连城白鸭外貌独特,具有药用功效,被誉为"全国唯一药用鸭"。绝大多数鸭种基因型不差,只是由于客观条件的限制,饲养管理跟不上,从而限制了生产性能的充分发挥,但这些品种因其特殊的产品,独特的适应性以及可培育的种用潜力,使其不会被其他国外品种所取代,所以在育种过程中,必须以本品种选育为主,辅助开展杂交,提高生产性能和经济效益。如果没有本品种选育就不会有纯种,没有纯种就不会有杂种,当然不会有杂种优势。另外,所有的鸭种都含有各自的特殊基因,是培育新品种的素材,为了保持鸭种基因库的多样性,避免因短期利益的驱使而使得基因面越来越窄,应尽量使每一种基因都不丢失,因此必须大力开展保种工作,合理利用我国丰富的家鸭品种资源,本品种的选育是为保持品种纯度,免遭混杂或基因丢失的最有效措施。

(三)鹅的本品种选育

鹅的本品种选育是指同一品种(或种群)的公、母鹅配种繁殖后代,每个世代都不断地选优去劣,把符合该品种特征、特性,生产性能突出的后代留种,逐代提高本品种的生产性能和培育出新的品系。

鹅的本品种选育,要针对品种特点,确定选育目标,然后开展选种、选配工作,进行品种的提纯复壮。与此同时,注意加强鹅群的饲养管理,以使其生产潜力充分地发挥出来,提高鹅群整体的生产性能。我国的太湖鹅、豁眼鹅、浙东白鹅等进行本品种选育,取得了良好的效果。如豁眼鹅,系统选育前羽色较杂,体形大小不一,眼睑没有豁口的个体占有一定比例,产蛋性能差异较大。初期对其羽色、喙、胫的颜色、眼睑豁口、体重、产蛋性能等几个指标作为选育的主要指标:要求羽色全白,喙、胫橘黄色,两上眼睑豁口明显,入舍产蛋量100枚,蛋重120克,成年公鹅体重4～4.5千克,母鹅3～3.5千克。经过几个世代的系统选育,体形外貌基本一致,特征特性相当明显,产蛋性能显著提高,遗传性能趋于稳定,按入舍母鹅产蛋量计算,4世代的年产蛋量达118.2枚,比 0 世代的 83.6 枚增加了 34.6 枚,最高的个体产蛋量达 186 枚,比 0 世代增加了 102.4 枚。

目前我国鹅本品种选育的目标主要是保种和提高产蛋量、蛋重。当今世界禽种资源日益减少,在水禽方面除东欧国家外,大多数欧洲国家的遗传资源已耗尽,失去了育种的原始材料。相比之下,我国鹅种资源丰富,载入全国家禽品种志的约有 10 个,还有不少被列入了地方品种志,这是非常幸运的事情。但是一些个体大、生长速度快、羽绒品质好的优良鹅品种,如皖西白鹅,溆浦鹅,以及产蛋多的四川白鹅等,由于缺乏有计划的系统选育,品种退化严重。例如,皖西白鹅,产区一直沿用自然孵化的繁殖方式,仍把没有抱性的"常蛋鹅"作为淘汰对象,而把产一窝蛋,抱一窝的寡产鹅作为种用,长此下去,这些鹅种的繁殖性能几乎停留在原始水平上。所有这些鹅品种,除了具有很好的适应性外,它们的生产性能也各有千秋,对各地的养鹅业都做出了重要贡献。但我们也不容乐观,如果一直不把保种和选育工作放在重要位置,任其自生自灭,或者只是一味地追求杂交效益,那么在不久的将来,供我们使用的基因库会越来越窄,一些好的遗传特性就会丢失。所以我国鹅保种任务艰巨,最好在品种形成的当地建立保种场,在选育提高的基础上,开发市场,回收资金,把保种工作做好。

固始白鹅的选育也考虑采用本办法。因为固始白鹅体重较大、仔鹅早期生长速度快、适应性和抗病力强。其缺点在于鹅群中少数个体头部或体躯有褐斑,就巢性强导致产蛋少。在组建育种群后,每个世代选留全身羽毛白色的个体;成年母鹅选留体重中等偏上,无就巢性或就巢性弱的个体;公鹅来自选留母鹅群,在 6 周龄时体重在该群内属于最大的 10% 的个体。每个世代大群的生长速度和产蛋量都逐渐增加。

(四)水禽本品种选育应注意的问题

1. 选择品质优秀的种公禽

运用本品种选育方法时,应着重注意选择品质优秀的种公禽,因为公禽对禽群的影响大。一般对种公禽的选择除了具有本品种的特征外,还要求体形大、体质好,各部位生长发育协调稳健,羽毛有光泽,腿粗有力,喙、胫、蹼颜色鲜明。选留通过翻肛和精液品质检查,阴茎发育良好、性欲旺盛、精液品质优良的公禽作种用,严格淘汰阴茎发育不良和有病的公禽。

2. 尽量避免近交

运用本品种选育方法时,应尽量避免近交。对于规模小的种禽场或商品性水禽场，由于群体数量小，考虑到经济效益，有时难于严格淘汰，势必引起近交。长期采用近交，则会引起近交衰退现象，表现为后代的生活力和生产性能下降，体质变弱，死亡增多，繁殖力降低，增重慢，体形变小等现象，所以要想办法把近交控制在一定范围内。在培育新品种的横交固定阶段或培育品系时可以适当采用近交，其他阶段应尽量避免。为防止本品种选育时的近交带来的缺点，可采取以下措施：

第一，在本品种选育过程中，严格淘汰不符合理想型要求的、生产力低、体质衰弱、繁殖力差和表现出衰退现象的个体。

第二，加强种禽的饲养管理，满足幼禽群及其繁育后代的营养要求。近交产生的个体，其种用价值可能是高的，遗传性能也较稳定，对饲养管理条件要求较高，如能满足它们的需求，则可暂时不表现或少表现近交带来的不良影响，否则遗传和环境双重不良影响可导致更严重的衰退。

第三，适当进行血缘更新，可以防止亲缘交配不良影响的积累。育种场从外地引入同品种，同类型和同质性而又无亲缘关系的种禽进行繁育。对于商品水禽场的一般繁殖群，为保证其具有较高的生产性能，定期进行血缘更新尤为重要。民间所说的"三年一换种""异地选公，本地选母"都是强调要血缘更新。

第四，在系统开展选育工作中，适当多选留种公禽，选配时不至于被迫近交。

3. 根据表型相关进行选育

这是在选种时常用的方法，对一些难于测量或者是晚生性状进行选择时，可以采用表型相关选择法，这种方法可以提高选育效果，加快育种进程。厦门大学陈小麟等人报道了金定鸭一些性状的相关性，见表4-4。

表4-4　金定鸭某些性状的表型相关

性状	30日龄重	60日龄重	100日龄重	胸骨长	初产蛋重	开产体重	开产日龄
出壳重	0.81	0.27	0.44	0.35	0.15	0.29	0.10
30日龄重		0.83	0.43	-0.07	0.47	0.45	0.06
60日龄重			0.69	0.39	0.32	1.10	-0.14
100日龄重				0.63	0.003	0.71	-0.07
胸骨长					0.04	0.45	-0.26
初产蛋重						0.22	0.28
开产体重							0.20

二、品系繁育技术

随着畜牧业的蓬勃发展和新遗传育种理论的迅速传播,无论是纯种选育还是育成新品种甚至杂交利用,都普遍开展品系繁育。在水禽业中(主要是鸭鹅)采用品系繁育技术是近30年的事情,虽然起步较晚,但其繁育效果好,因此发展较快,并已经取得了许多突出成就:如英国樱桃谷公司培育的樱桃谷超级肉鸭,中国农业科学院畜牧研究所和北京肉鸭育种中心选育的北京鸭双桥Ⅰ系和双桥Ⅱ系,北京鸭Z系、Z2系,浙江农业科学院畜牧研究所等单位利用绍兴鸭选育出的江南Ⅰ号、江南Ⅱ号蛋鸭品系,厦门大学等单位选育出的金定鸭新品系,高邮市种鸭场培育的苏邮Ⅰ号、Ⅱ号、Ⅲ号等品系,四川农业大学培育出了天府肉鸭配套系、天府肉鹅配套系;辽宁铁岭豁眼鹅原种场培育的3个专门化品系等都是品系繁育取得的突出成果。

(一)品系的概念及建系的方法

现代家禽育种中所谓的品系,是指在一个品种或品变种内,由于育种的目的和方法的不同而形成一些具有突出优点,并能将这些优点稳定遗传下去,具有一定数量的个体所组成的禽群。品系类别较多,其形式和建系也各有差别。

1. 类系

在品种的发展过程中,随着个体数量的增多和分布区域的扩大,由于环境条件和选择标准不同,出现了不同特点的群体,可分为地方类群和外形类群。如豁眼鹅有山东、辽宁、吉林、黑龙江4个地方类群;绍兴鸭有带圈白翼梢和红毛绿翼梢两个外形类群;狮头鹅有棕褐色、灰棕色、灰白色3个外形类群等。按类群分的系叫类系。地方类群的形成,地方的生态环境条件起了重要作用;而外形类群的形成,人工有意识的选择起了重要作用,人工选择在很大程度上是出于饲养习惯。大多数类系由于没有经过现代化的系统选育,其生产性能比较低。

2. 单系

单系也称为系祖系,是指来源于同一卓越的系祖,并与系祖有类似体质和生产力的种用高产群体。

单系是用系祖建系法建立的,它的形成远比类系的形成快。首先要选出或培育出系祖,系祖必须是具有一个十分优秀的性状,且遗传性能稳定,并且其他性状也能达到一定水平的优秀个体;选出系祖之后,充分利用系祖繁殖,大量选留那些保持并发展了系祖特点的后代作种用,从而扩大同型个体的数量,使个体具有的优秀品质转化为群体共有的特点。

运用系祖建系应注意的问题：

（1）系祖应尽量进行同质选配　1代、2代内最好不采用血缘很近的近交，这样才能保证其后代集中地突出表现系祖的优点，并且不出现近交衰退现象。

（2）采用一定程度的异质选配　对于有微小缺点的系祖，允许采用一定程度的异质选配，用配偶的优点来弥补系祖的不足。

（3）加强后代的培育和选择　系祖的后代不一定都是品系的成员，性能不好的后代需要淘汰，因此必须加强对后代的培育和选择。在实际工作中要尽可能多留后备种禽，尤其要注意选出优秀的后备公禽，以便于严格选择。

3. 近交系

近交系是指通过高度近交而形成的品系。通常认为近交系数不应低于37.5%方可称为近交系。这是目前品系繁育中应用最多的建系方法。

近交建系法是利用亲子、全同胞或半同胞连续交配使优良的基因迅速纯合，以达到建系的目的。由于近交系不是围绕某一优秀个体进行近交，所以要求建立基础群。建立基础群有两个要求：第一是需要有大量的原始材料，因为伴随近交的开展会引起近交衰退，需对禽群进行大量的淘汰，如基础群数量不足，有可能导致建系的中断；第二是对基础群的个体要严格选择，公鸭（鹅）数量不宜太多，并且要求性状同质，最好经过后裔测定证明是优秀的个体。另外，还要通过测交的方法排除携带有害基因的可能。对于母鸭（鹅）则要求数量越多越好，并且最好来源于经过生产性能测定的同一家系。

4. 群系

建立单系是要使个体的优秀性状转变为群体的优秀性状，但是由于受到个体繁殖力和近交衰退的限制，需要的时间长，且遗传改进缓慢。为了克服这一缺点，出现了以群体为基础的建系方法，建立近交程度不高的品系，与单系相区别，称为群系。

群系的建系方法是继代选育法。继代选育法可分两步进行：第一步，选集基础群，按照建系的目标，把需要的基因汇集在基础群内，在选集过程中，可以不顾及个体的血统关系，只要具有所需要的优秀性状即可入选，组成基础群。个体间近交系数最好为零。基础群内公鸭（鹅）要适当多些，并且公禽之间最好没有亲缘关系。第二步，闭锁繁育，对基础群严格封闭，并采取相应的选种选配手段，使群体中的优秀性状迅速集中到一起，并使基因纯化，转而成为群体所共有的稳定的遗传性状。

群系规模较大,基础群中分散的优秀性状,在后代有可能集中表现,从而使其品质超过它的任一祖先。群系的遗传基础较丰富,保持时间相对较长,因而得到了迅速推广。

5. 专门化品系

专门化品系是一类各有特点,而且专门用来与另一特定品系杂交的品系。专供作父本的称父本品系,专供作母本的称为母本品系。

专门化品系可以用系祖建系法或近交建系法建立,但群体继代选育法在实际生产中用得最多且效果最好,通常是把所有的选育性状分成若干组,然后建立各具一组性状的父本和母本品系。

(二)品系配套

1. 配合力测定

并非任何两个品系间进行杂交就能够获得杂交优势,在育种过程中为了了解各品系之间的杂交效果,将育成的品系以不同的组合方式相互进行杂交,根据后代的生产性能测定品系间的配合力。品系间的配合力分为一般配合力(正反杂交组合的平均值)和特殊配合力(某二系的杂交成绩减去二系一般配合力均值)。一般配合力主要来自加性遗传方差,特殊配合力则来自非加性遗传方差。因此,特殊配合力高的组合,杂种优势较强。通过配合力测定,选出特殊配合力最高的杂交组合作为杂交制种模式进行推广。

2. 品系配套和扩繁

根据配合力测定结果按最优组合进行品系配套,逐级制种。为了使配合力强的系间组合能够更多地应用到生产中,降低种蛋成本,在育种、制种过程中需要扩群繁殖生产商品群。生产中通常采用二系配套、三系配套、四系配套,分别称为二元杂交、三元杂交和四元杂交。其制种模式,见图4-1。

生产中,有两种系间杂交更多地用来生产商品禽群,即近交系杂交和专门化品系杂交。其中,近交系的杂交,一般采用双杂交效果较好,即以两个近交系的杂种作为母本,另两个近交系的杂种作为父本,父母本再杂交生产商品禽。以莆田黑鸭配套品系为例,以近交法建立父系,以蛋重为主要选育性状,建立蛋重品系;以家系闭锁法培育母系,以产蛋量和蛋重为选育指标,建立了蛋多和蛋重两个品系M和W,然后进行不完全双向杂交,经实践检验,这种配套,行之有效,并取得了较好的经济效益。专门化品系间的杂交效果更好,因为在建立专门化品系前,已有计划地安排好父母本品系之间的分工合作,所以杂交时能表现出稳定而显著的杂交优势。

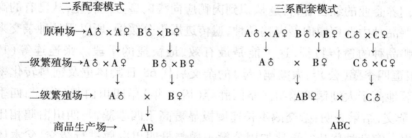

二系配套模式　　　　　　　　　　三系配套模式

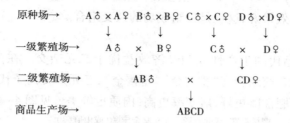

四系配套模式

图4-1　商品水禽杂交制种模式

三、杂交优势利用

在水禽生产中,有利用纯种繁育进行商品生产的,也有很多是利用杂交进行商品生产的。杂交可以使后代的生活力和生产性能更好,即利用杂交优势。

(一)品种间的杂交

我国具有丰富的水禽品种资源,各地方品种长期进行闭锁繁育,遗传基础较纯,各地方品种间的生产性能存在较大的差异,所以它们之间一旦杂交,有可能会产生明显的杂种优势。因而育种工作者或商品生产者近年来开展了大量的杂交工作,试图利用后代的杂种优势来提高水禽的生产性能,并取得了一些成果。

1. 二元杂交的试验

文胜勇等(2002年)报道攸县麻鸭与高邮鸭杂交,子一代的初生重、30日龄重、50日龄重均显著高于攸县麻鸭,杂交代公、母鸭的全净膛率也都高于攸县麻鸭,且屠体美观、肥瘦适中、肉味鲜美。据张敬虎(2000年)报道,以绿头野鸭作父本,北京农业科学院畜牧研究所的北京Z型鸭作母本,进行配组杂交试验,其子一代的初生重、8月龄体重、10月龄体重均高于绿头野鸭,半净膛率、全净膛率、胸腿肌率均高于北京鸭,而皮脂率显著低于北京鸭。这一杂交结果对现代肉鸭业存在的问题提供了一条很好的解决途径:水禽饲养专家和肉鸭饲养企业的经营者，普遍认识到肉鸭应向瘦肉型方向转化，从已有的高体脂型鸭品种中选育瘦肉型肉鸭品种，遗传进展十分缓慢，所以用品种杂交来改变肉鸭品种的遗传特征，这可能是最有效、最快捷的手段。张连连等（1992年）报道四季鹅（公）与太湖鹅（母）的杂交后代68日龄体重及饲料转化率均极显著地高于太湖鹅纯繁组。骆国胜等（1998年）用四川白鹅（公）与四季鹅（母）杂交，结果表明：杂交鹅生长速度极显著高于四季鹅，与四川白鹅相比也表现出一定杂种优势。再比如用公狮头鹅与母四川白鹅进行杂交，父本体形大、生长速度快，母本体形中等、产蛋多，种蛋成本相对较低，杂交仔鹅的生长速度比较快，饲养效果好，这也是一组成功的杂交组合。

　　2. 三元杂交

　　三元杂交商品代的生产性能和经济效益优于二元杂交。在肉鸭的生产中，较成功的三元杂交组合有"番北金""番樱金"，三元杂交的子代，其长势比半番更胜一筹，育肥性能更好，屠宰率更高，肉质更鲜美。见图4-2。

樱桃谷鸭（或北京鸭）♂×♀金定鸭（或山麻鸭）

↓

杂交♀×♂白番鸭

↓

商品肉鸭

图4-2　肉鸭三元杂交模式图

　　在鹅生产中，也开展了一些三元杂交，如用固始白鹅公鹅与豁眼鹅母鹅进行杂交，杂交后代的母鹅体形中等（明显比豁眼鹅大）、产蛋量较高，再与狮头鹅公鹅杂交，可生产较多的种蛋，杂交仔鹅的生长速度也比较快。陈兵等（1995年）利用四川白鹅（公）、皖西白鹅（公）与太湖鹅（母）杂交，结果表明：杂交组仔鹅的日增重及饲料转化率均极显著高于太湖鹅，虽然杂交鹅的半净膛率、全净膛率提高不大，但杂交鹅的肉质（色、香、味、嫩度）则明显优于太湖鹅。

　　在进行鹅、肉鸭和瘤头鸭等肉用水禽品种间杂交的时候，一般要求父本品种的生长速度要快、体形较大，母本体形中等、产蛋量要高。需要注意的是，不同品种之间的杂交效果不一样，因此研究者试图寻求最优的杂交组合。如杨茂成等（1993年）报道，用太湖鹅、皖西白鹅、四川白鹅、豁眼鹅4个品种间分别进行两两杂交，结果表明：杂交后代60日龄、70日龄活重只有以豁眼鹅为母本的3个杂交组合表现杂种优势，其余组合的杂交效应均小于4个品种的

现代水禽生产技术

124

平均纯繁效应。说明以豁眼鹅为母本较为适宜；而四川白鹅的一般配合力高，在杂交组合中都产生杂种优势，建议可作理想的父本。另外，四川白鹅由于具有较高的繁殖性能（年产蛋 60～80 枚），研究者认为可作理想的母本。有关各地方品种鹅间的正确的杂交组合和杂交效果还有待于进一步全面地深入研究。黄会萱等人（1997 年）用公番鸭分别与本地母麻鸭、北京鸭母鸭、北京鸭与本地麻鸭杂交后代中的母鸭开展杂交，以番鸭、北京鸭、本地母鸭作为对比，发现公番鸭与母北京鸭的杂交组合最好，60 日龄平均体重、耗料增重比、产肉效率及屠宰率、全净膛屠宰率、半净膛屠宰率等指标均具有显著的杂交优势；另外，公番鸭与北京鸭、麻鸭的杂交组合也较好。

（二）品系间杂交

使用不同的品系进行杂交，方法和要求与品种间杂交相同。既可以是专门化的配套品系，也可以使用不同公司的品系进行杂交。如使用樱桃谷公司的肉鸭父本品系与天府肉鸭的母本品系进行杂交。

生产中为了培育新的种群，也可以使用优秀的品系公禽与某个地方种群进行杂交。

（三）种间杂交

在水禽生产中的种间杂交仅限于瘤头鸭与家鸭之间的杂交，公瘤头鸭与母家鸭杂交称为正交，公家鸭与母瘤头鸭之间的杂交称为反交。杂交的后代一般没有繁殖能力，称为骡鸭，综合国内外作者及细胞生物学研究的结果，家鸭和瘤头鸭的 1 号染色体和 2 号染色体的核型不同，造成杂种在配子发生过程中减数分裂受到破坏，进而可能影响下丘脑—垂体—性腺轴和其他生理效能部位的发育，最终导致不育，给生产和育种带来极大麻烦。现代一些杂交结果表明，正交的组合要优于反交，所以不管是二元杂交，还是三元杂交，只要以瘤头鸭作父本或终端父本，子代的肉用性能都很优秀。鹅与鸭之间的杂交曾经有一些人进行过试验（包括自然交配和人工授精），但都没有获得受精蛋，说明它们之间的杂交有许多障碍难以克服。

第四节　鹅的育种

近年来，由于鹅业产业化、规模化生产发展的需要，带动了高校、科研院所、民营企业等积极参与鹅的育种工作。但各育种单位、企业缺乏应有的分工和协作，导致育种效率低，无法进行产业化生产。系统鉴定、评价我国鹅品种遗传资源、构建鹅遗传资源数据库是鹅育种的基础。

在育种技术方面,常规育种技术仍将发挥重要作用。高度专门化新品系培育及配套系组建是未来鹅育种的重要任务。按照市场需求,拟定育种目标,选择合适的品种素材,建立基础群,进行优质肉用型、分割肉用型、肥肝专用型、羽绒生产型专门化新品系的培育是未来我国水禽产业发展的需要。在品系高度专门化的同时,品系间有分工,或产肉,或产肝,或产绒,但都必须有兼顾高繁殖性能的配套母本品系,以发挥更高的生产效率。目前,鹅繁殖效率低是制约鹅产业化发展的瓶颈,也是全年肉鹅均衡生产的最大障碍。因此,提高种鹅繁殖性能将是选育重点之一。

现代育种,强调群体的生产性能。要求提供商品生产的鹅群,必须健康无病,生命力强,产蛋量高,生长快,饲养期短,饲料转化率高,比较早熟、整齐。因此,要在已有标准品种的基础上,选育出若干专门化的品系,然后进行配合力测定,选出优秀的配套组合。通过配套杂交,获得高性能的商品鹅。

一、品系繁育方法

品系是指一个品种内,由于育种的方法和目的不同,形成具有一定特征或突出优点的群体,并能将这些特征或优点稳定地遗传下去。品系繁育的方法很多,常用的有以下几种:

1. 近交建系法

近交是指血缘相近的个体之间,如连续全同胞交配,连续半同胞交配,亲子(父子或母子)交配,祖孙级进交配等。经过若干世代,使近交系数达到 0.375 以上,方可称为近交系。一般全同胞交配需连续两个世代以上,半同胞交配需连续 4 个世代以上。

近交可增加群体的纯合性,但往往导致后代生活力下降,出现近交衰退现象,有时会使建系中断。因此,在建立近交系之初,需要有大量的原始素材,特别是母鹅越多越好,但公鹅不宜过多,以免近交后群体中出现过多的纯合类型,影响近交系的建立。组成近交系的基础群中的个体,要进行严格的选择。参与近交的母鹅最好是来自经过生产性能测定的同一家系,公鹅最好来自经过后裔测定的优秀个体。

在近交建系的进程中,要密切注意是否出现了所要求的优良性状的组合,最好近交建系结合进行配合力测验,一旦发现配合力高的近交系时,就要放慢近交进程,把重点放在扩散上,以加快育成优育的近交系。

2. 系祖建系法

选出一个符合选育目标的优秀个体作为系祖,环绕这个系祖进行近交,大量繁殖并选留它的后代,扩大该理想型的个体数量,并巩固其遗传性,从而使系祖个体所特有的优良品质变为群体共有的优良品质。用这种方法培育的鹅群,一般具有该系祖的突出特点,称为系祖系,通常用繁祖的名称(编号)命名。

建立系祖系时,还要注意以下3点:

(1)要选好系祖 系祖的主要性状要很突出,但其他性状也要有一定水平。为了选准系祖,最好运用后裔测定和测交的方法,证明所选的系祖能将优良性状稳定地遗传下去,且无不良基因。

(2)进行有计划的选配 使系祖具有突出的优点,保证后代能集中地传递下去,因此要尽量选配没有亲缘关系的同类型配偶(或称同质选配)。但对于带有某些缺点的系祖,也可进行一定程度的异质选配,用配偶的优点来弥补系祖的不足。

(3)要加强对后代的选择和培育 由于系祖的后代并不是都能继承系祖的优良性状,要不断地选择那些较完整地继承并遗传系祖优良性状,淘汰那些性状较差不能继承系祖突出特点的个体。为此,可以采用同雌异雄轮配法以扩大后代的数量,从中选出理想而可靠的继承个体。

3. 闭锁群建系法

闭锁群建系法又称继代选育法。在建系之初,选集并组成基础群,然后把这个基础群封闭起来,在若干世代内,不再引入种鹅,只在基础群内,根据生产性能和外貌特征,进行相应的选种选配,使鹅群中的优秀性状迅速集中,并转而成为群体共有的性状,因此又称品群系。它所采用的配种制度,一般都是随机交配,避免有意识的近交,以减慢近交的进程,不致生活力迅速衰退。另一方面,由于采用继代选育法,每一代选留的都是性状最理想的个体,它们基本上是同质的,故不必进行严格的选配,因此建系方法比较简单易行。进行闭锁群建系时,要注意以下4点:

(1)基础群应有一定的数量 一般认为,基础群的每一代数量以1 000只母鹅、200只公鹅较理想。

(2)基础群应具有广泛的遗传基础 要根据建系的目标,将新品系预定的特征、特性汇集在基础群的基因库中,为建系打好基础。同时,群内各个体的近交系数应为零,至少大部分个体不是近交后代。

（3）要严格封闭 所有更新的后备种鹅,都必须从基础群的后代中选择,至少应封闭6代。

（4）选种目标和管理方法要保持一致 每一世代的选种目标和选种方法要一致,保持连续性,同时,各世代的饲养管理条件要尽可能一致,保持稳定,使各世代的性状有可比性,从而使选种更准确。

4. 正反反复选择法

正反反复选择法在品系培育的过程中结合了杂交、选择和纯繁3个繁育阶段。既有杂交组合试验,可避免近交育种时大量淘汰造成的损失,又有方法简便的优点,只要有两个亲本群(品种或品系)就可着手进行。所以,此法一举多得,颇受欢迎。

具体做法:先从基础群中按性能特点或来源不同,选出较优秀的A、B两个群体(品系)。

第一年分成两组配种,第一组正交,即A系公鹅配B系母鹅,第二组反交,即B系公鹅配A系母鹅。正交和反交各组又分成若干个配种小群,每个配种小群只放1只公鹅和5~6只母鹅,将种蛋做好标记,在同样条件下孵化,留足后裔,在相同的饲养管理条件下,进行生产性能测定。

第二年,根据后裔测定的成绩,分别在第一组(正交组)和第二组(反交组)中各选出最高产的1~2个小组,再找出该高产小组的亲本,将正交组中最高产的A系公鹅与反交组中最高产的A系母鹅,组群纯繁;将正交组中最高产的B系母鹅与反交组中最高产的B系公鹅组群纯繁,次高产的亲本也按同样方法组群扩繁。

第三年,用第二年纯繁所得的A、B两系的亲本,再按第一年的同样方法进行正反交,同样分成若干配种小群,然后进行后代生产性能测定,根据测定结果,选出优秀的亲本。

第四年,重复第二年的方法。

如此正反选择,经过一定时间,就可以形成两个新的品系,而且彼此之间具有很好的杂交优势,因为它是通过配合力测定结果而选留繁育的亲本。

必须注意:在选育过程中,不管哪一代的杂交鹅,都不能留种,但可以直接用作商品生产。

5. 合成系的选育和利用

合成系是由两个或两个以上系(或品种)杂交,选出具有某些特点并能遗传给后代的一个群体。

合成系选育的基本方法是杂交、选择和配合力测定。如以两系（或品种）杂交作为素材，杂交的亲本就是基础群，F1（杂交一代）就是 0 世代，F2（杂交二代）就是一世代。选育合成系的重点是经济性状，不要求体形外貌和血统上的一致性。合成系育种的目的不是为了推广合成系本身，而是将它作为商品生产繁育体系中的一个亲本。这与一般杂交育种不同，它不需从 F2 的分离中再经多代的选优汰劣，就能育成体形外貌和生产性能上都相当稳定的"纯系"，然后再投入使用。

合成系选育的最大特点是时间短，见效快，一般经一个世代选育即可，比通常培育一个纯系节省一半以上的时间。所以，目前在国外的商品鸡生产中，多采用合成系选育技术，生产新的系或配套组合，为产品更新和商品竞争赢得时间。

合成系选育取得成功的关键是选好亲本，应将特点突出、生产性能优秀的系（或家系）作为基础群，使合成系的起点高，再与另一个高产纯系配套时，就有可能结合不同亲本的优点，获得杂交优势。

二、杂种优势利用

采用不同的方法建立起来的品系，目的在于开展品系间的配套杂交，充分利用杂种优势，获得高产优质的商品代鹅。这种生产需按一定的程序或模式制种，先进行配合力测定，再配套杂交。

1. 配合力测定

配合力的概念可分为一般配合力和特殊配合力。一般配合力主要依靠亲本品系的纯繁选育来提高，它的基础是基因的加性效应，所以遗传力高的性状，一般配合力提高比较容易。特殊配合力所反映的是杂种群体平均基因型值与亲本平均育种值之差，它的基础是基因的非加快效应，一般遗传力高的性状，各组合的特殊配合力不会有很大差异反之，遗传力低的性状，特殊配合力会有很大差异。所以，要提高特殊配合力，主要依靠杂交组合的选择，从配合力测定中，选出杂种优势强大的配套组合投入生产使用。

2. 品系配套模式

从遗传学角度看，参与配套的品系多，其遗传基础更广泛，能把多个亲本的优良性状综合起来，获得商品代杂种优势更强大；但参与杂交的品系越多，品系繁育、保种制种的费用也越多，到达商品代的距离也越长，制种工作更烦琐，规模更庞大。从经济效益出发，近年来的配套模型主要有二系、三系和四系等 3 种模式。

二系配套是两个不同品种（品系）进行一次杂交所组成的配套系。至于鹅的三系、四系配套,目前在我国尚未广泛应用。

三、组群方法

优秀种鹅选出以后,通过公母的合理组群,以使优良的性状遗传给后一代。所以,组群是选择的继续,有人将它合称为选种配种。组群通常有 3 种方法:

1. 相似交配

相似交配或称同质交配,将生产性能相似或特点相同的个体组成一群,这种方法可以使后代同胞之间增加相似性,也使后代更相似于亲代。如根据系谱资料判断,使具有相同基因型的个体交配,叫基因型同质选配,近亲交配也属这一类;如果不了解系谱资料,仅根据表现型相似的选配,叫表现型同质选配。

2. 不相似交配

不相似交配或称异质选配,将生产性能不同或特点各异的个体组成一群。这种方法可增加后代的杂合性,降低亲代和后代的相似性。与亲代相比,后代将出现介于双亲之间的性状,也可能获得具有双亲不同优点的后代。如不同品种或不同品系之间的杂交就属于这一类。

3. 随机交配

不加人为控制,随机组群,自由交配。这种方法是为了保持群体遗传结构不变,适于在保存品种资源方面应用。

四、鹅配套系育种需注意的问题

小型鹅育种中常见到一种倾向,或者称为误区,就是在选育中非常注重对产蛋量的提高,而忽略保持本品种基础体重的重要性。任何一个物种或品种都会在其形成和发展中保持一个最适合其发展的体重,这个体重可以维持其生存和繁殖以及生产特有的产品,也就是说,这个体重能够保持完成上述功能所进行的物质代谢的平衡。产蛋量与体重之间呈负相关。过分提高产蛋量必然会使体重下降。在过去的十几年中已经有两个品种的育种经历,可以用来对这个规律进行分析。

"太湖鹅"在 20 世纪 70 年代的产蛋量,大群饲养条件下平均为 60 枚,苏州与无锡两地种鹅场的产蛋量在 80 枚左右。当时的成年鹅体重:公鹅 4.33 千克,母鹅 3.23 千克。当时制定该品种的选育标准还是逐年提高产蛋量。到 1989 年,苏州太湖鹅种鹅场的成年鹅体重仅 2.5 千克,年产蛋量大约 50 枚。

江苏省科学技术厅"八五"以后下达的太湖鹅新品种培育和扬州鹅培育研究项目都已表明,太湖鹅选育中对产蛋量的过高追求的方案值得反思。

豁眼鹅的情况与太湖鹅非常相似,在编入《中国家禽品种志》时所用的资料,应该是70年代末对昌图豁眼鹅调查时得出的数据,当时的成年公鹅体重4.4千克、母鹅3.8千克,年产蛋100枚,这个产蛋量已经是世界之最了,但是在"七五"期间制定选育标准时产蛋量是110枚,以及后来的120枚。据2002年调查,1992年实际产蛋量不足80枚,2003年新组建的种群成年公鹅体重3.43千克,母鹅3.1千克,产蛋80枚。近期制定的新选育计划中成年体重公鹅3.5~4.0千克,母鹅3.0~3.5千克,产蛋119枚。计划到2009年父系公鹅体重4.5千克,母鹅4.0千克,产蛋量100枚,母系公鹅3.5千克,母鹅3.0千克,产蛋130枚以上。近期调查表明,豁眼鹅的体重与产蛋量同20世纪70年代相比均有下降,新制定的选育计划也降低了体重标准,其中父系的这两项指标应与20世纪70年代水平相似,而母系的产蛋量很高,即使是在降低体重的前提下,达到计划目标也是困难的。

鹅是肉用家禽,由于繁殖率低而限制其发展速度。通过提高产蛋量来改善养鹅的经济效益,以及扩大商品鹅的产量是鹅育种的首要难题,也是育种工作者的任务。肉仔鸡和北京鸭型肉鸭生产以配套系选育及其繁育体系的应用实践证明,这种育种手段十分成功。鹅配套系的选育是我国种鹅业的必经之路。配套系的父母本品系的体重与繁殖性能这两个方面要有所侧重。

五、现代育种技术的运用

现在家禽育种的首要性能已逐渐接近生理极限,选育难度越来越大,而次级性状(如抗病力、适应性、饲料转化率和屠体性状等)的重要性变得更加突出。目前一些高校和科研院所也采用现代测试手段对水禽血液中酶和蛋白多肽、酶的活性、DNA指纹等进行测试,统计分析并探索其规律性,进行标记,提供育种、选种、选配信息进行早选,亦可摸索某些指标号f性能间的相关性,作为一种选择的依据。

1. DNA标记技术在动物育种中的DNA标记

技术分为两大类:一是以分子杂交为基础的DNA标记技术,包括基因组DNA限制性内切酶、电泳分离、southen转移与异性探针杂交检测基因组的PRLPS。另一类是以PCR为基础的DNA标记技术,包括RAPD、ALFP、DNA扩增指纹(DNA)、SSCP、SSR、SNP、引物判别PCR(AP-PCR)等。还有一类是卫星DNA、小卫星DNA、微卫星DNA。

2. 数量性状位点和标记辅助选择

数量性状位点(QTL)是一特定染色体片断,是对某一数量性状有一定决定作用的单个基因或微效多基因簇。分析动物主要经济性状的 QTL 在基因组中的位置及其对表型的贡献,主要依赖于遗传连锁图谱。目前一些主基因,如猪的氟烷敏感基因、牛的双肌基因、鸡的矮小基因等的定位均已得到国内外学者的普遍公认,并已开始在育种实践中应用。

标记辅助选择是在基因组分析的基础上,通过 DNA 标记技术来对动物数量性状座位进行直接选择,或通过标记辅助渗入有利基因,以达到更有效的改良动物的目的。标记辅助选择由于充分利用了表型、系谱和遗传标记的信息,与只利用表型和系谱信息的常规选种方法相比,具有更大的信息量,同时由于标记辅助选择不易受环境的影响,且没有性别、年龄的限制,因而允许进行早期选种,可缩短世代间隔,提高选择强度,从而提高选种的准确性,尤其是对于限性性状、低遗传力性状及难以测量的性状,其优越性就更为明显。

3. 转基因育种

在动物育种中,转基因技术、动物克隆技术、胚胎工程技术以及受 DNA 重组技术影响的各种分子生物技术等现代生物技术已被广泛应用。随着现代生物技术的发展,育种工作中传统的杂交选择法的各种缺陷 Et 益明显,而现代分子育种技术则显示出越来越强的生命力,并逐渐成为动物育种的趋势和主流。通过各种现代生物技术的综合应用,结合传统的育种方法,可以有效地加快育种进展。

转基因技术操作自 1980 年首先在小鼠上获得成功后,迅速被转移到其他动物生产上,在动物育种、医学等方面产生了重要影响并已显示出巨大的应用潜力,目前已得到了多种转基因动物,突破了常规育种的限制,实现了基因在动物间的交流,使育种效率大大提高。同时,转基因动物技术的建立给动物生长速度、胴体品质和饲料利用效率的提高以及肉质的改善带来了希望。

4. 抗病育种

一些发达国家如美国、英国等已逐渐将畜禽育种的目标转向适应性、抗病性和繁殖力上面,培育出一些家禽抗病品种和品系。在鹅育种过程中对抗病基因型的遗传选择,将有利于疾病的控制。提高免疫力可以改善疫苗接种效果和减少细菌感染,从而减少药物残留;可减少大量的疫苗和药物的使用,从而降低生产成本;然而,由于抗病性这一类性状遗传力较低,按照传统的育种方法,即使有目的地选择,每代所获得的遗传也极其有限。转基因工程和反义核酸技术等的应用,将会对鹅育种工作发挥巨大影响。

5. 计算机信息技术育种

21 世纪是高新技术畜牧业应用大发展的时期,以基因工程为主的生物技术将会为我国畜牧业发展开辟广阔前景,也是使畜牧生产走向可持续发展的重要途径。在这期间,计算机信息技术将发挥不可估量的作用。利用计算机信息技术开展鹅育种,可以建立资源数据库、进行遗传评估、计算机模拟、计算机图像分析、参考网络信息和智能专家系统,使鹅育种工作得以高效、快捷、准确地进行,让有关的新信息技术得以广泛的传播和应用。

总之,以现代生物技术为核心的分子育种将成为动物育种的总趋势,并将进入广泛的大规模产业化阶段,生物技术将会在动物育种、畜牧业发展中做出更大的贡献。在未来的鹅育种中,不同技术、学科间的交叉将更加紧密,鹅育种工作将是遗传学理论、生物技术、计算机信息技术和育种学家实践经验的有机结合。从目前鹅育种的整个发展趋势可以预见,伴随着分子遗传标记育种、转基因育种、免疫遗传与抗病育种、计算机信息技术育种等技术的应用,中国鹅业将会出现一个崭新的局面。

第五节　鸭的育种

鸭的育种包括蛋鸭育种和肉鸭育种。

蛋鸭主要是以优良地方品种资源为基础,通过正反反复杂交选育、家系世代选育、杂交配合力测定和生化遗传标记育种等手段进行育种。目前生产上还是采用单一地方品种为主,生产性能相对落后(与鸡相比),在生产上根据各地的特点,利用各种专门化品系,进行配套杂交或经济杂交,加快遗传资源的利用。利用的基本模式是以当地品种为母本,引入带有目标性状的品种作父本,进行杂交利用,具体育种措施参照水禽的育种原理和选育方法以及鹅的育种。

下面以肉鸭育种为重点,探讨肉鸭的育种措施及发展方向。

一、肉鸭育种

(一)肉鸭育种概况

肉鸭同其他家禽一样具有高繁殖力、扩繁快的优势,育种已从原来本品种选育发展为商业配套系选育,已在世界内建立了有效的杂交繁育体系,商品肉鸭早期生长速度已达到 7 周龄体重 3.7~3.8 千克、饲料转化率 2.4:1、胸肉率

17%的高水平。

　　国外培育的肉鸭配套系有英国的樱桃谷肉鸭、澳大利亚的狄高肉鸭、美国的枫叶鸭、丹麦的海格肉鸭、丽佳肉鸭、法国的奥白星肉鸭、番鸭和日本的大阪肉鸭等。

　　国外肉鸭育种最著名的是英国的樱桃谷公司，从20世纪50年代就开始樱桃谷肉鸭的选育，经过10年的选育，使肉鸭配套系的早期增重和饲料利用率显著提高，70年代初进行胸肉率选择，70年代中期至80年代后期主要进行饲料转化率和脂肪含量效应试验，90年代初期进行较大的品系间的特异性选择，着重提高胸肉和饲料转化率、降低脂肪含量。育成的SM2I型其生产性能47日龄活重3.4千克（雄性3.5千克、雌性3.3千克），料肉比2.32∶1；SM3型商品代肉鸭47日龄活重3.24~3.66千克，料肉比（2.18~2.4）∶1，现今樱桃谷鸭已销售到世界100多个国家和地区。

　　法国克里莫公司也是国际著名的肉鸭育种公司，它是最早开展番鸭优选育种公司之一，进行番鸭选育已有30多年的历史，已成功培育出白番鸭R51、R71、灰色R31、黑白花R11等不同系列番鸭品系。R51型番鸭10周龄体重公鸭4.1千克、母鸭2 500克，年均产蛋160枚；R71型10周龄体重公鸭4.37千克、母鸭2.74千克；该公司还用北京鸭类培育大型白羽肉鸭系列品系，如重型（53型）、超级重型（63型），近年又推出奥白星2000型超级肉鸭，其生产性能49日龄活重3.8千克，饲料转化率2.5∶1；还选育出与白番鸭杂交生产大型白羽半番鸭的专门化母本M14系。

　　我国肉鸭品种改良、遗传育种工作起步较晚，科学系统的选育是从20世纪80年代以后才得到重视和开展。30多年来在北京鸭选育、大型肉鸭配套系、番鸭、白羽半番鸭等方面进行了一系列的研究并取得一定进展，不少肉鸭品种的生产性能已达到世界先进水平。我国肉鸭良种选育主要采用常规的育种方法，通过闭锁群家系育种，培育各具特点的新品系。北京鸭育种中心培育了瘦肉型北京鸭新品系，中国农业科学院畜牧兽医研究所培育的Z型北京鸭配套系7周龄活重3.3千克以上，用全颗粒料饲养可达3.8千克。近年来为缩短培育时间多采用合成系育种方法，以国内外优秀亲本群为素材，通过适度近亲繁殖、高强度选择，培育出优良品系（合成系），经品系杂交配合力测定，筛选出具有优良经济性状的配套品系，如四川农业大学培育的天府肉鸭配套系、广东佛山科技学院培育的仙湖3号肉鸭，其主要生产性能指标已达到或某些指标还超过国外肉鸭优良品种。福建农林大学利用法国番鸭与本地番鸭杂交合成,选育出优质白番鸭 RF 系,其 10 周龄平均体重 3.1 千克,料肉比 2.8∶1,生产性能接近法国 R51 系白番鸭。

半番鸭在我国的福建、台湾生产历史悠久,已有近 300 年的历史,近年来随着人工授精技术的提高,江苏、四川、浙江、广东等地也在大力推广和应用,并开展了杂交配套组合的筛选,现在发展以大型肉鸭为母本和大型肉鸭与蛋鸭杂交母鸭为母本的二元、三元杂交组合替代传统的半番鸭杂交生产模式(公番鸭与母麻鸭杂交);台湾省和福建省农业科学院对半番鸭羽色性状进行改良,选育出生产白羽半番鸭的专门化母本品系,使半番鸭选育工作向高层次发展,提高了半番鸭生产的经济价值。

(二)肉鸭育种进展

1. 目标性状选择

1)生长速度 早期增重速度是肉鸭育种中的重要性状,由于生长速度遗传力高且容易度量,因此个体选择的效果较好。经过二三十年的选育,肉鸭的早期生长速度显著提高,北京鸭类的大型肉鸭早期生长比鸡快得多,现有的北京鸭类肉鸭配套系 8 周龄平均体重已达 3 千克以上,最高的可达 3.7~3.8 千克。过去对肉鸭早期增重选择是以上市(6~7 周龄)时进行,由于大型肉鸭特别是父系在性成熟前往往体重过大,为了考虑繁殖性能和减少腿病、死亡率,对后备鸭须尽早进行限量饲喂控制体重,因此对早期生长速度的选择时间提前到 5 周龄进行。一些研究表明,早期生长速度的选择,实际上是对食欲(采食量)的选择,而对后期生长速度和饲料利用率不利,如过去只注重早期生长速度选择的结果,在促进肉鸭快速生长的同时,出现了体脂尤其是皮下脂肪沉积过多,降低饲料利用率并影响胴体品质。

2)饲料利用率 肉鸭的生长速度虽然较快,但在集约化条件下,肉鸭生产不能与肉鸡生产相竞争,主要是饲料利用率比肉鸡低,如肉鸭屠宰时(6 周龄)的饲料转化率约为 2.3∶1,而肉用仔鸡为 1.85∶1,如此高的饲料消耗反映出在育肥期沉积大量脂肪的结果。由于测定个体饲料消耗量费时费力,国内的肉鸭选育都尚未对鸭的个体采食量进行直接测定,国内培育的品种(品系)与国外的樱桃谷鸭、奥白星鸭等在胴体品质和饲料转化率方面都存在一定的差距。如英国的樱桃谷公司肉鸭育种从 20 世纪 70 年代中后期就开始测定每只鸭子的进食量,做饲料转化率和脂肪含量效应试验进行个体选择留种。以个体采食量和体增重为基础,对饲料转化率直接选择,会有助于胴体脂肪含量的降低和生产效益的提高,现在越来越受到重视。

3）胴体品质　肉鸭的胴体品质主要目标是增加胸腿肉产量和降低胴体脂肪。鸭的胸肉发育比鸡慢，北京鸭类肉鸭胸肉占胴体重的比例从出壳到 7 周龄是逐渐增加，然后保持稳定，而鸡从早龄开始就保持相对恒定。鸭的脂肪也与鸡不同，鸭主要是作为御寒功能的皮下脂肪，肌间脂肪和腹脂较少，且鸭脂肪组成中含有高比例的不饱和脂肪酸。适度的皮下脂肪沉积有利于烹调加工，但皮脂含量过多不符合现代消费者的需求，并且影响饲料利用率和降低种鸭的产蛋量和受精率，还增加屠宰加工时对环境的污染。因此降低肉鸭皮脂，培育低脂瘦肉品系已是重要的育种内容。

常规遗传选择降低胴体脂肪的途径有：直接对饲料利用率进行选择；根据同胞或后裔分析进行选择；采用活体评价技术直接对胴体脂肪率和胸肌率进行选择。

过去胴体品质的选择主要对同胞或后裔进行屠宰测定胴体性状，因屠宰需投入大量的资金和相对较长的时间，选择测定较困难。近来采用探针和超声波扫描仪测定胸肌厚度进行活体测定，寻找对皮脂间接选择的技术是近年育种工作者研究的热点。

4）繁殖性能　肉用种鸭的繁殖性能主要有产蛋量、受精率和孵化率。肉鸭育种对繁殖性能的选择还比较薄弱，在育种中主要通过品系间杂交方法来提高。繁殖性状的遗传力比较低，个体选择效果差，需进行家系选择才有效，由于繁殖力与早期增重速度存在高度负相关，对早期生长速度的选择会影响繁殖性能，因此肉鸭特别是肉鸭母本品系在选育过程中如何平衡协调两者的关系很重要。选育过程可通过分配不同的选择压采用个体选择和家系选择相结合方法或采用综合选择指数法对繁殖性能进行选择。

5）抗病力、抗应激能力　鸭的抗病力比鸡强，但随着肉鸭主要性状如早期生长速度、饲料利用率选择的提高，其他如抗病力、适应性、抗应激能力等次级性状的重要性也越来越突出，也受到重视。鸭皮下脂肪较厚、羽绒厚密能抵抗寒冷的侵袭，但对热耐受性差，特别是大型肉用种鸭（番鸭对热环境适应性相对较强，对寒冷比较敏感），随着集约化生产的发展和环保意识的提高，利用水域放养将逐渐被旱地圈养所取代。对于旱地设小水池的圈养，在南方夏季高温造成的热应激对肉用种鸭繁殖性能的影响已相当严重，因此选育抗热应激的肉鸭品系显得非常重要。现今有的国外育种公司已培育出耐热性能良好的肉鸭配套系，如海格肉鸭耐热品系、狄高鸭等，适应旱养，能较好适应南方夏季的气候条件。

6)半番鸭白色羽毛 羽色是家禽的一个经济性状,鸭白色羽毛经济价值高,且屠宰后屠体洁白美观。传统的半番鸭羽毛是黑褐色为主,改良半番鸭羽色是人们追求的目标。由于半番鸭是属间杂种,羽色遗传相当复杂,即使全白羽的番鸭与全白羽家鸭杂交,产生的半番鸭也是以黑白花为主。据认为这是由于半番鸭亲本番鸭和家鸭控制黑色羽毛基因不在同一基因位点,甚至不在相应的染色体上,因此在属间杂交的染色体配对上表现出预期以外的基因交互作用现象。檀俊秩等(1995年)通过白番鸭与家鸭进行正、反交和轮交方法测定后裔半番鸭羽色变异,揭示了半番鸭产生白色羽毛起主导作用在于家鸭的不同基因型,并与家鸭内个体变异有关。因此,半番鸭白羽性状的选择必须通过家鸭的基因型进行选择。

育种中采用白番鸭为测试鸭,与白羽母家鸭进行杂交测定后裔半番鸭羽色,根据母鸭个体和同胞姐妹鸭的后裔半番鸭羽色成绩,分别对家鸭的公、母鸭进行选择;或利用白番鸭与白家鸭进行正、反交,选择后裔半番鸭白羽率高的亲本家鸭的公、母鸭个体;避开亲缘选配、繁殖世代进行世代选育,培育专门化母本品系,与白公番鸭杂交生产白羽半番鸭。

2. 肉鸭育种技术进展

1)常规育种技术进展 至今为止,常规的遗传选育方法仍是肉鸭育种的重要手段。通过选择符合育种要求的优秀素材,建立完整的系谱、采用大的闭锁群,选择目标性状,根据个体和家系的表型值或估计育种值,用高的选择压和最小世代间隔,避免近交等方法来选育品系。现代商品肉禽是通过纯系、合成系培育、配合力测定、品系配套、品系扩繁和杂交制种等一系列过程。这个繁育体系包括育种和制种两部分,育种的内容主要在于纯系或合成系培育和配合力测定两部分。虽然至今家禽的遗传改良一直沿用以数量遗传学为理论基础的常规育种方法,通过个体及亲属的表型值或借助育种值估计方法,选择优良遗传基因,但在育种策略上有所改进,如对父母代(系)的选择有所偏重,父系选育以早期生长速度、产肉力为主,母系除了早期生长速度外,侧重于产蛋量的选择;育种时间上特别是父系个体为了配合限制饲养的要求,对体重选择提早到11周龄进行;产蛋量以40周龄或300日龄产蛋量作为早期选择指标,以缩短世代间隔;对于胴体品质则利用先进的超声波仪器测定胸肌厚度等方法进行活体直接测定,替代传统的同胞或后裔屠宰测定;对饲料进食量进行个体测定。

2)标记辅助选择在肉鸭育种中应用 标记辅助选择有生化标记和分子

遗传标记,科学家们从20世纪70年代开始就致力于蛋白质(酶)多态性的研究,期望能作为一种遗传标记应用于育种,但至今研究的内容仍停留在蛋白多态性或同工酶与肉鸭经济性状相关性方面的报道。而在血液生化指标方面多见于与产蛋性能和体脂性状方面相关性研究。虽也有在蛋鸭和其他如胴体性状方面进行选育利用,但据认为这种育种技术的最大缺点是一个世代后,多数标记座位等位基因即达到选择极限,以后世代无进一步选择余地。生化指标中血浆极低密度脂蛋白(VLDL)是禽类主要载脂蛋白,其浓度的高低标志着合成内源性脂肪程度强弱。对它的研究相对较多,肉鸡方面作为高低脂品系选育已有成功的例子,但在肉鸭研究报道方面却有相当不一致的结果,可能主要在于血液生化指标易受动物采食时间的长短、饲料、疾病、温度、生长期等多种因素的影响。近年来,随着现代分子生物学的迅速发展,分子标记辅助选择成为人们研究的新热点,它是动物遗传育种最具发展前途的新技术,至今为止,分子标记辅助选择的研究在肉鸭方面还少有报道。

3)杂种优势预测方法进展　对杂交产生杂种优势大小的预测,长期以来,是通过不同品种或品系的血型因子指标、生理生化指标或对某些数量性状的度量,来计算品种或品系间的遗传距离,并作聚类分析进行预测,其预测结果不稳定。自从20世纪80年代发现DNA多态性以来,以DNA多态性为遗传标记的特点,是其多态性丰富、遗传稳定、标记数量极多,用DNA多态性测定品种或品系间的差异,并据此作出的遗传距离要比根据其他材料稳定,因此用来预测杂种优势也更为准确。在鸭DNA方面与鸡、猪相比,由于鸭DNA图谱尚未建立,所以目前多采用随机扩增多态性DNA(RAPD)技术为主。

(三)肉鸭育种发展趋势

1. 新品系及新配套系的选育研究

我国肉鸭遗传育种研究的近期目标是提高饲料效率和胴体品质。首先要进行饲料转化率的直接测定,以便解决生产效益和瘦肉产量:一是以北京鸭配套系和其他引进的大型肉鸭品种合成系继续选育作为主要方向,以高效(饲料转化率高)和优质为主攻方向,通过直接选择改进饲料转化率和研究新的选择方法提供胴体中的肌肉比例;二是在番鸭及半番鸭的配套选育基础上,重点对白羽半番鸭亲本系列的选育工作。再者开发研究新品系,以新性状导入已经存在的品系,建立高产蛋系、抗热应激品系、低脂瘦肉系、高饲料效率品系和抗病品系等,为品系间的杂交生产,提供生产专一性强的杂交亲本品系。

2. 开发高新技术的研究和应用

世界畜禽育种技术的发展已朝着包括分子生物学、电子计算机等高新技术相互渗透与常规选育方法相结合的方向发展,未来 10 年,常规育种技术仍是遗传改良的主要手段,但分子生物技术以及基因工程技术的发展,将为畜禽遗传改良提供新的途径和方法,利用 DNA 标记作为遗传育种的辅助手段,既可增加选择的准确性,缩短世代间隔,又可直接选择具有上位效应和显性效应的基因,从而提高选种的效率。肉鸭选育不仅与种鸭本身的遗传基因有密切关系,而且与周围环境、饲养管理、饲料营养、饲喂方法等紧密相关,需用群体遗传学方法和数量遗传学方法对试验生产中的大样本进行分析,可采用动物模型 BLUP(最佳线性无偏估计法)估计育种值,另一方面通过继续寻找生化和分子标记辅助选择等先进的生物技术手段,对繁殖性能、胴体品质、抗病、抗应激等性状进行选择,达到遗传改良的目的。

二、未来肉鸭育种的方向

近年来鸭肉市场发展迅猛,随着遗传和养殖技术的发展很有可能会继续保持这一发展势头,使鸭肉对其他禽肉和肉产品的竞争力不断增强。目前,鸭肉产量占总禽肉产量的比例不到 10% ,而且大部分集中在中国和南亚地区。

目前北京鸭采用与肉鸡相似的育种策略,选育目的主要受以生长速度、胸肉产量和饲料转化率等性状为代表的低成本、高品质肉品的要求所驱动。这一选育策略取得了明显的成效,北京鸭的生长速度和肉产量已经得到了极大的提高,而其生产成本维持不变。樱桃谷的育种策略以表型水平上可观测或测定的性状为基础,这些性状包括生长速率、饲料转化率、超声胸肌厚度以及繁殖性能和健康力等。这些性状具有高度遗传力,易于通过常规的遗传选育方法进行家系选育。

1. 选育方法的发展和提高

在过去数年中,对肉鸭进行的选育已经使其饲料转化率提高了 1% ~ 2% ,致使每年的饲料成本得到了显著的下降。同时,选育带来的生长速度加快也使肉鸭达到屠宰体重的时间大约缩短了 9 天。除了生产效率改善外,选育的重点还在于提高胴体质量,尤其是提高胸肉产量,通过选育已使胸肉产量平均每年以 1.5% 的速度提高。长期以来,樱桃谷的育种策略和单个品系选育的目标,长期注重在生产成本和质量生产性状之间遗传改良中的实际平衡,而不影响繁殖性能、存活力、活力或可确认的代谢合适性。通过记录并分析健康性状(即肉鸭一生中各种病症的发生率),确保肉鸭的健壮也是育种方案中不可缺少的一部分。

2. 满足市场需要

与许多家禽育种公司的情况一样,樱桃谷公司也对其父母代和商品代鸭种的繁殖性状和体质性状的杂种优势进行了探索,其终端商品代肉鸭通常由4个纯系(2个F1代父母本)配套组成,每个纯系均按各自特定的目标进行选育,以保证商品代能够获得最大的杂种优势。利用这种杂交育种方法,可有效地获得具有一系列遗传特性的鸭种,能满足不同的市场需要,使屠宰加工厂(要求高产肉量)或养殖场(要求低生产成本)均能取得最大的利益。保持一个选育品系库也能够让生产者对市场需求中的任何变化做出迅速反应。

在全球市场不断发展的情况下,育种工作者必须能够培育出在各种生产条件下均有利可图的健壮鸭种。由于民众对家禽的健康和福利以及食品安全和食品质量的关注不断提高,因此未来的选育目标必须将以上几个方面考虑入内。尽管这些选育目标中有许多可以通过提高饲养管理得到实现,但从遗传选育角度给予解决仍有相当大的可行性。例如,抗病基因的识别可为育种工作者提供 DNA 标记,由此可将抗病性状纳入选育方案之中。

3. 健壮性

在现有育种方案不断改进和提高的同时,开发基于数量遗传学的新型选育方法正越来越受到人们的重视,借助该方法可以提高人们从优良家系中直接选育健壮性状的效率。作为一个非常普通的术语,健壮性包括繁殖力、种用寿命和某些相对罕见病症的发病率等。对一些离散性状(包括繁殖力)而言,对其育种值进行预测是相对容易的。尽管这些数据呈非正态分布,但它们也可以很容易地进行换算,以提供可靠的参数估计值和育种估计值。要获得一些二元性状(如某些疾病的发生率)的育种值则很困难。因此,我们该怎样解决既要使鸭种具有较高的生长速度又要确保其能适应各种环境条件的这种进退两难的局面呢?多项研究表明,血液中氧和二氧化碳的相对含量是预测腹水敏感性的极好指标。利用血氧定量计测定其在活体血液中的含量可以向育种工作者提供一个连续的可遗传且便于利用于常规遗传选育方法进行选育的性状。

尽管已经可能且希望对肉鸭的异常病症(如腹水症)进行选育,然而对特定病原微生物的抗病性进行直接选育是非常复杂的,并且由于受多种原因的影响很可能根本不会产生任何长期效益。无论是利用常规的遗传选育方法还是运用分子生物学手段,这些选育只能对某一特定病原体或许只是对该病原体内为数不多的血清型产生抗病力。要培育出对多种特定疾病可遗传的抗病鸭种,不仅成本极为昂贵,而且或许在我们大量掌握有关禽类免疫系统的遗传学和病原体躲避该免疫系统的能力的知识前是不可能的。在这种情况下,接种疫苗或进行药物治疗可能是既廉价又快速而且是更有效的疾病控制方法。

4. 性状选择方法的开发

目前正在开发的许多潜在的遗传育种技术不是出于生物医学的目的就是出于农业研究所需,这些技术包括相对简单的基因组定位与测序技术,其目的是使人们能够更多地掌握有关基因组的信息,并进而掌握种群生物学知识及更具争议性的技术(如转基因技术和克隆技术)。这或许向育种工作者提供了性状选育的一些独一无二的机会。然而,我们还必须记住:尽管有些技术可能已经存在,但问题不在于什么是可用的,而在于怎么用才是合适的。鸡基因组研究已经受到了世界各地许多家禽科学家的极大关注,而且现在已经可获得完整的鸡基因序列。相比之下,鸭基因组的研究却很少。

5. 选育方法的开发

利用分子遗传学的最主要原因,是开发对那些无论在哪个性别中均很难进行测定且测定费用昂贵或者根本无法测定的性状(如抗病力性状和肉质性状)进行选育的方法。如果借助数量遗传学方法对这些性状进行选育,则需要进行同胞或后裔测定,这样不但降低了选择的准确性而且增加了世代间隔。而利用分子标记法则可以直接对优良种群进行选育。目前已鉴别出了许多具有潜在利用价值的数量性状位点,然而,尽管这些数量性状位点具有一定的理论意义,并且对它们已进行了大量的研究,但是这些有价值的数量性状标记在商业性育种方案中的应用仍很有限。

6. 性状的选择

分子育种方法的商品化带来诸多问题,不仅仅是相对于某一较低经济价值的家禽而言的高额基因型定型成本。数量性状位点分析通常基于标记,但它本身不会引起遗传多态性。假定这些标记与目标基因紧密连锁,但并不直接检测与表型差异有关的 DNA 变化。标记距引起遗传多态性的位点越远,发生基因重组的风险就越大,从而导致标记表型关联的逆转。为了充分弥补这一不足,通常有必要重复测定每个选育家系的关联"状态"。对于那些无法进行常规测定的性状,如肉质或抗病力,对它们的选育就需要支付高额的费用。相反,对那些可进行日常测定并且可遗传的性状,如生长速度和饲料转化率,标记的作用必须是非常大的,并能提高常规遗传选育方法的显著经济效益。

如果我们可以鉴别影响目标性状的实际基因,常规选育方法将不再需要,并且选育精度也将得到大幅度的提高。然而,大多数目标性状似乎都由多个相互影响的基因和环境调控而形成性状的表现型。看来利用分子技术进行选育并不是那么简单。而且,因成本及公众关注等显而易见的原因,在可预见的将来最新的克隆和转基因技术将不可能应用于任何的家畜育种体系中。

樱桃谷的鸭育种方案已使重要的经济性状得到了显著的提高,并且将会继续提高。当然,我们可以从其他家禽尤其是鸡的学术研究成果中学到大量有用的东西。我们必须了解肉鸭与肉鸡在遗传学组成和生理学上以及在市场需求上的显著差异。鸭育种方案的发展将需要不断重新探讨。为满足 21 世纪市场的需要,我们必须对各个方面加以考虑,并且保证正确应用育种技术以提高鸭的生产性能、健康和福利。

第六节　水禽的繁育体系及建立

一、良种繁育体系

繁育体系是有效地开展动物育种和杂交利用的一种组织体系,是由一系列育种和生产单位组成的。在这个体系中,既需要技术工作,又需要组织工作,既有纯种繁殖,又有杂交利用。动物育种规划必须通过繁育体系中的实体来实施,把育种目标变为现实。

所谓水禽的良种繁育体系是指把水禽品种资源,纯系培育,配合力测定和祖代、父母代的组配这些环节有机地配合起来,把商品型水禽的育种和制种工作进行下去而形成的一套体系。简言之,现代优秀品系的培育和商品杂交水禽的生产体系就叫作水禽的良种繁育体系。

水禽的良种繁育体系内部结构见图 4-3。

二、各级机构的功能

(一)育种委员会

学术指导机构,负责讨论和拟定育种规划和计划,提出繁育体系的分工方案,编拟技术经济标准,组织经验交流,指导育种工作,开展技术培训,实施鉴定、评比、登记等。

(二)品种资源场

任务是收集、保存和繁殖国内外的鸭鹅品种、品系和地方良种,为育种场提供育种素材。

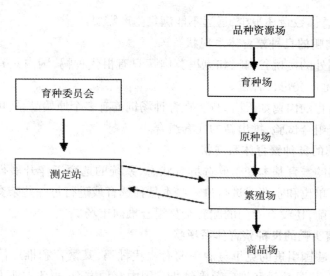

图 4 - 3　水禽良种繁育体系示意图

（三）育种场

主要任务是对地方良种和引进品种进行选育,培育出高产纯系和专门化品系,供原种场使用。

（四）原种场

据育种计划,对育种场提供的高产品系进行纯繁,并进行杂交配合力试验,据试验结果进行配套生产,为繁殖场提供种禽。

（五）繁殖场

利用种场提供的配套品种或品系,根据已定的杂交繁殖方案,为商品场提供杂交水禽。

（六）商品场

饲养商品杂交代水禽,供应市场。

（七）测定站

对育种场培育的专门化品系或新培育的品种、品系进行生产性能和遗传力测定,对种质进行检查。

三、我国水禽良种繁育体系的现状

（一）蛋鸭的良种繁育体系现状

我国蛋鸭育种工作开展比较深入的主要是浙江绍兴鸭的选育、江苏新高邮鸭的选育。目前,这两个育种基地有原始品系、核心群和一定数量的种鸭群。但是,总体数量还很少,远远不能满足生产需要。

(二)肉鸭的良种繁育体系现状

引进国外的樱桃谷肉鸭和克里莫肉鸭只有祖代种鸭,国内只有一级繁育场,繁育和推广父母代种鸭。

国内培育的肉鸭如天府肉鸭,在育种场饲养有多个原始品系,可以经常性地开展杂交组合试验,推出新的配套组合。

(三)鹅的良种繁育体系现状

我国鹅的繁育基本处于群选群育状态,系统的选育工作开展得很少。有一部分科研单位和企业或进行过一些本品种选育或进行过一些杂交改良及选育工作。目前,还没有专门的配套杂交组合推向市场。

(四)瘤头鸭的良种繁育体系现状

国内从法国引进的克里莫瘤头鸭有祖代种鸭,其繁育和推广情况与引进的肉鸭相似,只是数量和推广范围较小。国内育种方面,福建农业大学做了较多的工作,已经选育出了几个品系。目前,还需要增加品系数量、开展系间配合力测定。

从我国水禽生产的现状来看,水禽的良种繁育体系建设由于长期以来投入少,还很不健全,鹅的良种繁育体系几乎还是一片空白,所以还有很多工作要做。目前,肉鸭业已经出现了我国培育的大型肉鸭配套系与引种争夺市场的局面,我国需培育出适合中国集约化肉鸭生产和分割肉生产所需的大型肉鸭配套系;在蛋鸭业中,仍会以中国自己培育的高产配套系和地方良种为主,应效仿蛋鸡的生产,充分利用高产品种,建立良种繁育体系,推广商品杂交鸭,并对地方品种在注意品种资源保护的基础上,逐渐予以改良,以提高生产性能;在鹅的生产中,还需培育出生长速度快,产肥肝性能好的肉鹅配套系。

第五章　水禽生产设施

　　直接影响生产成本、直接影响舍内环境（影响生产性能和健康）、影响劳动效率、影响人禽安全生产的设施包括场地、房舍和设备等。

———————【知识架构】———————

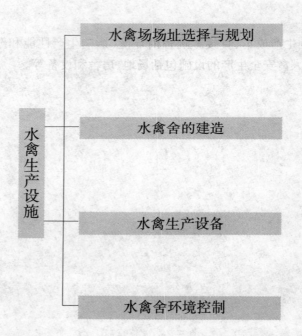

水禽生产设施
├─ 水禽场场址选择与规划
├─ 水禽舍的建造
├─ 水禽生产设备
└─ 水禽舍环境控制

第一节　水禽场场址选择与规划

一、水禽场场址选择
(一)社会环境条件
1. 隔离饲养

为了保证水禽健康生长和繁殖,在选择场址时,首先考虑要远离其他畜禽饲养场和各种污染源。畜禽是各种病原体的携带者,相互之间能够传播疫病,尤其是有病的畜禽(包括处于潜伏期的和隐性带菌带毒者)所排泄出的病原微生物(通过粪便、呼吸道分泌物、毛屑等排放到外界)可以通过空气流动、人员来往、其他动物进行传播。因此,选择场址时要尽量远离其他畜禽饲养场,相互距离保持在 500 米以上。某些地方沿河两岸或湖周围连片建造水禽舍,看起来十分壮观、有气势,但是对卫生防疫来说是十分不利的,尤其是两年后这一问题会更为突出。饲养种鸭和种鹅更要注意隔离饲养。

畜禽屠宰场、制革厂、化工厂所产生的废弃物和排出的污水也是重要的污染源,水禽场不仅要与之远离,而且还不能位于其下游,以避免受其污染。

远离人员来往频繁的地方建场是水禽场搞好隔离的重要保证。每当出现疫病大范围流行时,总是在人员和车辆来往频繁的交通要道附近发生得最严重。人员和车辆也是病原体的重要携带者和疾病的传播者。水禽场与居民点的间距应在 1 500 米以上,与国道、省际公路 500 米以上,主要公路 300 米以上。否则不利于卫生防疫,而且环境杂乱,容易引起水禽的应激。

随着饲养业的发展和饲养规模的不断扩大,其对环境的污染越来越受到关注。饲养场所产生的污物、污水、废气、噪声严重影响着人们的生活。水禽场应远离饮用水源和居民生活区,处于居民点的下风向,并做好污染物的处理。

养殖场最好能够处于农田中间或林地中间,周围为农作物或树林所包围。起到自然隔离的作用。

2. 交通相对便利

规模化水禽饲养场运输任务繁重(饲料、产品等)。因此,水禽场要修建专用道路与公路相连,道路应该较为坚实、平坦、硬化。放牧饲养通向放牧地和水源的道路不应与主要交通线交叉。

3. 电力供应稳定

水禽的饲养管理对电的依赖性较大。照明、孵化、饲料加工、供水都离不开电,缺少电源或电力供应不稳定会明显影响水禽的正常生产。因此,在水禽场选址时必须考虑保证正常的电力供应,尽量靠近输电线路,减少供电投资,集约化饲养场应有备用电源。

4. 避免连片建场

许多地方在沿河流的两岸建造水禽舍,而且水禽舍多是一个接一个,虽然这样容易形成水禽贸易市场、便于水禽产品的销售,但是这样的不良后果是水质容易污染,疾病容易相互传播,尤其是在水流缓慢、水量较小的河流旁就会表现得更为明显。

另外,禁止在生活饮用水的水源保护区、风景名胜区以及自然保护区的核心区和缓冲区及法律、法规规定的其他禁养区域建养殖场。

(二)自然环境条件

1. 临近水面,水质良好,水体要大

水禽具有喜水的天性,保证每天在水中有一定的活动时间是维持水禽健康和高产的重要条件。另外,饲养种鹅、种鸭需要在水中完成自然交配,必须有干净的水面。肉鸭和商品鹅对水面的依赖性不强。但用于活体拔毛的鸭、鹅必须经常下水洗浴,以保证羽毛的清洁和促进羽毛生长。水禽舍一般应建在河流、沟渠、水塘和湖泊的边上,水面尽量宽阔,水深 1～2 米最好,水体清洁,水质优良。流动的水源较好,但水流不能太急,浪花要小。不要在河流的主航道建场,以免干扰水禽群,引起应激。水体中的微生物、有毒有害物质含量应尽可能低,以保证水禽的健康和鸭蛋中不含对人有害的物质。

种鸭和种鹅场址选择时对水面的要求较高。要求水面宽阔、水体清洁、水活浪小,水源位置要适中,不要离水禽场太远;水中无臭味或异味,水质澄清;水岸不应过于陡峭;以免坡度过大,水禽上岸、下水都有困难。水源附近应无屠宰场和排放污水的工厂。湖泊、水库、大的池塘附近较为理想,是首选的建场地。注意远离居民生活区、各种畜禽饲养场、主干道,保证种鸭、种鹅的健康,防止种蛋垂直传播疾病,提高雏禽的成活率。种禽的饲养密度不能大,而且要求增加运动量,运动场场地要大而且平整,场地开阔。

2. 地势

虽然水禽喜欢在水中活动,但其休息和产蛋的场所要求保持相对干燥,否则会使水禽的健康和产蛋受到不良影响。水禽舍要求建在地势较高的地方,

有 5°~10° 的小坡,排水畅通,避免积水。在河堤、水库、湖泊边建场时,地基要高出历史洪水的最高线,避免雨季舍内进水、潮湿。山区建场场地应高出当地最高水位 1~2 米,以防涨水时被水淹没,但不宜选在昼夜温差过大的山顶。平原地区建舍应特别注意,地下水位应低于建筑物地基 0.5 米,禽舍地面要高出舍外地面 30 厘米。

3. 地形

要求有一定的坡度,坡面向阳,开阔整齐。北方禽场的方位以朝南或略偏东南为理想,背风向阳,使禽舍冬暖夏凉,一般在河、渠水源的北坡建场。为了能达到场内合理布局,便于卫生防疫,场地不要过于狭长或边角太多。

4. 土壤质地

水禽场地土壤以地下水位较低的沙壤土最理想,适于水禽地面平养。沙壤土下雨后运动场不会泥泞,易于保持适当干燥,还可以防止病原菌、寄生虫卵、蚊蝇等繁殖和生存。相反,黏土排水不良,容易积水,不便于清除粪污,羽毛常受到污染,昼夜温差明显,对健康造成不良影响。如必须在黏土上建场,可以在上面铺 20~30 厘米的沙壤土。膨胀土的土层不能作为水禽舍的基础土层,否则易导致基础断裂崩塌。

5. 水草资源

鹅是以食草为主的水禽,能很好地利用天然牧草地,进行放牧饲养。一般育肥仔鹅或种鹅 1 天可以吃青草 1~1.5 千克。鹅在放牧过程中,采食青草后,要饮到清洁的饮水,然后休息一段时间,再采食青草。因此,在选择场址时,鹅舍附近最好有广阔的草地,同时有江河、湖泊、池塘、沟溪等清洁的水源。在我国长江中下游地区,华南、东北、内蒙古等地常采用放牧饲养。对于广大农区来说,要大力发展人工牧草,种草养鹅,这对于产业结构的调整,增加农民收入具有重要意义。

二、水禽场的规划

(一)场内分区

通常来说一个具有一定规模的水禽场应该包括行政区、生产区和生活区三大部分,而对于一般小型专业户和农户来说行政区和办公生活区不单独规划。规模饲养场还应具有尸体、污物处理区。

1. 行政区

行政区包括有接待室、办公室、资料室、会议室、发(供)电房、锅炉房、水塔、车库等。

2. 生活区

生活区主要包括职工宿舍、食堂和各种生活服务设施等。

3. 生产区

生产区包括消毒间、更衣室、洗澡间、各种类型的禽舍（育雏舍、育成舍、成年种禽舍、育肥舍、商品蛋鸭、鹅舍）、种蛋库、孵化室、饲养员休息室以及兽医室。在生产区中各种类型房舍间应分区设置，并且保持一定距离。种鸭、鹅舍应该与商品鸭、鹅舍保持较大的距离（300 米）。其他各类不同的禽舍也应有 30 米以上的距离，同类禽舍之间应有 20 米以上的距离。生产区内的主干道与各种禽舍之间应有 5 米以上的距离，并有专用道路连接。生产区内应搞好绿化，房舍之间种植绿化隔离带，可有效调节舍内小气候，减少传染病的发生。

4. 尸体、污物处理区

包括焚尸炉、粪便烘干大棚、粪污处理池等。该区设在下风头，与生产区的污道相连，避免交叉污染。

（二）场区规划原则

1. 因地制宜、因场而异

水禽场的场区规划应根据水禽场的生产性质（育种场、种禽场、商品场和综合性养禽场）、生产任务、生产规模，以及水域环境等不同情况，合理进行规划。对于商品场或小规模饲养场，生产任务单一，采用农村闲置房舍饲养，对场区规划没有严格的要求，只要做到隔离饲养即可。而规模化的种禽场、育种场，因场地较大，需要合理规划布局，才能稳定生产，可持续发展。生产区内各类禽舍之间的规模比例也要配套协调，与生产需要相适应，避免建成闲置房舍。

2. 隔离原则

规划时应考虑尽可能避免外来人员和车辆接近或进入生产区，减少病原体的侵入，与外界能较好地隔离。生产区应设置围墙，形成独立的体系，入口处设置消毒设施，如车辆消毒池、洗澡更衣间、人员消毒池等。生产区内的布局要考虑水禽生长各阶段的抗病能力、粪便排泄量、病原体排出量，一般要求按照地势高低、风向及水流方向从上到下依次为雏禽区、青年禽区、种禽区。如果是一个较大的综合性水禽场，种禽舍应该建在商品群舍的上游。如果水面是池塘，雏禽、青年禽、成年种禽最好分塘饲养，种禽群和商品群分塘饲养，以避免相互感染。一般雏禽的抵抗力弱，容易受到其他群体的疾病干扰。最后,尸体、污物处理区要设在场区围墙外,与场内隔离。生产区中要有净道和污道的划分,污道区域进行粪便清运、病死禽处理,净道进行饲料、产品的运输。此外,各区之间最好有围墙隔开,并设置绿化带,尤其是生产区,一定要有围墙,以利于卫生防疫工作。

3. 便于生产管理

成年禽群的房舍应靠近生产区大门,因为其饲料消耗量比其他禽群大,而且每天生产出的种蛋、商品蛋便于运出。饲料仓库或调制室应接近禽舍,方便饲喂。

4. 便于生产环境条件控制

环境条件是影响水禽健康、生产水平和产品质量的重要因素,夏季高温、冬季严寒、舍内潮湿泥泞、通风不良、运动场积水等都对水禽生产极为不利。鸭、鹅场的位置应该避开当地的风口地带,在气温较低的季节可以防止房舍内外温度过低,而且如果风将羽毛吹起容易造成受凉和感冒。

5. 有利于生活环境改善

规模化、综合性水禽场要有独立的生活区,生活区内建有宿舍、食堂、生活服务设施等,建筑规模要和人员编制及生产区的规模相适应。一般生活区紧靠生产区,但应保持一定距离,方便生产。为了减少生活区空气污染,提高生活质量,生活区要设在生产区的上风向(图5-1),而储粪场应设在生产区的另一头,即下风向。职工家属区人员密集,距生产区应有1 000米以上,形成独立区域。生活区应留有绿地面积,搞好绿化,美化环境。

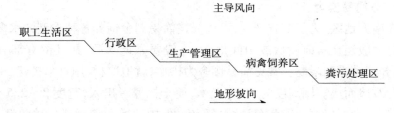

图5-1 场区按风向和地形分布示意图

6. 有效利用场地与安全原则

根据有效养殖量的多少合理规划场区和禽舍,既不多占,又能充分满足生产需要。场区距铁路、高速公路、交通干线不小于1 000米;距一般道路不小于500米;距其他畜牧场、兽医机构、畜禽屠宰厂不小于2 000米;距居民区不小于3 000米,并且应位于居民区及公共建筑群常年主导风向的下风向处。

(三)场区布局

1. 种禽场布局

水禽种禽场种类有原种场、祖代场、父母代场等,种禽场内行政区、生活区、生产区门类齐全,需要分区设立。场区大门口要设置车辆消毒池和人员消毒通道。车辆消毒池的长度应为一般车辆车轮周长的1.5倍以上。人员消毒通道采用紫外线灯、消毒液喷雾、地面消毒池等方法消毒。行政区要靠近种禽场大门,便于人员车辆进出。生活区设在比较安静的地方,一般在行政区的背后。行政区和生活区要求设在生产区的上风向,避免生产区空气对生活区造成污染。

种禽场生产区内包括育雏舍、育成舍、种禽舍及水面,种鹅最好有放牧草场。根据风向和地势高低,依次为育雏舍、育成舍、种禽舍、草场。各栋禽舍之间要有绿化带隔离,父母代禽舍之间距离为10~15米,祖代场为25~30米,原种场为50米。

2. 商品场布局

商品水禽场行政区和生活区可以合并,设置较为简单,尽量减少非生产性基建投资。生产区有育雏舍、育成舍、产蛋禽舍、育肥舍等。

第二节 水禽舍的建造

一、不同规模水禽舍的基本构造

(一)简易棚舍

在南方地区,为了节省开支,可以修建简易棚舍饲养各种类型的水禽。简易棚舍一般建在房前屋后或田间地头,一般要靠近水源,并且留有部分运动场,饲养规模受到限制。常见简易棚舍为拱形,就地取材,用竹木搭建,也有用旧房舍改造而成。棚高度为1.8~2米,便于饲养者出入,宽度2~2.5米,便于搭建,长度可根据地形和存栏数量而定,但中间要用栅栏或低墙隔开,分栏饲养。棚顶用芦苇席覆盖,上面再盖上油毛毡或塑料布,防止雨水渗漏。夏季开放式饲养,棚舍离地面1米以上改为敞开式,以增加通风量。冬季要加上尼龙编织布、草帘等防风保暖材料遮挡寒风。为了防止舍内潮湿,在棚舍的两侧设排水沟,水槽或饮水器放置在排水沟上的网面上。

在北方地区,温暖的季节,在草场、林地、滩涂边建成简易棚舍。主要用来饲养肉鸭和商品鹅,结合放牧饲养,节省房舍开支和饲料成本,提高饲养效益。

棚舍可适当建大一点,增加存栏数量。

(二)小规模水禽舍

适合北方寒冷地区的小型饲养场和专业户,饲养种禽和商品禽均可。房舍的规格、大小比较灵活。房舍为砖木结构,要求防寒保暖,舍内地面要高出运动场15～20厘米,舍内为水泥地面、砖地或三合土地面。一般采用地下烟道供暖,供暖效果好,运行成本低。房舍高度2.0～2.5米,跨度4.5～5米,单列式饲养,排水沟设在房舍一侧,单间隔开(低墙或栅栏),每间长度3.5～4米,可饲养种鸭60只,种鹅40只。运动场为三合土打实压平,面积为舍内面积的2～3倍。连接运动场和水面为鸭滩,为一斜坡,相对坡度30°最好,为了防止滑倒,在上面可以铺设草垫。

(三)集约化水禽舍

适合大型饲养场,便于进行规模饲养和现代化管理。集约化水禽舍包括各种类型房舍,为框架结构,水泥地面便于消毒,经久耐用,投资较大,环境控制较好。包括育雏舍、育成舍、种禽舍等。禽舍高度一般在3～3.5米,跨度6～8米,双列式饲养,排水沟设在房舍中央。育雏期可以进行笼养或网上平养。

二、水禽舍设计的原则

(一)卫生防疫原则

水禽舍设计要充分考虑卫生要求,能够有效地与外界隔离,减少外来动物和微生物的进入,同时便于舍内的清洗消毒和卫生防疫措施实施。

(二)环境调节原则

水禽舍应该具有挡风遮雨、遮阳防晒、有效缓解外界不良气候对水禽的影响。南北方气候差异明显,北方要求尽量做到防寒保暖,窗户与地面比例较小,一般为1:(10～12),冬天仅在南侧设窗。南方则要求通风良好,能有效降低舍内湿度,窗户与地面比例为1:(6～8)。水禽育雏舍要求保温性能要高于成年禽舍。

(三)耐用原则

水禽舍的建造相对简单,但是在建造时必须充分考虑其耐用性,这一方面能够保证正常生产过程中禽群的安全,另一方面通过延长使用年限以降低每年的房舍折旧费用。

(四)节约投资原则

规模较小的水禽场或饲养户建造简易棚舍,充分利用树枝、草秸等当地资源,舍内可以用砖柱或木柱支撑屋顶,减少大梁及檩的使用。

(五)方便管理原则

水禽舍的设计应充分考虑便于人员在舍内的操作、便于供水供料、便于垫料的铺设和清理、便于蛋的收集和蛋的品质保持。

三、各种类型水禽舍的设计

(一)育雏舍

育雏舍要求保温性能良好,温暖、干燥、通风良好。另外,育雏舍内要有加温设施,北方多用炕道、煤炉加温,南方多用育雏伞结合自温育雏。育雏舍设计,要求檐高 2~2.5 米,舍内设天花板,以增加保温性能。窗户与地面面积比例一般为 1∶(8~10),寒冷地区为 1∶(10~15),兼顾采光和保温。北方只在向阳一面留窗户,相对一侧安装排风扇,横向通风,气流速度不能太快。南方可在南北两侧留窗,窗户下缘离地 1~1.2 米。所有窗户与下水道口要装上铁丝网,防止老鼠进入舍内。育雏舍地面最好用水泥或砖铺成,便于清扫消毒,并向一侧倾斜,以利于排水。在较低的一侧设排水沟,盖上网板,上面放置饮水器,饮水时溅出的水漏入排水沟中,排出舍外,确保舍内干燥。

北方地面设炕道,用沙土或干净的黏土铺平、打实,上面铺设垫料,但饮水器下也应设置排水沟。采用地面炕道加热方式必须注意防止火道漏烟、舍内温度升降平稳,靠近炉灶附近的火道应埋于地下稍深处,以防止该处地面温度过高,灼伤水禽脚部或引燃垫草。

育雏舍前应有 4~5 米宽的运动场,晴天无风时也可在运动场上喂料、饮水。运动场要求平坦且向外倾斜,避免雨天积水。运动场外接人工水浴池,但水面不宜太深,应经常更换池中水,保持清洁。

育雏舍内有效面积 40 米^2,可以饲养 3 周龄以内雏鹅 800 只或雏鸭 1 000只,4 周龄雏鹅 600 只或雏鸭 800 只。育雏舍内要用铁丝网、竹篱笆分成若干个圈栏,每一圈栏饲养 80~100 只,保证采食均匀,生长一致。

(二)育肥舍

1. 肉鸭育肥舍

专供饲养育肥期仔鸭。育肥舍要求宽敞、通风良好、光线较暗、便于清扫消毒。根据季节和饲养规模不同,有以下几种类型:

(1)临时鸭棚 临时鸭棚用竹木、草席、稻草搭建,建造成本低,适合 4~6周龄育肥阶段肉鸭。在南方和北方炎热、温暖季节育肥效果良好。一般檐高1.8 米左右,便于操作,顶部"A"字形,有利于排水,无须设置天花板。棚舍四周用围栏围起,围栏高度50厘米。地面用水泥或砖铺平,中央高,两边低。两侧设置排水沟,饮水器放置在排水沟上的网面上,防止舍内潮湿。

(2)半开放式育肥鸭舍　北方地区春季和冬季比较寒冷,采用半开放式育肥鸭舍能提高肉鸭成活率,节约饲料,有利于快速育肥。一般为砖木结构,檐高2.0～2.2米,设有运动场和水浴池,运动场与舍内面积比为1:1,白天气温高时在运动场上活动喂食。

2. 商品鹅育肥舍

按饲养方式和规模不同,有以下两种结构:

(1)简易鹅棚　适合以放牧为主的育肥鹅。棚舍建造应朝向东南,前高后低,便于大群鹅出入。舍顶单坡式,前檐高1.8～2米,后檐高0.3～0.4米,进深4～6米,长度根据地形和鹅群大小而定。后墙不能漏风,前墙为0.5～0.6米高的砖墙,每4～5米留1个1.2米宽进出通道,北方为了保温在前墙外侧可设置卷帘,晚上放下,早上放牧前卷起。

(2)鹅育肥舍　适合圈养舍饲育肥鹅。由于采食、饮水均在舍内进行,常在棚架上饲养,与地面粪便、污水隔开,有利于成活和生长。鹅体重较大,要求棚架坚固耐用,可用竹片、木板架高(高度70厘米),底板间隙2～3厘米。棚架由竹围隔成小间,竹围南北两面分设水槽和食槽,竹围间距5～6厘米,以利鹅伸出头来采食饮水。这种育肥舍根据舍内宽度分为单列饲养和双列饲养两种结构,分别设两走道和三走道,便于添水、加料。存栏数量少时,可直接采用地面垫料育肥。育肥舍设计,高度不宜太高,但要便于日常管理。南面砌半墙,上半部敞开,有利于通风;北面封闭,留窗户,有利于采光和保温。饲养密度,棚架8～10只/米^2,垫料地面6～8只/米^2。

(三)成年水禽舍

1. 成年蛋鸭(商品蛋鸭、种鸭)舍

(1)平面设计　鸭舍的长度和宽度主要依据场地大小和形状、饲养规模来决定。常见的蛋鸭棚长度在25～50米,宽度在7～15米。对于宽度来说如果太大会给鸭舍的牢固性带来不良影响。为了便于观察鸭群、方便生产操作及管理,一般来说在鸭舍的一端建造值班室和储藏室。

(2)剖面设计　两侧墙壁(包括窗户)、屋顶、立柱和地面的基本要求,基本要求坚固结实。

(3)舍内地面　要求应该进行硬化处理以便于清理和冲洗消毒,舍内两侧地面稍高、中间略低,并应在舍中间设置一条排水沟,宽度约20厘米,上面用铁丝网覆盖,饲养过程中水盆放在上面。如果在鸭舍一侧设置水槽,水槽可以靠墙而设,在水槽外侧约20厘米处设置排水沟并加盖网。

(4)门窗设计　鸭舍一般可设两个门,通常设在两端山墙上,宽约1.2米,高约1.8米,以方便手推车的出入。后侧墙的窗户宽0.8~1.0米,高度为墙高的30%左右,每间房设1个,窗台距舍内地面不低于0.6米。前墙外面是运动场及水面,其窗户与后墙相似,但是每个窗户下设1个地窗供鸭群出入鸭舍,其宽度约0.6米,高度约0.6米(不低于鸭行走时的头顶高度)。地窗数量也可以依据鸭群大小而定,群量大时每间可设置多个地窗。地窗应该安装挡门,门向外开。

(5)运动场的设计　运动场是鸭群活动的场所,它应该安排在鸭舍靠水面的一侧,以方便鸭群下水活动及从水中出来后晾晒羽毛,从卫生和管理角度看每个鸭舍都有各自的运动场。运动场的面积一般为鸭舍内面积的1.5~2.5倍,场地的地面要平整,可以在朝向水面的方向稍有斜坡以便于雨后及时排除积水。修整时要注意清除尖锐的物体以防止刺伤鸭的脚蹼。

运动场的两侧应砌0.8~1米高的隔墙用于防止鸭群外逃和阻挡外来人员及其他动物接近鸭群。靠近侧墙处可以搭设几个凉棚,一方面可以供鸭群遮阳避雨,另一方面也可以在舍外喂饲。从夏季遮阴避暑考虑,在运动场内及其周围应该栽植一些阔叶乔木。运动场的两侧可以砌设一两个砖池,里面放置一些干净的沙粒,让鸭自由采食以帮助消化。

2. 种鹅舍

用来饲养成年产蛋鹅,由鹅舍、运动场和水浴池构成。种鹅舍檐高1.8~2米,北面全墙,南面设窗户,窗户面积与舍内地面比为1∶(10~12)。地面为砖地或水泥地,防止老鼠侵袭。舍内面积设计以1平方米饲养4~5只,大型鹅3~4只,群体大小400只左右为宜。舍内靠山墙一侧设产蛋间,面积占鹅舍面积的1/6~1/5。产蛋间地面为沙土或木板,上铺柔软的稻草。鹅舍前面设1~2个门,与运动场相连。种鹅要加强运动,运动场面积为舍内面积的1.5~2倍,周围用围栏或围墙圈起,高度1~1.2米即可。有条件的运动场地面应为水泥地面,略有一定坡度,也可用沙土、黏土打实,要求平整,防止积水。运动场往下与水浴池相连,水浴池边上也要设置围栏。夏季,在运动场上要设置遮阴棚,防止阳光暴晒。

四、水禽场的水面

（一）水面的基本要求

1. 水面大小

种禽场在进行场址选择时，水面越大越好，从长远来看有利于扩大饲养规模。对于一般商品禽场，要因地制宜，合理利用各种不同大小的水面，提高养殖效益。通常来说，流动的水面和深水面单位面积的载鸭（鹅）量大于死水和浅水面。水库放养需要有小船用于收拢禽群，因为水库离岸较远的地方野生饲料资源缺乏，水禽长时间在水中活动既消耗体能又不能充分觅食。湖泊放养要设置水围，限制禽群在一定区域活动。一般来说，每1 000只蛋鸭所需的水面，池塘应有2亩以上、水库应有15亩左右、河渠应有1亩以上。种鸭和种鹅需要更大的水面，分别是商品蛋鸭的1.5倍和2倍。肉仔鸭和瘤头鸭可以旱养，但必须满足清洁饮用水全天供应。

2. 水深

水深与水的自净和清洁度有关，水越深，越能保持清洁。但太深的水库、湖泊不利于水禽在水中觅食。一般1米左右的水深对水禽最为适宜，有利于采食和完成交配。对于河流来说，由于流动性大，水质好，30厘米以上就可放养，但种禽必须在深水区域完成交配。

3. 鸭坡

鸭坡（图5-2）是连接陆上运动场和水上运动场的通道，水禽通过鸭坡完成下水前的准备工作和上岸后的梳理工作。鸭坡一般用砖块或水泥铺设，要防滑，便于行走。鸭坡要有合适的坡度，坡度太大，水禽很难上岸，坡度太小，加大鸭坡长度，而且不利于从身上抖落水流入水面。鸭坡的坡度根据场地大小，一般角度为10°~30°。鸭坡要延伸到水上运动场的水面下10厘米即可。

（二）水面的类型和管理

合适的水面是养好水禽，特别是种用水禽的重要条件。生产上利用的水面有以下几种：

1. 池塘

以较大面积的池塘为宜，这样由于水体大，消纳能力强，水质不容易腐败，对保持禽群的健康有益。利用鱼塘进行鱼鸭（鹅）混养，如果处理得当可以通过鸭（鹅）粪肥塘，为鱼提供充足的食物，减少鱼的饲养成本。但是，如果塘小水禽多且在水中活动时间长则容易造成水质过肥，溶氧减少，甚至塘水变质而导致鱼的死亡。

图 5 - 2　鸭坡

2. 河流

流动的水体不容易出现腐败变质问题,有利于保持水禽的健康。但是,利用河流时必须考虑要让水禽在水流缓慢的区段游水、觅食,这些区段水生动物和水草较多,可以充足采食,而且体力消耗较少。利用河流时还必须考虑雨季洪水的危害问题,以免造成损失。

3. 湖泊及水库

在这种大水面放养水禽需要配备小船以便于收拢鸭(鹅)群,并尽可能让鸭(鹅)群在靠近岸边处活动。如果有条件可以在距岸边附近的浅水中设置围网,固定水禽的活动区域。

第三节　水禽生产设备

一、喂料、饮水设备

(一)喂料设备

水禽喂料设备主要有"开食"盘、料槽、料桶和料盆,见图 5 - 3。

1. 塑料布和"开食"盘

用于雏禽"开食"。塑料布反光性弱,易于雏禽发现饲料。"开食"盘为浅的塑料盘,一般用雏鸡"开食"盘代替。

图 5 - 3 水禽的喂料设备

2. 料槽

料槽是由木板或塑料制成,其长度可以根据需要确定,常用的有 1 米、1.5 米和 2 米的,也可以将几个料槽连接起来以增加其长度。农户使用的多是用木板钉制成的。不同种类、不同日龄由于体形大小有所差异,料槽的深度和宽度应有区别,料槽太浅容易造成饲料浪费,太深影响采食。各种水禽育雏期料槽的深度一般为 5 厘米左右,青年鸭和成年鸭料槽深度分别约为 8 厘米和 12 厘米。种鹅料槽深度为 15 ~ 20 厘米,育肥鹅为 20 ~ 23 厘米。各种类型料槽底部宽度为 12 ~ 20 厘米,上口宽度比底部宽 10 ~ 15 厘米。

3. 料桶

可用养鸡的料桶代替,主要用于育雏期水禽的饲养。

4. 料盆

料盆口宽大,适合水禽采食的特点,是使用较普遍的喂料设备。一般都使用塑料盆,价格低,便于冲洗消毒。育雏期料盆直径 30 ~ 35 厘米,高度 8 ~ 10 厘米,四周加竹围,防止雏禽进入料盆。40 日龄以后可不用竹围,盆直径 40 ~ 45 厘米,盆高度 10 ~ 12 厘米,盆底可适当垫高 15 ~ 20 厘米,防止饲料浪费。成年水禽料盆直径 55 ~ 60 厘米,盆高 15 ~ 20 厘米,离地高度 25 ~ 30 厘米。

(二)饮水设备

水禽常用饮水设备有水槽、水盆、真空饮水器和吊塔式饮水器。见图 5 - 4。

1. 水槽

成年期和育肥期常用,多是用砖和水泥砌成的,设在禽舍内的一侧。其底

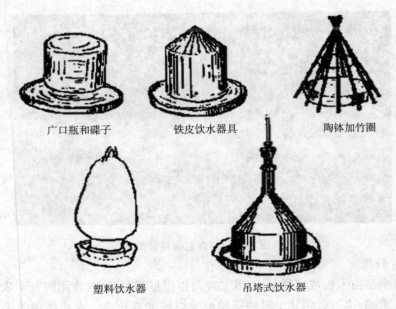

广口瓶和碟子　　　铁皮饮水器具　　　陶钵加竹圈

塑料饮水器　　　　吊塔式饮水器

图 5－4　水禽的饮水设备

部宽度 20 厘米左右,深度约 15 厘米,水槽底部纵轴有 2°的坡度,便于水从一端流向另一端。为了防止水禽进入水槽,可以在水槽的侧壁安设金属或竹制栅栏,高度 50 厘米,栅距约 6 厘米。

2. 水盆

适合缺水地区使用,规格大小根据水禽日龄而定,具体大小见料盆规格。为了防止水禽跳入水盆,可以在盆外罩上上小下大的圆形栅栏。

3. 真空饮水器

真空饮水器为塑料制品,规格有多种,使用方便、卫生,可以防止饮水器洒水将垫料弄湿。

4. 吊塔式饮水器

不同于真空饮水器,悬吊于房顶,与自来水管相连,不需人工加水。随着水禽日龄的增加需要逐渐提高高度。

二、环境控制设备

（一）育雏供温设备

1. 炕烟道

炕烟道在育雏室地面修筑，分地下炕道和地上炕道两种。均需在育雏室一端设灶门，另一端向上设烟囱，视室内宽度可设 3～5 条炕道。此法温度平稳，保温时间长，可使育雏室地面保持干燥，而且节约电能，是一种较为理想的加温方式。

2. 育雏伞

根据供热能源不同又分为电热育雏伞、燃气育雏伞和火炉育雏伞，各鹅场可根据自身条件，合理选用。

（1）电热育雏伞　伞面用铁皮或纤维板制成，内侧顶端安装电热丝，连通一胀缩柄装置以控制温度，伞四周可用 20 厘米高护板或围栏圈起，随日龄增加扩大面积。每个电热育雏伞可育雏鹅 150 只，雏鸭 200 只。可放置地面或悬挂，见图 5-5。

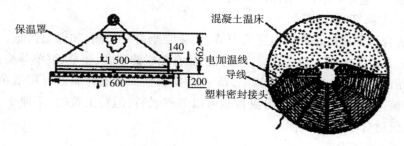

图 5-5　电热育雏伞（单位：毫米）

（2）燃气育雏伞　形状同电热育雏伞，伞体用铝板滚压制成，内侧设喷气嘴，燃料为天然气、液化石油气、沼气等。燃气育雏伞悬挂高度为 0.8～1.0 米。

（3）火炉育雏伞　可以自行设计，由伞体、火炉、烟道等组成。伞体由铁皮制作而成，火炉内壁涂一层 5～10 厘米厚黄泥，防止过热。距火炉 15 厘米要设置铁丝网，防止雏鹅靠近炉体。火炉下要垫一层砖，防止引燃垫草。

3. 热风炉

炉体安装在舍外，由管道将温暖的热气输送入舍内，主要燃料为煤。热风炉使用效果好，但安装成本高。热风炉由专门厂家生产，不可自行设计，防止煤气中毒。

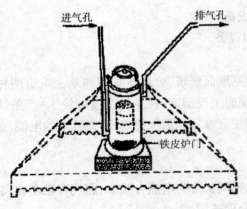

进气孔　　　　　　排气孔

铁皮炉门

图 5 - 6　火炉育雏伞的安装

4. 红外线灯

灯泡规格为 250 瓦,有发光和不发光两种,悬挂高度离地面 40 ~ 60 厘米,随所需温度进行升降调节。用红外线灯育雏,温度稳定,垫料干燥,效果好,但耗电多,灯泡寿命不长,增加饲养成本。

5. 自温育雏栏(箱)

适合气温比较缓和的地区或季节,依靠雏鹅自身产热,加保温措施,满足雏鹅发育所需温度。自温育雏栏需要物品有围栏的草席、垫草、被单等覆盖保温物品,每栏容纳 10 ~ 12 只雏鹅,15 ~ 20 只雏鸭。自温育雏箱可用纸箱、木箱、箩筐来维持所需温度。自温育雏可以节省燃料,但费工费时,不便于粪便清理,仅适合小规模育雏。

(二)通风设施

通风的主要目的是用舍外的清新空气更换舍内的污浊空气,降低舍内空气湿度,夏季可以缓解热应激。

通风方式可分为自然通风和机械通风。自然通风是靠空气的温度差、风压通过鸭舍的进风口和排风口进行空气交换的。机械通风有进风口和排风扇组成,也有使用吊扇的。

排风扇的类型很多,目前在畜禽舍的建造上使用的主要是低压大流量轴流风机,国内有不少企业都可以生产,表 5 - 1 显示了低压轴流风机的技术参数。

表 5-1 低压轴流风机的技术参数

型号	叶轮直径（毫米）	叶轮转速（转/分）	电机功率（千瓦）	风量（米³/小时）	噪声（分贝）	外形尺寸（毫米）
9FZJ—1400	1 400	310	1.5	60 000	<76	1 550 × 1 550 × 441
9FZJ—1250B	1 250	350	0.75	42 000	<76	1 400 × 1 400 × 432
9FZJ—900	900	450	0.45	27 500	<76	1 070 × 1 070 × 432
9FZJ—710	710	636	0.37	13 000	<76	815 × 815 × 432
9FZJ—560	560	800	0.25	9 000	<71	645 × 645 × 412

注:转速及流量均为静压时的数据。

低压轴流风机所吸入的和送出的空气流向与风机叶片轴的方向平行。其优点主要有:动压较小、静压适中、噪声较低,流量大、耗能少、风机之间气流分布均匀。在大中型畜禽舍的建造中多数都使用了这种风机。

吊扇的主要用途是促进鸭舍内空气的流动,饲养规模较小的鸭舍在夏季可以考虑安装使用。

(三)照明设备

水禽生产中照明的目的在不同的生长阶段是不一样的,雏禽阶段是为了方便采食、饮水、活动和休息,青年期主要是控制性成熟期,成年阶段则主要是刺激生殖激素的合成和分泌,提高繁殖性能。在自然光照的基础上,有的时期需要延长照明时间,有的时期需要限制照明时间。

1. 人工照明设备

(1)灯泡　生产上使用的主要是白炽灯泡,个别有使用日光灯的。日光灯的发光效率比白炽灯高,40 瓦的日光灯所发出的光相当于 80 瓦的白炽灯。但是,日光灯的价格较高,低温时启动受影响。

(2)光照自动控制仪　也称 24 小时可编程序控制器,根据需要可以人为设定灯泡的开启和关闭时间,免去了人工开关灯所带来的时间误差及人员劳动量大的问题。如果配备光敏元件,在禽舍需要光照的期间还可以在自然光照强度足够的情况下自动开关灯,节约电力。

2. 自然光照控制

生产中,有的时候自然光照显得时间长(如 10～15 周龄的青年鸭处于 6 月时)或强度大,需要调整。一般的控制方法是在鸭舍的窗户上挂上深色窗帘。

（四）围栏

围栏是水禽大群饲养必需的设备，用来控制鸭、鹅的活动范围，便于分栏、小群饲养，提高生长的一致性。育雏阶段围栏可以用纤维板，有利于保温。青年期、成年期围栏一般用竹篱、铁丝网做成，有利于透气通风。另外，在水库、湖泊中放养的水禽，要设置水围，限制其在水面上的活动范围。水围用尼龙网做成，要深入水面1米以下，水面以上高度为0.6~1米。

三、卫生防疫设备

（一）消毒用具

1. 喷雾器

有多种类型，一般有农用喷雾器或畜禽舍专用消毒喷雾器等，主要用于禽舍内外环境的喷洒消毒。此外，在大型水禽场生产区入口处的人员或车辆消毒室内多位点安装雾化喷头，当人员和车辆出入时可以对其表面进行较为全面的消毒。

2. 紫外线灯

用于人及其他物品的照射消毒，功率为40~90瓦。一般安装在生产区入口处的消毒室内，也可以安装在禽舍的进口处。它所发出的紫外线可以杀灭空气中及物体表面的微生物。

3. 高压喷枪

由高压泵、药槽、水管等组成，可以用于地面、车辆的冲洗。

4. 火焰消毒器

对地面、墙壁、铁丝围网进行消毒。

（二）免疫接种用品

在水禽生产中，使用的主要是连续注射器和普通注射器，用于皮下或肌内注射接种疫苗。

（三）卫生用品

主要有清理粪便、垫草及打扫卫生用的铁锹、扫帚、推车；清洗料盆、水盆、水槽用的刷子等。

四、饲养管理用具

饲养管理用具包括蛋筐、蛋箱、蛋托，饲养雏禽用的浅水盘、竹篮（筐）；运动场及水面分隔用的围网，捕捉使用的竹围、禽群周转及运输用的周转笼等。

第四节　水禽舍环境控制

一、温度及其控制

(一)温度对水禽的影响

水禽羽绒发达,一般能够抵抗寒冷,缺乏汗腺,对炎热的环境适应性较差。当温度超过30℃时,采食量减少,雏禽增重减慢,成年禽产蛋量和蛋重下降。而且禽蛋的蛋壳质量也下降,破蛋率提高,蛋白稀薄。炎热气候条件下,种蛋的受精率和孵化率也要下降。一般来说,成年产蛋水禽适宜的温度为 5 ~ 27℃。而最适宜为 13 ~ 20℃,产蛋率、受精率、饲料转化率都处于最佳状态。

(二)控温设计

主要考虑冬季的防寒和夏季的防暑问题。

1. 防寒设计

北侧和西侧向风的墙壁应该适当加厚,墙内外及屋檐下应该用草泥或沙石灰浆抹匀,防止冬季冷风通过墙缝进入舍内。北侧和西侧墙壁上的门窗数量及大小应小于南墙和东墙,而且要有良好的密闭性能。

屋顶可以使用草秸或在石棉瓦的上面铺草秸,与单一的石棉瓦屋顶相比,草秸屋顶的保温和隔热效果更好。屋顶表面还可以用草泥糊一层,既可以加固屋顶以防止风将草秸吹掉,又可以提高保温和防火效果。

2. 防暑设计

屋顶设计对夏季舍内温度的影响最大,其要求可以参照屋顶的防寒设计房屋的朝向。

二、湿度及其控制

(一)湿度对水禽的影响

尽管鸭是水禽,但是舍内潮湿对于任何生理阶段、任何季节鸭群的健康和生产来说都是不利的。水禽在饮水时,很容易将水洒到地面,在鸭舍设计时应该充分考虑排水防潮问题。在寒冷的冬春季节,舍内潮湿的垫料会影响正常的高产,种禽会造成种蛋污染。炎热的夏季,潮湿的空气会造成饲料霉变,甚至羽毛上也会生长霉菌,造成霉菌病的暴发。夏季垫料潮湿也会霉变。

(二)防潮设计

防潮设计可以从以下几个方面考虑:鸭鹅舍要建在地势较高的地方,因为低洼的地方受地下水和地表水的影响经常是潮湿的;舍内地面要比舍外高出

30 厘米以上,有利于舍内水的排出和避免周围雨水向舍内浸渗;屋顶不能漏雨;舍内要设置排水沟,以方便饮水设备内洒出水的排出;如果用水槽供水则水槽边缘的高度要适宜,从一端到另一端有合适的坡度,末端直接通到舍外。

三、通风及其控制

(一)通风对水禽的影响

通风对于水禽饲养意义重大。合理的通风可以有效调节舍内的温度和湿度,在夏季尤为重要。通风在保证氧气供应的同时,清除了舍内氨气、硫化氢、二氧化碳等有害气体,而且使病原微生物的数量大大减少。

(二)通风设计

一年四季对舍内的通风要求(通风量、气流速度)有很大区别,在禽舍的通风设计上应充分考虑到这一点。通风包括自然通风和机械通风两种方式。自然通风依靠舍内外气压的不同,通过门窗的启闭来实现。机械通风则是禽舍通风设计的主要方面。机械通风有正压通风和负压通风两种形式,按气流方向还可以分为纵向通风和横向通风。不同的通风方式各有特点,分别适用于不同类型的禽舍以及不同的季节。现将有关机械通风的方式介绍如下:

1. 负压纵向通风设计(图5-7)

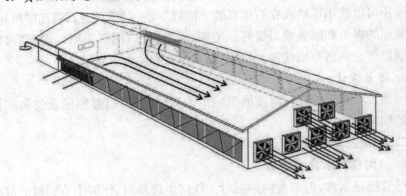

图5-7 负压纵向通风

负压纵向通风是将禽舍的进风口设置在一端(禽场净道一侧)山墙上,将风机(排风口)设置在另一端(污道一侧)的山墙上。当风机开启后将舍内空气排出而使舍内形成负压,舍外的清新空气通过进风口进入舍内。空气在舍内流动的方向与禽舍的纵轴相平行。这种通风方式是大型成年禽舍中应用效果最理想、最普遍的方式,它产生的气流速度比较快,对夏季热应激的缓解效果明显。同时,污浊的空气集中排向禽舍的一端,也有利于集中进行消毒处理,还保证了进入禽舍的空气质量。这种通风方式在禽舍长度 60~80 米、宽度不大于 12 米、前后墙壁密封效果好的情况下应用比较理想。

风机的选配以夏季最大通风量为前提,将大小风机结合应用以适应不同季节的通风需要。以宽 10 米、长 70 米、一端山墙面积 30 米^2 的成年鸭舍为例,此鸭舍可以饲养成年蛋鸭 4 000 只,按夏季每只鸭每小时通风量 12 米^3 计算,每小时总通风量应该达到 4.8 万米^3,如果考虑通风效率为 80%,则总通风量应该达到 6 万米^3。从前面的表 5-1 中有关的风机技术参数可以得出安装 1 台 9FZJ—1250B 型和两台 9FZJ—560 型风机即可满足通风要求。夏季 3 台风机全部启动,冬季启用 1 或 2 台小风机,秋季使用 1 台大风机或 2 台小风机即可。

另外一种设计方法是以舍内气流速度为依据的,要求夏季舍内气流速度可以达到 1~1.2 米/秒。舍内的过流面积为 30 米^2,设计气流速度为 1.2 米/秒,则总的通风量应达到 36 米^3/秒(即 13 万米^3/时),它就需要有 2 台 9FZJ—1250B 型或 1 台 9FZJ—900 型和 2 台 9FZJ—710 型风机。不同季节开启的风机型号和数量不一样。与上面的一种设计方法相比,这种设计所需要总的通风量要大得多。

进风口设计时要尽可能安排在前端山墙及靠近山墙的两侧墙上,进风口的外面用铁丝网罩上以防止鼠雀进入。进风口的底部距舍内地面不少于 20 厘米,总面积应是排风口总面积的 1.5~2 倍。

风机的安装应将大小型号相间而设,可以多层安设,安装的位置应该考虑山墙的牢固性。下部风机的底部与舍外地面的高度不少于 40 厘米,为了防止雨水对风机的影响,可以在风机的上部外墙上安装雨搭。风机的内侧应该有金属栅网以保证安全,风机外面距墙壁不应该少于 3 米以免影响通风效率。每个风机应单独设置闸刀,以便于控制。

2. 负压横向通风设计

负压横向通风(图 5-8)是将进风口设置在禽舍的一侧墙壁上,将风机(排风口)设置在另一侧墙壁上,通风时舍内气流方向与鸭舍横轴相平行。这种通风方式气流平缓,主要用于育雏舍。

进风口一般设置在一侧墙壁的中上部,可以用窗户代替;风机设置在另一侧墙壁的中下部,其底壁距舍内地面约 40 厘米,内侧用金属栅网罩上。所用的风机都是小直径的排风扇。

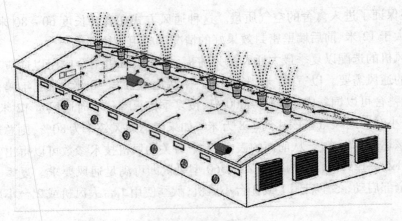

图 5-8 负压横向通风

3. 正压通风

正压通风是用风机向禽舍内吹风,使舍内空气压力增高而从门窗及墙缝中透出。热风炉就是这种通风方式的典型代表,夏季用风机向禽舍内吹风也是同一原理。

四、光照及其控制

(一)光照对水禽的影响

光照与水禽的采食、活动、生长、繁殖息息相关,尤其是对水禽性成熟的控制上,光照和营养同样重要。雏禽为了满足采食以达到快速生长的需要,要求光照时间较长,除了自然光照以外,还需要人工补充光照。育成期水禽一般只利用自然光照,防止过早性成熟。产蛋期每天 16~17 小时的长光照制度,有利于刺激性腺的发育、卵泡的成熟、排卵,提高产蛋率。

(二)采光设计

水禽舍内的采光包括自然照明和人工照明。自然照明是让太阳的直射光和散射光通过窗户、门及其他孔洞进入舍内,人工照明则是用灯泡向舍内提供光亮。一般禽舍设计主要考虑人工照明,根据禽舍的宽度在内部安设 2~3 列灯泡,灯泡距地面高约 1.7 米,平均 1 米^2 地面有 3~5 瓦功率的灯泡即可满足照明需要。另外,在禽舍中间或一侧单独安装 1 个 25 瓦的灯泡,在夜间其他灯泡关闭后用于微光照明。

五、噪声及其控制

水禽长期生活在噪声环境下,会出现厌食、消瘦、生长不良、繁殖性能下降等不良反应。突然的异常响动会出现惊群、产蛋率突然下降。超强度的噪声

（如飞机低飞）会造成水禽突然死亡,尤其是高产水禽。

合理选择场址是降低噪声污染最有效的措施,水禽场要远离飞机场、铁道、大的工厂。另外,饲养管理过程中,尽量减少人为的异常响动。

第六章　水禽场污物的处理

近年来,随着以产品加工企业为龙头,带动农民饲养水禽的外向型生产的迅速发展,北方的水禽饲养也具有了一定的规模。由于水禽饲养规模不断扩大、饲养密度提高,在较小的土地上产生了大量的废弃物,若不妥善处理,不仅会污染周围环境,形成畜牧业公害,而且还会造成水禽饲养场自身污染,对水禽的健康和生产造成威胁。据测定,1只鸭平均每天排出鲜粪100克,每1万只鸭每天产粪达1吨,按肉鸭饲养周期50天计算,就要产出50吨。一个年上市量100万只鸭的鸭场,每年就要产粪5 000吨。这些源源不断排出的粪便,是现代化禽畜场发展中必须探讨的问题。

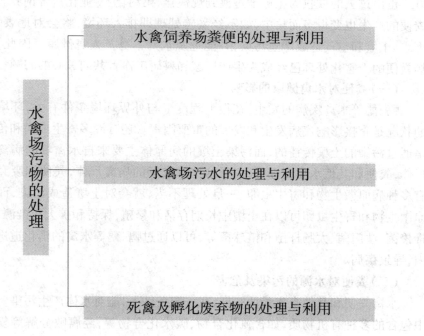

第一节 水禽饲养场粪便的处理与利用

一、水禽粪便的环境污染

禽粪既是宝贵的资源,又是一个严重的环境污染源。传统的鸭、鹅饲养方式是以放牧为主的千家万户分散饲养,产生的水禽粪便少而分散,很快就会被消耗,不会对环境产生污染。但是,随着集约化水禽饲养场的快速发展,饲养方式也由过去的放牧为主逐渐过渡到规模化、集约化、专业化禽舍饲养。水禽粪便的产生也变得多而集中,如不经妥善处理即排入环境,将会对地表水、地下水、土壤和空气造成严重污染,并能危及水禽本身及人身健康。因此,水禽场粪便的无害化处理已经成为生产厂家和科研工作者共同关心的问题。

(一)粪便对水禽健康的影响

鸭、鹅等水禽疾病的发生,在很大程度上与外界环境条件有关,环境卫生的状况是直接影响疾病发生和发展的重要因素。还有许多寄生虫病和传染病是通过污染的土壤传播的,而污染土壤的病原体主要来自水禽场的病禽及其尸体,粪便和其他水禽废弃物,由于这些水禽场的病禽尸体,粪便和废弃物含有多种病原微生物和寄生虫卵,一旦处理不当,就会对土壤造成污染,而且病原微生物和寄生虫卵可以在土壤中长期存活和繁殖,保持和扩大污染源,如肉毒梭菌、沙门菌、大肠杆菌和链球菌等,可以通过鸭、鹅等水禽的消化道进入体内,导致疾病。

(二)粪便对水源的污染及危害

水禽粪便和其他畜禽粪便一样,在一定条件下,能对水体产生污染。粪便中包含的多种有机物质,如含氮化合物、碳水化合物等,经腐败分解等复杂的化学变化和生物作用,产生大量有害的分解产物,如胺、吲哚、甲基吲哚、硫醇、酪酸、硫化氢、氨等,它们进入水体后将会使水发臭,严重影响水质。粪便中含有大量的微生物,其中有随粪便排出的非致病性胃肠道菌群的细菌,也有随粪便排出的病原微生物和寄生虫及其虫卵等繁殖体。这些病原体进入水体后,将会通过水或水生动植物进行扩散和传播,从而引起通过水传播的传染病。鸭粪堆肥是农田的优质有机肥料,有些饲养户为图方便,就近农田施肥过多,则禽类中氮氧化物所产生的硝酸盐也会造成水源污染。

(三)粪便对水禽场空气的污染及危害

粪便及其分解产物进入空气中,引起空气原有正常组成的性状发生改变,就会对人和动物的健康造成不良影响。粪便对空气的污染源于水禽场舍内外和粪堆、粪池等周围的空间。粪便对空气的污染主要是粪便有机物产生的恶臭以及有害气体和携带病原微生物的粉尘。粪便产生的恶臭物质和有害气体大多具有刺激性和毒性,可直接对水禽机体健康造成影响,如雏鸭呼出的二氧化碳及粪便和残料分解产生的氨气、硫化氢等有害气体就会危害雏鸭健康,严重时会造成雏鸭氨中毒而大批死亡。

（四）粪便对土壤的污染及危害

粪便中包含大量的蛋白质、脂肪、糖等有机物,这些物质在微生物作用下分解为氨、胺、硝酸盐等从而进入土壤,其中硝酸盐部分地被转化为亚硝酸盐,产生一定危害。对土壤环境有危害的还有病原性微生物和寄生虫卵,它们在土壤中长期生存、繁殖和传播,危害人和动物健康。

二、粪便的处理与利用

（一）固液分离

形成粪便污染的主要原因是由于从大、中型水禽饲养场排出的粪便量大且含水量高,难于运输、存放或直接利用。因此,粪便的固液分离是对粪便进行处理和综合利用的重要环节。它既可以对固体物的有机物再生利用——进行发酵、烘干等处理,从而制成肥料、饲料;又可减少污水中的 TS（总固态物）值,便于污水的排放和进一步处理。

固液分离的方法主要有两类:一类是按固体物几何尺寸的不同进行分离,一类是按固体物与溶液的密度不同进行分离。

1. 筛分

筛分是一种根据水禽粪便的粒度分布进行固液分离的方法。固体物的去除率取决于筛孔的大小。筛孔大则去除率低;筛孔小则去除率高,但筛孔容易堵塞。其筛分形式主要有固定筛、振动筛、转动筛等。固定筛结构见图 6 – 1。固定筛筛孔为 20 ~ 30 目时,固体物去除率为 5% ~ 15%,其缺点是筛孔容易堵塞,需经常清洗。振动筛加快了固体物与筛面间的相对运动,减少了筛孔堵塞现象,当孔径为 0.75 ~ 1.5 毫米时,固体物去除率为 6% ~ 27%。转动筛具有自动清洗筛面的功能,筛孔为 20 ~ 30 目时,固体物去除率为 4% ~ 14%。

2. 沉降分离

沉降分离是利用固体物密度大于溶液密度的性质而将固体物分离出来的方法。沉降分离分为自然沉降、絮凝沉降和离心沉降。自然沉降速度慢,去除率低。絮凝沉降由于使用了絮凝剂,使小分子悬浮物凝聚起来形成大的颗粒,

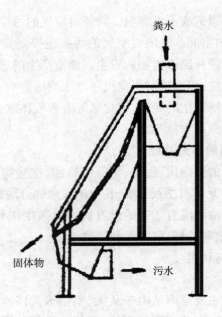

图6-1 固定筛结构

从而加快了沉降速度,提高了去除率。离心沉降由于离心加速度的提高,大大加快了颗粒的沉降速度,使分离性能大为改善,当粪的含固率为8%时,总固态物去除率可达61%。卧式螺旋离心机是典型的离心沉降设备,见图6-2,但其缺点是设备投资高,能耗大,维修困难。

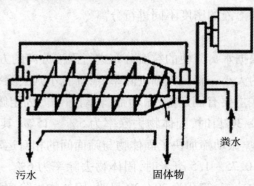

图6-2 卧式离心机

3. 过滤分离

过滤与筛分有许多相同之处,两者最大的区别是在分离过程的不同,前者未过滤的颗粒可在滤网上形成新的过滤层,对上层的物料进行过滤。其主要有真空过滤机、带式压滤机、转辊压滤机等。真空过滤机去除率高但结构复杂,投资大。带式压滤机设备费用相对较低,电耗低,能连续作业,由于采用高分子材料的滤网,可使设备寿命大大提高。转辊压滤机结构紧凑,分离性能比筛分好。

除上述介绍的一些设备外,还有卧式螺旋挤压机和立式螺旋分离机,旋转锥形筛、滚刷筛等也在实际中得到了应用。

(二)粪便的加工

固液分离是水禽粪便处理的第一步,要进一步减少污染,提高经济效益,就必须对分离的固体物和污水再次加以处理,进行综合利用。

粪便处理方法主要有以下几种:

1. 自然堆放发酵法

即将粪便自然堆放在露天广场上,使其自然发酵。这种方法占地面积大、周期长,对环境污染十分严重;但其方法简单,投资少,适用于饲养规模小、人口稀少的偏远地区。

2. 太阳能大棚发酵法

其方法是将粪便置于塑料大棚内,利用太阳能加快发酵速度。其优点是投资少,运行成本低。缺点是发酵时间相对较长。

3. 充氧动态发酵法

在粪便、垫草堆中通过加氧设施不断充入空气,供有氧微生物繁殖所需。这种方法设备简单,发酵速度快,但设备规模小,能耗高,生产率低。

4. 高温快速干燥法

此法利用专业化的设备,粪便、垫草经过高温蒸汽处理,灭菌、干燥一次完成,生产率高,可实现工业化生产,但设备投资大,能耗高,对原料含水率有一定要求。

5. 沼气法

沼气法是利用沼气池对粪水进行厌氧发酵生产沼气,但一次性投资大,然而作为生态农业不失为一种很好的方法。

6. 热喷法

热喷法把热蒸汽对粪水进行处理,此法对原料含水率要求较高,能耗大,生产率低。

7. 微波干燥法

此法利用微波发生设备,对物料进行加热处理。该法干燥速度快,灭菌彻底,但设备投资高,能耗大,现有条件下很难推广使用。

8. 生物干燥法

粪便的生物干燥,其原理就是利用堆肥过程中,微生物分解有机物所产生能量,增加粪便中水分的散发,起到干燥粪便降低粪便水分的目的。利用生物干燥原理,采用批次堆肥的方法,粪便堆肥化处理过程中,在含水量为40%、温度为60℃时,微生物降解作用最活跃,在46℃温度下,每1克水14升通气量条件下,可以获得最大的干燥速度。每天每消耗1千克固体物可以使粪便水量由70%下降到57%。

上述固液分离及其进一步处理方法大多已在实际生产中应用,也取得了一定的效果,但处理方法都比较单一,只解决了某一方面的问题,而且各种方法都有其局限性,如何更好地选择、应用粪便处理方法,使之更合理、更有效,以最低的生产成本产生最佳的经济效益,必须从整个生产及环境系统工程来全面考虑。

(三) 粪便的利用

1. 用作肥料

畜粪还田利用,是我国农村处理畜粪的传统做法,并已经在改良土壤、提高农业产量方面取得了很好的效果。水禽粪便氮、磷、钾含量丰富(表6-1),据测定,禽粪中含氮1.64%、磷1.54%、钾0.85%,而且养分均衡,含有较高的有机肥,施用于农田能起到改良土壤,增加有机质,提高土壤肥力的作用。

表6-1　部分水禽粪便的肥分含量

禽粪	水分(%)	有机质(%)	氮(%)	磷(P_2O_5)(%)	钾(K_2O)(%)
鸭粪	56.6	26.2	1.10	1.40	0.62
鹅粪	77.1	23.4	0.55	1.50	0.95

水禽粪便不经处理直接施用,虽然节省设备、能源、劳力和成本,易污染环境、传播病虫害,而且肥效也很差。因此,为减少环境污染,提高肥效,水禽粪便在用作肥料前,必须经过处理。其处理方法有以下几种:

(1)堆肥法　最简单的处理方法就是堆肥。具体做法是:选择干燥结实平整的地面(有条件的可做成水泥地或在泥地上铺塑料薄膜),在其上将粪便堆成长条状,粪堆高不超过1.5~2米,宽控制在1.5~3米,长度可视场地大小和粪便多少而定。先比较疏松地堆积一层,待堆中温度达到60~70℃时,保持3~5天,或待温度稍降后,将粪堆压实,在上面再疏松地堆加一层新鲜禽粪,如此层层堆积直到1.5~2米高为止,然后用泥浆或塑料薄膜密封,保持粪堆的含水量在65%~75%,静置3~5个月即可完全腐熟。

为了加速腐熟过程,可采用好氧堆肥法。简单的做法为,在干燥结实的地面上挖纵横交叉的小沟,深宽各为15厘米,沟上用树枝或竹条等铺架形成通风沟,然后用玉米秆(或高粱秆等)捆成把并竖立排列于堆底。将混合好的物料逐层上堆,呈梯形,堆好后用稀泥密封,厚度5厘米,冬季可适当加厚。待泥稍干,将玉米秆把拔出以成通风管道。条件适宜时,2~5天堆内温度将达到50℃以上,15天后即可利用。

判断肥堆腐熟度的方法很多,可用直观判断法。完全腐熟的堆肥颜色呈茶褐色或黑褐色,无恶臭,堆内温度下降接近常温,肥堆内的草茎树叶用手一拉即断,就说明堆肥腐熟了。

(2)药物处理 若急需用肥,可采用药物进行无害化处理。在粪便中加入1%的硝酸铵,3天后可杀灭所有寄生虫卵。加0.5%的尿素,1天就可杀死全部吸血虫卵,注意尿素的添加量不能超过1.5%,否则会伤害作物幼苗。也可用敌百虫进行处理,剂量是每100千克粪肥加入50%的敌百虫2克,拌匀放置1天(气温在20℃以上时),即可杀死全部虫卵,若气温较低则要延长处理时间。

2. 用作生产沼气的原料

禽粪一直被认为是制取沼气的好原料,含有各种有机物25.5%,可作为能源原料,据报道,每千克禽粪可产沼气0.094~0.125米^3。沼气是由微生物(主要为甲烷菌)产生的一种可燃性气体,是由占60%的甲烷(CH_4)和35%的二氧化碳(CO_2)以及少量的水蒸气、硫化氢、一氧化碳、氮气等组成。在不同的条件下,成分有一些差异。如用禽粪进行发酵时,所产沼气的甲烷含量可达70%以上。按每吨鸭粪可产沼气100米^{3}计算,水禽粪便是较好的沼气发酵原料。鸭粪经过沼气发酵,不仅能生产廉价、方便的能源——沼气,而且发酵后的残留物是一种优质的有机肥料。

(1)禽粪便用于沼气发酵的特点 第一,由于水禽生产每天都在进行,因此粪便天天都在产生,而且粪便存放后产气量将会大大减少,故水禽场产生的粪便适合天天进入沼气池。所以水禽场沼气发酵宜采用连续发酵工艺。第二,由于水禽粪便相对含水量较高,适于各种微生物存活,所以粪便的分解速度相对较快。第三,单独使用水禽粪便发酵产生效果也很好。

(2)沼气池的结构 农村家用沼气池是为农民生产及生活服务的一种多

功能的小型装置,是由若干个单元操作和单元过程按特定的方式组合而成的。根据储气方式沼气池可分为水压式、浮罩式等多种类型,下面简单地介绍水压式沼气池的结构,见图6-3。

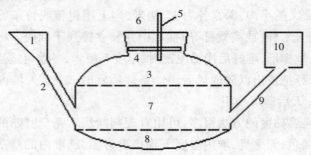

图6-3 水压式沼气池结构示意图

1. 进料池　2. 进料管　3. 储气间　4. 集气间　5. 导气管　6. 沼气池进口　7. 发酵间
8. 底泥间　9. 出料连通管　10. 出料间(水压间)

1)进料池　与进料管相连,是发酵原料的储存、混合、计量、输入、预处理以及搅拌器的入口。同时,注意加原料后要对此口进行水封,以防止回流。

2)进料管　发酵原料由进料池进入发酵池的通道。

3)储气间　发酵的沼气储存的空间,它的容积不应大于池容的5%。

4)集气间　位于沼气池顶部,是集存沼气、防止料液阻塞导气管的保护层空间,此处的沼气不能利用。

5)发酵间　是原料在甲烷菌作用下,厌氧消化生产甲烷的空间。

6)底泥间　集存消化污泥及寄生虫卵的空间。

7)出料间　又称水压间,与出料管连通,具有储存和排放发酵废液,水压输气的功能。

此外,家用沼气池还需设置导气管、输气管道、气水分离器、沼气气压计及沼气用具等。

(3)生产沼气的条件

1)保持适宜的温度　沼气发酵的温度范围相对来说还是比较广泛的,在4~65℃都能产气,但随着温度升高产气速度加快,最适宜的温度为20~30℃,如10℃时,发酵90天的产气率也只有30℃时发酵27天的产气率的59%。

2)保持适宜的碳氮比　原料的合理搭配与产气速度和持续期有很大关系,沼气发酵原料的最合适的碳氮比为25:1,过高则会产生速度慢,过低则会产气速度快,产气持续期短。

3)保持适宜的酸碱度　沼气正常发酵的环境通常是微碱性环境,适宜的pH大都在 7.0~8.5,沼液过酸将会影响甲烷菌生长,可用草木灰或石灰中和。

4)保持适宜的浓度　进料浓度关系到发酵浓度。原料太稀会降低产气量,太浓将会导致大量有机酸积累,降低 pH,使发酵受阻,适宜的浓度原料与加水量的比例为 1:1。

5)保持适宜的环境　产甲烷菌为厌氧菌,为保持厌氧环境,要求发酵池池壁要严格密闭,不漏气、不漏水。而且为促进细菌的生长和防止池内表面结壳,应经常进料、出料和对池底进行搅拌。

6)保持足够的菌量　沼气的正常发酵是由一定数量和种类的微生物来完成的。对于新建沼气池,刚投料时微生物数量和种类都不够,应人工进行接种。一般是加入沼气发酵残渣或粪坑底脚污泥增加发酵菌种。

(4)安全生产和使用沼气　沼气房应通风、防缺氧,不应堆放易燃物品,棉饼和菜籽饼不能投入沼气池内,以防产生剧毒的磷化氢,清除沉渣时应等候向池内鼓风,放入小动物确定无危险后,方可进行池内清渣,最好使用机械清渣。

沼气使用过程,应经常检查输气管是否老化和损坏,以防漏气。

3. 用作饲料

禽类粪便含粗蛋白质 7.94%,其中蛋氨酸 0.11%、赖氨酸 0.43%、胱氨酸0.1%,可作为鱼类、反刍动物的添加饲料。但禽类粪便含有多种病原微生物和寄生虫卵,因此,在用作饲料前要经过适当处理。而且,用作饲料的粪便应该是采用网上平养饲养方式收集的粪便,其中基本不含垫料。从安全生产角度看,国际上已经禁止使用动物粪便作饲料原料使用。

(1)水禽粪便的收集　对水禽粪便要做到科学收集。生产中,水禽粪便往往含水量太大,多呈泥状,不易收集。同时粪便中的某些有机物易挥发,这样会使粪便中的营养物质分解而降低营养。因此,应采取科学的措施收集水禽粪便。简单的方法是先在禽舍中撒一层 4~6 厘米厚的糠麸,让禽类排出的粪便与糠麸混在一起,不受泥沙污染,每天分上、下午两次收集鸭粪。收集后的粪便要及时晒干,严防堆积放置。

(2)水禽粪便的加工　水禽粪便作为饲料前,必须经过加工处理,以便除臭、灭菌和脱水,提高禽粪的利用价值并便于储存。常用的方法有以下几种:

1)干燥法 是畜禽粪便处理中用得最多、最常用的方法,可分为人工干燥和自然干燥。分别介绍如下:

a. 自然晒干法 小规模的水禽常用的方法,将收集到的粪便和一定量的麦糠拌匀晒在干燥的地方(最好是水泥地),利用太阳晒干,然后过筛除杂,粉碎后装袋放置,可保存两年。

b. 塑料大棚自然干燥法 将收集好的粪便放入塑料大棚内,在大棚里安装有自带风扇的搅拌干燥车,粪便干燥后粉碎装袋保存,此法不受天气影响,成本低,适合我国使用。

c. 高温快速干燥法 采用以回转炉为代表的高温快速干燥设备,能在 10 分左右将含水量 70% 的粪便迅速干燥成含水量 13% 以下的干粪。并同时达到除臭、灭菌、除杂草的作用,且营养损失小于 6%。烘干温度一般为 300 ～ 900℃。

d. 烘干法 在烘干箱内处理烘干粪便,70℃经 2 小时、140℃经 1 小时或 180℃经 30 分加热处理,可达到干燥、灭菌和耐储藏的效果。

2)青贮法 水禽粪便可以单独或与其他饲料一起青贮,青贮可防止粗蛋白质过多损失,还可将部分非蛋白质氮转化为蛋白质,并杀灭几乎所有的有害微生物。青贮法处理费用低(仅需简单的青贮设备),能源消耗少,产品无毒无味,对水禽的适口性强。注意青贮时应保持厌氧状态,含水量控制在 40% ～ 70%,添加一些富含可溶性碳水化合物的饲料,一般经 20 ～ 35 天就可完成发酵。

(3)水禽粪便在实际中的应用

1)用作水产养殖的饲料 可在草鱼、鳊鱼、鲤鱼等饲料中搭配以一定比例的鸭粪,可降低饲料成本 30% 左右。这是鸭粪再利用中最简便有效的出路之一。一般为每亩鱼塘以每年施用禽粪 1 吨为最适宜。

2)用于养猪 用鸭粪喂猪不但可以充分利用鸭粪,而且可以降低养猪的饲料成本。喂法与喂量:将 10 千克干净、无杂质的鲜鸭粪放入缸中,然后放入酒曲,混匀后发酵两小时即可应用。饲喂前将 15 千克酒糟、1 千克米糠、60 克多种维生素、60 克骨粉、60 克生长素、60 克贝壳粉与发酵好的鸭粪拌匀。投喂量一般占猪日粮的 20% ～ 40%。喂量应由少到多,逐渐增加。

3)用于牛、羊饲养 牛、羊等反刍动物的瘤胃微生物对饲料中的粗纤维、非蛋白质氮能够很好利用。使用水禽粪时只能在晾干以脱去异味后适量添加。

（4）水禽粪便用作饲料时的注意事项　禽畜粪便的成分比较复杂,含有吲哚、胺类、尿酸、尿素、亚硝酸盐、寄生虫及虫卵,还含有细菌、病毒及禽畜排出的毒素等,易造成禽畜间交叉感染或传染病的暴发。因此若用禽畜粪便做饲料,必须经过发酵处理,严禁直接饲喂,且喂量不要超过喂料的40%。同时,使用发酵过的禽畜粪便还要添加一定的抗生素如土霉素等。对饲喂禽畜粪便的禽畜,要经常饲喂青绿饲料,同时定期驱虫。出栏前半个月必须停止饲喂发酵禽畜粪便。

第二节　水禽场污水的处理与利用

水禽场污水中含有许多腐败物质,常常带病原体,若不经妥善处理,就会对环境造成污染,并能传播疾病。目前,我们国家污水处理的基本方法有物理处理法、化学处理法和生物处理法,水禽场污水的处理也不例外,但水禽场的污水中有机物质的含量很高。因此,必须将3种处理法结合起来,进行系统地处理。

一、物理处理

禽舍内人工清运干粪后排出的污水,仍然含有较多的固形物质,采用物理方法,利用物理作用将污水中的有机污染固体物质、悬浮物及其他固体物分离出来,常用固液分离、沉淀、过滤等方法进行物理处理。主要是降低污水中的有机物浓度。

（一）固液分离法

见本章第一节水禽饲养场粪便的处理与利用。

（二）沉淀法

利用污水中部分悬浮物质密度大于水的原理,使其在重力作用下自然下沉,从而与污水分离的方法,称为沉淀法。一般在沉淀池中进行。沉淀池有平流式和竖流式两种。

1. 平流式沉淀池

平流式沉淀池呈长方形,一般池长30～50米,宽5～10米,深2.5～3米,池底相对坡度为1%～2%,污水在池内的停留时间为1～2小时,水的流速不超过10毫米/秒。污水从沉淀池的一端进入,按水平方向在池内流动,澄清水经挡板从沉淀池另一端溢出。池进口底部设有储存沉淀污泥的漏斗,由设置的排泥管排出池外。

在生产中,有一种简单的地上平流式沉淀池,整个沉淀池长50~60米,宽2米,池高1米,建成一定的坡度,使池内的污水流速不大于5~10毫米/秒,整个沉淀池在中间一分为二(右分相等的三段),设置挡板。其作用有二:一是限制流速,一是进行一级过滤。挡板高度50~60厘米,挡板上距地面40厘米处设有缝隙,此段池内水面高度40厘米,一级澄清水从缝隙流入沉淀池的后半部分。后半部分的水面高度为30厘米,在池的末端也设挡板,高度为40厘米,距地高30厘米处设置缝隙,经过进一步澄清的水直接流出沉淀池,进入下一级处理。池内沉淀下来的固形物经太阳晒稍干后人工清理。此法设备要求低,投资少,但占地面积大,见图6-4。

图6-4 平流式沉淀池

2. 竖流式沉淀池

一般竖流式沉淀池多呈圆形,也有方形的。禽舍污水从中心管进入沉淀池,通过反射板向四周均匀分布,然后沿沉淀池的整个断面上升,澄清的水由池的四周溢出,由下部流出沉淀池,污泥进入污泥池中。

竖流式沉淀池半径一般在10米以内,为保证水流自上而下地垂直流动,要求其直径与有效水深的比值不大于3。污水一般在池中停留1~1.5小时,沉淀的四周有距池壁0.4~0.5米的挡板,伸出水面0.1~0.2米,伸入水中0.15~0.2米,储漏斗的倾角为45°~60°,静水压为14.5~19.3千帕。靠静水压排泥,排泥管直径为200毫米以上。

(三)过滤法

过滤主要是使污水通过具有孔隙的过滤装置或介质截流污水中的悬浮

物,而使水变得澄清的过程。禽场污水过滤一般先经过由一组平行钢条组成的格栅,斜置成60°~70°于废水流经的渠道上,以清除如塑料袋之类的粗大漂浮物。然后污水就进入快滤池进行过滤。分两个阶段:

第一阶段是过滤阶段。污水从进水管进入滤池,靠重力作用通过滤料层和承托层,经配水系统收集,由出水管排出。污水流经滤层时,水中的杂质被截留,随着滤料中的杂质截留量逐渐增加,滤料的水头损失也在增加,当水头损失到一定程度时,使过滤的水质不符合要求,此时就要对滤料进行冲洗。

第二阶段是冲洗阶段。这是个水流方向与过滤阶段相反的过程,冲洗水自下而上由总导管进入,依次穿过承托层和滤料层,达到滤料被冲洗的目的,冲洗水流入滤料层上方的排水槽,经出水渠排出。

快滤池的滤料层常用直径0.5~3毫米的石英砂,厚0.7~0.8米,承托层用天然卵石或碎石按颗粒大小铺成,起着防止滤料流失和均匀分配冲洗水的作用。其组成和厚度如下:

第一层:颗粒径2~4毫米,厚度100毫米。

第二层:颗粒径4~8毫米,厚度100毫米。

第三层:颗粒径8~16毫米,厚度100毫米。

第四层:颗粒径16~32毫米,厚度100毫米。

二、化学处理

根据污水中所含主要污染物的化学性质,使用化学药品除去污水中的溶解物或胶体物质的方法。在畜禽饲养业污水处理中常采用中和、混凝沉淀法等。

(一)中和法

起污水预处理的作用,用酸或碱调节污水的pH。

(二)混凝沉淀

因污水中的胶体粒子常带有负电荷,所以可在污水中投加带正电荷的胶体物,以使电性中和,互相凝结成较大颗粒,从而从水中分离,达到净化目的。常用的混凝沉淀剂有明矾、三氯化铁、硫酸铝和硫酸亚铁等。

三、生物处理

水禽场污水的生物处理就是采取一定的人工措施,创造有利于微生物或其他生物生长繁殖的环境,使用于污水处理的生物大量繁殖,从而提高微生物氧化分解有机物污染物或其他生物吸收吸附有害污染物的技术。目前,用来净化污水的生物大多是细菌,此外,还有真菌、藻类、原生动物、水生植物(如

水葫芦、水花生、鸭跖草)等。畜禽生产上污水处理学的生物处理法分为厌氧处理和好氧处理两大类。常用的方法如下:

(一)氧化塘(沟)

氧化塘一般作为畜禽污水的二级净化处理系统,将经过预处理的污水进行净化处理。氧化塘可分为好氧、厌氧、兼性和曝气氧化塘。

1. 厌氧塘

塘深 2 米以上,能处理 BOD_5 负荷很高的污水,污水的停留时间长,净化速度慢,利用厌氧微生物的代谢净化污水。

2. 兼性塘

塘深 1 ~ 2 米,全塘分为 3 个区,上部由于阳光能够射入,藻类的光合作用及大气的复氧作用,使水的溶解氧较多,为好氧区,主要为好氧微生物活动;随着水深的增加,溶解氧逐渐减少,其中层为过渡区或称兼性区,为兼性微生物活动;塘的下层没有溶解氧,称为厌氧区,为厌氧微生物活动,塘最底层是厌氧污泥层。

3. 好氧氧化塘

塘深约 0.5 米,阳光能直达塘底,藻类生长迅速,光合作用旺盛,因此塘中水的溶解氧充足,通过好氧微生物的代谢活动来净化污水,污水的停留时间 2 ~ 6 天,BOD_5 去除达 80%。缺点是出水中的藻类含量高。为防止生长挺水植物,好氧塘塘底必须进行硬化。

4. 曝气塘

一般池深 2.5 ~ 3 米,水面设置有曝气机,利用曝气机将氧气充入污水中,可使氧气遍布塘内。曝气机有三种类型:一种是抽水式曝气机,一种是抽气式曝气机,还有一种是空气压缩机。前两种可以漂浮于水面上,又称漂浮式曝气机,后一种是在池的一侧安装曝气机,通过导气与管塘内底部安装的空气扩散管相连,由管上孔眼充氧入池。利用喜氧微生物的活动对污水起到降解和净化作用。

5. 生物氧化塘

塘深 2.5 米,主要是利用一些能耐高浓度有机物的水生植物来净化污水。这些植物主有水葫芦、水花生、鸭跖草和虾蚶草等,它们的根系能净化污水,同时还能部分地吸收污水的一些重金属,并为水生动物提供食物。

(二)化粪池厌氧消化处理

化粪池主要是利用厌氧微生物的厌氧发酵对污水进行处理。传统的单室化粪无法满足对畜禽污水的处理,可以采用三室化粪池,三室串联,第一室主要起沉淀区作用,第二、第三室为厌氧消化室。处理后出水,固体物质去除率达 90% ~95% ,COD 去除率达 50% ~60% 。

（三）人工湿地

人工湿地是一个人造的完整的湿地生态系统。由 4 个相连的面积大小相近的湿地池组成,见图 6－5。湿地主要由碎石床、缓冲沟、水生植物及基质组成。

图 6－5 人工湿地结构示意图

污水经过人工湿地发生过滤、吸附、置换等物理、化学和生物学作用,达到净化目的。每一级湿地均铺有 50 厘米厚碎石,湿地 1、湿地 2、湿地 3、湿地 4 的碎石的粒径大小分别为 4 ~5 厘米,3 ~4 厘米,2 ~3 厘米,1 ~2 厘米,同一湿地内的碎石粒径大小相近,碎石床面平整。

此外,用于污水处理的方法还有活性污泥法、生物膜法等。

四、水禽场污水处理系统设计流程

（一）生态型处理系统

此系统能较好地利用畜禽污水的物质和能量,适宜大型规模化,并一定数量的农田、菜地、饲料地、果园和配套鱼塘的水禽饲养基地使用(图 6－6)。

（二）人工湿地系统

人工湿地系统见图 6－7。

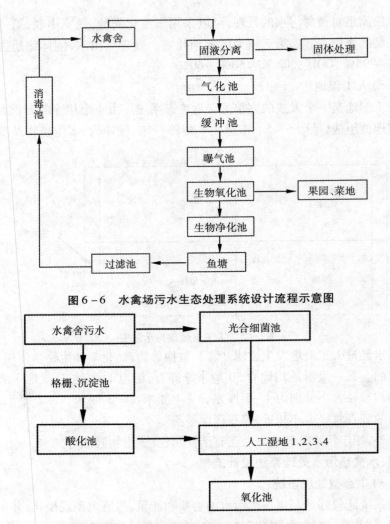

图6-6 水禽场污水生态处理系统设计流程示意图

图6-7 人工湿地处理污水设计流程示意图

第三节 死禽及孵化废弃物的处理与利用

一、死禽的处理与利用

水禽生产过程中,不可避免地经常产生死禽,死禽大多都是病死的,死禽尸体常带病原微生物,如鸭霍乱的病死鸭带有霍乱病毒,若不加处理直接扔于野外田地、沟、河、池塘,则会造成病原扩散传播,而且水禽尸体在沟河内腐败,会产生大量毒素,危害水禽健康。因此,妥善处理病死的水禽,对搞好水禽场环境卫生,防止疾病传播是非常重要的。处理方法主要焚烧、消毒后深埋和用作饲料等。

(一)焚烧

对于传染性较强,对环境抵抗力较强的病原体造成的病死水禽,一般采用焚烧的方法处理。焚烧可以杀死所有的生物,包括病原微生物。但焚烧的成本较高,同时也易产生二次污染。

(二)消毒后深埋

利用土壤的自净作用使死禽尸体无害化。土埋时应建立专用深坑,坑一般长 2.5~3.6 米,宽 1.2~1.8 米,深 1.2~1.5 米,深坑应远离水禽舍,放牧地、居民点和水源地,深坑周围要设置防水沟和栅栏标记。深坑盖采用加压水泥板,板上要留孔,套上 PVC 管,以方便往坑内扔死禽,平时管口用不透水材料密封。土埋法简单,经济,但处理不好往往会对地下水造成污染。

(三)用作饲料

死禽尸体含有丰富的营养成分,尤其是含有大量氨基酸平衡的蛋白质,若能彻底杀灭其中的有害微生物,则可获得优质的蛋白质饲料。可通过在高温锅(5 个大气压、150℃)中熬煮,然后干燥、粉碎,加以利用。

二、孵化废弃物的处理与利用

孵化废弃物主要有:无精蛋、毛蛋和蛋壳等。

无精蛋主要用于食用。毛蛋也可食用,但应注意卫生,避免腐败物质及细菌造成的中毒。毛蛋一般是经高温消毒、干燥处理后,制成粉状饲料利用。蛋壳用磷酸进行处理,获得磷酸钙作为饲料的钙源添加剂使用。由于孵化废弃物中含有大量蛋壳,含钙量非常高,应用时注意要加以平衡。

第七章　水禽的饲料

　　水禽的营养需要包括用以维持其健康和正常生命活动的维持需要，以及用于供给产蛋、长肉、长羽、肥肝等生产产品的营养需要。水禽为维持生命和生产所需的主要营养物质有蛋白质、能量、矿物质、维生素和水等。水禽的配合饲料通常是由多种饲料原料组成的。这些饲料原料本身可能含有多种营养物质，但是相对于水禽的生产和生活需要都显得某些营养素缺乏或不足。只有多种饲料原料按照适当的比例混合配制出的配合饲料营养才是全面的（即全价的饲料），才能够满足水禽生产和生活的需要。

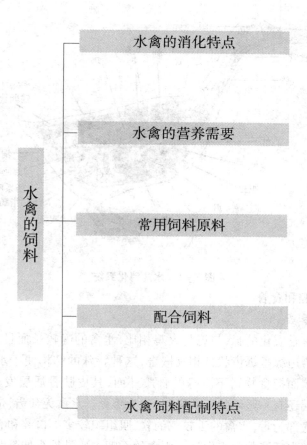

水禽的消化特点

水禽的营养需要

水禽的饲料

常用饲料原料

配合饲料

水禽饲料配制特点

第一节 水禽的消化特点

一、消化道的结构和特点

水禽和其他家禽一样,消化系统包括喙、口腔、舌、咽、食管、腺胃、肌胃、小肠、大肠、盲肠、泄殖腔以及胰腺和胆等。见图7-1。

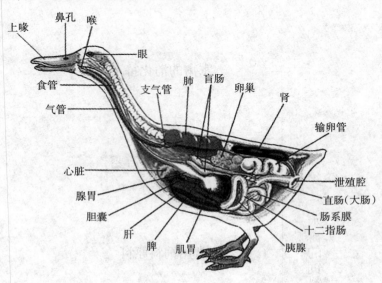

图7-1 水禽消化系统

(一)口腔和食管

1. 口腔和舌

水禽具有骨质化的喙,与鸡与火鸡相比,水禽的喙较长而且扁平,其尖端钝圆。上下腭边缘呈锯齿状且相互嵌合,这种特殊的结构便于水禽在水中采食时排出泥水而把食物留下。喙的骨质外面,其皮肤骨质层发达,形成骨质套。上喙尖端还有一坚硬的豆状突起,称为喙豆。水禽无牙齿,依靠喙将饲料撕碎。口腔底部为舌,水禽的舌较鸡的软,肌组织较多。口腔和有舌并无明显的界线。口腔内唾液腺不很发达。水禽的吞咽主要是抬头伸颈时食物的重力和食道负压综合作用的结果。

2. 食管和嗉

食管位于咽与腺胃之间。水禽的食管宽阔且形成很多皱褶,易于扩张,以利于大块食物的吞食。生产中的填鸭就是利用这一特点。水禽食管在进入胸腔前形成一纺锤形的扩大部分,其结构与食管基本相似,相当于鸡的嗉囊,但不像鸡那样形成一个膨大盲囊。当肌胃中充满食物时,食物先储存在此,并进行初步软化。

(二)胃

胃分为腺胃和肌胃两部分。

1. 腺胃

腺胃又叫前胃,壁比较厚,腺体发达并以乳头状开口于黏膜上,主要分泌消化液,如盐酸和胃蛋白酶,食物在此停留的时间很短。当食物经过腺胃的时候刺激腺胃黏膜上的腺体乳头使其分泌消化液,消化液与食物混合。

2. 肌胃

肌胃又称砂胃,是致密而厚的肌性器官,肌胃不分泌消化液,主要是对食物进行机械性消化。肌胃有两个开口,一个是贲门,与腺胃相通;一个是幽门,与十二指肠相通。肌胃的肌肉特别发达,上有一层黄色角质膜,称为肫皮,俗称"内金",相当于齿的作用。肌胃的肌肉强壮有力,收缩时能产生很大的压力(鸭的约 24 千帕、鹅的约 32 千帕,而鸡的仅约 16.67 千帕),有研磨和压碎食物的功能,肌胃的这种功能是在食入的小沙粒和小石块的共同作用下完成。

(三)肠道和泄殖腔

水禽的肠道分为小肠、盲肠和大肠。

1. 小肠

小肠包括十二指肠、空肠、回肠。十二指肠是食物进行化学消化(酶消化)的重要部位,胰腺、肝胆分泌物在此进入肠道,十二指肠本身也分泌肠液。食物中的营养素绝大部分在空肠和回肠中被吸收。

2. 盲肠、大肠

大肠和小肠的交界处有一对盲肠,较短。水禽的盲肠较为发达,尤其是鹅。盲肠平常被粪便所充满,来自小肠的内容物仅有一部分进入盲肠。盲肠有消化作用,是粗纤维分解的场所。大肠前接回肠,后接泄殖腔。

3. 泄殖腔

泄殖腔为消化道、生殖道和肛门的共同通道。呈椭圆形,开口于体外。

(四)肝脏和胰腺

1. 肝脏

水禽的肝脏较大,分左右两叶。鸭肝的右叶明显大于左叶。水禽的肝脏可以合成并储存大量的脂肪,这对于造成脂肪肝是有利的。肝脏平常分泌胆汁,胆汁在未经胆管分泌入小肠前储存在胆囊内。胆汁含有胆盐和排出的胆色素等代谢产物,肝脏还可储存和分配吸收的代谢产物,代谢产物在肝脏进行转化脱毒。胆汁在进入十二指肠后与食物中的脂肪混合并使脂肪乳化,以利于其消化和吸收。

2. 胰腺

水禽的胰腺有 2 条导管,开口于十二指肠。胰腺含淀粉酶、蛋白酶与脂肪酶。水禽的胰腺特别发达。

二、饲料消化方式和过程

水禽消化饲料主要有机械降解、化学降解和微生物消化 3 种方式。

(一)机械降解

主要指通过消化道管壁的肌肉将食物压扁、撕碎、磨烂,增加食物的表面积,易于与消化液充分混合,并把食糜从消化道的一个部位运送到另一部位。

禽类肌胃内壁衬有坚硬的角质层。胃借助胃部肌肉的运动力量将食物研磨碎成更小的颗粒或片段。食入沙砾可增加肌胃的活动、帮助消化食物。

在饲料加工过程中利用机械设备将大块的或整粒的饲料原料进行粉碎处理,有助于帮助水禽对饲料的消化。

(二)化学降解

主要指消化酶的酶促反应和无机化学反应(如酸水解),经过化学降解的食物转变成其相应的化学组成物质,如单糖、氨基酸和脂肪酸等。

水禽各种各样的消化酶由消化道的腺体结构及与消化道有关的分泌器官分泌。唾液腺除分泌黏液润滑食物外,还分泌 α - 淀粉酶。胃分泌盐酸,对食物进行化学消化,还激活一些消化酶原。胃还分泌胃蛋白酶、淀粉酶及脂肪酶等。小肠分泌肽酶、二糖酶以及脂肪酶。肝脏分泌胆汁,胆汁可乳化脂肪。胰腺分泌的胰液含有大量的水解酶原(胰蛋白酶原、糜蛋白酶原、羧肽酶),淀粉酶、DNA 酶、RNA 酶、胆固醇酯酶、脂肪酶、磷脂酶以及碳酸氢钠等。碳酸氢钠中和从胃中下来食糜的酸度。

消化酶包括蛋白酶、碳水化合物酶和酯酶等几大类,但每一类都包括许多特异性的酶。见表 7 - 1。

消化酶通过导管系统由外分泌腺分泌入肠道。所有的消化酶均是水解酶;通过水的加入而将化学键断裂。

对于幼龄的水禽来说,其消化腺的发育和分泌机能远不如成年水禽,如果在饲料中添加适宜的消化酶制剂将有助于提高饲料消化效率。

表7-1 水禽体内的消化酶

蛋白酶:
内肽酶(蛋白质→多肽)
胃蛋白酶(最适 pH 1.5~2.5)
胰蛋白酶(最适 pH >7)
外肽酶(多肽→肽、氨基酸)
多肽酶
三肽酶
二肽酶
碳水化合物酶:
多糖酶(高分子碳水化合物→寡糖、二糖和单糖)
淀粉酶
纤维素酶
几丁质酶
寡糖酶(三糖和二糖→单糖)
葡糖苷酶(麦芽糖、蔗糖、葡糖苷、纤维二糖)
半乳糖苷酶(蜜二糖、半乳糖苷、乳糖)
果糖苷酶(蔗糖)
酯酶:
脂肪酶(甘油三酯→脂肪酶、甘油、甘油一酯)
酯酶(简单酯、复合磷酯、胆固醇酯及蜡质→羧酸
乙醇、胆固醇、脂肪酸等)

(三)微生物消化

主要指消化道中的微生物对食物进行的消化降解。在水禽的大肠、盲肠以及食管膨大部都有微生物存在,对粗纤维的消化起主要作用。

三、营养的吸收

饲料中营养物质在水禽消化道中经机械降解、化学降解和微生物消化,成为小的单体物质,这些营养物质经消化道上皮细胞进入血液或淋巴的过程,称为吸收。

(一)营养吸收途径

水禽营养物质的吸收主要有两条途径:

1. 被动吸收

经水禽消化道上皮的滤过、扩散和渗透作用，一些相对分子量较小的物质，如简单的多肽、各种离子、电解质、水等被动吸收利用。

2. 主动吸收

主动吸收是水禽吸收营养物质的主要方式，绝大多数的有机物质通过主动吸收被利用。

(二)各种营养成分的吸收

蛋白质的吸收主要以小肠上 2/3 的吸收为主。各种氨基酸的吸收速度各不相同。大部分氨基酸主要是从门脉系统到肝脏，只少量的氨基酸经淋巴结转运。十二指肠是碳水化合物消化的主要部位。饲料在十二指肠与胰液、肠液、胆汁混合，饲料中营养性多糖基本都分解成糖，然后由肠黏膜产生的二糖酶彻底分解成单糖供吸收细胞吸收。水禽对脂类物质的吸收部位主要是空肠，水禽吸收脂类的消化产物主要依靠微粒途径，相当一部分固醇、脂溶性维生素等非极性物质，甚至包括一部分甘油三酯都随脂类—胆盐微粒吸收。一般依靠脂类微粒吸收是一个不耗能的被动载体转运过程。但脂类物质进入吸收细胞后，重新合成脂肪则需要能量。实际上从肠道过程也耗了能量。只有短链或中等链长的脂肪酸经门静脉血转运而不耗能。

第二节　水禽的营养需要

一、营养的基本知识

(一)水禽的营养需要概述

1. 蛋白质

蛋白质是构成水禽体组织、蛋、酶、激素的主要原料之一，关系到整个新陈代谢的正常进行，而且不能由其他营养物质所代替，是维持生命、进行生产所必需的营养物质。

蛋白质的营养水平，取决于它所含氨基酸的种类和数量，这些氨基酸分为必需氨基酸和非必需氨基酸。必需氨基酸是维持正常生理机能、产肉、产蛋所必需的，在水禽体内不能合成，或合成的数量和速度不能满足正常的生长、生产的需要，只能由饲料提供；非必需氨基酸在水禽体内能合成。

水禽的必需氨基酸有赖氨酸、蛋氨酸、胱氨酸、异亮氨酸、精氨酸、苏氨酸、苯丙氨酸、亮氨酸、组氨酸、缬氨酸、甘氨酸、酪氨酸等。任何一种必需氨基酸

现代水禽生产技术

的缺乏都会影响水禽体蛋白质的合成,造成水禽生长发育不良。但是,蛋白质和氨基酸过多时,不能被利用的部分,合成尿酸(盐)后排出体外。

用一般禾本科籽实及油饼类配合日粮时,蛋氨酸、赖氨酸、精氨酸、苏氨酸和异亮氨酸往往达不到营养需要标准的数量,使蛋白质的营养受到限制。因此,这几种氨基酸又被称为限制性氨基酸。水禽对蛋白质水平的要求比鸡低,水禽对日粮蛋白质水平的变化及反应也没有对能量水平变化的反应明显。

一般认为,对种公水禽、种母水禽,特别是雏水禽,日粮蛋白质水平很重要。在通常情况下,成年鹅饲料的粗蛋白质含量一般应在15%以上,产蛋期粗蛋白质含量要求在18%以上;而产蛋鸭饲料中蛋白质的含量要求在18%~20%。育雏期日粮粗蛋白质含有20%就可保证最快生长速度。因此,提高日粮粗蛋白质水平,对于水禽6周龄以前的增重有促进作用,以后各阶段粗蛋白质水平的高低对增重没有明显影响。

蛋白质供应不足时,会产生以下后果:

第一,为维持生命活动的需要消耗机体组织中的蛋白质,水禽表现为生长发育迟缓、停滞,消瘦甚至衰竭,水肿等。

第二,对疾病的抵抗能力降低。

第三,出现代谢紊乱现象。

第四,生产能力低下,表现在生长发育差,肌肉不发达,产蛋能力低下等。

2. 能量

水禽的各种生理活动均需要能量。脂肪和糖类是水禽体主要的能量来源,其次为体内蛋白质分解产生的能量。水禽食入饲料所提供的能量超过生命活动的需要时,其多余的部分转化为脂肪,在体内储存起来。水禽有通过调节采食量的多少来满足自身能量需要的能力。日粮能量水平低时。采食量较多,反之则少。水禽虽有"为能而食"的本领,但也不是无限的,能量水平太低,水禽也不能采食到足够的能量。一般情况下,水禽饲料中的能量不会缺乏,饲养者主要要注意能量和其他营养物质的平衡供应。环境温度对能量需要影响较大。

3. 矿物质

矿物质在水禽体内含量虽然不多,仅占水禽体重的3%~4%,但在生理上却起着重要的作用。水禽的生长发育、机体的新陈代谢都需要矿物质元素。矿物质是水禽的骨骼、肌肉、血液必不可少的一种营养物质,许多机能活动,如:促活酶系统、调节酸碱平衡、控制体液平衡、神经传导等都与矿物质有关。因此,矿物质是保证水禽生长发育和产蛋必不可少的营养物质。对水禽影响较大的矿物质元素有：钙、磷、钠、氯、钾、镁、硫、碘、锰、铁、锌、铜、钴、硒、钼等。其中钙、磷、钠、钾、氯、镁、硫的需要量较大，它们占水禽体重的 0.01% 以上，这些元素称为常量元素，其余以及占水禽体重 0.01% 以下的元素称微量元素。

4. 维生素

维生素是维持正常生理活动、生长、产蛋、繁殖所必需的营养物质，在体内起着调节和控制新陈代谢的作用。绝大多数维生素水禽不能自己合成，需要从饲料中吸取；如果饲料中某种维生素缺乏，就会引起雏水禽维生素缺乏。维生素分为两大类：一类是脂溶性维生素，包括维生素 A、维生素 D、维生素 E、维生素 K。这类维生素与脂肪同时存在，如果条件不利于脂肪的吸收时，此类维生素的吸收也受到影响。脂溶性维生素可在体内储存，较长时间缺乏时才会出现临床症状。另一类是水溶性维生素。包括维生素 B_1、维生素 B_2、维生素 B_6、维生素 B_{12}、泛酸、叶酸、胆碱、烟酸、生物素等，还有维生素 C。这类维生素除维生素 B_{12} 外，供应量超过需要量的部分很快从尿中排出，因此，必须由饲料不断补充，防止缺乏症的发生。

5. 水

水是水禽体组成的重要成分，一切生理活动都离不开水。水分约占水禽体重的 70%，水是进入水禽体一切物质的溶剂，参与物质代谢，参加营养物质的运输，能缓冲体液的突然变化，协助调节体温。因此，水是水禽维持生命和生长、生产所必需的营养素。

水禽体内水分的来源是：饮水、饲料含水和代谢水。据测定，鹅吃 1 克饲料要饮水 3.7 克，在气温 12~16℃时，鹅平均每天饮水 1 000 毫升。故有"好草好水养肥鹅"的说法，表明水对水禽的重要性。水禽一般养在靠水的地方，在放牧中也常放水，不容易发生缺水的现象，如果采用舍饲集约化饲养，则要注意保证饮水的需要。

（二）鹅营养需要标准

鹅的营养需要研究比鸡和鸭少得多，这与鹅在畜牧业生产中所占的比重有关系。随着养鹅业的蓬勃发展，鹅营养需要研究也成了热门。下面是各国的一些营养需要标准，供大家参考。但如前文所述，必须加以合理分析。如各国的标准中成年鹅（产蛋鹅）的蛋白质需要在 14%~15%，而我国多数鹅种产蛋性能优秀，加上饲养条件不同，产蛋期蛋白质水平一般需 18% 以上，才能发挥其良好的繁殖性能。

1. 美国 NRC(1994 年)建议的鹅的营养需要量

NRC(1994 年)建议的鹅的营养需要量见表 7-2。

表 7-2　NRC(1994 年)建议的鹅的营养需要量

营养成分	单位	0~4 周龄	4 周龄以上	种鹅
代谢能	兆焦/千克	12.13	12.56	12.13
蛋白质和氨基酸				
粗蛋白质	%	20	15	15
赖氨酸	%	1.0	0.85	0.6
蛋氨酸 + 胱氨酸	%	0.6	0.5	0.5
常量元素				
钙	%	0.65	0.60	2.25
非植酸磷	%	0.30	0.3	0.3
脂溶性维生素				
维生素 A	国际单位/千克	1 500	1 500	4 000
维生素 D_3	国际单位/千克	200	200	200
水溶性维生素				
胆碱	毫克/千克	1 500	1 000	
烟酸	毫克/千克	65.0	35.0	20.0
泛酸	毫克/千克	15.0	10.0	10.0
维生素 B_2	毫克/千克	3.8	2.5	4.0

2. 法国克里莫公司莱茵鹅和朗德鹅父母代推荐标准

莱茵鹅和朗德鹅营养需要推荐标准见表 7-3。

表 7-3　莱茵鹅和朗德鹅营养需要推荐标准

营养成分	育雏料 1~21 天		生长料 22~56 天		维持料 9~30 周		产蛋期饲料	
	最小	最大	最小	最大	最小	最大	最小	最大
代谢能(兆焦/千克)	12.13	12.34	11.72	11.92	11.30	11.51	11.51	11.71
粗蛋白质(%)	19.50	22.00	17.00	19.00	14.00	16.00	16.50	18.00
蛋氨酸(%)	0.50	—	0.40	—	0.30	—	0.35	

营养成分	育雏料 1~21天		生长料 22~56天		维持料 9~30周		产蛋期饲料	
	最小	最大	最小	最大	最小	最大	最小	最大
蛋氨酸+胱氨酸(%)	0.85	—	0.70	—	0.60	—	0.65	—
赖氨酸(%)	1.00	—	0.80	—	0.70	—	0.75	—
苏氨酸(%)	0.75	—	0.60	—	0.45	—	0.60	—
色氨酸(%)	0.23	—	0.16	—	0.16	—	0.17	—
粗纤维(%)	—	4.00	—	5.00	—	6.00	—	5.00
粗脂肪(%)	—	5.00	—	5.00	—	4.00	—	5.00
矿物质(%)	6.00	6.50	5.50	6.00	—	7.00	10.50	11.00
钙(%)	1.00	1.20	0.90	1.00	1.00	1.20	3.00	3.20
有效磷(%)	0.35	0.45	0.45	0.50	0.35	0.45	0.45	0.50
总磷(%)	—	—	0.60	0.7	—	—	—	—
维生素A(国际单位/千克)	15 000	—	15 000	—	15 000	—	15 000	—
维生素D(国际单位/千克)	3 000	—	3 000	—	3 000	—	3 000	—
维生素E(毫克/千克)	20	—	20	—	20	—	20	—

3. 我国昌图鹅饲养标准

昌图鹅营养需要见表7-4。

表7-4　昌图鹅营养需要

日龄	代谢能 (兆焦/千克)	粗蛋白质 (%)	蛋能比值	粗纤维 (%)	钙 (%)	磷 (%)	食盐 (%)
1~30	11.7	20.0	71	7.0	1.6	0.8	0.35
31~90	11.7	18.0	64	7.0	1.6	0.8	0.35
91~180	10.8	14.0	54	10.0	2.2	1.2	0.35
成鹅	11.3	16.0	59	10.0	2.2	1.2	0.40

(三)鸭营养需要标准

1. 樱桃谷超级肉鸭营养需要

(1)SM2(改进型)种鸭(父母代)饲料营养最低需要量　见表7-5。

表7-5　SM2(改进型)种鸭(父母代)饲料营养最低需要量推荐表

营养成分	含量类型	育雏期	生长期	产蛋期
蛋白质	典型的(%)	22	15.5	19.5
油脂	典型的(%)	5	4	4
维生素	典型的(%)	3.5	4.5	4
代谢能量	兆焦/千克	12.13	11.92	11.30
赖氨酸	最低(%)	1.2	0.7	1.1
甲硫氨酸 + 胱氨酸	最低(%)	0.8	0.55	0.68
维生素 A	百万国际单位/吨	10	10	10
维生素 D$_3$	百万国际单位/吨	2.5	2.5	2.5
维生素 E	克/吨	50	50	50
维生素 B$_1$	克/吨	2	2	2
维生素 B$_2$	克/吨	10	10	10
维生素 B$_6$	克/吨	2	1	2
维生素 B$_{12}$	毫克/吨	10	10	10
生物素	毫克/吨	50	25	100
烟酸	克/吨	75	50	50
泛酸	克/吨	15	5	15
维生素 K	克/吨	2	2	2
叶酸	克/吨	2	2	2
胆碱	克/吨	1 500	1 500	1 500
钙	最低(%)	1	0.9	3.5
有效磷	最低(%)	0.5	0.4	0.45
钠	最低(%)	0.18	0.18	0.18
铁	克/吨	20	20	20
钴	克/吨	1	1	1

营养成分	含量类型	育雏期	生长期	产蛋期
锰	克/吨	100	100	100
铜	克/吨	10	10	10
锌	克/吨	100	100	100
碘	克/吨	2	2	2
硒	毫克/吨	250	250	250
亚油酸	最低(%)	0.75	0.75	1.1

(2)SM2(改进型)商品肉鸭饲料营养最低需要量　见表7-6。

表7-6　SM2(改进型)商品肉鸭饲料营养最低需要量推荐表

营养成分	含量类型	育雏期	商品肉鸭饲料
蛋白质	典型的(%)	22	17.5
油脂	典型的(%)	5	5
纤维素	典型的(%)	3.5	4
代谢能量	兆焦/千克	12.13	12.13
赖氨酸	最低(%)	1.2	0.85
甲硫氨酸+胱氨酸	最低(%)	0.8	0.7
维生素 A	百万国际单位/吨	10	10
维生素 D_3	百万国际单位/吨	2.5	2.5
维生素 E	克/吨	50	50
维生素 B_1	克/吨	2	2
维生素 B_2	克/吨	10	10
维生素 B_6	克/吨	2	1
维生素 B_{12}	毫克/吨	10	5
生物素 K	毫克/吨	50	25
烟酸	克/吨	75	50
泛酸	克/吨	15	10
维生素 K	克/吨	2	2
叶酸	克/吨	2	2

营养成分	含量类型	育雏期	商品肉鸭饲料
胆碱	克/吨	1 500	1 500
钙	最低(%)	1	0.9
有效磷	最低(%)	0.5	0.42
钠	最低(%)	0.18	0.18
铁	克/吨	20	20
钴	克/吨	1	1
锰	克/吨	100	100
铜	克/吨	10	10
锌	克/吨	100	100
碘	克/吨	2	2
硒	毫克/吨	250	250
亚油酸	最低(%)	0.75	0.75

2. 台湾地区畜牧学会(1993 年)建议的鸭营养需要量

(1)台湾地区畜牧学会(1993 年)建议的肉鸭(土番鸭)对能量、蛋白质和氨基酸的需要量　见表 7 - 7。

表 7 - 7　肉鸭(土番鸭)能量、蛋白质和氨基酸需要量

营养成分	0 ~ 3 周龄		3 ~ 10 周龄	
	最低需要量(风干基 b)	推荐量 a(风干基)	最低需要量(风干基)	推荐量 a(风干基)
能量(兆焦/千克)	11.51	12.09	11.51	12.09
粗蛋白质(%)	17	18.7	14	15.4
精氨酸(%)	1.02	1.12	0.84c	0.92c
组氨酸 d(%)	0.39c	0.43c	0.32c	0.35c
异亮氨酸(%)	0.60	0.66	0.49c	0.54c
亮氨酸(%)	1.19	1.31	0.98c	1.08c
赖氨酸(%)	1.00	1.10	0.82c	0.90c
蛋氨酸 d + 胱氨酸(%)	0.63	0.69	0.52c	0.57c

营养成分	0～3周龄		3～10周龄	
	最低需要量 （风干基 b）	推荐量 a （风干基）	最低需要量 （风干基）	推荐量 a （风干基）
苯丙酸 d + 酪氨酸(%)	1.22c	0.91c	1.00c	1.11c
苏氨酸 d(%)	0.63c	0.69c	0.52c	0.57c
色氨酸(%)	0.22	0.24	0.18c	0.20c
缬氨酸(%)	0.73	0.80	0.60c	0.68c
甘氨酸 + 丝氨酸(%)	1.11c	1.22c	0.62c	0.71c

注:a. 能量推荐量 = 能量最低需要量×1.05。

　　b. 风干基表示含88%之干物质。

　　c. 数据为估计值。

　　d. 以玉米—大豆粕饲料之氨基酸组成,估计氨基酸之需要量。

(2)台湾地区畜牧学会(1993年)建议的肉鸭对维生素的需要量　见表7-8。

表7-8　肉鸭对维生素的需要量

营养成分	育雏期(0～3周)		育肥期(3～10周)	
	最低需要量	推荐量 a	最低需要量	推荐量 a
维生素 A(国际单位)	5 500	8 250	5 500	8 250
维生素 D(国际单位)	400b	600b	400b	600b
维生素 E(国际单位)	10.0	15.0	10.0b	15.0b
维生素 K(国际单位)	2.0b	3.0b	2.0b	3.0b
维生素 B_1(国际单位)	3.0b	3.9b	3.0b	3.9b
维生素 B_2(国际单位)	4.6	6.0	4.6b	6.0b
泛酸(毫克/千克)	7.4	9.6	7.4b	9.6b
烟酸(毫克/千克)	46	60	46b	60b
吡哆酸(毫克/千克)	2.2	2.9	2.2b	2.9b
维生素 B_{12}(毫克/千克)	0.015b	0.020b	0.015b	0.020b
胆碱(毫克/千克)	1 300	1 690	1 300b	1 690b
生物素(毫克/千克)	0.08	0.10	0.08b	0.10b

营养成分	育雏期(0~3周)		育肥期(3~10周)	
	最低需要量	推荐量a	最低需要量	推荐量a
叶酸(毫克/千克)	1.0b	1.3b	1.0b	1.3b

注:a. 脂溶性维生素最低需要量乘以 1.5 为推荐量;水溶性维生素最低需要量乘以
1.3 为推荐量。

b. 数据为估计值。

(3)台湾地区畜牧学会(1993 年)建议的肉鸭对矿物质的需要量   见表
7-9。

表 7-9　肉鸭对矿物质的需要量

营养成分	育雏期(0~3周)		育肥期(3~10周)	
	最低需要量 (风干基b)	推荐量a (风干基b)	最低需要量 (风干基b)	推荐量a (风干基b)
钙(%)	0.60	0.72	0.60	0.72
磷(%)	0.55	0.66	0.50	0.60
有效磷(%)	0.35	0.42	0.30	0.36
钠(%)	0.13	0.16	0.13c	0.15c
氯(%)	0.12	0.14	0.12c	0.14c
钾(%)	0.33c	0.40c	0.29c	0.35c
镁(毫克/千克)	400	500	400	500
硫(毫克/千克)	—	—	—	—
锰(毫克/千克)	60	50	50	60
锌(毫克/千克)	68	68	68	82
铁(毫克/千克)	80	80	80	96c
铜(毫克/千克)	10	10	10	12c
碘(毫克/千克)	0.40c	0.40c	0.40c	0.48c
硒(毫克/千克)	0.15c	0.15	0.15c	0.15c

注:a. 除硒外,最低需要量乘以 1.2 为推荐量。

b. 饲料含干物质88%。

c. 数据为估计值或参考值。

(4)台湾地区畜牧学会(1993年)建议的番鸭的营养需要量 见表7-10。

表7-10 番鸭的营养需要量

| 营养成分 | 0~3周 | | 4~7周 | | 8周至上市场 | | | |
| | 公、母鸭混养 | | 公、母鸭混养 | | 公鸭 | | 母鸭 | |
	最低	推荐	最低	推荐	最低	推荐	最低	推荐
粗蛋白质(%)	17.7	19.0	13.9	14.9	13.0	14.0	12.2	13.0
代谢能(兆焦/千克)	11.72	12.55	10.88	11.72	11.72	12.55	11.72	12.55
赖氨酸(%)	0.90	0.96	0.66	0.71	0.65	0.70	0.54	0.58
蛋氨酸(%)	0.38	0.41	0.29	0.31	0.24	0.26	0.23	0.24
含硫氨基酸(%)	0.75	0.80	0.57	0.61	0.50	0.54	0.46	0.50
色氨酸(%)	0.19	0.20	0.14	0.15	0.13	0.14	0.11	0.12
苏氨酸(%)	0.65	0.69	0.48	0.51	0.44	0.46	0.38	0.41
亮氨酸(%)	1.69	1.80	1.24	1.34	1.26	1.36	1.05	1.13
异亮氨酸(%)	0.80	0.85	0.58	0.62	0.57	0.61	0.47	0.51
缬氨酸(%)	0.87	0.93	0.64	0.69	0.64	0.69	0.53	0.57
苯丙氨酸+酪氨酸(%)	1.57	1.67	1.15	1.23	1.15	1.24	0.96	1.03
精氨酸(%)	1.03	1.10	0.80	0.86	0.78	0.84	0.65	0.70
维生素A(国际单位)	8 000	—	8 000	—	—	4 000	—	—
维生素D$_3$(国际单位)	1 000	—	1 000	—	—	500	—	—
维生素E(毫克/千克)	20	—	15	—	—	—	—	—
维生素K(毫克/千克)	4	—	4	—	—	—	—	—
维生素B$_1$(毫克/千克)	1	—	—	—	—	—	—	—
维生素B$_2$(毫克/千克)	4	—	4	—	—	—	—	—
维生素B$_6$(毫克/千克)	2	—	—	—	—	—	—	—
维生素B$_{12}$(毫克/千克)	0.03	—	0.01	—	—	—	—	—
泛酸(毫克/千克)	5	—	5	—	—	—	—	—
烟酸(毫克/千克)	25	—	25	—	—	—	—	—
生物素(毫克/千克)	0.1	—	—	—	—	—	—	—
胆碱(毫克/千克)	300	—	300	—	—	—	—	—

营养成分	0~3周 公、母鸭混养		4~7周 公、母鸭混养		8周至上市场 公鸭		8周至上市场 母鸭	
	最低	推荐	最低	推荐	最低	推荐	最低	推荐
钙(%)	0.85	0.90	0.70	0.75	0.65	0.70	0.65	0.70
磷(%)	0.63	0.65	0.55	0.58	0.49	0.51	0.49	0.51
锌(%)	40	—	30	—	—	20	—	—
锰(%)	70		60			60		
钠(%)	0.15	0.16	0.14	0.15	0.15	0.16	0.15	0.16
氯(%)	0.13	0.14	0.12	0.13	0.13	0.14	0.13	0.14
铁(%)	40		30			20		

注:本表数据主要来源于法国 INRA 推荐的需要量标准。

(5)台湾地区畜牧学会(1993年)建议的产蛋鸭的营养需要

1)台湾地区畜牧学会(1993年)建议的产蛋鸭对能量、蛋白质和氨基酸的需要量 见表7-11。

表7-11 产蛋鸭对能量、蛋白质和氨基酸的需要量

营养成分	育雏期(0~4周) 最低需要量(风干基b)	育雏期(0~4周) 推荐量a(风干基)	生长期(4~9周) 最低需要量(风干基b)	生长期(4~9周) 推荐量a(风干基)	育成期(9~14周) 最低需要量(风干基b)	育成期(9~14周) 推荐量a(风干基)	产蛋期(14周以后) 最低需要量(风干基b)	产蛋期(14周以后) 推荐量a(风干基)
能量a(兆焦/千克)	11.51	12.09	10.88	11.42	10.35	10.88	10.88	11.42
粗蛋白质(%)	17	18.7	14	15.4	12	12	17	18.7
精氨酸(%)	1.02c	1.12c	0.84c	0.95c	0.72c	0.79c	1.04c	1.14c
细氨酸(%)	0.39c	0.43c	0.32c	0.35c	0.29c	0.32c	0.41c	0.45c
异白氨酸(%)	0.60c	0.66c	0.49c	0.54c	0.52c	0.57c	0.73c	0.80c
白氨酸(%)	1.19c	1.31c	0.98c	1.08c	1.00c	1.09c	1.41c	1.55c
离氨酸(%)	1.00c	1.10c	0.82c	0.90c	0.55c	0.61c	0.89c	1.00c

营养成分	育雏期(0~4周)		生长期(4~9周)		育成期(9~14周)		产蛋期(14周以后)	
	最低需要量(风干基b)	推荐量a（风干基）	最低需要量(风干基b)	推荐量a（风干基）	最低需要量(风干基b)	推荐量a（风干基）	最低需要量(风干基b)	推荐量a（风干基）
甲硫氨酸 d + 胱氨酸 (%)	0.63c	0.69c	0.52c	0.57c	0.47c	0.52c	0.67c	0.74c
苯丙氨酸 d + 酪氨酸 (%)	1.31c	1.44c	1.08c	1.19c	0.95c	1.04c	1.34c	1.47c
羟丁氨酸 d (%)	0.63c	0.69c	0.52c	0.57c	0.45c	0.49c	0.64c	0.70c
色氨酸(%)	0.22c	0.24c	0.18c	0.20c	0.14c	0.16c	0.20c	0.22c
缬氨酸(%)	0.73c	0.80c	0.60c	0.66c	0.55c	0.61c	0.78c	0.86c

注：a. 能量推荐量 = 能量需要量乘以1.05。

　　b. 风干基表示含88%之干物质。

　　c. 数据为估计值。

　　d. 以玉米—大豆粕饲料之氨基酸组成,估计氨基酸之需要量。

2）台湾地区畜牧学会(1993年)建议的产蛋鸭对维生素的需要量　见表7-12。

表7-12　产蛋鸭对维生素的需要量

营养成分	育雏期(0~4周)		生长期(4~9周)		育成期(9~14周)		产蛋期(14周以后)	
	最低需要量(风干基b)	推荐量a（风干基）	最低需要量(风干基b)	推荐量a（风干基）	最低需要量(风干基b)	推荐量a（风干基）	最低需要量(风干基b)	推荐量a（风干基）
维生素 A (国际单位)	5 500b	8 250b	5 500b	8 250b	5 500b	8 250b	7 500b	11 250b
维生素 D (国际单位)	400b	600b	400b	600b	400b	600b	800b	1 200b

营养成分	育雏期(0~4周)		生长期(4~9周)		育成期(9~14周)		产蛋期(14周以后)	
	最低需要量(风干基b)	推荐量a(风干基)	最低需要量(风干基b)	推荐量a(风干基)	最低需要量(风干基b)	推荐量a(风干基)	最低需要量(风干基b)	推荐量a(风干基)
维生素 E（国际单位）	10.0b	15.0b	10.0b	15.0b	10.0b	15.0b	25.0b	37.5b
维生素 K（毫克）	2.0b	3.0b	2.0b	3.0b	2.0b	3.0b	2.0b	3.0b
维生素 B_1（毫克）	3.0b	3.9b	3.0b	3.9b	3.0b	3.9b	2.0b	2.6b
维生素 B_2（毫克）	4.6b	6.0b	4.6b	6.0b	4.6b	6.0b	5.0b	6.5b
泛酸(毫克)	7.4b	9.6b	7.4b	9.6b	7.4b	9.6b	10.0b	13.0b
烟酸(毫克)	46b	60b	46b	60b	46b	60b	40b	52b
吡哆酸（毫克）	2.2b	2.9b	2.2b	2.9b	2.2b	2.9b	2.2b	2.9b
维生素 B_{12}（毫克）	0.015b	0.020b	0.010b	0.020b	0.015b	0.020b	0.01b	0.013b
胆碱(毫克)	1 300b	1 690b	1 100b	1 430b	1 100b	1 430b	1 300b	1 690b
生物素（毫克）	0.08b	0.10b	0.08b	0.10b	0.08b	0.10b	0.08b	0.10b
叶酸(毫克)	1.0b	1.3b	1.0b	1.3b	1.0b	1.3b	0.5b	0.65b

注:a. 脂溶性维生素最低需要量乘以 1.5 为推荐量;水溶性维生素最低需要量乘以 1.3 为推荐量。

　　b. 数据为估计值。

　　3)台湾地区畜牧学会(1993 年)建议的产蛋鸭对矿物质的需要量　见表 7-13。

表 7 - 13　产蛋鸭对矿物质的需要量

营养成分	育雏期(0~4周)		生长期(4~9周)		育成期(9~14周)		产蛋期(14周以后)	
	最低需要量(风干基b)	推荐量a(风干基)	最低需要量(风干基b)	推荐量a(风干基)	最低需要量(风干基b)	推荐量a(风干基)	最低需要量(风干基b)	推荐量a(风干基)
钙(%)	0.75	0.9	0.75	0.9	0.75	0.9	2.5	3.0
磷(%)	0.58	0.66	0.58	0.66	0.58	0.66	0.60c	0.72
有效磷(%)	0.3	0.36	0.3	0.36	0.3	0.36	0.36c	0.43
钠(%)	0.13c	0.16c	0.13c	0.15c	0.13c	0.15c	0.23	0.28
氯(%)	0.12c	0.14c	0.12c	0.14c	0.12c	0.14c	0.10c	0.12c
钾(%)	0.33c	0.40c	0.33c	0.40c	0.33c	0.40c	0.25c	0.3c
镁(%)	400c	500c	400c	500c	400c	500c	400c	500c
锰(%)	39c	47c	39c	47c	39c	47c	50	60
锌(%)	52c	62c	52c	62c	52c	62c	60	72
铁(%)	80c	96c	80c	96c	80c	96c	60c	72c
铜(%)	10c	12c	10c	12c	10c	12c	8c	10
碘(%)	0.40c	0.48c	0.40c	0.48c	0.40c	0.48c	0.40c	0.48c
硒(%)	0.15c	0.15c	0.10c	0.12c	0.10c	0.12c	0.10c	0.12c

注:a. 除硒外,最低需要量乘以1.2为推荐量。

　　b. 饲料含干物质88%。

　　c. 数据为估计值或参考值。

(6)美国 NRC(1994 年)建议的鸭的营养需要量　美国 NRC(1994 年)建议的北京白鸭日粮中营养物质需要量(干物质 = 90%)见表 7 - 14。

表 7 - 14　北京白鸭日粮中营养物质需要量(干物质 = 90%)

营养物质	单位	0~2周龄	2~7周龄	种鸭
代谢能	兆焦/千克	12.13	12.55	12.13
粗蛋白质	%	22	16	15
精氨酸	%	1.1	1.0	

营养物质	单位	0～2周龄	2～7周龄	种鸭
异亮氨酸	%	0.63	0.46	0.38
亮氨酸	%	1.26	0.91	0.76
赖氨酸	%	0.90	0.65	0.60
蛋氨酸	%	0.40	0.30	0.27
蛋氨酸＋胱氨酸	%	0.70	0.55	0.50
色氨酸	%	0.23	0.17	0.14
缬氨酸	%	0.78	0.56	0.47
钙	%	0.65	0.60	2.75
氯	%	0.12	0.12	0.12
镁	毫克/千克	500	500	500
非植酸磷	%	0.40	0.30	—
钠	%	0.15	0.15	0.15
锰	毫克/千克	50	—	—
硒	毫克/千克	0.20	—	—
锌	毫克/千克	60	—	—
维生素 A	国际单位/千克	2 500	2 500	4 000
维生素 D	国际单位/千克	400	400	900
维生素 E	国际单位/千克	10	10	10
维生素 K	毫克/千克	0.5	0.5	0.5
烟酸	毫克/千克	55	55	55
泛酸	毫克/千克	11.0	11.0	11.0
吡哆酸	毫克/千克	2.5	2.5	3.0
维生素 B_2	毫克/千克	4.0	4.0	4.0

第三节 常用饲料原料

一、能量饲料

能量饲料在水禽的营养上主要是通过在体内的分解为机体提供能量,通常是指每千克饲料干物质中消化能在 10.5 兆焦以上的饲料,其粗蛋白质含量不高于 18%。这类饲料包括有谷实类及加工副产品、糠麸类、油脂类等。

(一)谷实类

谷实类饲料是农作物的籽实,谷实类的营养特点是淀粉含量高,一般占干物质的 50% 以上;粗纤维含量较低,为 2%~6%,因而谷实类籽实中各种成分的消化利用率高,可利用能值比较高。然而,谷实类的蛋白质含量低,且品质较差(主要表现在其蛋白质的氨基酸组成不平衡,尤其赖氨酸含量较低),蛋白质含量一般在 10% 左右(7%~13%),单纯依靠谷实类难以满足水禽的蛋白质要求。矿物质含量不平衡,钙一般低于 0.1%,而磷高达 0.3%~0.5%,但是其中主要是家禽利用效率很低的植酸磷。维生素含量不平衡,一般含维生素 B_1、烟酸、维生素 E 较多,而维生素 B_2、维生素 D 和维生素 A 较缺乏。在水禽生产中常用的谷实类饲料主要有以下几种:

1. 玉米

玉米是畜禽生产中使用最广泛、用量最大的饲料粮,世界上玉米的用途为:70%~75% 作为饲料,15%~20% 作为粮食,10%~15% 作为工业原料。玉米是畜禽饲料中用量最大的饲料粮,因而被称为"饲料之王"。

玉米可利用能值在谷实类中居首位,以水禽生产为例其代谢能值达到 14 兆焦/千克;粗纤维含量少,仅有 2% 左右,而无氮浸出物高达 72%,而且主要是淀粉,消化率高;脂肪含量高达 3.5%~4.5%;其中亚油酸(必需脂肪酸)含量高达 2%,在谷类籽实中属于最高者,在配合饲料中使用 50% 的玉米就能够满足水禽对亚油酸的需要。

但是,玉米的蛋白质含量低(7%~9%),而且品质差,缺乏赖氨酸和色氨酸。水溶性维生素中 B_1 较多,而维生素 B_2 和烟酸少。玉米含钙极少,仅 0.02% 左右,含磷约 0.25%,其中植酸磷占 50%~60%。铁、铜、锰、锌、硒等微量元素含量也较低。黄玉米含色素较多,对蛋黄着色有显著影响,其效果优于苜蓿粉和蚕粪类胡萝卜素。

近几年来我国培育出了一些新品种,如高赖氨酸玉米(赖氨酸和色氨酸含量比普通玉米高 50% 以上）、高蛋白玉米（粗蛋白质达 17.0%），高油脂玉米（脂肪含量比普通玉米高 1% ~4%）。这些玉米品种对改善配合料的品质，减少蛋白质饲料的用量有重要意义。

玉米籽实外壳有一层釉质，可防止籽实内水分的散失，因而很难干燥。在高温环境中，含水量高的玉米，不仅养分含量降低，而且容易滋生霉菌，引起腐败变质，甚至引起霉菌毒素中毒。入仓的玉米含水量应小于 14%。随储存期延长，玉米的品质相应变差，特别是脂溶性维生素 A、维生素 E 和色素含量下降，有效能值降低。如果同时滋生霉菌等，则品质进一步恶化。

有些鹅鸭饲养户习惯单纯用开水烫过的玉米碎粒作为雏鹅雏鸭的开食料，这是很不科学的，因为玉米的营养成分很不平衡，必须与其他各种饲料原料配合使用。玉米在瘤头鸭配合料中用量为 40% ~70%。可根据鸭的大小将玉米粉碎成粗粉，用于生产配合料。

2. 小麦

在大多数情况下不用小麦作饲料，但如果小麦的价格低于玉米，也可用小麦作饲料，而且在鹅鸭生产中适当使用一些小麦或其加工副产品对其生产也是有利的。小麦和玉米一样，钙少磷多，且磷主要是植酸磷。与玉米相比，小麦中脂肪含量较低，粗纤维含量较高，因此其能值较低；小麦的蛋白质含量比玉米高，氨基酸的组成也优于玉米。

小麦等量取代玉米时，饲喂效果不如玉米，仅及玉米的 90% 左右，并容易产生饲料转化率下降、排黏粪、垫料过湿、氨气过多、生长受抑制、跗关节损伤和胸部水泡发病率增加，宰后等级下降、产脏蛋、蛋黄颜色浅等问题。其原因在于小麦中含有一定量的非淀粉多糖。目前，提高小麦饲喂效果的有效措施是：在小麦日粮中添加特异性的木聚糖酶，可减少食糜黏度，提高养分利用率和鸡的生产性能。

3. 大麦

包括皮大麦（普通大麦）和裸大麦两种。裸大麦能值高于皮大麦，仅次于玉米。大麦的蛋白质平均含量为 11%，最高可达 20.3%，氨基酸组成中赖氨酸、色氨酸、异亮氨酸等含量高于玉米，大麦是能量饲料中蛋白质品质较好的一种。粗脂肪含量约 2%，低于玉米的含量；脂肪酸中一半以上的是亚油酸。裸大麦的粗纤维含量为 2.0% 左右，与玉米差不多；皮大麦的粗纤维含量比裸大麦高 1 倍多，最高达 5.9%。二者的无氮浸出物含量均在 67% 以上，主要成分是淀粉，能值较高。

大麦中存在的可溶性多糖在消化道中能使食糜黏稠度增加,好像形成一张渔网能网住食糜中的养分,而减少养分与消化酶接触的机会,从而降低饲料养分消化率。在大麦日粮中添加特异性复合酶制剂,就能明显降低前肠食糜黏稠度,消除大麦的负效应。饲料中大麦用量控制在 10% 以下一般不会影响饲喂效果。

大麦使用时一般都是带壳的,在配制瘤头鸭饲料时应粉碎成粗粉或进行压扁处理,但是粉碎过细既影响适口性,又影响消化率。

4. 稻谷、糙米及碎米

稻谷为带外壳的水稻籽实。以稻谷加工程序而言,稻谷去壳后为糙米,糙米去米糠为大米,留存在 0.2 毫米及 0.1 毫米圆孔筛下的米粒分别为大碎米和小碎米。

除了用稻谷加工副产品如碎米、米糠作为饲料外,一般稻、米不作为饲料,但食用品质较差的稻米也可用作配制鸭饲料。

稻谷由于有一层坚硬的外壳,因而其中粗蛋白质和限制性氨基酸的含量均较低,粗纤维含量高,有效能值在各种谷实饲料中也是较低的一种,与燕麦籽实相似。但是,相对于鸡而言,水禽对稻谷的消化率较高,这主要是因为水禽肌胃的收缩力大、内压高,破碎稻壳的能力强。但是糙米及碎米是经过脱去外壳的,故有效能值比稻谷高,稻谷的矿物质中含有较多的硅酸盐。

5. 次粉

通常是指小麦加工中没有食用价值的面粉,包括含少量沙土的低值面粉。如果含土量较大,如扫地粉,则称为土面。但也有将在精制面粉中出麸率很高的细麦麸称为次粉,细麦麸中含有较多的面粉,有效能值及粗蛋白质介于小麦与麦麸之间。

次粉同样有与大麦、小麦相似的缺陷。目前我国不少养鸭户习惯用次粉配制产蛋鸭配合饲料,认为它是一种比较廉价的原料。事实上,次粉除了易形成黏性食糜、影响消化外,另外还有因加工原因,成分变异较大,用以配制饲料易造成鸭生产性能不稳定等问题。在传统肉鸭饲养法上,常用一部分次粉或土面配制填饲期饲料,能大大降低填饲期的饲料成本。

次粉在鸭饲料中的用量一般为 10% ~40%。

(二)糠麸类

1. 米糠及米糠饼

米糠是糙米加工精米时分离出的种皮、糊粉层与胚 3 个部分的混合物。

其营养价值视精制程度而异,加工精米越白,米糠的能值越高,一般每 100 千克糙米可出米糠 7 千克。米糠与砻糠有着本质的差别,后者主要是由稻粒的外壳组成的,对于鸭、鹅来说营养价值极低。

米糠中含有 17% 左右的粗脂肪,因此,代谢能比较高(约为 11.34 兆焦/千克),油脂中含有不饱和脂肪酸,易被氧化酸败,不易保存,必须在新鲜的情况下使用。另外,米糠还含有胰蛋白酶抑制因子,其活性很高,饲用量过大或储藏不当均会抑制家禽正常生长。米糠榨油后,虽然能量有所降低,但有利于保存。

米糠在鸭、鹅饲料中应用不多,应避免在雏鸭饲料中使用,在育肥或产蛋鸭饲料中用量不宜超过 7%,在非繁殖期的种鹅饲料中可以适当增大用量。

2. 小麦麸

俗称麸皮,是以小麦籽实为原料加工制粉后的副产品之一。若生产精白面粉,出麸率高,其麸的营养价值也高;若生产标准面粉,出麸率较低,这种麸皮的营养价值也较低。出麸率高则其中所含的淀粉和蛋白质等易消化物的含量也高,粗纤维的含量则相应降低。目前面粉业小麦的出麸率约在 15% 以上。

麦麸的粗纤维含量较高,有效能值较低,属于低能饲料。麦麸含有丰富的铁、锌、锰等微量元素,也富含维生素 E、烟酸和胆碱。麦麸中磷含量虽然高,但其质量不高,大部分是植酸磷,不能被鸭、鹅有效利用,而且还会妨碍其他矿物质元素(如锌、钙等)的吸收。在饲料中添加适量的植酸酶则可以降解植酸以释放出其中的磷,供家禽利用。

由于小麦麸有效能值较低,在雏鸭饲料中不宜使用太多,成年肉种鸭、青年鹅和非繁殖期的鹅饲料中可以适当增加用量。

(三)油脂类

油脂是各种饲料中能量水平最高的原料,也是营养成分比较单一的原料,主要用于轻工食品的生产。

在轻工食品中通常把在 40℃ 以上为固体的叫作脂,20～40℃ 为固体时叫作固体油,20℃ 以下为液体时叫作油。一般来讲,脂来自于牛或羊;固体油来自于猪、马和各种骨头中的髓质;油来自植物及海洋生物。

添加油脂不仅可以有效地提高饲料的能值,还能够减少饲料中的扬尘、提高饲料风味及适口性,有助于饲料中脂溶性维生素的吸收。

配合饲料中添加的油脂主要是植物油下脚料,猪、牛、禽、羊脂和鱼油等。

油脂中的不饱和脂肪酸在饲料加工或储藏过程中,因高温、紫外线、酶或其他助氧化因素影响或催化,同空气中氧作用,易发生自动氧化,生成过氧化物,它导致脂肪酸的酸败,使营养价值下降,甚至引起动物腹泻、肝病或大脑炎等毒性反应。通常氧化变质的油脂有刺鼻的气味,在配制饲料时,应注意鉴别。这也要求在饲料油脂的保存过程中要注意保持良好的密封性。

1. 动物油脂

动物性油脂主要是在肉类加工厂用不适宜食用的屠体经过高温提炼(熬取或萃取)成的,其成分以甘油三酯为主,总脂肪酸含量一般不低于90%,不皂化物不高于2.5%,不可溶物不超过1%。

2. 水产动物油

水产动物油主要有鱼油和鱼肝油。鱼油为制造鱼粉的副产品,含有高度不饱和脂肪酸,不饱和度比植物油更高,故更容易酸败变质;鱼油是家禽良好的热能和脂肪来源及维生素 A、维生素 E、维生素 D_3 之天然来源;但用量过高,会使禽肉、蛋产品带鱼腥味,降低产品食用价值。

畜禽脂肪在过去很少作动物饲料,猪、牛脂肪常作为家庭烹调食用油脂,随着人类生活水平的不断提高,瘦肉与脂肪的差价越来越大,脂肪的价位持续降低,使动物油脂作为饲料的成为可能,并为生产高营养饲料提供了条件。另外,畜禽屠宰厂内一些不适宜食用的屠体或下脚料经过高温处理后也可将油脂分离出来供配制饲料使用。

3. 植物性油脂

植物油脂乃萃取自植物种子或果实之油脂,植物油脂精制程度高,品质较好,价格较贵,主要供人食用。总脂肪酸含量一般不低于90%,不皂化物不超过2%,非可溶物不高于1%。在家禽饲料中一般不直接使用植物精炼油。

4. 油脂副产品

采取压榨法或浸出法制取的植物性油脂,通称为毛油,毛油中含有不同数量的杂质。如脂溶性杂质的游离脂肪酸、色素、胶溶性杂质的磷脂、蛋白质、水分以及机械杂质、饼渣、泥沙等。这些杂质会影响油脂的色泽、气味、透明度、稳定性和促进油脂的水解酸败。把毛油变成符合一定质量标准和卫生要求的食用油脂,即为油脂的精炼。

我国是植物油生产大国,每年生产各类植物油毛油约400万吨。在精炼过程中,可得到油渣、皂角、磷脂等各类植物油副产品几十万吨,这是一笔可贵的饲料油脂资源。目前,植物性油脂副产品已经在畜禽饲料中得到广泛的应用。

目前我国油脂的价格总的来看还相对较高,如果油脂的价格高于玉米的3倍,使用添加油脂较低或不另外添加油脂的饲料在经济上更合算。因此,油脂在饲料中的使用主要受其价格的影响。但是,水禽由于日常活动量大,能量消耗较多,如果鸭配合料能量水平太低,鸭的膘情会变差,下水后,羽毛容易浸湿,上岸后不易干燥。此时在配合料中添加一定的油脂会使这种状况得到改善。通常油脂的添加比例为1%~2%。

二、蛋白质饲料

蛋白质饲料是指饲料干物质中含粗蛋白质在20%以上,含粗纤维在18%以下的饲料。在瘤头鸭生产中包括植物性蛋白质饲料、动物性蛋白质饲料、饲料酵母3类。

(一)植物性蛋白质饲料

植物性蛋白质饲料包括豆类和油料作物籽实及榨油副产品。

1. 豆类和油料作物籽实

豆类和油料作物籽实多数直接被人类食用或榨油,只有少数用作饲料。它们的营养特点是:蛋白质含量丰富,品质较好,如大豆、蚕豆、豌豆的赖氨酸含量高。

(1)大豆 是蛋白质含量和能量水平都比较高的一种豆类籽实,其中粗蛋白质的含量约35%、脂肪含量约17%。但是,生大豆含有一些毒性物质,可通过热处理,使有害物质丧失活性。生大豆中的脲酶,会引起雏禽下痢,蛋禽产蛋率下降,会形成氨中毒,抗胰蛋白酶会妨碍蛋白质的消化。豆科籽实不宜整粒饲喂,否则消化率低,有的甚至不能消化。若经粉碎或压扁,则消化率可显著提高。但粉碎后易氧化酸败,应及时饲喂,不宜久存。优质大豆呈黄色,粒为圆形、椭圆形,表面光滑有光泽。

目前,一些生产单位将大豆经过加热挤压处理后用于饲料配制取得了良好的使用效果。

(2)豌豆、黑豆 营养价值低于大豆,一方面它们的蛋白质含量较低,再者脂肪含量也少。豌豆中还含有较多的非淀粉多糖,其消化率较低。

芝麻和油菜籽在特殊情况下经过炒熟后加入饲料中,可以帮助鸭群提高羽毛的完整性和沥水效果。

2. 饼、粕类饲料

饼、粕是豆科和油料作物籽实制油后的副产品。通常将压榨法制油所得饼状渣称为油饼；用溶剂浸提法制油后的副产品称为油粕。用作饲料的饼、粕常见的有大豆饼（粕）、棉籽饼（粕）、菜籽饼（粕）、花生饼（粕）、向日葵籽饼、芝麻饼等。

饼、粕类饲料的营养价值随原料种类、品质以及加工方法不同而有变化。饼、粕含有较多的蛋白质，通常为30%～45%，而且品质优良，是畜禽重要的蛋白质补充饲料。油饼因残留一定数量的脂肪，其能值也较高。饼、粕含油量因制油工艺不同差异较大，通常土榨法、机榨及浸提法的含脂量，分别为10%、6%和1%左右。饼、粕的其他成分含量较籽实高，矿物质含量达6%～10%，其中磷较多。富含维生素B族，胆碱含量可达6 000毫克/千克，但缺乏胡萝卜素和维生素D。

(1)大豆饼、粕　大豆饼、粕是当前家禽生产中最常用的一种植物性蛋白质饲料，也是质量较好的蛋白质饲料。豆饼和豆粕中赖氨酸含量可达2.41%～2.9%，色氨酸含量为0.55%～0.64%，蛋氨酸0.37%～0.7%，胱氨酸0.4%；富含铁、锌，其总磷中约有一半是植酸磷。浸提豆粕因其中含有抗胰蛋白酶、红细胞凝集等有害物质，需经加热处理。但是若加热过度而使豆粕呈褐色时，则会降低其中赖氨酸等必需氨基酸的利用率。

熟化程度适当的大豆饼、粕在雏鸭及肉用瘤头鸭饲料中用量可高达35%，是各种饼、粕类用量上限最大的蛋白质饲料，在配合饲料中可提供绝大部分的蛋白质，在许多畜禽饲料中可作为唯一蛋白质饲料。因其含蛋氨酸及总含硫氨基酸均较低，所以以大豆饼（粕）为主要蛋白源的配合饲料应添加蛋氨酸以补充含硫氨基酸的不足。

国外在大豆加工之前常常进行脱皮处理，脱皮豆粕的蛋白质含量和能值都比非脱皮豆粕高，在高产家禽的饲料配合中应用效果更好。

(2)棉籽饼、粕　棉籽饼、粕是棉籽制取油脂后的副产品，带壳棉籽饼品质最差，螺旋机榨与预压浸提棉籽饼、粕的氨基酸含量无显著性的差异。棉籽粕中总的蛋白质或氨基酸含量有差异，主要受饼、粕中壳、绒含量的影响。从营养价值看，棉籽饼、粕与豆饼相比较低，其代谢能为豆粕的77.9%、粗蛋白质约为80%。棉籽饼、粕中精氨酸含量很高，达4.3%左右，赖氨酸的含量为1.30%～1.38%，蛋氨酸含量为0.4%～0.44%，色氨酸0.29%～0.33%；磷含量较丰富，但植酸磷含量也较高。

一般棉仁中含有对动物有害的棉酚，棉籽油中含有环丙烯，也是一种有毒物质。棉酚是一种不溶于水而溶于有机溶剂的黄色聚酚色素，有游离型棉酚和结合型棉酚两种。在棉籽饼、粕中部分游离棉酚与氨基酸结合成结合型棉酚,毒性较小,游离型棉酚对单胃畜禽具有毒性。棉酚含量因棉花品种、土壤、气候和加工条件不同而有较大的变动范围。例如,棉花成熟期多雨,棉籽中棉酚含量增多;生长期高温,可降低棉酚含量;榨油蒸压加热,游离棉酚与赖氨酸结合而毒性钝化,但赖氨酸利用率则随之降低。土榨带壳棉籽饼的游离棉酚含量可达 0.21%。

在我国棉籽饼、粕的产量仅次于豆饼,是一项重要的蛋白质资源。饲喂产蛋期的鸭时,其中的游离棉酚与蛋黄中铁离子结合,储存 1 个月左右会变成褐黄蛋,有时出现斑点,用于饲喂公鸭、公鹅对于其精液的质量也会产生不良影响。棉籽油中含有 1%~2% 的环丙烯脂肪酸,当它在每千克饲料中含量超过 30 毫克时,便可导致冬季蛋黄变硬,或加热后呈现海绵状的所谓"海绵蛋",降低商品价值或种用价值。当棉籽饼中的游离棉酚含量低于 0.05% 时,使用过程中不去毒也不导致发生中毒现象,尤其是棉酚具有在体内蓄积中毒的特点。

棉籽饼去毒除加热或蒸煮方法外,还有多种:一是根据饼中游离棉酚含量,加入硫酸亚铁粉末,使棉酚含量与铁元素的重量比为 1:1,搅拌混合均匀后,使棉酚与 5 倍的 0.5% 石灰水浸泡 2~4 小时,脱毒率可达 60%~80%,这是目前应用最多的一种方法。二是用乙烷、丙酮和水(44:53:4)的混合溶液处理,可使游离棉酚的含量降至 0.002%。三是利用育种技术,棉花育种工作者培育出无腺体棉花新品种,在棉仁中不含色素腺体,因此,在棉籽或棉仁粕中也就不含或很少含棉酚,同时其粗蛋白质的含量可达 45%,比有腺体的棉仁或大豆的含量都高,赖氨酸和蛋氨酸的利用率均达 95% 左右。所以,这种棉仁不仅可供饲料,同时还可供食用。我国于 20 世纪 70 年代引进该品种,现已推广近万亩。

考虑到棉仁饼、粕的毒性问题,在鸭、鹅配合料中棉仁饼、粕的用量不要超过 5%,在种鸭配合料中尽量不使用棉粕,如果使用则用量不得超过 2%,而且最好是使用一段时间停用一段时间。尽管在肉用鸭饲料中添加 10% 也未见有中毒状况,但是如果配合料中使用较多的棉粕,应注意添加蛋氨酸和赖氨酸,添加相当于棉饼、粕量的 1% 的七水硫酸亚铁,能有效地降低棉仁饼、粕的毒性。

(3)菜籽饼、粕 油菜是我国主要油料作物之一,其产量占世界第二位。菜籽饼、粕是油菜籽提取油脂后的副产品。压榨法制油得到的是菜籽饼,其残油含量为 8%;浸提法的副产品为菜籽粕,其中残油率为 1%~3%。菜籽饼和菜籽粕的粗纤维素含量相似,为10%～11%,在饼、粕类中是粗纤维含量较高的一种。代谢能水平相对较低,为8.45～7.99兆焦/千克。由于菜籽的质量差异,粗蛋白质含量变化较大,在30%～38%,赖氨酸为1.0%～1.8%;色氨酸含量较高,为0.3%～0.5%;蛋氨酸达0.5%～0.9%,稍高于豆饼与棉籽饼等。国外开发的脱壳加工工艺生产的菜籽粕的蛋白质、能值都显著提高。

菜籽饼、粕中由于含有毒害物质而限制了其在水禽饲料中的大量利用。菜籽中含硫葡萄苷酯类,在榨油压饼时经芥子酶水解生成噁唑烷硫酮、异硫氰酸酯、腈腈及丙烯腈等毒害物质。噁唑烷硫酮又称致甲状腺肿素,它在动物体内可阻碍甲状腺激素的合成过程,引起甲状腺肿大;异硫氰酸酯又称芥子油,具有挥发性的辛辣味,虽然影响饲料的适口性,却不会导致生理障碍,但由于其含量与硫葡萄苷成正比,因而也常可作为衡量菜籽饼、粕中毒素含量的间接依据;氰能形成有害的胺类。此外,菜籽中还含有单宁、芥子碱,在体内可形成三甲胺,若在禽蛋中其量超过1微克/千克时,即可尝到腥味、皂角苦味;在家禽料中其含量达0.4%以上时,则影响采食量、增重、蛋重及产蛋率。另一方面,菜籽油中还有芥酸,对动物心脏有不良影响,所以菜籽饼中残油过多作为饲料也是不利的。

未去毒菜籽饼的喂量必须控制。一般认为鸭、鹅饲料可以配到8%,而雏鸭以不用为好,如果使用则控制在4%以下。

菜籽饼脱毒方法有:坑埋法、水浸法、加热钝化酶法、氨碱处理法、有机溶剂浸提法、微生物发酵法、铁盐处理法等。但这些方法都是在严格控制原料、生产工艺的特定条件下取得的效果。解决菜籽中的毒性问题,根本途径是培育低毒或无毒油菜品种。如加拿大已培育出低硫葡萄糖苷和低芥酸的"双低"品种——托尔(Tower);近年又育成了堪多乐(Candle)、卡奴拉等油菜新品种,除具有"双低"特性外,粗纤维含量也较低,这便从根本上摆脱了菜籽饼、粕有效能值低、毒害成分很难解决的困难。我国西北等地已引种"双低"油菜品种,并逐步扩大试种,在畜禽饲养中的应用效果比较好。

(4)花生饼、粕 花生饼、粕是花生制油所得的副产品,其营养价值受花生的品种、制油方法和脱壳程度等因素的影响。

在我国的花生制油加工过程中一般是将花生脱壳后榨油,脱壳通常分为全部脱壳或部分脱壳。美国规定粗纤维含量低于7%的称为脱壳花生饼。国内制油方法有机械压榨和预压浸提法。一般每100千克花生仁可出花生饼65千克。未去壳的花生饼中残脂为7%～8%,花生粕残脂为0.5%～2.0%,

粗蛋白质含量为 44% ~ 48%,代谢能花生饼为 10.88 兆焦/千克、花生粕为 11.6 兆焦/千克,蛋白质和能值在所有饼、粕类均属最高的一种。带壳花生饼粗纤维含量在 20% 左右,粗蛋白质和有效能的含量均较少,在鸭饲养中的应用价值较低。花生壳粗纤维含量高达 59% 以上,对家禽没有实际营养价值。

花生饼中几种必需氨基酸的含量比较低,含赖氨酸为 1.3% ~ 2.0%,蛋氨酸为 0.4% ~ 0.5%,色氨酸为 0.3% ~ 0.5%,其利用率为 84% ~ 88%。花生饼是优质蛋白质饲料,但因其赖氨酸和蛋氨酸含量不足,饲喂猪禽应补充动物性蛋白质饲料或氨基酸添加剂。花生饼、粕对水禽有很好的适口性。

花生饼容易被黄曲霉污染,尤其是在含水量较高或环境潮湿的情况下更突出。其所产生的黄曲霉素,对人、畜和家禽均有强烈毒性,主要损害肝组织,并具有致癌作用。一般加热煮熟不能使毒素分解,故在储藏时切忌发霉。已经被霉菌污染的花生饼不能再用作动物饲料。

(5)向日葵饼、粕 向日葵又称葵花、向阳花等,在我国的产区主要是内蒙古、辽宁、吉林、黑龙江及新疆等省区,其制油的副产品为向日葵饼、粕。在榨油前需去部分壳,每 100 千克去掉部分壳的向日葵仁榨油后可得饼、粕30 ~ 45 千克。纯向日葵仁含油约 50%,含粗纤维约 3%;向日葵壳仅含油 4%,而粗纤维高达 52%。因此,向日葵饼、粕的质量主要受脱壳及榨油等工艺的影响。国内一般脱壳率为 80% ~ 90%,其仁出油率一般为 20% ~ 25%。

向日葵仁饼蛋白质平均含量为 22%,干物质中粗纤维含 18.6%;向日葵仁粕的粗蛋白质为 24.5%,干物质粗纤维为 19.9%,有效能值均在 10.46 兆焦/千克,按饲料分类原则应属于蛋白质饲料。此外,各种限制性氨基酸含量也属中等水平。因此在榨油工艺上必须充分脱壳,降低粗纤维含量,提高蛋白质和有效能值,以发挥作为蛋白质饲料的作用。向日葵饼含有较高的铁、铜、锰、锌,维生素 B 族也较多。按我国目前的生产水平,一级向日葵仁饼、粕可作为猪、鸡的优良蛋白质饲料,二级、三级向日葵饼、粕仍属于粗饲料范畴,对于肉鸡及育肥猪应控制使用。

(6)亚麻饼、粕 亚麻俗称胡麻,在我国油用型约占 90%,其籽制油的副产品为亚麻饼、粕。亚麻饼含脂肪约为 8%,粗蛋白质含量约 32%。有效能值较高,消化能为 12.13 兆焦/千克,鸡的代谢能为 9.79 兆焦/千克,仅次于花生饼和豆饼。亚麻粕的残脂率为 2% ~ 3%,粗蛋白质含量为 34%,有效能值偏低,每千克饲料猪的消化能为 9.92 兆焦,鸡的代谢能为 7.95 兆焦,尤其是用以喂鸡的代谢能较低,与菜籽饼或小麸近似。

亚麻饼、粕含粗纤维偏高，而含硫氨基酸、赖氨酸等含量属于中等水平，作为蛋白质补充饲料应合理搭配，在动物性蛋白质饲料中添加赖氨酸等，可显著提高饲用效果。用亚麻饼饲喂的家畜，毛光滑润泽，防止便秘，但用量过多可使肉畜体脂变软，影响肉的品质。

其他一些饼、粕如葵花籽饼、粕，亚麻籽饼、粕等由于其产量少，在生产中应用得不多。

（二）动物性蛋白质饲料

动物性蛋白质饲料主要包括鱼类、肉类和乳品加工副产品以及其他动物产品。在水禽生产中鹅一般不采食动物性饲料，尤其是鲜活的动物，而鸭、瘤头鸭则非常喜欢采食动物性饲料，如果缺少动物性饲料它们还可能表现出"缺腥症"。

动物性蛋白质饲料的营养价值虽因来源不同而异，但共同特点是蛋白质含量很高，而且品质好，这些是植物性蛋白质饲料所不能及的。其主要营养特性是：粗蛋白质含量高，在大多数动物性蛋白质饲料的干物质中，粗蛋白质含量达 50% ~80%，肉、骨粉和鱼粉的含量变异较大，但其量一般高于饼类。蛋白质的特点是氨基酸较平衡，生物学价值高，是提供赖氨酸、含硫氨基酸和色氨酸等限制性氨基酸的重要来源。然而，蛋氨酸的含量略嫌不足，应与其他饲料搭配使用。这类饲料中碳水化合物极少，无淀粉，无氮浸出物是肌糖和肝糖。灰分含量很高，原因是动物的肉骨、鱼骨以至软组织如血、肝、乳品等都含有较多灰分。其中钙、磷含量较高，比例合适，利用率高。如鱼粉含钙量达 4.63%，含磷量为 3.29%，而且还含有丰富的硒。这类饲料维生素 B 族含量高，其中以维生素 B_2、维生素 B_{12} 为最多。除血粉外，一般维生素 B_2 的含量可达 6~50 毫克/千克，维生素 B_{12} 在干物质中的含量为 44.0~541.6 微克/千克。此外，还含有包括维生素 B_{12} 在内的所谓动物蛋白质因子（ADF），能够促进动物对养分的利用。动物性饲料的有效能值都很高，如对于猪的消化能为 12~23 兆焦/千克，对于鸡的代谢能为 10~16 兆焦/千克。这与其不含粗纤维而含碳水化合物又极少，脂肪和蛋白质含量很高，极易消化等因素有关。

1. 鱼粉

鱼粉是指整鱼或渔业加工废弃物制成。鱼粉生产有干法、土法、湿法等 3 种方法。目前我国鱼粉多是用干法生产的，其粗蛋白质含量 40%~50%，粗脂肪 8%~17%，水分 10%，食盐 4%，沙 4% 以下。这种鱼粉经过高温消毒，符合卫生标准，品质较好。也有用土法加工鱼粉的，其粗蛋白质含量多在

40%以下,含盐量高达25%左右,又未经消毒,不符合卫生标准。用湿法生产的鱼粉质量最好,一般含粗蛋白质在60%以上,符合卫生标准。从国外(如秘鲁、智利等)进口的鱼粉质量比较好,其粗蛋白质的含量能够达到60%多,杂质含量很低,其能值高达12.38兆焦/千克。

由于鱼粉的价格比较高,一些不法商贩往往采取各种手法进行掺杂作假,掺入的杂物类型很多,如尿素、血粉、羽毛粉等。在选择时需要仔细辨别。

鱼粉是优质的蛋白质饲料,不仅蛋白质含量高,而且赖氨酸、含硫基酸和色氨酸等必需氨基酸含量均很丰富。鱼粉不仅富含 B 族维生素,特别是维生素 B_{12} 的含量很高,维生素 B_2、烟酸也多。鱼肝和鱼油中富含维生素 A、维生素 D。鸭饲粮中加入适量的鱼粉,能显著地提高饲料利用效率。

2. 血粉

血粉是屠宰场畜禽的鲜血经加工制成。采用高温、压榨、干燥制成的血粉,溶解性差消化率低,仅为70%;而采用低温、真空干燥法制成的血粉溶解性好,消化能为11.59兆焦/千克。血粉不像其他动物性蛋白质饲料含有丰富的维生素 B_{12} 和维生素 B_2,它们的含量为1.5~2.5毫克/千克。血粉含有丰富的铁。由于血粉适口性差,在饲粮中用量不宜多,一般可占3%~5%。

3. 肉骨粉和肉粉

肉骨粉和肉粉是不能用作食品的畜禽尸体及各种废弃物,经高温、高压灭菌处理后脱脂干燥制成。含磷量小于4.4%的称为肉粉,大于4.4%的称为肉骨粉,其营养价值随骨的比例提高而降低。一般肉骨粉含粗蛋白质在35%~40%,含有一定量的钙、磷和维生素 B_{12}。肉粉的粗蛋白质含量为50%~60%,牛肉粉达70%以上。肉骨粉和肉粉主要用作猪禽的饲料,其赖氨酸含量高,而蛋氨酸较鱼粉少,在鸭饲料中较常使用。新鲜肉粉和骨肉粉色黄,有香味,发黑而有臭味的不应作饲料用。

肉粉及肉骨粉的品质变异较大,安全性较差,使用时应注意鉴别。如果价位与豆粕相当,优质肉粉在鸭配合料中可用到5%或更多。在欧洲一些国家已经禁止在畜禽饲料中使用动物性(畜禽废弃物)原料。

4. 蚕蛹

蚕蛹是蚕茧(包括桑蚕和柞蚕)抽丝后的副产品。干蚕蛹含粗蛋白质约55%,粗脂肪20%~30%。蚕蛹的蛋白质品质较好,其氨基酸组成接近鱼粉。赖氨酸等必需氨基酸含量多,尤其是蛋氨酸含量十分丰富。未脱脂的蚕蛹由于其中脂肪含量高,在储存过程中脂肪容易氧化而出现异味,影响适口性和营养价值。脱脂蚕蛹的品质优良，蛋白质含量相对提高，也便于储存。

蚕蛹粉的价格一般较高，在各类鸭的配合饲料中用量可达2%~5%。

5. 其他动物性饲料

蚯蚓、昆虫、虾蟹、螺蛳、蝇蛆等也可以作为鸭的饲料，在保证卫生的前提下既可以鲜喂、也可以熟喂，量大时还可以经过干燥、粉碎处理后食用。鲜喂情况下用量不宜超过鸭体重的5%。

（三）饲料酵母

饲料酵母蛋白质含量高，脂肪低，纤维和灰分含量取决于酵母来源，氨基酸中赖氨酸含量高，蛋氨酸低。酵母粉中B族维生素含量丰富，烟酸、胆碱维生素 B_2、泛酸、叶酸等含量均高，酵母的维生素 B_1 也高。矿物质中，钙低而磷钾含量高。由于使用的培养基不同、培养方法不同导致酵母粉的质量也有较大差异。

三、青粗饲料

（一）青绿饲料

青绿饲料在鸭鹅饲养中是非常重要的一类饲料，它包括野草、人工栽培牧草、青嫩树叶、蔬菜叶类及水生叶类饲料等。青绿饲料的适口性较好，青绿饲料不仅含有丰富的胡萝卜素等维生素，还含有提高蛋黄颜色的叶黄素。自由采食青绿饲料的产蛋期鸭，其蛋黄颜色深黄，孵化效果也好。喂饲青绿饲料对于水禽的羽毛生长、防止啄癖的发生都有好处。尤其是鹅属于草食性家禽，对青绿饲料具有很好的利用效率，青绿饲料是养鹅的主要饲料。

但是，青绿饲料含水分多，不宜大量饲喂以免影响其他饲料的采食，在养鸭生产中可在鸭喂料后休闲时间作为配合饲料的补充形式放在鸭滩或水上运动场水面上喂鸭。也可将青绿饲料打浆，与配合饲料混合成湿拌饲料。

野草和蔬菜一般只需要及时采集使用，而栽培牧草具有品质好、产量高、利用效果好的优点，尤其是在养鹅生产中是不可缺少的一个环节。常用的栽培牧草有：

1. 串叶松香草

串叶松香草是菊科多年生草本植物，喜欢温暖湿润气候，耐水不耐旱，要求土质肥沃，成草的株高达2米以上。每年可以刈割4次，也可以剥叶利用。使用时最好切碎后与其他饲料混合。

2. 鲁梅克斯杂交酸模

鲁梅克斯杂交酸模是我国在近几年引进、推广的一种高产牧草。在水肥条件良好的条件下,一年可以刈割 4～5 次,青草的亩产量可以达到 10 吨左右。但是,在土地贫瘠、缺水的条件下产量很低,亩产不足 2 吨。这种牧草干物质中粗蛋白质含量比较高,为 17%～25%,与其收割时期关系较大。

鲁梅克斯杂交酸模的含水量比较高,青草的干物质含量在 10% 左右,大量用于喂饲鸭、鹅会减少总的营养物质摄入量,还会引起稀便。由于有特殊的酸味,有的动物不喜欢采食。

3. 紫花苜蓿

紫花苜蓿为多年生豆科牧草,有"牧草之王"之称。栽培利用年限一般为 4～7 年,1 年可以刈割 4～5 次,在水肥条件较好的情况下 1 亩地的年产鲜草量达到 7 000 千克。一般在现蕾期收割利用。

4. 苦荬菜

苦荬菜为菊科莴苣属一年或越年生草本植物,又称苦麻菜、鹅菜等,具有较强的适应性,但是怕涝。苦荬菜生长快,再生力强,株高 30 厘米左右即可刈割,北方地区每月可以刈割一次,亩产鲜菜 5 000～7 000 千克,其叶及嫩茎鲜嫩多汁,适口性好,粗蛋白质含量较高,粗纤维较少,营养价值较高,是水禽饲养中应用效果良好的青饲料。

5. 聚合草

聚合草又称俄罗斯饲料菜、饲用紫草等。为多年生草本植物,丛生型,利用可达 10 年。聚合草产量高,适应强,利用期长,营养丰富,世界各地均可栽培,是水禽的优质青饲作物。聚合草株大叶密,再生性也很强,南方一年可刈割 5～6 次,北方 3～4 次,1 年亩产 5 000 千克以上。营养价值高,按干物质计算,粗蛋白质含量接近苜蓿,粗纤维则比苜蓿低。

但聚合草株叶具有较粗硬短毛,畜禽不太喜食,饲喂以前先经切碎或打浆后与粉状精饲料拌和,以提高其适口性。也可调制青贮饲料或干草,若晒制干草,宜晴天薄层晾晒,尽快制干,以免日久颜色变黑,品质下降。

6. 白三叶

白三叶为多年生豆科草本植物,喜欢温暖湿润的气候,在中原地区能够较好生长。其干物质中蛋白质的含量为 23% 左右。在水禽饲养中,可以放牧(每 20 天左右轮牧 1 次)利用,也可以刈割饲喂。

7. 冬牧—70 黑麦草

冬牧—70 黑麦草为一年生禾本科牧草,在我国长江、黄河流域都能够良好生长,具有良好的适应性。在温度不低于 8℃ 的情况下就可以生长,1 年中的利用时期比较长,在株高25厘米以上时就可以刈割利用,全年可刈割4～6次,每次可产鲜草4 000～6 000千克。晒干的黑麦草中粗蛋白质含量达28%左右,粗脂肪约为6%,赖氨酸为1.5%,并有良好的适口性。

8. 紫云英

紫云英为豆科一年生或越年生草本植物,喜欢温暖潮湿气候,在我国淮河流域以南地区种植较多,生长适温为15～20℃。作为饲料使用应该在初花期刈割,盛花期之后其营养价值降低。初花期刈割晒干的干草中粗蛋白质含量为25.81%,粗脂肪为4.61%,粗纤维为11.81%。

9. 水草

水生植物可作饲料的有很多,在本地常用的有水花生、水浮莲、水葫芦等,它们都生长在水中或水边,茎叶中水分含量比较高。应用时需要将水草去根、去杂打浆后拌料,是鸭良好的维生素补充饲料。使用时应该注意寄生虫的问题。

合理使用青绿饲料不仅能够节约饲养成本,对于提高水禽产品的质量也有很好的作用。青绿饲料的使用量不宜过大,因为其中水分含量高,干物质和营养成分含量较少,见表7－15。

表7－15　几种青绿饲料的营养价值(%)

种类	干物质	粗蛋白质	粗纤维	粗灰分
聚合草	13.34	2.46	1.96	3.16
苦荬菜	11	2.6	1.6	
紫花苜蓿	19.9	4.4	4.7	1.9
白三叶	18.1	3.7	2.9	1.6
串叶松香草	16	3.6	2.1	3.2
水花生	9.2	1.3	2.0	1.46

其他如(胡、白)萝卜缨、白菜、瓜类、青嫩的作物藤蔓等都可以作为青绿饲料在瘤头鸭的饲养中使用。

（二）粗饲料

包括糟渣类和树叶粉、草粉等。

1. 糟渣类

糟渣类类饲料是酿造、淀粉及豆腐加工行业的副产品,常见的有豆腐渣、酒糟、粉渣、饴糖渣、味精渣等。这类饲料新鲜品的含水量比较高,如果不经过处理在存放过程中(尤其是夏季气温高的时期)很容易变质、变味。另外,这些饲料中的粗纤维含量比较高,营养价值相对较低。

在糟渣类饲料中,通常在鸭、鹅饲料中使用的有糖渣、豆腐渣、味精渣和抗生素菌渣,其中糖渣和药渣应先干燥再用于生产配合料。味精渣在气温较低的季节可进行青贮,即先在地上挖一个深 60 ~ 100 厘米、宽 100 厘米的土坑,铺上无毒塑料薄膜,再把鲜味精渣放入,在饲喂时拌入配合料中。豆腐渣在使用时也可以与配合饲料混合。干燥后的抗生素菌渣不仅价格低廉,还含有丰富的 B 族维生素。由于这些饲料的营养价值较低,在高产鸭配合料中的用量不宜超过 3%(按干物质计)。

2. 树叶粉及草粉

树叶粉及草粉是将青绿的树叶(主要是槐树叶、榆树叶、松针、紫穗槐叶等)、青草、花生秧等晒干后粉碎制成的。其营养价值与树的种类、收集时期和干燥方法有关,一般来说,树叶在青绿时期、青草在初花期进行收集的质量比较好,在枯黄后其营养价值明显降低;阴干制品质量比在太阳下晒干的好,快速烘干则更好。树叶粉及草粉中含有一定量的蛋白质、矿物质及维生素,在冬季或种鸭、鹅非繁殖季节可以在饲料中使用,在配合饲料中其用量可占 3% ~ 6%。

(三)农作物秸秆粉

甘薯秧粉、花生秧粉等,可以通过专用微生物发酵剂处理后在冬春季养鹅中使用。

(四)青贮饲料

青贮饲料是将含水量为 65% ~ 75% 的青绿饲料经切碎后,在密闭缺氧的条件下,通过厌氧乳酸菌的发酵作用,抑制各种杂菌的繁殖而得到的一种粗饲料。青贮饲料气味酸香、柔软多汁、适口性好、营养丰富、利于长期保存,是冬春季节养肉鹅的优良饲料来源。

四、矿物质饲料

矿物质是鸭生命活动及生产过程中不可缺少的一类营养物质,它们的主要作用是保证鸭的骨骼、羽毛、软组织、血液、细胞的生长、维持和产蛋需要。一般把在动物体内含量超过 0.01% 的称为微量元素,如钙、磷、钾、钠、氯、硫、镁等。常用的矿物质饲料以补充钙、磷、钠、氯等常量元素为主。把在动物体内含量低于 0.01% 的称为微量元素,如铁、锌、锰、铜、碘、硒、钴等,常用微量元素一般是以复合添加剂的形式补充。

（一）钙源饲料

这些饲料中的主要成分是碳酸钙,在配合饲料中主要是提供钙,常用的有以下几种:

1. 石粉

石粉也称石灰石粉、钙粉,是用天然石灰石经过粉碎制成的,其主要成分是碳酸钙,其中钙的含量在 34% ~ 38%。在一般水禽配合饲料中,通常使用石粉,而在产蛋期的鸭、鹅饲料中石粉和小的石灰石粒应各占一半,这样有利于形成良好的蛋壳。另外,还要注意石粉中杂质的含量,石粉常见中的问题是其中的镁、氟含量过高,它容易造成鸭群生产水平下降、腹泻、蛋壳变脆、抗病力下降甚至造成中毒。

2. 贝壳粉和蛋壳粉

贝壳粉是牡蛎等的贝壳经粉碎后制成的产品,为灰白色粉末状或碎粒状。蛋壳粉是新鲜蛋壳烘干后粉碎制成的。二者的主要成分也是碳酸钙,他们的含钙量在 24.4% ~ 36.5%。优质的贝壳粉钙含量与石灰石相似,因其溶解度适中,有利于形成致密的蛋壳,因而在产蛋期家禽饲料中较常使用。贝壳粉的常见问题是夹杂沙石,使用时应予以检查。对用蛋品加工或孵化的鲜蛋壳为原料制的蛋壳粉,在加工之前应加以消毒,以防蛋白质腐败变质而影响鸭群的健康。

（二）磷源饲料

常用的补磷矿物质饲料,除含有丰富的磷外,多数还含有大量的钙。

1. 骨粉

骨粉是由家畜骨骼加工而成的,其主要成分是磷酸钙。因制法不同而成分各异。

(1)蒸制骨粉 是在高压下用蒸汽加热,除去大部分蛋白质及脂肪后,压榨干燥而成,其含钙量约为 24%,磷 10%,粗蛋白质 10%。

(2)脱胶骨粉 是在高压处理下,骨髓和脂肪几乎都已除去,故无异臭,其外观一般为白色粉末,含磷量可达 12% 以上。

骨粉的含氟量低,只要杀菌消毒彻底,便可以安全使用。但因成分变化大,来源不稳定,且常有异臭,在国外使用量已逐渐减少。我国配合饲料生产中常用骨粉作磷源,品质好的,含磷量达 12% ~ 16%。在含动物性饲料较少的配合料中,骨粉的用量为 1.5% ~ 2.5%。需要注意的是,有些收购站在动物骨骼存放过程中会喷洒一些农药用于防止腐败,农药残留有可能危害鸭群

226

健康。

2. 磷酸氢钙

磷酸氢钙为白色粉末。饲料级磷酸氢钙,要求经脱氟处理后氟含量小于0.2%,磷含量大于16%,钙含量在23%左右,其钙、磷比例为3∶2,接近于动物需要的平衡比例。在饲料中补充磷酸氢钙,应注意含氟量,因为这一项目容易超标。磷酸氢钙在鸭配合料中用量一般为1%～1.5%。

(三)其他矿物质饲料

1. 食盐

一般植物性饲料中含钠和氯较少,因此常以食盐的形式补充。另外,食盐还可以提高饲料的适口性,增加猪禽的食欲。食盐中钠含量为38%,氯为59%左右。在鸭配合饲料中的添加量为0.3%～0.35%。

2. 碳酸氢钠

碳酸氢钠也称小苏打,一般在夏天高温情况下使用,按0.2%添加于饲料或饮水中可以缓解热应激。

3. 麦饭石

麦饭石是一种天然的中药矿石,除含氧化硅和氧化铝较多外,还含有动物所需的常量元素和微量元素,如钙、磷、镁、钠、钾、锰、铁、钴、锌、铜、硒、钼等达18种以上,在鸭的饲料中添加1.5%～3%的麦饭石,可提高产蛋率,减少蛋的破损,提高饲料报酬。

4. 沸石

天然沸石是碱金属和碱土金属的含水铝硅酸盐类,含有硅、铝、钠、钾、钙、镁、锶、钡、铁、铜、锰、锌等25种矿物质元素。天然沸石的特征是具有较高的分子孔隙度,有良好的吸附、离子交换和催化性能,具有增加畜禽的体重,改善肉质,提高饲料利用率,防病治病,减少死亡,促进营养物质的吸收,改善环境,保证配合饲料的松散性等作用。使用天然沸石作畜禽矿物质饲料,应注意沸石粒度:添加在鸭饲粮中粒度以1～3毫米的颗粒为最好。颗粒大,雏鸭难以吞食;粉末状,不仅加工费用大,而且使用效果差。沸石用量:在鸭饲粮中用量为1%～5%。调整钙、磷比例:饲粮中加入沸石后,最好测算一下钙、磷含量,如发现数量不足或比例不当,要进行适当调整。

五、添加剂

饲料添加剂是指为了某些特殊需要而向配合饲料中加入的具有各种生物活性特殊物质的总称。这些物质的添加量极少,一般占饲料成分的百分之几到百万分之几,但作用极为显著。饲料添加剂主要用于补充饲料营养组分的不足,防止饲料品质恶化,改善饲料适口性,提高饲料利用率,促进动物生长发育,增强抗病力,提高畜禽产品的产量和质量。目前关于饲料添加剂的分类方法有很多种,根据饲料添加剂的作用我们可以把它简单地分为两种,即营养性添加剂和非营养性添加剂。

(一)营养性添加剂

营养性添加剂主要有 3 种,它们的作用分别是补充天然饲料中的氨基酸、维生素及微量元素等营养成分,平衡和完善畜禽日粮,提高饲料的利用率。营养性添加剂是配合饲料生产中最常用的一类添加剂。

1. 复合维生素添加剂

根据鸭的营养需要,由多种维生素、稀释剂、抗氧化剂按比例、次序和一定的生产工艺混合而成的饲料预混剂,复合维生素一般不含有维生素 C 和胆碱(维生素 C 呈现较强的酸性、胆碱呈现较强的碱性,它们会影响其他维生素的稳定性,而且胆碱吸湿性比较强),所以在配制鸭配合饲料时,一般还要在饲料中另外加入氯化胆碱。如鸭群患病、转群、运输及其他应激时,需要在饲料中加入维生素 C,应另外加入。一些复合维生素中可能加入了维生素 C,但对处于高度应激环境中的瘤头鸭来说,其含量是不能满足需要的。

使用过程中复合维生素在配合料中的添加量应比产品说明书推荐的添加量略高一些。一般在冬季和春、秋两季,商品复合多维的添加量为每吨 200 克,夏季可提高至 300 克,种鸭产蛋期为 400 克。如果没有肉鸭专用的复合多维,也可选用肉鸡多维。如果在鸭饲养过程中使用较多的青绿饲料,则可以适当减少复合维生素的添加量。

虽然添加剂中的维生素多数都是经过包被处理,对不良环境具有一定的耐受性。但是,如果受到阳光照射、与空气接触、吸收水分同样会加快其分解过程,因此,在保存期间要注意密封,置于阴凉干燥处。

2. 复合微量元素添加剂

复合微量元素添加剂是由硫酸亚铁、硫酸铜、硫酸锰、硫酸锌、碘化钾等化学物质按照一定的比例搭配而成的。由于在加工过程中载体使用量不同,其在配合饲料中的添加量也有较大差异,生产中常用的添加量有 0.1%、0.5%、1% 和 2% 等多种类型。一般来说,在选用时应该考虑使用添加量为 0.1% 或 0.5% 的产品。复合微量元素添加剂的保存与复合维生素添加剂要求相同。

3. 氨基酸添加剂

氨基酸添加剂主要是单项的限制性氨基酸,主要作用是平衡饲料中氨基酸的比例,提高饲料蛋白质的利用率和充分利用饲料蛋白质资源。在天然的不同饲料原料中氨基酸的种类、数量差异很大,因此,氨基酸之间的比例只有通过另外添加来进行平衡。氨基酸添加剂由人工合成或通过生物发酵生产。鸭配合料中常用的氨基酸有以下几种:

(1)赖氨酸添加剂　赖氨酸是家禽饲料中最易缺乏的氨基酸之一,在常规饲料中赖氨酸是第二限制性氨基酸(对于肉用鸭来说,也许是第一限制性氨基酸)。饲料中的天然赖氨酸是 L 型,具有生物活性(合成赖氨酸中 D 型不能为鸭鹅所利用)。其特点是性质不稳定,不易保存,不易精炼,呈碱性,吸湿性强等。因此,商品性添加剂一般以赖氨酸盐的形式出售。市售的98%赖氨酸盐酸盐中赖氨酸的实际含量为78%左右,在添加时应加以注意。其外观颜色为褐色。

赖氨酸的添加量是不固定的,应根据配合料中赖氨酸的实际含量与需要量之间的差距决定添加量。如果添加超过需要量,不仅会增加配合料成本,甚至会影响鸭的生产性能。赖氨酸盐酸盐在配合料中的添加比例为一般不超过0.3%。

(2)蛋氨酸及其类似物　蛋氨酸在动物体内基本被用作体蛋白质的合成,蛋氨酸是产蛋期种鸭的第一限制性氨基酸。蛋氨酸有 D 型和 L 型两种,二者对家禽具有同等的生物学活性。工业生产的是 DL - 蛋氨酸,外观一般为白色至淡黄色结晶或结晶性粉末,水溶性差,燃烧后有烧鸡毛的味道。另一种是蛋氨酸类似物,它不含氨基,但有转化为蛋氨酸所特有的碳链,其生物活性相当于蛋氨酸的70%～80%。蛋氨酸类似物主要有蛋氨酸羟基类似物及甜菜碱等。蛋氨酸羟基类似物为液体,但是其商品添加剂常为钙盐形式,外观为浅褐色粉末或颗粒,有含硫基的特殊气味,可溶于水。甜菜碱即三甲基甘氨酸,为类氨基酸,是一种高效甲基供体,在动物体内参与蛋白质的合成和脂肪的代谢。因此,能够取代部分蛋氨酸和氯化胆碱的作用。另外,甜菜碱在动物体内能提高细胞对渗透压变化的应激能力,是一种生物体细胞渗透保护剂。但是,甜菜碱不能完全取代蛋氨酸。

蛋氨酸是种鸭配合料中的第一限制性氨基酸,一般在配合饲料中的添加量为0.1%～0.2%;在肉用瘤头鸭饲料中不一定需要添加。

(3)苏氨酸添加剂　常用的是 L - 苏氨酸,其外观为无色结晶,易溶于水。

在以小麦、大麦等谷物为主的饲料中，苏氨酸的含量往往不能满足需要，要另外添加。

（4）色氨酸添加剂　色氨酸是白色或类白色结晶，一般有 L - 色氨酸和 DL - 色氨酸两种，DL - 色氨酸的有效部分为 L - 色氨酸的 $60\% \sim 80\%$。目前世界上作为饲料添加剂每年使用的色氨酸量仅有几百吨。色氨酸也是重要的氨基酸添加剂之一，但由于其价格较高，所以目前还没有广泛应用。

（二）非营养性添加剂

非营养性添加剂是在正常饲养管理条件下，为提高畜禽健康，节约饲料，提高生产能力，保持或改善饲料品质或产品外观质量而饲料中加入的一些成分，这些成分通常对畜禽本身并没有太大的营养价值。

1. 抗生素添加剂

抗生素添加剂包括金霉素、黄霉素等，其作用是保持瘤头鸭群的健康，防止疾病，促进生长，节约饲料。抗生素在饲料中的添加比例一般比较低，以有效成分计，每吨的添加量为金霉素 10 ~ 100 克，黄霉素 3 ~ 5 克。抗生素添加剂一般只用于抵抗能力较差阶段，如在雏鸭阶段、细菌性疾病流行阶段、发生管理应激（如运输、分群、高温）等情况下使用。据报道，鸭饲料中添加 4 ~ 5 毫克/千克的黄霉素，不仅能提高肉鸭的生长速度、提高种鸭的产蛋率，还能提高蛋黄颜色，提高蛋品等级。必须注意的是，尽管许多抗生素都具有上述作用，但是有的容易在瘤头鸭体内蓄积或转运到蛋内，会影响消费者的健康，必须禁止使用。

2. 品质保持添加剂

包括抗氧化剂、防霉素剂等。在高温环境中，配合饲料中的维生素及不饱和脂肪酸容易与空气中的氧气发生氧化作用，而失去活性或变质，抗氧化剂可以保护维生素及不饱和脂肪酸不被氧化。在潮湿季节或饲料中水分含量较高时，为了防止饲料发霉或变质，可加入防霉制剂。常用的防霉剂有丙酸钙（露保细盐）、柠檬酸及柠檬酸盐、苯甲酸及苯甲酸盐等。如果是在气候干燥的季节生产的饲料，或在生产后很短时间内即被使用则可以不加入品质保持剂。

3. 酶制剂

酶制剂是利用微生物发酵后生产的，其中含有蛋白质酶、淀粉酶、脂肪酶、纤维素酶、植酸酶等。可以提高鸭群对饲料的消化率，也可以减少粪便中营养物质残留量而缓解环境污染问题。对于雏鸭和处于应激状态的鸭群来说各种酶制剂都有效，植酸酶和纤维素酶对于各种瘤头鸭都有效。

4. 产品品质改良剂

产品品质改良剂主要是天然或合成的色素类物质,用于增加鸭皮肤或蛋黄的颜色,主要商品如加丽素黄、加丽素红等。

其他还有改善饲料适口性的添加剂,如香味素、益生素等。

第四节　配合饲料

一、配合饲料的概念

配合饲料指用两种以上的饲料原料,根据畜禽的营养需要,按照一定的饲料配方,经过工业生产的,成分平衡、齐全,混合均匀的商品性饲料。根据所得产品的使用方法不同,配合饲料又分为完全配合饲料、混合饲料、浓缩饲料、添加剂预混合饲料和精饲料混合饲料等。

(一)完全配合饲料

完全饲料亦称全价配合饲料。理论上讲,完全饲料应是根据动物的品种、生长阶级和生产水平对各种营养物质的需要量和不同动物消化生理的特点,把多种饲料原料和添加成分按照规定的加工工艺制成的均匀一致、营养价值完全的饲料产品,其所含营养成分均能很好满足畜禽的需要,达到一定的生产水平。实际生产中,由于科学技术水平等方面的限制,不少完全饲料并没有达到营养上的全价。

(二)混合饲料

混合饲料是一种仅能在能量、蛋白、钙、磷等几个主要方面基本达到要求的产品,又叫初级配合饲料。混合饲料的营养成分与全价配合饲料相比,之间的比例相差较多,营养水平低,饲养效果差,它是目前生产条件下较多的一种饲料产品形式。

(三)浓缩饲料

浓缩饲料是从完全饲料配方中去掉玉米等能量饲料后生产出的配合饲料,亦称之为蛋白质补充料,其中包括蛋白质饲料、矿物质饲料及添加剂。我国习惯上叫浓缩料或料精。

(四)添加剂预混合饲料

添加剂预混合饲料即通常所说的预混料,是由一种或多种具有生物活性微量成分如维生素、微量元素、氨基酸和非营养性添加剂如药物、抗氧化剂等组成,并吸附在载体或某种稀释剂上,搅拌均匀的混合物。也可以将它看成是在浓缩料的基础上进一步去掉主要的蛋白质饲料所生产出的配合饲料,添加剂预混合饲料在配合饲料中所占的比例小,一般为 0.25% ~ 5% ,但却是构成配合饲料的精华,是配合饲料的心脏。

(五)精饲料混合饲料

精饲料混合饲料又叫补充饲料,其基本成分与浓缩饲料或预混合饲料相同,其主要成分为能量饲料、蛋白质饲料和矿物质饲料,是专门供放牧水禽直接饲用而不需要与能量、蛋白质饲料等混合的一种混合均匀的配合饲料,这是它与浓缩饲料的最大区别。

配合饲料具有很高的优越性,主要表现在以下几个方面:

1. 经济效益高

由于配合饲料是按照畜禽生长、生产对各种营养物质的需要而配制的,营养全面而且比例适当,能充分发挥畜禽生产能力,提高饲料利用率,有利于动物的生长和生产,因而可获得很高的经济效益。

2. 充分合理利用各种饲料资源

棉籽饼、菜籽饼、芝麻饼、豆饼等各种饼、粕和血粉、肉骨粉、羽毛粉,以及蚕蛹、蚯蚓、蜗牛、饲料酵母等都是重要的蛋白质饲料资源;动物骨骼、蛋壳、贝壳、磷酸钙、碳酸钙、磷酸氢钙、过磷酸钙等都含有动物所需要的磷和钙;化工产品硫酸亚铁、硫酸铜、硫酸锌、氧化锌、硫酸锰、氧化锰、硫酸钴、氯化钴、亚硒酸钠等都含有动物所需要的常量元素和微量元素;各种维生素、氨基酸、抗菌药物、驱虫剂、调味剂、着色剂等饲料资源都能作添加剂用于配合饲料生产。

3. 有利于科学饲养技术的普及

人们根据不同畜禽的生理特性和生产性能的高低,不断改进饲料配方,提高生活水平,从而使科学饲养技术随着配合饲料的推广而普及到广大用户,使科学饲养水平得到逐步提高。

4. 减轻劳动强度,提高劳动生产率

配合饲料可以集中生产,可以节约饲养单位的大量设备开支和劳力。同时,使用配合饲料有利于机械化生产,提高劳动生产率,降低成本。此外,配合饲料使用简便,按照说明书即可使用,减轻了劳动强度。

二、饲料配方设计原则

(一)饲料配合的原则

1. 注意科学性

要以饲养标准为依据,选择适当的饲养标准,满足水禽对营养的需要。

水禽的饲养标准虽然不多,但现有的也具有相当的参考价值。有些指标,一时没有,还可借鉴鸡的标准,在生产实际中验证。如果受条件限制,饲养标准中规定的各项营养指标不能全部达到时,也必须满足对能量、蛋白质、钙、磷、食盐等主要营养的需要。需要强调的是,饲养标准中的指标,并非生产实际中动物发挥最佳水平的需要量,如微量元素和维生素,必需根据生产实际,适当添加。

2. 注意多样化原则

饲料要力求多样化,不同饲料种类的营养成分不同,多种饲料可起到营养互补的作用,以提高饲料的利用率。不仅要考虑能量、蛋白质、矿物质和维生素等营养含量是否达到饲养标准,同时还必须看营养物质的质量好坏。要尽量做到原料多样化,彼此取长补短,以达到营养平衡。例如,为满足水禽对能量的需要,饲料中能量饲料的比例就应多一些。但是,一般说来,能量饲料中蛋白质含量较少(如玉米),而且蛋白质的质量也较差,特别是缺少蛋氨酸和赖氨酸,钙、磷和维生素也不足。因此,在制定饲料配方时,要考虑补充蛋白质,还必须注意蛋氨酸的补充,科学搭配鱼粉等动物性蛋白饲料或添加氨基酸添加剂、微量元素与维生素添加剂。

3. 饲料配方中能量与蛋白质的比例和钙与磷的比例

不同品种的水禽,同一品种的不同生长阶段,其生产性能和生理状态的不同,对饲料中能量与蛋白质的比例、钙磷比要求也不同。如育成期对蛋白质的比重要求较高,育肥期对能量要求较高,产蛋期则对钙、磷以及维生素要求较高且平衡。

4. 根据水禽的消化生理特点,选用适宜的饲料

鸭是杂食动物,食性较广,但是高产鸭对粗饲料的利用率较低。鹅是草食性家禽,可大量利用含粗纤维高的粗饲料,特别是在维持饲养期中,鹅的饲料粗纤维含量可达10%。

5. 注意日粮的容积

日粮的容积应与水禽消化道相适应,如果容积过大,水禽虽有饱感,但各种营养成分仍不能满足要求;如容积过小,虽满足了营养成分的需要,但因饥饿感而导致不安,不利于正常生长。水禽虽有根据日粮能量水平调整采食量的能力,但这种能力也是有限的,日粮营养浓度太低,采食不到足够的营养物质,特别是在育成期和产蛋期,要控制粗纤维含量。

6. 注意饲料的适口性

饲料的适口性直接影响水禽的采食量,适口性不好,动物不爱吃,采食量小,不能满足营养需要。另外,还应注意到饲料对水禽产品品质的影响。

7. 不得使用发霉变质饲料

饲料中的有毒物质要控制在限定允许范围以内,如毒麦、黑穗病菌麦不得超过0.25%。

8. 配合的全价饲粮必须混合均匀

否则达不到预期目的,造成浪费,甚至会造成某些微量元素和防治药物食量过多,引起中毒。

9. 经济实用

从经济观点出发,充分利用本地资源,就地取材,加工生产,降低饲料成本。尽量采用最低成本配方,同时根据市场原料价格的变化,对饲料配方进行相应的调整。

10. 灵活性

日粮配方可根据饲养效果、饲养管理经验、生产季节和饲养户的生产水平进行适当的调整,但调整的幅度不宜过大,一般控制在10%以下。

11. 饲料原料应保持相对稳定

饲料原料保持相对稳定是保证饲料质量稳定的基础,饲料原料的改变不可避免地会影响到水禽的消化过程而影响生产,如需改变应逐步过渡。

三、饲料配合方法

(一)确定需要量

根据前期的准备工作,在综合考虑各种因素的情况下,可以确定日粮的需要量。但参考某一标准时,必须根据当地的实际情况进行调整,必要时进行营养学试验。

(二)选择饲料原料

饲料原料的选择好坏,决定饲料成品的质量和成本价格。如果选用常规的、量大的、养分含量比较稳定的原料,则这一工作很容易完成。但有时为了降低饲料成本,我们必须考虑一些当地比较多、养分含量不太稳定和清楚的原料,如农作物副产品、糟渣类产品等。这时,做一些养分分析是必要的。配方饲料生产出来后,还可小规模饲养试验。

(三)进行饲料配方

利用确定的需要量、选择原料的养分含量等,利用手工或专门的配方软件进行配制。由于现代计算机科学的高度发展,手工计算已经很少,而电脑计算则一般操作简单,这里就不进行详细阐述。

配合饲料生产是水禽饲养业规模化、集约化生产发展的必然需要。饲料配方设计一般采用电脑计算人为调整的方法和借鉴典型配方再调整的方法。

1. 电脑计算人为调整

电脑在畜牧行业的应用已经相当普遍,电脑在饲料配方设计方面具有计算快速、准确的特点,还可以把饲料科学的许多限制,包括原料使用限制和最低成本限制等输入电脑,让电脑计算的配方尽量符合人的思维。下面就以鹅饲料配方的设计为例,介绍电脑计算配方的过程。

(1)设定日粮的营养成分含量要求 见表7-16。

表7-16 肉用种鹅全价日粮配方营养成分含量要求(不低于或不高于)

营养成分	周龄			
	0~3	4~8	9~25	产蛋期
粗蛋白质(%)	20	17	14	17
粗脂肪(%)	5.0	4.5	4.0	4.0
粗纤维(%)	3.5	4.0	4.5	4.0
代谢能(兆焦/千克)	12.13	11.72	11.30	11.51
赖氨酸(%)	1.2	1.2	0.7	1.10
钙(%)	1.00	1.00	1.00	3.20
有效磷(%)	0.45	0.45	0.45	0.45

(2)选择原料,并对原料的最大使用量进行限制 有时有些原料可以根据经验设为定值。如本配方中的酵母蛋白粉、食盐和预混合饲料。

(3)进行计算 数据及设定条件输入后电脑会很快给出相应的配方见表7-17。

(4)调整 根据实际生产经验,对电脑配方进行人为调整。特别是有些限制因素未输入电脑程序的情况下。

表7-17 电脑配制的肉用种鹅全价日粮配方

饲料原料(%)	周龄			
	0~3	4~8	9~25	产蛋期
玉米	64.98	60.66	56.95	61.02

饲料原料(%)	周龄			
	0～3	4～8	9～25	产蛋期
大麦	—	10.40	13.79	5.78
麸皮	—	—	7.21	—
玉米蛋白粉	4.00	—	—	—
豆粕	21.32	14.68	4.60	15.75
棉仁粕(38%)	1.27	4.00	5.00	—
菜籽粕	1.27	4.00	5.00	—
鱼粉	2.00	1.00	—	2.00
酵母粉	1.50	1.50	1.50	1.50
草粉	—	—	2.00	—
磷酸氢钙	1.62	1.69	1.82	1.69
石粉	1.29	1.32	1.38	4.51
贝壳粉	—	—	—	3.00
食盐	0.25	0.25	0.25	0.25
预混合饲料	0.50	0.50	0.50	0.50
合计	100.00	100.00	100.00	100.00

2. 借鉴典型配方法

表7-18介绍的是一个鹅的典型饲料配方。

表7-18　鹅典型饲料配方

饲料原料(%)	日龄			
	3～10	11～30	31～60	60以上
玉米、高粱、小麦	61	41	11	11
豆饼或其他饼类	15	15	15	15
糠麸	10	25	40	45
稗子、草籽、干草粉	5	5	20	25
动物性饲料	5	10	10	—
贝壳粉	2	2	2	2

饲料原料(%)	日龄			
	3~10	11~30	31~60	60以上
食盐	1	1	1	1
沙粒	1	1	1	1
合计	100	100	100	100

由表7-18可见,该配方是典型的以粗饲料为主,糠麸、草粉用量较高,不利于雏鹅的快速生长。尤其是开食用配方中,动、植物性蛋白质饲料用量太低,不能满足雏鹅的营养需要。依据鹅的营养需要,按典型配方中提示的各类饲料的用量,以"试差"配平法调整的幼鹅饲料配方见表7-19。

表7-19　鹅的饲料配方

饲料原料(%)	日龄			
	3~10	11~30	31~60	60以上
玉米	52.37	59.75	51	36.7
高粱	10	10	10	9
裸大麦			4	10
大豆饼	18.11	10.85	4.13	3.84
花生仁饼	10	5	5	5
米糠			3	13
小麦麸	0.52		3.87	13.46
干草粉		1	5.6	5
国产鱼粉	5	5	5	
肉骨粉		5	5	
贝壳粉	2	1.4	1.4	2
食盐	1	1	1	1
沙粒	1	1	1	1
合计	100	100	100	100
代谢能(兆焦/千克)	12.10	12.18	11.56	10.88
粗蛋白质(%)	20.14	18.14	16.68	13.57

除以上两种方法外,水禽日粮配方设计方法还有许多种,例如,交叉法(又称四角形法、方形法、对角线法或图解法)、联立方程式法、试差法和线性规划法(用计算机进行)。大、中型饲料厂在进行水禽的日粮配合时,多用计算机进行。一般饲养户或设备还不足的小型饲料厂多用人工手算法进行水禽的日粮配合。

例如,使用玉米、豆粕、麦麸、稻糠、鱼粉、石粉及维生素添加剂等设计一雏鹅的日粮配方。具体步骤如下:

第一步:查饲养标准,得到雏鹅的营养需要见表7-20。

表7-20 雏鹅的营养需要量表

代谢能(兆焦/千克)	粗蛋白质(%)	钙(%)	磷(%)
11.72	20	1.6	0.8

第二步:根据饲料营养成分表(可参见相关资料),查出所用各种饲料的养分含量见表7-21。

表7-21 配方饲料养分含量

饲料原料	代谢能(兆焦/千克)	粗蛋白质(%)	钙(%)	磷(%)
玉米	14	8.6	0.08	0.21
豆粕	10.3	46	0.32	0.62
麦麸	6.6	14.1	0.18	0.78
稻糠	10.09	12.1	0.14	1.40
鱼粉	12.1	62.0	3.91	2.9
骨粉			30.1	13.46
石粉			35	

第三步:按能量和蛋白质的需求量初拟配方。一般水禽饲料的能量饲料为60%～70%,蛋白质饲料25%～30%,矿物质饲料3%～3.5%。据此先拟定蛋白质饲料用量,鱼粉价格昂贵,先定为5%,豆粕为20%,其余为能量饲料。

初拟的饲料配方及养分含量见表7-22。

表7-22 初拟饲料配比及养分含量

饲料	配比(%)	代谢能(兆焦/千克)	粗蛋白质(%)
玉米	54	$14.0 \times 0.54 = 7.560$	$8.6 \times 0.54 = 4.77$

饲料	配比(%)	代谢能(兆焦/千克)	粗蛋白质(%)
豆粕	20	10.3×0.2=2.082	46.0×0.2=8.8
麦麸	11	6.6×0.11=1.036	14.4×0.11=1.51
稻糠	7	10.09×0.07=0.797	12.1×0.07=0.98
鱼粉	5	12.1×0.05=0.691	62.00×0.05=3.1
合计	97	11.66	19.38
标准		11.72	20.00

第四步:调整饲料配方。

从表7－22可看出,配方中能量和蛋白质都偏低。可用降低麦麸含量,增加豆粕比例的方法来调整。麦麸降至9%,豆粕增至22%。调整后的饲料配比及养分含量如表7－23。

表7－23 调整后的饲料配比及养分含量

饲料	配比(%)	代谢能(兆焦/千克)	粗蛋白质(%)
玉米	54	14.0×0.54=7.56	8.6×0.54=4.64
豆粕	22	10.3×0.22=2.27	46.0×0.22=10.12
麦麸	9	6.6×0.09=0.59	14.4×0.09=1.30
稻糠	7	10.09×0.07=0.71	12.1×0.07=0.85
鱼粉	5	12.1×0.05=0.61	62.00×0.05=3.1
合计	97	11.74	20.01
标准		11.72	20.00

从表7－23中看出,调整后的饲料配方能量及蛋白质基本上满足要求。

第五步:计算矿物质饲料用量。根据配方中各种饲料的比例及各种饲料含钙和磷的百分比可以计算出各种饲料提供的钙磷量,累加后的结果就是该配方的钙和磷含量。经计算,钙为0.34%,磷为0.54%。而标准要求钙为1.6%,磷为0.8%。可以看出,钙磷均不足,必须使用矿物质饲料补足。

以上配方中,钙还差1.26%,磷还差0.26%。因骨粉含钙和磷,先用骨粉满足磷。需骨粉量为1.9%(0.26%÷13.46%)。日粮中加入1.9%骨粉后,可以提供钙0.57%,即整个配方的钙含量为0.91%,钙还缺少0.69%(1.6%～0.91%)。

最后用石粉满足钙的需要。石粉的比例为 2.9%（0.69%÷35%）。

骨粉和石粉两项的量为 4.8%，两者超过原来预留的 3%。考虑到上配方的能量稍比标准高，可以适当减少玉米的比例，玉米的比例调整为 52.2%，豆粕为 22.0%，麦麸 9.0%，稻糠 7.0%，鱼粉 5.0%，骨粉 1.9%，石粉 2.9%。

3. 鹅的典型饲料配方示例

鹅的典型饲料配方，有其经验性、科学性和一定的实用性。表 7－24、表 7－25 为种鹅，表 7－26 为肉鹅的典型饲料配方，可以在配合饲料时作为参考。

表 7－24　鹅的典型饲料配方示例一

原料(%)	雏鹅	生长鹅		育成鹅（维持）	种鹅
	0~4 周	4~8 周	8 周至上市		
玉米	39.96	37.96	43.46	60.00	38.79
高粱	15.00	25.00	25.00		25.00
大豆粕	29.50	24.00	16.50	9.00	11.00
鱼粉	2.50				3.10
肉骨粉	3.00		1.00		
糖蜜	3.00	1.00	3.00	3.00	3.00
麸皮	5.00	5.00	5.40	20.00	10.00
米糠				4.58	
玉米麸皮质		2.50	2.50		2.40
油脂	0.30				
食盐	0.30	0.30	0.30	0.30	0.30
磷酸氢钙	0.10	1.50	1.40	1.50	1.00
石灰石粉	0.74	1.20	0.90	1.10	4.90
赖氨酸					
蛋氨酸	0.10	0.04	0.04	0.02	0.01
预混合饲料	0.50	0.50	0.50	0.50	0.50
总和(%)	100	100	100	100	100

原料(%)	雏鹅	生长鹅		育成鹅 (维持)	种鹅
	0～4周	4～8周	8周至上市		
营养成分					
粗蛋白质(%)	21.8	18.5	16.2	12.9	15.5
代谢能(兆焦/千克)	11.63	12.01	12.31	11.08	11.61
钙(%)	0.82	0.89	0.85	0.85	2.24
有效磷(%)	0.36	0.40	0.72	0.43	0.37
赖氨酸(%)	1.23	0.91	0.73	0.53	0.70
甲硫氨酸(%)	0.46	0.36	0.33	0.23	0.31
胱氨酸(%)	0.32	0.30	0.26	0.21	0.24

表 7-25　鹅的典型饲料配方示例二

饲料原料(%)	雏鹅	生长鹅	种鹅(维持)	种鹅(产蛋)
黄玉米	56.7	67.9	61.8	58.4
脱脂大豆粉	23.6	16.0	7.2	18.0
大麦	10.0	10.0	25.0	10.0
肉骨粉	4.0	2.0		5.0
脱水苜蓿粉	2.0	1.0	2.0	2.0
甲硫氨酸	0.1	0.05		0.05
动物油脂	1.25			
磷酸二氢钙	0.55	0.9	1.5	1.2
石灰石粉	0.4	0.8	1.0	4.0
碘盐	0.4	0.4	0.5	0.4
预混合饲料	1.0	1.0	1.0	1.0
合计	100	100	100	100
营养成分				
蛋白质(%)	20.5	16.4	12.3	18.3
代谢能(兆焦/千克)	12.51	12.72	12.48	11.86
能量蛋白比	66	84	110	70

饲料原料(%)	雏鹅	生长鹅	种鹅(维持)	种鹅(产蛋)
粗纤维(%)	3.0	2.8	3.3	2.9
钙(%)	0.78	0.77	0.76	2.4
有效磷(%)	0.41	0.37	0.37	0.57
赖氨酸(%)	1.05	0.77	0.49	0.87
含硫氨基酸(%)	0.75	0.60	0.43	0.62
维生素 A(国际单位/千克)	9 900	7 150	6 600	8 800
维生素 D_3(国际单位/千克)	1 320	1 100	880	1 650
烟酸(毫克/千克)	81.4	70.4	63.8	81.4

肉仔鹅全期共饲养 13 周出售,体重达 4.5~4.8 千克,全期共消耗饲料 18~20 千克,饲料利用率为 4.0。

表 7－26　鹅的典型饲料配方示例三

饲料原料(%)	雏鹅(0~3 周)	生长鹅(4~9 周)	育肥鹅(10 周至出售)
玉米	40.6	35.1	43.0
高粱	15.0	20.0	25.0
大豆粉	22.5	14.0	19.0
肉骨粉		3.0	
鱼粉	7.5		
麸皮	6.0	10.0	6.0
米糠	2.5	13.0	
玉米蛋白粉	1.5		
糖蜜	1.5	2.5	3.0
猪油	0.5		0.6
磷酸氢钙	0.8	0.8	1.6
碳酸钙	0.8	0.5	0.9
食盐	0.3	0.3	0.4
预混合饲料		0.5	0.5
合计	100	100	100

实际上,各地可以根据饲料来源设计配方,这样可以充分利用当地的饲料资源,节省饲料成本。

4. 鸭的典型饲料配方示例

(1)雏鸭饲料配方　见表7-27。

表7-27　鸭0~21日龄饲料配方

配方组成(%)	一	二	三	四	五	六
玉米	56.5	57.1	56.7	56.6	26.5	52.0
麸皮	9.9	13.9	11.9	10.2	10.1	10.4
豆粕	29.8	21.7	25.8	24.6	24.8	24.0
鱼粉		4.0	2.0	2.0	2.0	2.0
菜粕				3.0		
花生仁粕						3.0
葵花籽粕					3.0	
碎米						5.0
石粉	0.7	0.8	0.7	0.8	0.8	0.7
磷酸氢钙	1.8	1.3	1.6	1.5	1.5	1.6
食盐	0.3	0.2	0.3	0.3	0.3	0.3
1%预混合饲料	1.0	1.0	1.0	1.0	1.0	1.0
粗蛋白质含量	19	19	19	19	19	19

(2)生长鸭饲料配方　见表7-28。

表7-28　生长鸭典型饲料配方

配方组成(%)	一	二	三	四	五	六
玉米	66.2	65.4	65.3	65.7	65.5	61.5
麸皮	9.5	14.0	12.3	10.7	10.4	11.3
豆粕	20.6	13.4	17.0	14.2	14.7	12.7
鱼粉		4.0	2.0	2.0	2.0	2.0
菜籽粕				4.0		
花生仁粕						4.0
葵花籽粕					4.0	

配方组成(%)	一	二	三	四	五	六
碎米	—	—	—	—	5.0	—
石粉	0.9	1.0	0.9	0.9	0.9	1.0
磷酸氢钙	1.5	0.9	1.2	1.2	1.2	1.2
食盐	0.3	0.3	0.3	0.3	0.3	0.3
1%预混合饲料	1.0	1.0	1.0	1.0	1.0	1.0
粗蛋白质含量	16	16	16	16	16	16

(3)产蛋鸭饲料配方 见表7-29。

表7-29 产蛋鸭典型饲料配方

配方组成(%)	一	二	三	四	五	六
玉米	52.4	52.4	52.4	52.9	52.7	48.8
麸皮	6.7	10.2	8.5	6.8	6.5	7.4
豆粕	31.0	23.9	27.5	24.7	25.2	23.2
鱼粉		4.0	2.0	2.0	2.0	2.0
菜籽粕						4.0
花生仁粕						4.0
葵花籽粕						4.0
碎米					5.0	
石粉	7.1	7.3	7.1	7.1	7.1	7.1
磷酸氢钙	1.5	0.6	1.2	1.2	1.2	1.2
食盐	0.3	0.3	0.3	0.3	0.3	0.3
1%预混合饲料	1.0	1.0	1.0	1.0	1.0	1.0
粗蛋白质含量	19	19	19	19	19	19

四、配合饲料的质量控制

(一)把好饲料的原料关

对饲料原料的检验除感官检查和常规的检验外,还应该测定其内的农药及铅、汞、钼、氟等有毒元素和包括工业"三废"污染在内的残留量,将其控制在允许的范围内。还要检测国家明令禁止的添加剂如安眠酮(甲喹酮)、雌激

现代水禽生产技术

素、瘦肉精等。确保原料安全、绿色，为成品的绿色提供必要的条件。

（二）采用先进的加工工艺

1. 膨化调质工艺

膨化调质工艺是采用膨化调质机对饲料进行瞬时高温（通常为130～135℃）、高压（料群最终所受压力可达3.5兆帕）处理，使物料充分地调质，并且可以部分热化。该工艺对原料的来源无特殊的要求，可以扩大饲料来源；由于提高了淀粉的糊化度和蛋白质的熟化度，可以减少或取消黏合剂、品质改良剂的添加量；可彻底杀灭沙门杆菌和一些流行病的微生物，从而大大减少杀菌剂、抗生素的添加；由于作用时间短，对氨基酸、维生素的稳定性和效价不会产生较大的负面影响；该设备生产出的产品适口性好，减少诱食剂的添加，所以这种工艺可以用来生产绿色饲料。

2. 热敏物质、油脂的后置添加工艺

由于饲料工业的快速发展，饲料厂越来越多地利用膨化制粒或膨化机加工饲料。由于在制粒、膨化时受温度压力的作用，破坏了维生素、酶制剂等的大部分功效，因此在生产中可采用后置添加工艺。具体添加的方法有两种：一种是将这些含有生物活性的物质预先与一种惰性载体混合成泥状，这时是不可溶的，然后形成均匀的悬浮液，悬浮液再通过一种设备转化为一种可作用于粒料的形态，形成均匀的一层薄膜，覆盖在粒料的表面；另一种是用喷雾添加法，它主要有一个高精度的剂量泵，将精确量的液体制剂经气压喷头喷出，这种喷涂系统在添加液体制剂时，可以保证添加量的精确性和安全性。

油脂的后置添加可在热敏物质添加之后进行，添加量达8%，对维生素、酶制剂等活性成分有一种保护作用。同时，油脂的添加还可以阻碍颗粒中营养成分的氧化，起一种包被的作用，从而减少饲料配方中氧化剂的添加。

后置添加工艺可以避免热加工对一些养分的损害，从而减少了这些组分的添加量，减低了生产成本。同时，这些组分的添加，可根据生产出的饲料的真实成分和用户的需求进行配方，可以准确地满足用户的需求，又可避免盲目添加。

（三）防止饲料中添加剂的残留

在绿色饲料的生产中，设备中的残留会使饲料中实际添加剂的量变小，既会影响饲喂效果，又会引起不同批次物料的交叉污染。

1. 消除静电吸附

某些微量活性成分易产生静电效应而使之被吸附在机壁上。在操作时可将受到影响的设备妥善接地,选择非静电型的预混料,同时用振动装置消除吸附的物料。

2. 清理设备残留

调整混合机的螺带和桨叶,安装空气清扫喷嘴,采用大开门的卸料机构。在操作时注意加料顺序,先加入80%物料后,加入预混合饲料添加剂,然后加入20%物料。尽量采用自清式的斗提机、刮板输送机和螺旋输送机,用空气清扫喷嘴,定期进行清理。注意冲洗调质器及环模,调节冷却器,使排料更彻底。

3. 加入油脂

在混合时用定量泵供应一定流量和压力的油脂,采用合适的喷嘴,喷出很细的液滴与粉料均匀混合,以消除粉尘。在混合机中油脂的添加量应控制在3%以内。加入量不能太大,以免制粒时受影响。

(四)防止饲料的霉变

1. 控制原料的含水量

原料水分含量过高会引起饲料成品的霉变,一般要求原料中水分含量不应超过13.5%。如果水分偏高,则可以采用干燥机对原料进行处理。

2. 保证蒸气的质量

在制粒时,根据加工物料的不同,采用一定压力的干饱和蒸气。如果蒸气质量不好,其中含有部分冷凝水,则使调质温度达到要求时含水量过高,这样生产出的颗粒饲料的含水量也较高,易发生霉变。

3. 提高包装质量

饲料的霉变与包装方式有很大的关系,它通过影响饲料水分活度和氧气浓度间接影响饲料的霉变。包装密封性好,饲料水分活度可保持稳定,袋内氧气由于饲料和微生物等有机体的呼吸作用的消耗而逐渐减少,二氧化碳的含量增加,从而抑制微生物生长。如果包装的密封性不好,饲料很容易受外界湿度的影响,水分活度高,氧气很充足,为微生物生长提供很好的条件,饲料很容易发霉。因此,饲料厂应该提高饲料袋的包装质量,减少袋的破损,从而减少饲料发霉。

第五节　水禽饲料配制特点

一、鸭饲料配制特点

能量水平要求高,一般需要通过添加油脂来满足,较多使用的是动物油脂;饲料中必须添加动物性饲料原料,以满足其嗜腥习性;饲料中维生素使用量较大;产蛋鸭饲料中钙含量略低于产蛋鸡,为2.5%～3%;次粉是常用的饲料原料之一;蛋白质含量要求较高。

二、鹅饲料配制特点

考虑季节性青绿饲料的供应特点,产蛋期与休产期的不同需要,不同生理阶段的需要不同,不同体重的鹅群营养需要不同,产蛋率不同对饲料营养需求也不同,青绿饲料是鹅的主食。

第八章　蛋鸭生产

　　蛋鸭在我国乃至世界的水禽生产中都占有极为重要的地位,我国的鸭蛋产量占世界总产量的1/2左右。蛋鸭的产蛋率不仅高而且蛋的品质好,在我国目前尽管蛋鸭的生产和消费中所占的比例还比较小,但是有增高的趋势。可以说在有水域的地方一般都有蛋鸭生产。

　　生产上将蛋鸭分为3个饲养阶段:4周龄以前为雏鸭阶段、5~16周龄为育成阶段、17周龄后为成年阶段或产蛋(繁殖)阶段。各个阶段鸭群的生理特点不一样、饲养目标不一样,对饲养管理的要求也不相同。

─────── 【知识架构】───────

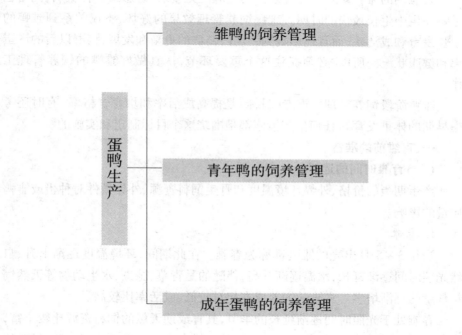

蛋鸭生产

├─ 雏鸭的饲养管理

├─ 青年鸭的饲养管理

└─ 成年蛋鸭的饲养管理

第一节 雏鸭的饲养管理

蛋用型鸭的雏鸭是指 4 周龄或 30 日龄以内的鸭,这个阶段称为育雏期。刚出壳的雏鸭其体躯绒毛主要为黄色(成年羽毛为白色或浅麻色的品种其雏鸭绒毛基本为黄色;大部分麻鸭品种的雏鸭绒毛主要为黄色,但在体躯上有黑色斑块;有少数品种如康贝尔鸭雏鸭绒毛为灰褐色),因此也称为鸭黄。

育雏期的雏鸭对外界环境条件的适应能力差,容易感染各种疾病,同时也是鸭一生中生长最快的时期。雏鸭饲养管理效果的好坏,不仅关系到雏鸭的生长发育和成活率,而且还影响到鸭场内鸭群的更新和发展,鸭群以后的产蛋率和健康状况。所以,必须抓住这个重要环节,认真做好雏鸭的饲养管理工作。

雏鸭阶段饲养管理的重点(目标)是提高成活率和培育合格率(有时还考虑早期的体重发育),任何生产措施都是围绕这个目标制定和实施的。

一、育雏前的准备

(一)育雏时间的选择

产蛋期蛋的价格、外界环境温度和野生饲料资源、外界条件对种蛋或雏鸭质量的影响。

1. 春雏

当年 3 ~ 5 月出壳的雏鸭都称为春雏。在此期间,环境温度逐渐上升、自然光照时间逐渐延长,水温逐渐升高,伴随的是青草、昆虫、水生动物等天然饲料数量的逐渐增多。春雏的饲养成本相对较低、成活率比较高。

春雏处于光照时间逐渐延长的季节,其育成期天然的饲料资源比较丰富,因此,其性成熟期容易提前。进入秋末的时候由于鸭群已经产蛋一段时期,体质下降,羽毛有部分脱落或磨损,遇到气温突然下降便容易出现产蛋率急剧降低的情况。

2. 夏雏

6 ~ 8 月上旬出壳的雏鸭称为夏雏。这几个月气温高、湿度大,野生饲料资源丰富。育雏期间的保温要求容易满足,3 周龄后就可以将雏鸭群放到附近进行放牧饲养,1 月龄后放牧范围可以扩大。

夏雏的育成期是野生饲料资源丰盛的时期,在育成期进行放牧饲养不仅可以节省饲料费用,还能增强鸭的体质,为成年后的高产打下良好基础。

3. 秋雏

8月中旬到10月初出壳的雏鸭称为秋雏。秋雏在育雏阶段要考虑保温问题。在淮河以北的省区秋雏的育成期处于野生饲料资源匮乏时期,需要以舍饲为主。

由于我国地域辽阔,各地自然气候的差异较大,相应的在野生饲料资源的生长情况、环境温度等方面也存在很大差异。因此,在确定育雏时间的时候应该以所采取的饲养方式和当地的具体气候变化特点为依据。

(二)育雏数量的确定

1. 饲养者的资金提供能力

蛋鸭生产尽管投资较少,但是一些必要的投资是必不可少的,如房舍设备、鸭苗、饲料和药品等。尤其是在开始的时候,固定投资需要占用一定数额的资金。对于蛋鸭生产的固定投资,一般按照每只成年母鸭计算在 16~24 元,由于各地情况不同会有较大的差别,养 1 000 只产蛋鸭,初期的固定投资就需要 1.6 万~2.4 万元。

1 只雏鸭饲养至开产的投资需要 10~16 元。确定存栏数量时必须根据自己的资金基础做出决定,避免在饲养过程中由于资金的短缺而出现饲料及其他生产必需品无法保证的问题。

2. 饲养的环境与设施条件

每只成年母鸭约需要 0.25 米^2 的鸭舍面积,0.3 米^2 的运动场面积和 0.1 米^2 以上的水面面积。饲养和活动面积不足则会影响鸭群正常的生长和生产。

3. 市场需求的分析情况

对于一个鸭场来说生产效益最主要的决定因素是产品的销售价格。因此,如果判断出当鸭群开产后鸭蛋(或种蛋)的价格较高时可以适当增加饲养量,相反则应该适当压缩饲养规模。

(三)育雏舍和设备的检修、清洗及消毒

雏鸭阶段主要是在育雏室内进行饲养,育雏开始前要对鸭舍及其设备进行清洗和检修。目的是尽可能将环境中的微生物减至最少,保证舍内环境的适宜和稳定,有效防止其他动物的进入。

对鸭舍的屋顶、墙壁、地面、取暖、供水、供料、供电等设备进行彻底的清扫、检修,能冲洗的要冲洗干净,鼠洞要堵死,然后再进行消毒。用石灰水、碱水或其他消毒药水喷洒或涂刷。清洗干净的设备用具需经太阳晒干。

清扫和整理完毕后在舍内地面铺上一层干净、柔软的垫料,一切用具搬到舍内,用福尔马林熏蒸法消毒(按1米³空间用福尔马林30毫升,高锰酸钾15克熏蒸24小时,然后放尽烟雾。为降低成本可不用高锰酸钾,将福尔马林和水按1:1的比例直接倒入瓷盘中,将瓷盘加热使其挥发进行熏蒸)。鸭舍门口应设置消毒池,放入消毒液。

对于育雏室外附设有小型洗浴池的鸭场,在使用之前要对水池进行清理消毒,然后注入清水。

(四)育雏用具设备等物质的准备

应根据雏鸡饲养的数量和饲养方式配备足够的保温设备、垫料(干燥、无发霉、无异味、柔软、吸水性强)、围栏、料槽、水槽、水盆(前期雏鸭洗浴用)、清洁工具等设备用具,备好饲料、药品、疫苗、温度计,制定好操作规程和生产记录表格。

(五)选好饲养人员

育雏是一项细致、复杂而辛苦的工作,育雏前要慎重地选好饲养人员。作为育雏人员要有一定的科学养鸭知识和技能,要热爱育雏工作,具有认真负责的工作态度。对于初次做此项工作的人员,要进行岗前技术培训。

(六)垫料铺设

试温前将经过太阳暴晒的垫料铺在育雏室的地面,厚度5~8厘米,厚薄均匀。

(七)做好试温工作

无论采用哪种方式育雏和供温,进雏前2~4天(根据育雏季节和加热方式而定)对舍内保温设备要进行检修和调试,在雏鸭接入育雏室前1天,要保证室内温度达到育雏所需要的温度(33℃),并注意加热设备的调试以保持温度的稳定。

二、雏鸭的生理特点

要提高雏鸭培育效果,就必须了解雏鸭的生理特点和生活要求,并根据这些特点采取相应的措施以便能够采取符合雏鸭需求的饲养管理。雏鸭的生理特点主要表现有以下几个方面:

(一)适应能力差

刚出壳的雏鸭由于刚经历了从蛋壳内的生活向自然环境中生活的转变,其体质很弱,神经系统和内分泌系统发育不健全,对外界环境的适应能力很差,一旦环境条件不适宜雏鸭很难进行完善的自身调节,会造成生长受阻或健康受影响,甚至死亡。雏鸭对环境的适应能力需要有一个逐步适应的过程,一般在半个月后,适应性就会有明显提高。

(二)体温调节能力差

主要表现在以下几方面:

第一,雏鸭绒毛短,线状羽保温能力很差;皮下脂肪极薄,保温能力很差,也无法缓冲外界不适温度的影响。

第二,鸭的肺部嵌在肋缝之间,与薄薄的皮下组织紧贴,外界的温度变化对肺部的影响很直接,环境温度过高过低均会引起雏鸭肺部充血。

第三,由于禽类的呼吸系统结构比较特殊,气囊在胸腔、腹腔都有分布,吸入的冷空气对体内温度变化的影响也比较大。加上雏鸭自身调节体温的能力差,其体温会随着环境温度的升降而相应出现升降,而体温偏离正常水平则对其生理机能会产生不良影响。只有环境温度适宜雏鸭的体温才能够保持适宜。这就要求对雏鸭提供一个适宜的环境温度。

第四,体重小、产热少。

第五,单位体重散热面积大。

第六,与产热、散热有关的神经和内分泌调节机能发育不健全。

体温调节能力差表现在体温会随外界温度的变化而发生相应改变。体温的保持取决于外界温度的是否适宜。

(三)消化吸收能力差

雏鸭消化机能发育尚不健全,对饲料的消化能力差,其表现主要有以下几个方面:

1. 物理(机械)消化能力差

物理消化就是通过外力的作用将饲料的颗粒由大变小。雏鸭的这种能力差是因为喙比较软,撕啄较大食物的能力差,肌胃壁的收缩所产生的内压小,研磨饲料颗粒的能力低,包括肠道的蠕动对食物的消化所产生的作用都是很小的,这就要求饲料的颗粒适中、不太坚硬,易于消化。

2. 化学消化能力差

雏鸭的消化腺分泌功能差,消化酶量少且活力低,饲料中有相当一部分不能被完全分解而排出体外,如果在饲料中添加适当的酶制剂则有助于饲料的消化。

3. 雏鸭的消化道长度短,饲料在消化道内的时间短

例如,10日龄绍兴鸭消化道长度约20厘米,而成年鸭则超过40厘米,容

积小,每次的采食量小,因而就要少喂多餐,喂给易消化的饲料。绍兴鸭消化道的发育情况见表8-1。

表8-1　绍兴鸭各阶段消化道发育变化

周龄	初生	4	8	12	16	20
消化道总长(厘米)	47.44	180.05	226.59	213.97	218.23	231.43
体斜长:消化道长	1:12	1:17	1:12	1:12	1:11	1:11.6
消化道总重(克)	5.60	74.67	147.36			156.2
消化道重占体重的比例	18.95	22.53	13.93			11.16
十二指肠长(厘米)	6.94	21.48	26.77	26.38	25.65	27.52
空回肠长度(厘米)	26.63	112.32	132.37	121	124.86	132.43

另外,微生物消化作用极其微弱。

(四)增重快、代谢旺盛

雏鸭生长速度快,初出壳的绍兴鸭体重约40克,14天的体重可达到100克,28日龄体重达到350克。体重的快速增加要求雏鸭必须摄入足够的营养物质。雏鸭阶段尤其是骨骼的生长更快,需要丰富而全面的营养物质,才能满足雏鸭的生长发育需求。

代谢旺盛主要体现在心率、呼吸频率快,单位体重产热和耗氧多。

(五)雏鸭抗病力差

雏鸭的免疫系统尚处于发育过程中,对许多病原微生物缺乏免疫能力,体内营养成分(尤其是一些与抗病有关的成分)的积聚很少,许多疾病(包括传染病和营养代谢病)对其有很大的威胁性。因此,要特别注意卫生防疫工作。

(六)雏鸭缺乏自卫意识和能力

1. 雏鸭缺少自卫意识

当饲养员进入鸭舍的时候雏鸭蜂拥向前,无躲避意识,容易被踩死踩伤。

2. 缺乏自卫能力

在晚上休息的时候如果老鼠进入育雏室则会咬死大量雏鸭,在室外活动时也可能会受到鹰类猛禽和猫、狗及其他野生动物(如蛇、鼬等)的袭击。

(七)育雏期是羽毛更换的关键时期

以绍兴鸭为例,介绍生长期蛋鸭羽毛更换规律。

1周龄:细绒毛开始脱落,体躯绒毛开始发白。

2周龄:体躯绒毛继续变白,体躯明显变长。

3 周龄:在 2 周龄变化的基础上尾部长出几根黑色的有羽干的粗绒羽,如同虾尾。

4 周龄:背部长出黑色的有羽干的粗绒羽并与尾部的相连成条状,胛下两边长出有羽干的粗绒羽。

5 周龄:翅膀下长出麻褐色正羽,眼睛周围和嘴夹边出现棕红色羽毛。

6 周龄:肩胛两边又长出正羽,胸腹部羽毛长全。

7 周龄:后腹部正羽生长区扩大,除腰部外两端都长出正羽。

8 周龄:体侧部和胸腹部正羽长齐。

9 周龄:头部开始长出麻色羽毛,翅上露出青管,主翼羽刚从毛管上吐出。

10 周龄:头部和颈部遍布麻羽,主翼羽的形状如木匠的斜凿头状。

11 周龄:两个翅膀长出主翼羽羽片,如蚌壳状,蚌壳翅。

12 周龄:两个翅膀的主翼羽羽尖在腰部碰着;全身羽毛基本长齐,小正羽开始更换。

13 周龄:胸腹部的小正羽完全更换,光滑亮泽,主翼羽的羽轴变白。

14 周龄:颈部后段和腿部羽毛更换;两个翅膀的主翼羽羽尖在腰尾部交叉。

15 周龄:全身羽毛都已经更换为成年羽毛,羽毛紧贴体躯,整齐发亮。

三、雏鸭的挑选与运输

(一)雏鸭的挑选

为获得较高的育雏成活率和培育出高产的鸭群,选择优质的雏鸭是关键之一。

1. 对供雏者的选择

目前,我国大部分的蛋鸭饲养在农户,饲养规模较小,也很少做选育工作,所提供的雏鸭不可避免地存在退化问题。因此,在选择供雏者时最好到规模大、选育工作开展较好的种鸭场。

2. 对孵化情况的选择

购买雏鸭要到孵化技术先进、孵化卫生管理较好的孵化厂,以减少雏鸭在孵化期间的感染问题。在挑选的时候要挑选在正常出雏时间出壳、当批次种蛋受精率和孵化率要高。

3. 对雏鸭自身情况的选择

雏鸭的毛色要一致、羽毛整洁而富有光泽、大小相近、眼大有神、行动灵活、抓在手中挣扎有力、脐部收缩良好、鸣叫声响亮而清脆的雏鸭。这样的雏鸭体质健壮,生命力强。

凡是体重过大或过小、软弱无力、腹部大(蛋黄吸收不好)、脐部愈合不好(脐孔没收紧、钉脐、血脐)的都是弱雏,弱雏育雏率低。凡是有残疾的,如跛脚、盲眼、歪头等均应剔除。如果选择作为种用的雏鸭还应符合品种的外貌特征。

(二)雏鸭的运输

运输初生雏鸭是育雏工作的一个重要环节,稍有疏忽,即可造成重大经济损失。

1. 雏鸭的包装

雏鸭可装在铺有垫草的竹制鸭篮或平箩内,每个直径80厘米、高25厘米的篮子可装100只雏鸭,运输中可叠放4~5个篮子,最上层的加竹篾盖子。也可用雏鸡盒(纸质或塑料)装雏鸭,每盒80只。

2. 雏鸭运输的基本原则

迅速及时,舒适安全,注意卫生。要把雏鸭安全运输到目的地,途中必须做到"防冷、防热、防压、防闷"。

3. 运输时间

雏鸭出壳后,必须在"开食"前运输,一般来说,不能超过出壳后36小时。开食前的雏鸭有先天抵抗力,运输比较安全。

4. 运输工具

短途运输数量少时最好用担子挑运,长途运输宜用飞机、火车、专用汽车或船。

5. 运输注意事项

天气热时,选择清晨或夜间凉爽时运输,避免日晒雨淋。冷天运输,要注意保温,加盖棉毡或麻袋。无论任何季节,途中应注意雏鸭动态,发现过热、过冷、通风不良、挤压等,应及时采取措施。装车时每行雏篮之间、篮与车厢之间要有空隙,最好有木架隔开,以免篮子滑动。装卸时要小心平稳,避免倾斜。运雏车和雏篮事先要做好消毒工作。

四、雏鸭的环境要求

适宜的环境条件是雏鸭正常发育的基本保证,也是影响育雏效果的重要条件。环境条件的控制主要是在利用自然条件的基础上对不适宜的条件进行人为的调整使之满足雏鸭的需求。

(一)环境温度

环境温度是环境条件中影响最大的因素,也是最容易出现问题的一个方面。

1. 环境温度对雏鸭的影响

雏鸭自身调节体温的能力差,而且个体小,绒毛稀,对外界不适宜的温度反应十分敏感,尤其是头2周龄的雏鸭更是如此。因此,必须给雏鸭适宜的温度,这也是育雏成功的关键。环境温度的过高或过低会造成雏鸭体温的升高或降低,偏离正常的生理体温,这对雏鸭的健康和生长是很有害的。

2. 供温方式对育雏效果的影响

生产中在育雏室内的供温可以采用地下烟道、火炉、保温伞、红外线灯等方式。通常来说地下烟道供温可以保持地面和垫草的干燥,有利于减少球虫和其他微生物的繁殖,也有利于雏鸭腹部的保暖。保温伞用电热丝作热源,伞下温度较高,伞外较低,雏鸭可以根据自己的需求选择活动的区域。这两种供温方式应用较多。

3. 温度控制的标准

育雏的温度可以参照表8-2所示的标准。

表8-2　蛋鸭育雏期温度控制参考标准

周龄	1~3天	4~7天	2	3	4
温度(℃)	33~30	30~26	28~22	24~19	24~17

注:表中所示温度为雏鸭身体周围的温度。3~4周龄关键是考虑温度的下限。

4. 看雏施温

温度是否适宜,除通过温度计进行观察外还可以结合观察雏鸭群的行为表现。如果雏鸭精神活泼,食欲良好,饮水适度,羽毛光滑整齐,吃饱后散开卧地休息,伸腿舒颈,静卧无声,说明温度是适宜的;如果雏鸭低头缩颈,常堆挤在一起,外边的鸭不断地往鸭群里边钻,并发出不安的叫声,或靠近热源取暖,说明温度偏低,需要提高温度,否则,时间长了,会造成压伤或窒息死亡;如果雏鸭远离热源,张口喘气,饮水增加,说明温度高,要适当降低温度。

5. 温度控制的原则

"适宜而均衡"是控温的原则。所谓适宜应该是温度符合标准,雏鸭感觉舒适;所谓均衡指在育雏过程中无论采用何种供温方式,随日龄增加必须逐渐降低温度。降温应做到适宜平稳,切忌大幅度降温或忽高忽低,否则容易诱发疾病。在1天内也应该注意避免温度出现较大幅度的升降。

3周龄以后的雏鸭已有一定的抗寒能力,如气温在15℃以上,就不必再行人工加温。在温度管理上,最关键的是第一周,必须昼夜有人值班,细心照料。正如农谚所说:"小鸭请来家,五天五夜不离它。"在育雏期间,夜间是容易出现温度控制失当的时候,需要加倍关注。

(二)环境的相对湿度

水禽喜欢戏水,但不能整天泡在水里,尤其是雏鸭更喜欢干爽的环境。

1. 雏鸭舍湿度要求

65%左右的相对湿度对于育雏阶段的鸭是比较适宜的。湿度偏低对于10日龄前的雏鸭容易皮肤干燥;湿度大则会造成羽毛脏污,寄生虫和微生物容易繁殖。

2. 育雏室湿度控制

育雏室内湿度不能过大,圈窝不能潮湿,垫草必须经常保持干燥,尤其是在雏鸭吃过饲料或下水游泳回来休息时,一定要在干燥松软的垫草上休息。如果雏鸭久卧阴冷潮湿的地面,不仅影响饲料的消化吸收,造成烂毛,也易发生感冒和胃肠疾病。因此,在管理上必须做到勤换垫草,保持鸭舍或圈窝内干燥和清洁。喂水时一定不能将水洒在地面上。为防止育雏早期舍内过分干燥,特别是前5天,可在火炉上烧开水或喷些水雾,以增加舍内的空气湿度。1周内使舍内空气相对湿度在60%以上,1周以后以不超过70%为宜。

(三)通风换气

雏鸭生长快,新陈代谢旺盛,生活中单位体重需要消耗更大量的氧气,同时也排出大量二氧化碳。据测定,鸭每千克体重1小时呼出二氧化碳为1.5~2.3升。如果不注意舍内通风换气,会使二氧化碳大量增加,造成缺氧。尤其在高温、高湿的情况下,排出的粪便分解快,挥发出大量的氨气和硫化氢等有害气体,刺激眼、鼻、呼吸道,影响雏鸭生长发育,严重者会造成中毒。所以,育雏舍要特别注意通风换气,以保持舍内空气新鲜,不受污染。为了保证通风应该在育雏室安装排风扇,采用负压通风换气。

在低温季节通风和保温是一对矛盾,通风不利于保温。在处理这个矛盾时要注意保证育雏舍每天要定时换气,朝南的窗要适当打开,但要防贼风,不要让风直接吹到鸭身上。尤其是在冬春季节,冷风直接吹向鸭体会诱发感冒。另外,要加强垫草管理,保持干燥,也可减少污染,使空气新鲜。

在低温季节如何处理通风和保温的矛盾:第一周以保温为主,第二、第三周保温与通风兼顾。在采用火炉加热时注意防止一氧化碳中毒和氧气含量不足。

（四）光照

1. 光照的作用

适宜的光照对雏鸭的生长发育、物质代谢、运动等有重要作用。太阳光中的红外线可以提高鸭体表温度，增强血液循环；紫外线能够促使皮肤的 7 - 脱氢胆固醇转化为维生素 D_3，从而促进骨骼的生长，刺激消化系统功能，增进食欲，有助于新陈代谢。因此，在温度适宜的情况下应让雏鸭到运动场活动，接受阳光照射。雏鸭只有在适宜的光照下，才能熟悉周围的环境，学会采食和饮水。在不能利用自然光照或自然光照不足时，可以用人工光照来补充。

2. 光照时间

随周龄增大而逐渐缩短。要求为 0 ~ 3 日龄的雏鸭连续照明，4 ~ 7 日龄的雏鸭，每天光照 20 ~ 22 小时；从 8 日龄开始，逐步缩短光照时间（2 周龄每天光照约 18 小时），3 ~ 4 周龄每天照明时间维持在 14 小时。夜间非光照期间，育雏室内保留 2 ~ 4 盏灯泡，有微弱的光线，有助于保持鸭群的安静。

3. 光照强度

前 3 天强度较高以利于雏鸭适应环境和减少其他动物的危害。4 天后逐渐降低光照强度（1 米² 地面 3 ~ 4 瓦的灯泡功率做参考），灯泡照明时的光照强度可以 1 米² 地面 4 ~ 5 瓦的灯泡功率做参考。4 日龄后人工照明的亮度以工作人员进入育雏室后能够清晰地观察鸭群的状态、料桶内的饲料、饮水器水等情况为准。从 15 日龄起，要根据不同情况，如上半年育雏，白天利用自然光照，夜间以较暗的灯光（30 米² 地面可用 1 盏 15 瓦的灯泡）通宵照明，只在喂料时间用较亮的灯光照半小时；如果在下半年育雏，由于自然光照时间短，可在傍晚适当增加 1 ~ 2 小时光照，夜间其余时间仍用较暗的灯光通宵照明。

4. 光线分布

要求分布均匀，在育雏室内用灯泡补充光照时，一般不考虑使用特殊颜色的灯泡。

五、雏鸭的饲养要点

（一）饮水管理

1. "开水"

刚孵出的雏鸭第一次接触水或饮水，称为"开水"、点水或潮水、潮口。"开水"的掌握对于及时补充雏鸭体内水分、增强活力、促进胎粪排泄是十分重要的。

（1）"开水"的时间　雏鸭接入育雏室安顿好后立即进行。开食之前先调教雏鸭开水。"开水"一般在雏鸭出壳后24小时左右进行。不能晚于36小时。"开水"时间推迟不利于雏鸭的新陈代谢活动和生长发育。

（2）"开水"的工具　"开水"可以在长方形搪瓷盘中进行，盘长为60厘米，宽为40厘米，边高为4厘米。也可以用鸡饮水器或其底盘、大水盆作为开水的工具。

（3）"开水"的方法　用长方形搪瓷盘时，盘中盛1厘米深的清水，水温以20～25℃为宜，1次可放50～60只雏鸭，任其自由饮水，洗毛。也可以将雏鸭分批放在鸭篮内，视鸭篮大小，一批可放30～60只，慢慢将鸭篮浸入水中，以浸没鸭脚为宜。也可以将雏鸭放到潮湿的篾席或塑料布上，塑料布四周的下边垫一根竹竿或木条，使水不外流，然后用小喷水壶向雏鸭身上喷洒温水，让雏鸭相互啄食身上的水珠，但这种方法适合于在气温较低的早春或秋末进行。

（4）"开水"的要求　若将雏鸭放在浅水中活动一般为5～10分，天气冷时时间短些，天热时时间长些。饲养量多的鸭场给雏鸭饮水多采用饮水器或浅水盆，水中可加入0.02%的高锰酸钾、抗生素等，以防治肠道疾病。雏鸭经过2～3次就可学会饮水和洗毛。在饮水时注意水不要过深，以免淹死雏鸭。

2. 饮水

"开水"之后就可以按照正常的程序进行喂饲和饮水。饮水的控制原则是"清洁、充足"。

（1）保证饮水充足　在有光照的时间内应该保证饮水设施内有足够的清水以满足雏鸭饮用，尤其是在喂饲前后绝不能缺水。因为鸭在采食的时候往往是吞吃几口饲料，然后饮几口水，如此反复进行。如果缺水则会影响雏鸭的采食进而影响生长发育。

在气温较高的情况下，7日龄后的雏鸭可以到浅水池中游水，在雏鸭游水之前必须保证不让它们因缺水而感到口渴，否则雏鸭进入水池后会饮用脏水而导致发生疾病。

（2）保证饮水卫生　饮水卫生是防治雏鸭消化系统疾病的重要保证。饮水要符合饮用水卫生标准；生产中要求每天至少刷洗饮水器、更换饮水3次，以保证饮水干净。在采用水盆供水时尽量减少雏鸭踏入水盆，如果盆中水脏污必须及时更换。

对饮水进行消毒处理也是保持饮水卫生的重要环节。消毒药应该对机体无刺激和毒害。对饮水进行过滤处理在有些情况下是十分必要的。

（3）饮水的特殊要求　为了提高雏鸭的抵抗力、促进生长,通常可以考虑在 5 日龄前在饮水中间隔性添加葡萄糖、电解多维、补液盐等添加剂。这些添加剂在使用的时候要注意用量适当,并非越多越好;每次配制的含有添加剂的饮水量不宜多,让雏鸭在 1 个小时内能够饮完,因为时间长了会引起水的变质以及添加成分的分解失效。

（二）"开食"管理

第一次给雏鸭喂食称为"开食"。

1."开食"时间

"开食"一般在开水后 15 分左右进行,但也有开水后接着"开食"的。总的看"开食"时间不宜迟于出壳后 36 小时。"开食"时间提前一般没有什么明显的不良影响,而"开食"时间推迟则会使雏鸭体内营养消耗过多,影响其健康。"开食"时间的掌握主要根据外界气温和雏鸭的精神状态来决定。气温高,雏鸭出壳较早,精神活泼,有求食表现时,可在"开水"后接着就"开食";相反,应在雏鸭绒毛稍干后进行。

2."开食"饲料

规模化养殖场直接使用雏鸭配合饲料。我国农村传统养鸭方法,"开食"饲料主要喂给半生半熟的夹生米饭,要选用籼米,北方可选用小米或碎玉米。用沸水煮成外熟里不熟的程度,煮好后用清洁的凉水冲洗一下,使米饭松散,达到"不生、不烂、不黏、不硬",拌上熟蛋黄喂饲。

3."开食"的方法

饲喂时将雏鸭放到塑料布或芦席上,先洒点水,略带潮湿,然后放出雏鸭,饲养员一边轻撒饲料,一边吆喝调教,诱使其啄食。这时要细心观察,要使每只雏鸭都能够吃到饲料。对于采食较猛较多的雏鸭,要提前捉出,以免吃得过饱伤食。对于部分吃得少或没有吃到饲料的雏鸭,单独圈在一起,专门喂料。对个别仍不吃食的雏鸭,可以单独喂点糖水,最好是葡萄糖水。只要"开食"时所有雏鸭都能吃进一点东西,以后就比较好养了,再喂时雏鸭吃食就比较整齐,雏鸭以后的生长发育也较整齐。

规模稍大的养鸭场都用全价配合饲料,可以调制成湿粉饲料或颗粒饲料喂鸭。湿粉饲料要现拌现喂,调制的干湿程度以手捏紧后指缝无水滴溢出为度。若用颗粒饲料,1 ~ 14 日龄雏鸭用直径为 2 ~ 3 毫米的颗粒饲料,15 日龄后用直径 5 ~ 7 毫米的颗粒饲料。

（三）雏鸭的喂饲

1. "开食"后的喂养与饲喂次数

雏鸭日龄越小每天喂饲次数越多,随日龄增大可逐渐减少喂饲次数。前3天每天喂饲7~8次,4~10日龄的雏鸭,每昼夜喂5~6次,即白天4次,夜晚喂1~2次;11~20日龄雏鸭,白天减少1次,夜晚仍喂1~2次;20日龄以后,白天喂3次,夜晚喂1次。如果在20日龄后采用放牧饲养方式,可视野生饲料情况而定补饲次数和数量。野生饲料资源较好的时候,中餐可不喂,晚餐可以少喂,早晨放牧前可适当补充精饲料,使雏鸭在放牧过程中有充沛的体力采食活食。

2. 喂饲方法

7日龄前的雏鸭可以将拌湿的饲料撒在塑料布或芦席上,由雏鸭自由采食;8日龄以后的雏鸭可以用养鸡的料桶底盘盛放饲料,以减少饲料浪费和避免粪草污染。雏鸭阶段一般采用拌湿的粉状饲料喂饲,个别有使用颗粒饲料的,使用颗粒饲料时必须保证饮水的充足,而且距料盘较近为好。

3. 喂饲原则

在蛋鸭育雏期的喂饲方面应掌握以下4条原则以及农户小规模生产时主要考虑的问题:

（1）由精到粗 育雏初期所使用的饲料以精饲料为主,饲料中粗纤维的含量不能高,以免影响雏鸭生长发育,以后随着日龄的增大可以适当增加粗饲料的用量,以锻炼其胃肠功能。

（2）由熟到生 在小规模生产条件下,育雏初期多数采用半熟的大米、小米等喂饲雏鸭,在3日龄以后逐渐用未经过加热处理的配合饲料替代半熟的大米、小米等。

（3）由软到硬 饲料颗粒的硬度主要与经过拌水处理的时间有关,湿润时间长则硬度小。1周龄内的雏鸭饲料颗粒硬度小些,有利于消化;以后硬度略大,有助于刺激消化能力,对放牧饲养时采食散落的谷粒和草籽能够很好地消化。

（4）由少到多 育雏初期雏鸭消化道容积小,每次喂料量不能多,以免雏鸭过食损伤胃肠;以后随日龄增大,消化道容积加大,消化能力也随着增强,采食量增加,喂料次数减少但是每次的喂料量也应该逐渐加大。

4. 加腥与加青

农谚说:"鸭要腥,鹅要青。"近些年,随着蛋鸭集约化生产和配合饲料工业的发展,不少地区已改用配合饲料喂饲雏鸭,或只在"开食"头两天喂夹生米饭,从第三天起加入少量动物性饲料(即加腥),如鱼粉或黄鳝、蚯蚓、小鱼虾等,并加入少量青饲料(即加青),从第七天起全部喂配合饲料,青饲料的喂量为精饲料的20%~30%,不喂青饲料的加喂多维素。

雏鸭饲料中缺乏动物性饲料会引发"咬鲜病"(也称为缺腥症),雏鸭相互啄羽毛,精神不振,生长缓慢。及时添加动物性饲料(尤其是鲜活的鱼虾等)可以防治"咬鲜病"。

5. 饲料的要求

根据雏鸭的生理特点,雏鸭的饲料要求颗粒适中(大小与小绿豆相似)、配制饲料所使用的原料要易于消化,不能发霉变质或受微生物、寄生虫、农药等污染,饲料的营养浓度高,可以使用益生素和酶制剂。

6. 雏鸭饲喂量控制

一般小型蛋用品种雏鸭在"开食"当天喂饲量按照每天 2.5 克/(只·天),以后按 2.5 克/(只·天)的幅度递增,一直加至 50 日龄为止,每只鸭每天消耗 125 克饲料以后就维持这个水平。表 8-3 是绍兴鸭育雏期前 2 周喂料量参考标准。雏鸭头 3 天的喂量应适当控制,只让吃七八成饱,3 天后可放开喂料,但不能吃得过饱。若喂料后鸭只仍跟着人转,不断鸣叫,说明喂料不足,没有吃饱,要适当补加一点,或中间加喂 1 次青料。如果精料按标准供给了,可适当增加粗饲料或青饲料。每次吃食时间以 10 分为宜,不超过 15 分。

表 8-3　绍兴鸭育雏期喂料量参考标准

日龄	1	2	3	4	5	6	7
喂料量克/(只·天)	2.5	5.0	7.5	10	12.5	15	17.5
日龄	8	9	10	11	12	13	14
喂料量克/(只·天)	20	22.5	25	27.5	30	32.5	35

1 周龄后的雏鸭可以适当采取措施,促进采食,这对于雏鸭体重的较快增加、增强体质是很有帮助的。即便是在 28 日龄时雏鸭的体重超过标准 10%以内都可以认为是能够接受的。

六、管理要点

(一)分群与密度调整

1. 饲养密度

饲养密度是指单位面积鸭床上容纳雏鸭的数量。密度的大小对雏鸭的生长发育和健康影响很大。饲养密度小，雏鸭活动范围大，空气质量好，垫草含水率较低，对雏鸭健康、生长发育有利。但是，密度过小由于房舍利用率低而不经济。饲养密度大，雏鸭相互拥挤，影响采食和饮水，易造成生长发育不整齐。因此，必须提供合理的密度。饲养密度会因饲养方式、品种、年龄、季节、通风状况等不同，也不一样，表8-4是绍兴鸭育雏期参考的饲养密度。

表8-4　绍兴鸭育雏期饲养密度参考值(只/米²)

周龄	1	2	3	4
夏季	33~30	30~25	25~21	21~16
冬季	36~32	32~28	28~23	23~18

注：表中数据是指在有舍外运动场的条件下的参考数据。

有的蛋鸭饲养场在3周龄前采用蛋鸡育雏笼饲养雏鸭，22日龄前后转为地面散养。在笼养条件下1米²笼底面积第一周可饲养50~55只，第二周40只，第三周32只。

农户小群量饲养雏鸭可以使用鸭篮，每只鸭篮的饲养密度：1~3日龄50~55只，4~8日龄45~50只，9~12日龄40~45只，以后转为平面分栏饲养。

2. 合理分群

在接入雏鸭之前就应该将育雏室分隔成若干个小圈，雏鸭进入育雏舍要按大小、强弱和性别进行分群饲养。每个隔间的四角最好围成弧形或用泡沫板将四角挡住，避免雏鸭被挤在角落里造成意外的伤亡。每个小群雏鸭数量在300~500只。应把体质弱的雏鸭单独组成一群，放在舍内温度较高处。这样使强雏、弱雏都能得到适宜的环境和饲养条件，可保证其正常的生长发育。

在日常管理中，分群与饲养密度的调整是常常结合在一起的，随日龄增加密度应逐渐降低，每群的存栏数量应减少。尤其在停止供温后，更应注意，切不可大群饲养。每次调群时将各小群内的大的个体挑出组成一个新群，将小的个体挑出也组成一个新群。

遇到天气变化(变冷)，雏鸭易扎堆，应每隔1小时左右，用手轻轻赶起鸭群，让它们适当运动，以免压伤压死。另外，可根据雏鸭各阶段的体重和羽毛生长情况分群。各品种都有自己各阶段体重标准和生长发育规律，可以定期随机抽测5%~10%的雏鸭体重，结合羽毛生长情况，进行分群饲养。未达到标准的要适当增加饲喂量，超过标准的暂停增加的喂量，直到达到标准后，再增加喂料量。经过分群、细致的管理，使整个鸭群发育整齐。

（二）放水和放牧

1. 放水

将雏鸭赶到水面上游泳、洗浴、饮水称为放水。放水的目的是让雏鸭适应水禽的特性，加强运动，促进消化和新陈代谢，促进其生长发育，保持鸭体清洁，锻炼以后放牧饲养时在水中觅食的能力。同时，也是锻炼鸭的胆子，增加与人接触的机会，遇到环境变化时不受惊吓。

10～15 日龄就可以进行放水。但是，要结合外界温度的高低合理控制，如果在冬季，可能整个育雏期就不让鸭群下水。

放水活动夏季不能在中午烈日下进行，冬季不能在阴冷的早晚进行。雏鸭每次下水活动上岸后，都要让其在温暖无风的地方梳理羽毛，使身上的湿毛尽快干燥后，进育雏舍休息。千万不可带着湿毛进舍内休息。

放牧饲养的鸭群要从小训练鸭下水。1～5 日龄可与雏鸭开水结合起来进行。但因雏鸭尾脂腺不发达，羽毛防湿性能较差，放水时间不宜过长。否则，湿透羽毛易受凉感冒。一般上下午各 1 次，每次 3～5 分。随日龄增加，可逐步增加放水时间和次数。在 5 月中旬以后，15 日龄以后的雏鸭可以在晴好无风的时候到育雏室外附设的水池中游泳洗浴。由于雏鸭日龄大小、体质强弱、气温、喂料性质等条件的差异，放水的次数及时间的长短，要根据具体情况灵活掌握。如果雏鸭体质强壮、气温高、喂动物性饲料多就可以放水时间长一点，次数多一些。

每次放水与室外运动时间的长短与鸭龄大小、环境温度高低、风力大小有关。

2. 放牧

如果天气好 1 周龄以上的雏鸭，就可以进行放牧训练，使雏鸭适应自然环境，增强体质和觅食能力。开始可以选择晴朗天气，在外界温度和舍内温度相近时，放鸭于舍外运动场或鸭舍周围的牧草地活动，不宜走远，时间不宜长，每次 20～30 分。待雏鸭适应后，慢慢延长放牧路线，选择较理想的放牧场地。2 周龄后，只要气温适宜，天气晴朗，圈养鸭白天均可在运动场活动；放牧饲养鸭每天上下午各放牧 1 次，中午休息，时间由短到长，逐步锻炼，但最多不超过 1.5 小时。雏鸭放水稻田后，都要到清水中游洗一下，然后上岸梳理羽毛，入舍休息。

3. 放牧雏鸭的补饲

放牧鸭要观察鸭群觅食的情况，如果放牧场地好，吃的东西很多，鸭就不来讨吃,补喂饲料可以减少。如果吃的东西少,鸭群在牧地游来游去,个别鸭边游水边叫,要赶快补喂饲料。如果鸭游来游去,不时潜水没头,非常活泼,时间可以放得长一些,但要注意控制。

一般情况下,雏鸭阶段放牧采食的量有限,补饲是十分重要的。

(三)搞好卫生,预防疾病

1. 搞好环境卫生

雏鸭抵抗力低,易感染疾病,因此,要给雏鸭提供一个清洁卫生的环境。随日龄增长,雏鸭的排泄物不断增多,鸭舍极易潮湿。因此,必须经常打扫,勤换垫草,保持舍内干燥。

除育雏室要定期清扫外,运动场也应该每天清扫,及时将杂物运送到垃圾场。水池定期更换水,每次换水时将池底杂物清理干净。经常清扫鸭群活动的场所,保持垫草干燥干净。

2. 定期进行消毒

消毒的目的在于及时杀灭环境中的微生物,防治传染病的发生。食槽、饮水器每天清洗、消毒。当雏鸭到运动场活动或外出放牧的时候可以对鸭舍内的地面和墙壁进行消毒,每天当雏鸭回舍内的时候可以对运动场和水池进行消毒。

3. 按时接种疫苗和投药防病

根据种鸭的免疫情况决定接种鸭病毒性肝炎、鸭瘟等疫苗的时间、次数以及喂饲的抗菌药物时间、种类等。1～5日龄接种鸭病毒性肝炎和里默菌病疫苗;21～25日龄接种鸭瘟疫苗。

(四)减少意外伤亡

1. 防止野生动物伤害

雏鸭缺乏自卫能力,老鼠、鼬、鹰都会对它们造成伤害。因此,育雏室的密闭效果要好,任何缝隙和孔洞都要提前堵塞严实。当雏鸭在运动场和水池活动或在放牧过程中要有人照料鸭群。猫、狗也不能接近鸭群。

2. 减少挤堆造成的死伤

室温过低、受到惊吓、洗浴后羽毛未干就进入育雏室都会引起雏鸭挤堆,造成下面的雏鸭死伤。

3. 防止踩、压造成的伤亡

当饲养员进入雏鸭舍的时候,抬腿落脚要小心以免踩住雏鸭、放料盆或料桶时避免压住雏鸭;工具放置要稳当、操作要小心,以免碰倒工具砸死雏鸭。

4. 弱雏复壮

及时发现和隔离组成弱小群,适当提高环境温度,补充营养,对症治疗。

5. 其他

如放水时注意观察,防止溺水(主要是 10 日龄前的雏鸭),笼养时防止雏鸭的腿脚被底网孔夹住、头颈被网片连接缝挂住等。

(五)建立稳定的管理程序

蛋鸭具有集体生活的习性,合群性强,各种行为要在雏鸭阶段开始培养。经过调教训练,使鸭群的饮水、吃食、下水游泳、上岸理毛、入舍休息、放牧等活动做到定时定地,专人管理,并形成规律。根据这一规律,建立一套管理程序,以后不要轻易改变。若要改变,也要逐步变化。如果频繁改变饲料和生活秩序,不仅影响鸭的生长,也会造成疾病,降低育成率。这一点饲养蛋用鸭时必须给予高度重视。

一些生产者对雏鸭的管理要领进行了总结,归纳为一放、二看、三算、四防,其含义为:

一放:农谚说"养猪要囚,养鸭要游"。在条件许可的情况下 3 日龄后的雏鸭要训练到浅水中戏游。

二看:(主要在前两周)白天看天气变化,注意防寒保暖;夜间看雏鸭的睡态,防止雏鸭扎堆。

三算:一算雏鸭只数,二算饲料搭配,三算雏鸭日龄。

四防:一是防治雏鸭生病,搞好环境卫生;二是防止寒潮侵袭,保持适宜舍温;三是防止农药中毒,注意放牧环境;四是防止鼠猫危害,坚持守夜亮灯。

第二节 青年鸭的饲养管理

蛋鸭自 5 周龄起至 16 周龄这一时期称为育成期,通常称为青年鸭阶段或后备鸭阶段。这个时期养育重点应该使鸭群的体格得到充分的发育,育成强健而高产的鸭群,要特别注意控制生长速度、体重和开产日龄,提高群体均匀度和体质,在理想的开产日龄开产,迅速达到产蛋高峰。

一、青年鸭的特点

(一)生长发育快

育成期的鸭仍然保持着较快的生长发育速度,这一阶段主要是长骨骼、肌肉、羽毛和内部器官。尤其是育成前期(5~10 周龄),体重的增加速度更快,如绍兴鸭 4 周龄的体重为 331.4 克,8 周龄时就达 1 057.5 克,为成年体重的 70.93%;12 周龄达 1 289 克,为成年体重的 86.45%;16 周龄达 1 367 克,为成年体重的 91.68%;18 周龄 1 491 克,已经达到成年体重。

(二)羽毛生长与更新快

鸭的羽毛生长有规律性,可以借此观察鸭生长发育是否正常,决定应采取哪些相应的饲养管理措施,这也是劳动人民从生产实践中总结的经验。以绍兴鸭为例,绍兴鸭 28 日龄后体重的绝对增重迅速,42~44 日龄达最高峰,56 日龄起逐渐降低,然后趋于平稳,至 16 周龄体重已接近成年体重。而羽毛的生长,42~44 日龄时胸部羽毛已长齐,达到"滑底",48~52 日龄已达"三面光",到 56 日龄已长出主翼羽,81~90 日龄蛋鸭腹部已换好第二次新羽毛,102 日龄全身羽毛已长齐,两翅主翼羽已"交翅"。只要饲养管理正常,体重、羽毛生长特征会按时出现,鸭群表现出整齐一致;饲养管理差时,则会推迟 1~2 周出现,甚至时间更长,鸭群生长就参差不齐。从外表看,羽毛是衡量蛋鸭正常生长的主要特征。因此,青年鸭圈养时,要严格按照蛋鸭的饲养标准配给饲料,保证营养物质的平衡,保证体重增长和羽毛生长的需要;放牧饲养时,根据放牧场地的饲料条件,适当补料,力求营养物质平衡。这样才能使体重的增长、羽毛的生长按照品种特征按时一致出现。同时,在管理上应注意,当羽毛长出来时,尤其是翅部羽毛的羽轴刚出头时,稍一碰撞,就疼痛难忍,这时的鸭只神经很敏感,怕互相拥挤,喜欢疏散。所以,饲养青年鸭要根据羽毛生长情况,不断扩大棚舍,疏散鸭群,防止过于拥挤。

(三)生殖器官的发育

青年鸭 10 周龄后,在第二次换羽期间,卵巢上的卵泡也逐渐长大,12 周龄后,性器官的发育更为迅速。如绍兴鸭 4 周龄时卵巢和输卵管的重量分别为 0.13 克和 0.20 克,10 周龄分别为 0.67 克和 6.48 克,而 16 周龄时则分别达 10.35 克和 21.09 克(分别是 10 周龄时的 15 倍和 3 倍多)。说明 10 周龄后母鸭的生殖器官处于快速发育阶段。因此,为保证青年鸭骨骼、肌肉的充分生长,必须严格控制青年鸭过早的性成熟,这对提高蛋鸭今后的产蛋性能十分必要。

(四)活动能力强,能吃会睡

青年鸭活动能力强,放牧时如果放牧地天然饲料丰富,活动场地也好,常会整天奔波,不肯休息。根据这个特点,在放牧过程中对青年鸭应加以控制,保证其适当的休息,否则会因消耗过大而影响生长发育。根据其能吃会睡的特点,在鸭每次吃饱后,就要让其洗浴、梳毛、入舍休息,养成习惯后,青年鸭生长很快。

(五)采食量大、食性广、可塑性强

根据青年鸭的这些特点,应对青年鸭进行调教,培养良好的生活习惯。利用其能吃、活动能力强的特点,在饲养过程中喂饲的饲料类型应多样化,把食性广的特性培养起来,使青年鸭在任何环境下,都能适应各种不同的饲料,能敢于采食新的饲料品种。放牧饲养时,就可以充分利用各种天然的动植物饲料,提高生活力。进入产蛋期,即使更换饲料,也不会严重影响产蛋率。

在育成期,要充分利用青年鸭的特点,进行科学的饲养管理,使其生长发育整齐,开产一致,为产蛋期的高产稳产打下良好的基础。

二、圈养青年鸭的饲养管理

育雏期结束后,仍将青年鸭圈在固定的鸭舍内饲养,不予放牧,这种方法通称为圈养。这是北方农区常采用的饲养方式。

(一)圈养的优点

1. 便于控制生产环境

圈养一般是将青年鸭饲养在固定的圈舍内,定时安排到运动场和水池中活动。可以人为地控制舍内环境条件,也可以根据天气情况决定鸭群是否到舍外活动或活动的时间及次数。因此,鸭群的生活受自然界制约的因素较少,有利于科学养鸭,为以后达到高产稳产的目的奠定基础。由于集中饲养,便于向集约化生产过渡。

2. 便于控制体重和性成熟期

圈养条件下鸭群摄入的营养物质的质和量、光照时间的长短及变化等能够按照生长要求加以控制,使鸭群的体重和生殖器官发育符合人们的要求。通过分圈饲养还便于提高群体的整齐度。

3. 有利于提高生产效率

圈养比放牧节省人力,可以增加饲养量,提高劳动生产率。由于不外出放牧,降低了传染病的发病率,减少中毒等意外事故的发生,从而提高了成活率。

(二)合理分群,掌握适宜密度

1. 分群

合理分群能使鸭群生长发育一致,便于管理。鸭群不宜太大,每群以500只左右为宜。分群时要淘汰病、弱、残鸭,要尽可能做到日龄相同、大小一致、品种一样、性别相同。

2. 保持适宜的饲养密度

分群的同时应注意调整饲养密度,适宜的密度是保证青年鸭健康、生长良好、均匀整齐,为产蛋打下良好基础的重要条件。值得一提的是,在此生长期,羽毛的快速生长,特别是翅部的羽轴刚出头时,密度大易相互拥挤,稍一挤碰,就疼痛难忍,会引起鸭群践踏,影响生长。这时的鸭很敏感,怕互相撞挤,喜欢疏散。因此,要控制好密度,不能太拥挤。饲养密度的参考值见表8-5。

表8-5 一般情况下青年蛋鸭的饲养密度

周龄	5~8	9~12	13~16
密度(只/米²)	18~12	13~10	10~8

饲养密度会随鸭的品种、周龄、体重大小、季节和气温的不同而变化。冬季气温低时1米²可以多养2~3只,夏季气温高时,可少养2~3只。

(三)日粮及饲喂

1. 日粮

圈养与放牧完全不同,鸭采食不到鲜活的野生饲料,必须靠人工饲喂。因此,圈养时要满足青年鸭生长阶段所需要的各种营养物质,饲料尽可能多样化,以保持能量与蛋白质的适当比例,使含硫氨基酸、多种维生素、矿物质都有充足的供给。按照饲养标准和鸭饲料配制特点合理搭配日粮,分前后期配制日粮。在后期青年鸭的营养水平宜低不宜高,饲料宜粗不宜精,使青年鸭得到充分锻炼,长好骨架。

圈养青年鸭的日粮,全部用自配的混合料或饲喂商品全价配合饲料。

2. 补青与补腥

为了适应鸭的习性,在条件许可的情况下应该定期给鸭群喂饲一些青绿饲料和鲜活的动物性饲料,如螺蛳、小鱼虾等。

3. 喂饲要求

青年鸭每天可以喂饲2~3次,根据参考喂料量决定每次喂料的量。饲料按照湿拌料的形式喂饲,饮水要充足。动物性饲料应切碎后拌入全价饲料中喂饲,青绿饲料可以在两次喂饲的间隔投放在运动场,由鸭自主选择采食。青绿饲料不必切碎,但要洗干净。

4. 适当控制喂饲

由于圈养条件下鸭的活动量小,为防止青年鸭体重过大过肥,或性成熟过早,影响以后的产蛋量,使鸭群生长发育一致,适时开产,要对青年鸭进行限制饲养,限制饲养可以节省饲料,降低育成本,这是圈养青年鸭的一项主要技术措施。限制饲养一般从 10 周龄开始,16 周龄结束。若饲喂商品性的全价配合料,可采取限量饲喂或限时饲喂的方法。限量饲喂采用完善平衡的日粮,每天限定每只鸭的喂量,不限时,任其采食;限时饲喂也采用完善平衡的日粮,根据鸭的饲喂量,限制在一定时间喂完。若是自己配的混合料则采用限质方法,即控制其日粮营养水平,增喂青饲料和粗饲料,降低日粮中粗蛋白质和能量浓度,但钙、磷、微量元素和维生素要保证满足需要,以促进骨骼和肌肉的生长发育。

无论采用何种方式,都要称测体重。称重是进行限制饲养和分群工作的科学依据。开始时,鸭群在早晨喂料前空腹称 1 次体重,以后每 2 周抽样称测 10% 的个体体重,从体重可以看出鸭群的整齐度,并根据体重调整鸭群和饲喂量(表 8-6),最后将体重控制在一定范围。如小型蛋鸭绍兴鸭,开产体重在 1 400~1 500 克,体重超过 1 500 克则为超重,会影响及时开产,应控制喂料量,多喂些青饲料和粗饲料,对发育差、体重轻的鸭要适当提高饲料质量和数量,另加少量鲜活的动物性饲料,保证鸭的正常发育。

表 8-6 小型蛋鸭育成期各周龄的体重和饲喂量

周龄	体重(克)	参考喂料量[克/(只·天)]
5	550	80
6	750	90
7	800	100
8	850	105
9	950	110
10	1 050	115
11	1 100	120
12	1 250	125
13	1 300	130
14	1 350	135
15	1 400	140
16	1 420	140
17	1 440	140
18	1 460	140

(四)保持环境条件的相对适宜

1. 光照的合理控制

光照时间的长短和光照的强弱影响着性成熟。青年鸭饲养时在夜间补充照明不适宜用强光,光照强度以 5 勒即可;光照时间宜短不宜长,日照时间尽量控制在 12 小时以内,如果每天的自然光照时间未达到 10 小时以上则晚上应该补充照明。但是,为方便鸭夜间休息、饮水,并防止因老鼠或鸟兽走动时引起惊群,舍内应通宵弱光照明,即 30 米^2 的鸭舍内,可以装 1 只 15 瓦的灯泡。遇到停电时,应立即点上带有玻璃罩的煤油灯(马灯),不可延误。若为秋鸭,自然光照即可。

2. 减少气候突然变化对鸭群的影响

生产中应该经常关注天气变化,遇到大风、暴雨或其他恶劣气候时暂时不要将鸭群放到舍外,或及时将在舍外活动的鸭群收回舍内。出现气温突然变化的时候,也应该做好防寒或保暖措施。

3. 通风与湿度控制

保持鸭舍内的相对干燥,尽量避免潮湿。当鸭群在舍外活动时应该打开风机或门窗进行通风,以保证舍内良好的空气质量。

(五)适当加强运动

鸭在圈养条件下如果不人为地驱赶鸭群活动,则会出现部分鸭过肥、体质下降。适当增加运动可以促进青年鸭骨骼和肌肉的发育,增强体质,防止过肥。冬季气温过低时每天要定时赶鸭在舍内做转圈运动。一般天气,每天让鸭群在运动场活动 2 次,每次 1～1.5 小时;鸭舍附近若有放牧的场地,可以定时进行短距离的放牧活动。每天上下午分 2 次,定期赶鸭下水运动 1 次,每次 10～20 分。

(六)稳定生产规程、锻炼鸭群胆量

1. 建立稳定的生产规程

根据鸭的特性,定时作息,制定出操作规程,形成一套稳定的作息制度,并且作息制度一经确定之后,就不要轻易变动,尽量创造一个有利于青年鸭生长的良好环境。

2. 锻炼鸭群胆量

青年鸭胆小敏感,尤其是圈养鸭,饲养人员要有意识地培养鸭的胆量,才能提高鸭的适应性。要利用喂料、喂水、换草等机会,多与鸭接触,使鸭适应能力逐步提高。如在喂料时,饲养员可以站在鸭旁边,观察采食情况,让鸭在自

己身边走动,用手轻轻抚摸鸭,时间长了,鸭就不会怕人了。如果不注意培养,遇有生人接近或环境变化,容易引起惊群,造成严重损失。

3. 保持环境的相对安静

饲养员在舍内操作时,动作要轻,不要大声喧哗,以免引起惊群。非生产人员、猫狗及其他动物尽量不接近鸭群。

(七)预防疾病

对圈养鸭的疾病预防要做好以下工作:

1. 要配备营养完善的日粮

满足鸭的营养需要,防止某种营养物质的缺乏。

2. 制订科学的免疫程序

定期对鸭群进行鸭瘟(15 周龄)、禽霍乱(14 周龄)等主要传染病的免疫注射。种用青年鸭在开产前还需要接种鸭病毒性肝炎和里默菌病疫苗。

3. 接种时严格按照科学的操作规程进行

每次接种完后,可在饮水中加入多种维生素或复合维生素 B 溶液供鸭饮用,减少应激。一旦发生疫情,除进行治疗外,要严格封锁,不得外出活动,严禁饲养员相互串鸭舍,死鸭要深埋或焚烧,不得到处乱扔,以免疫情扩散。坚决不用霉烂、酸败的饲料。

4. 保持环境卫生及水池水质卫生

对鸭场、鸭舍、设备用具要定期消毒,防止鼠类及昆虫对鸭的危害及传播疫病,消除疫病发生的条件。

5. 适时使用抗生素

对于一些细菌性疾病,根据其发生的周龄、季节特点和周围的疫情,提前使用一个疗程以起到预防作用。

6. 驱虫

鸭群在 14 周龄期间根据具体情况决定是否进行驱虫处理。因为,在日常生活中鸭与地面、垫草、池水接触,感染内寄生虫的可能性很大。

(八)选择与淘汰

当鸭群达到 16 周龄的时候可以对鸭群进行 1 次选择,将有严重病、弱、残的个体淘汰,因为这些鸭性成熟晚、产蛋率低、容易死亡或成为鸭群内疾病的传播者。

如果是将来作种鸭的,不仅要求选留的个体要健康、体况发育良好,而且体形、羽毛颜色、脚蹼颜色要符合品种或品系标准。

三、放牧青年鸭的饲养管理

放牧饲养是我国传统的饲养方式。青年鸭是鸭一生中最适于放牧的时期。我国河川纵横,湖荡、池塘、沟渠多,青年鸭觅食能力强,能在平地、山地,浅水、深水中觅食各种天然的动植物饲料;也可以利用农区的水稻田、稻麦茬地和绿肥田放牧,觅食农田的遗谷、昆虫和农田杂草。所以,放牧饲养可以节约大量饲料,降低成本,同时使鸭群得到锻炼,增强体质。在农田觅食过程中,对农作物起到中耕除草、施肥的作用,有利农作物的生长和增产,是农牧结合的好形式。

(一)放牧前的训练

1. 野外觅食训练

育雏期和放牧前的雏鸭是利用配合饲料喂养,从喂给饲料到放牧饲养,需要有一个训练和适应的过程。

因为在大部分饲养蛋鸭的地方都有一定数量的水稻种植,放牧饲养也主要是在收获后的稻田中让鸭群觅食落谷。因此,除了继续育雏期的放水、放牧训练外,主要训练鸭觅食稻谷的能力。其方法是先将洗净的稻谷经温水浸泡使其外壳变柔软,或经开水煮到米粒从稻壳里刚刚爆开露出(即"开口谷"),再经冷水浸凉后,逐步由少到多加入到配合饲料中喂给鸭,起初可以将开口谷撒在料盆中饲料的上面,以后数量大时再混入配合饲料中,直到全部用稻谷饲喂。开始鸭可能不习惯吃"开口谷",可以先让鸭群饥饿一段时间,把煮过的稻谷撒在料盆中的饲料上,鸭饿了就会饥不择食,自然就吞咽下去。但第一次撒料不要撒得太多,既要撒得少又要撒得均匀,逐步添加,造成"抢吃"的局面。只要第一次吃进去煮过的稻谷,以后会越吃越多。

待青年鸭适应吃"开口谷"后,放牧前还要调教鸭吃落地谷。此时的训练可以使用未经过处理的稻谷代替"开口谷"。在喂料前先将一部分稻谷堆撒在地上,让鸭采食,这样喂几次后,鸭知道吃地上的稻谷。

当鸭群学会吃落地谷之后,再训练鸭从浅水中觅食。方法是:将一部分稻谷撒在浅水中和接近水的岸边,让其采食,从而使鸭建立起地上水下都能觅食稻谷的能力,以后放牧时,鸭就会主动寻找落谷,也就达到放牧的目的。

如果放牧地是其他类型的,则野外觅食训练应该根据放牧地的饲料类型进行针对性训练。

2. 放牧使用信号训练

对放牧的鸭群,平时要用固定的信号和音响动作进行训练,使鸭群建立听从指挥的条件反射,这样在管理鸭群时,可以做到"招之即来,驱之即走"。

(二)放牧路线

放牧饲养时,路线的选择很重要,这是鸭群能否生长发育良好、发育健壮的关键。放牧地选择得好,饲料充足,鸭每天都能吃得饱,长膘快。因此,选择放牧地,安排放牧路线,必须派有丰富经验的养鸭师傅去实地考察。对放牧地周围的地形地势、水源和天然饲料情况、农作物种类、收获季节、施肥习惯、喷洒农药情况进行访问了解,做出周密计划,确定放牧路线。

在放牧前3天,再做1次调查,根据农作物收获的实际进展,以及野生动植物饲料资源等,估测出各种饲料的数量,计算好可供多大鸭群放牧,放牧的次数,然后有计划地进行放牧,不可随便乱放。

放牧路线的远近要适当。鸭从小到大,路线由近到远,逐步锻炼,使其适应,不能让鸭整天泡在田里,使鸭太疲劳,必须要有一定时间让鸭休息。往返路线尽可能固定,以便于管理。行走时要找水路,或有草地的线路,不得走在石子路上和水泥路上,以免烫伤双脚。过江过河时,要选择水浅流缓的地方,上下河岸要选择坡度小、场面宽阔之处,以免拥挤践踏。行走途中一般要逆风、逆水前进,每次放牧时,途中要有 1 ~ 2 个阴凉可避风雨的地方,牧地附近也要有鸭休息的场所。

(三)放牧的管理要点

1. 在农田放牧时,要选择合适的田块

在稻田放牧,必须要在秧苗种活,并已转青分蘖后才能进行,直至抽穗扬花时都可以放牧;稻子收割后,田里有大量落谷,这是放鸭的最好时期;冬水田、中后期的绿肥田和小麦田也可以放鸭。

2. 浅水放牧

放鸭稻田的水不宜太深,水深了,不仅水中的小动物容易逃跑,而且拔起的杂草不易踏入泥中,过一两天又会复活。最好是浅水,浅水中水生小动物容易捕捉,杂草也嫩,易连根拔起吃掉,即使没有吃光,由于经过鸭只的践踏,也被埋入泥中而死掉,真正起到除草的作用。

3. 不重复放牧

同一片田块不能多次重复放鸭,要合理安排,轮流放牧。放过一两次后,要停几天再放;稻苗不同生长期、不同收获期的田块最好适当搭配。结合治虫进行的放鸭,要先摸清虫情,尽可能在虫子旺发时,把处于半饥饿状态的鸭群放进去,可以一举全歼害虫,又节省农药,也不污染环境。

4. 注意根据气温和水温确定放牧的时间

稻田里放牧通风程度不如在江河里,而且田水浅,水易被晒热,气温超过30℃时就十分闷热,不适宜放鸭进去。所以,在外界气温较高的时候稻田放牧要在上午9点以前和下午凉爽的时候进行。

5. 在农田茬口接不上时,可以利用周围的湖荡、河塘、沟渠进行放牧

主要利用这些地方浅水处的水草、小鱼、小虾、螺蛳等野生动植物饲料。这种放牧形式往往和农田放牧结合起来,互为补充。在这些场地放牧的鸭群,主要要调教吃食螺蛳的习惯。先调教鸭群吃螺蛳肉,然后改成将螺蛳轧碎后连壳喂,喂过几次后,就直接喂给过筛的小嫩螺蛳。经过调教后,鸭就可养成吃食整个螺蛳的习惯,最后将螺蛳撒在浅水中,使鸭学会在浅水中采食螺蛳。经过一段时间锻炼,青年鸭就可以在河沟中放牧,采食水中的螺蛳。放牧要选择水浅的地方,应逆水觅食,才容易觅食到食物。遇到有风时,应逆风而行,以免鸭毛被风吹开,使鸭受凉。

6. 检查鸭群吃食

无论在哪种场地放牧,傍晚归牧后,要检查鸭群吃食情况,如果收牧时鸭嗉充盈说明放牧效果良好,可以不补饲;如果收牧后鸭嗉较空、鸭精神不安说明野外觅食不足,需要补饲,以免影响生长发育。放牧过程中,要定期抽测体重(空腹),并观察羽毛生长情况,尽量达到预期标准。

(四)放牧方法

1. 一条龙放牧法

通常由2~3人管理一群鸭。放牧时由一位有经验者在前面领路,引导鸭群行进,助手在后面两侧压阵,使鸭群形成5~10层,缓慢前行。此方法适宜于在刚收获后的稻田放牧。

2. 满天星放牧法

将鸭群赶到一块放牧田内,放牧人员定时在田边走动进行巡视。鸭群分散在放牧田内自由觅食。

3. 定时放牧法

是根据鸭群的生活习性确定的一种放牧方法。在一天的放牧过程中,按照鸭的采食规律在采食高潮时(上午9~10点、中午2~3点和下午4~6点)进行放牧采食,然后集中休息和洗浴,不让鸭整天泡在田里或水中。

（五）放牧注意事项

1. 注意天气情况

夏季天热，切忌在中午放牧，只能在清晨和傍晚放牧，牧地不能太远，防止鸭疲劳中暑。放牧地附近最好有树林能够供鸭群休息乘凉。冬季气温低，在北方基本不具备野外放牧条件，在淮河以南地区应该选择在无风、无雨雪的天气在鸭舍附近放牧。在气候恶劣的时候尽量不放牧或不远放牧。

2. 防止农药中毒

近期内刚施过农药、化肥、除草剂、石灰的地方不能进行放牧。在放牧之前要了解放牧地的施药情况。被污水和矿物油污染的水面也不能放牧。

3. 防止感染疾病

放牧前对周围情况进行了解，凡是发生传染病或被传染病污染过的放牧场地及水源，不能作为放牧地使用。

4. 防止野生动物危害

由于鸭群的放牧多是在稻田、河边、沟旁、渠畔和水库周边地区，这些地方会有蛇、黄鼠狼、鹰等肉食性野生动物的活动，放牧时需要多加小心，避免损失。

5. 防止鸭丢失

在放牧过程中行进速度要慢，休息时放牧人员不要远离，天气发生变化时提前收牧，在放牧过程中防止鸭群受惊吓。

另外，秧苗刚种下或已经扬花结穗的农田不能放牧。

第三节　成年蛋鸭的饲养管理

母鸭从开产到淘汰为产蛋期或称繁殖期，一般指 17～72 周龄阶段。产蛋期鸭群饲养管理的目标是要提高产蛋量和蛋重，减少蛋的破损和污染，降低饲料消耗及鸭群的死淘率，获得最佳的经济效益。因此，在产蛋鸭的饲养管理方面就是要创造一个合理、稳定的环境，使鸭最大限度地发挥高产的遗传潜力。

一、产蛋期鸭的特点

1. 采食量增加、觅食勤

鸭群开产后由于其新陈代谢旺盛，产蛋所消耗的营养物质量多，需要增大采食量以满足营养物质消耗的需求。在舍饲情况下，1 只绍兴鸭每天的采食量可达 170 克，是开产前的 2 倍。高产鸭群在喂饲后采食速度快且持久。

2. 体重增加

据有关专家测定,绍兴鸭的体重在16周龄时为1 266.3千克,18周龄达1 339.1千克,20周龄达1 398.5千克,25周龄达1 456.5千克。开产后的9周内在产蛋率快速增加的同时体重也增加190克左右。此阶段体重的增加对于较长期维持高的产蛋量是必需的。

3. 产蛋初期体成分变化

在产蛋初期体重的增加并非各种成分均衡增加,体内脂肪的含量明显增多见表8-7。

表8-7 产蛋初期绍兴鸭体成分变化

周龄	干物质(%)	蛋白质(%)	脂肪(%)	灰分(%)	能值(兆焦/千克)
20	29.55	53.36	34.99	14.06	26.17
27	32.86	50.02	37.92	13.36	26.70

4. 性情温驯

产蛋期的鸭群不像青年鸭那样活跃,生活有规律,采食后洗浴、休息,不到处乱跑;夜间休息时静卧不动。

二、圈养鸭的饲养管理

(一)产蛋鸭的环境要求

1. 温度

温度对蛋鸭的采食量、饮水量、活动量会产生直接的影响,间接地影响到产蛋量、蛋壳质量和饲料效率,对鸭的健康也有影响。

对于产蛋鸭来说最适宜的环境温度在13~25℃,此温度范围内鸭的产蛋量、蛋壳质量和饲料效率最佳,健康也不受影响。对于生产实践来说,环境温度在5~30℃都是可以接受的。冬季尽量不使舍温低于5℃,因为温度进一步降低会影响鸭的活动和代谢,导致较多的体热散发,影响蛋形成过程的营养供给;温度低还影响鸭的饮水量。夏季尽量降低鸭舍内的温度,使之保持在30℃以下,如果超过则应该采取抗热应激措施。

由于鸭群经常在舍外活动,应该注意防止气温突然升高或降低对鸭群所造成的不良影响。

2. 通风

鸭舍的通风情况关系到舍内空气的质量,由于鸭在饮水时常将水带到垫草上而使垫草湿度增加,在微生物的作用下垫草中的有机物被分解会产生大量的氨气和硫化氢等有害气体。舍内有害气体含量增高则直接影响鸭的健康。通风不良还会造成舍内空气中微生物、粉尘浓度增高。

鸭舍的通风应该以舍内空气中的有害气体含量为主要指标，尽量使氨气的含量不超过 20 毫克/升、硫化氢的含量不超过 10 毫克/升。生产中可以考虑在鸭群到舍外活动的时候打开风机或门窗进行换气。

鸭舍通风中最大的问题在冬季，因为冬季气温低，为了保持鸭舍内适宜的温度常常关闭门窗，严重影响通风换气，常导致舍内空气中有害气体含量严重超标。因此，生产中应该考虑在冬季天气良好的时候，鸭群到舍外活动时进行通风换气；也可以在中午前后气温较高的时候打开门窗换气。

3. 光照管理

光照具有刺激母鸭产蛋的作用，它通过神经和内分泌的共同作用促进卵泡的生长发育和输卵管机能的维持，从而促使鸭蛋的形成和产出。

鸭进入产蛋期后的光照原则：光照时间宜逐渐延长，不能缩短，不可忽照忽停，忽早忽晚；光照强度只许渐强。对经常可能断电的地区，要预备煤油灯或其他照明用具，以免因停电所造成的光照时间紊乱而引起惊群和产生畸形蛋。

光照的增加从 17 周龄开始，每周的日光照时间增加 20 分左右，大约经过 7 周，每天的光照时间达 16 小时，就保持这样的时间不变。每天必须按时开灯和关灯。舍内补充照明时的光照强度为 15～18 勒，即要求每 20 米^2 的鸭舍安装一盏 40 瓦灯泡，且灯与灯之间的距离要相等，悬挂高度为 2 米，灯泡上面要加灯罩，且经常擦干净。晚间点灯只需采用弱光照明（同雏鸭要求）。此外，光照制度还要和饲养管理措施密切结合起来，以真正发挥光照作用。

4. 相对湿度

鸭舍内的相对湿度保持在 60% 左右是比较合适的，但是在实际生产中往往高于这个标准。因此，鸭舍的湿度控制实际上就是如何想方设法降低舍内湿度。

三、圈养蛋鸭的饲养方式

蛋鸭圈养一般都是采用半舍饲的饲养方式，即一部分时间在鸭舍内活动，另一部分时间在舍外活动。根据舍内地面的情况一般分为以下两种形式：

（一）垫料地面

垫料地面是最常用的饲养方式。在鸭舍内的地面上铺一层稻草或麦秸，根据季节差异其厚度在 3～6 厘米。

垫料地面饲养方式要求使用的垫料不能发霉、无异味、柔软、吸水性强,定期翻晒或更新以保持其干燥。在地势较低的地方采用这种饲养方式最大的问题就是垫料的潮湿,如果不注意饮水设备的漏水和通风,垫草常常呈泥状。因此,在地势相对较高的地方采用这种饲养方式比较合适。

垫料地面饲养方式的另一个问题就是需要消耗大量的垫草,尤其是在需要经常更换舍内垫草的情况下更是如此。与此同时,更换出的垫草如何进行及时的堆积发酵处理和利用也是需要考虑的问题。

(二)网(栅)状地面

网(栅)状地面是在距离舍内地面约60厘米高的地方架设网(栅)床,床面用金属丝或塑料制造。一定规格的网床摆放在立柱上,鸭群进入鸭舍后就在网床上活动与休息,排泄的粪便通过网床的网格落到网下地面。在网床上放置一些用薄木板钉成的长条形矮框,内放干燥的草秸作为产蛋箱。鸭群出入鸭舍的小门底部与网床同高,与运动场连接的部分做成斜坡以利于鸭群行走。定期清理网床下的粪便。

网(栅)状地面饲养方式的优点就是鸭不与垫草直接接触,羽毛干净,蛋壳干净,利于鸭群的健康。

四、圈养蛋鸭的饲养要点

(一)产蛋鸭的饲料

1. 饲料的营养水平

蛋鸭产蛋期的产蛋能力很高,一般每只母鸭在1年中产蛋达20千克,是其体重的12～14倍,所以具有代谢强度大和营养需要量大的特点。产蛋鸭的营养需要取决于体重大小、产蛋量高低和气候条件。因此,应根据不同的条件,合理地搭配日粮,在圈养条件下更是这样。圈养鸭对饲料要求比较严格,饲料种类要多,营养成分要全面,适口性要好,这样才能使鸭多产蛋,产好蛋。产蛋鸭的饲料营养水平相对高于产蛋鸡,为每千克配合饲料中含代谢能11.7～12.12兆焦,粗蛋白质含量18%～20%,蛋氨酸0.3%,赖氨酸0.9%,蛋氨酸+胱氨酸0.65%,粗纤维2%～4%,钙2.5%～3.2%,有效磷0.35%。

2. 动物性饲料原料

动物性饲料是产蛋鸭饲料中不可缺少的组成部分,要求产蛋率达50%以后的鸭群饲料中动物性饲料原料的含量不低于3%。随着产蛋率的提高,动物性饲料的用量也应该增加。

3. 青绿饲料

有青绿饲料供应的地区和季节,青绿饲料的饲喂量可占混合饲料的30%～50%,无青绿饲料供给的,可按要求添加复合维生素。青绿饲料在使用前要注意清洗干净并晾干,在上午和下午撒在运动场上让鸭自由采食。

4. 饲料的变更

产蛋期饲料的变更必须有一个逐渐的过渡过程,以使鸭能够有足够的时间适应这种变化。饲料类型、大宗原料的突然变更会造成产蛋率的下降且不容易恢复。

此外,还要注意不喂霉变、质劣的饲料;饲喂次数、饲喂时间、饲料加工方法和饲养人员等应相对不变。

(二)饮水的供应

圈养鸭大部分时间关在舍内饲养,尤其是冬天,鸭群在水中活动时间大大减少,如果供水不合理,势必严重影响鸭的产蛋和养鸭的经济效益。在供水上要抓住以下 3 个关键:

1. 水要足

充足的饮水是保证鸭群正常采食的基本条件,在某种程度上可以说水比料显得更重要。一方面是因为鸭采食量大,又食荤腥,它全靠水来帮助消化吸收这些物质;另一方面鸭在采食的过程中采食与饮水是相间进行的,每采食几口饲料就必须饮几口水。

如供水不足,鸭渴了就会饮用水池中的脏水,严重影响健康与产蛋。圈养鸭不仅白天要供足水,晚上也不可缺水。鸭的代谢机能旺盛,睡到半夜感到饥渴,就随时吃料喝水,直到现在鸭仍保持它祖先夜间觅食的特性。在夜间,必须同样供足饮水,保证鸭过夜不渴、不饿、不叫。

在鸭舍内每两个料盆之间必须有一个水盆,料盆与水盆之间的距离不宜超过 2 米,否则鸭在采食后往返饮水的途中粘在喙部的饲料会掉在地面,造成浪费,也增加体能的消耗。运动场也需要摆放若干个水盆并保持一定的水量供鸭群在舍外活动时饮水。

2. 水要净

鸭全天 24 小时不断水,但绝不可将新鲜水掺入陈水中喂给。由于鸭经常用喙部在地面的垫草或水洼处啄,喙部粘有许多脏物,然后又到水盆中饮水,很容易把水盆中的水弄脏。为保持饮水的干净,每天至少应洗刷 2 次水盆,然后添加充足的新鲜清洁的饮水。

为减轻所供饮水被鸭弄脏的程度,水槽(水盆)不可敞开,必须用铁丝或竹条制成网状格子罩住水源,栅格的宽度恰好只能让鸭的头颈伸进去喝水,而脚不能踩入水中以防把水弄脏。农村沟塘河坝处的水如果遭污染,最好在圈养鸭近处打井,让鸭饮上井水。这样既可防疫病,又可让鸭在热天清凉解渴,冬天保暖御寒。

3. 水要深

圈养鸭的水槽(水盆)装置要深,能经常保持盛装 10~12 厘米深的水。较深的水不但让鸭喝着方便,更为重要的原因是鸭的鼻腔要经常冲洗,保持通畅才能正常呼吸。如水槽(水盆)盛水太浅,鸭的鼻腔得不到冲洗,则会被分泌的黏液堵塞,使呼吸不畅。鸭鼻堵塞后,鼻部角质变软,肿胀,变形,难以恢复,极易生病死亡。

(三)产蛋期的分阶段饲养

一般将蛋鸭的产蛋阶段分为 4 个时期:120~200 日龄为产蛋初期、201~300 日龄为产蛋前期、301~400 日龄为产蛋中期、400 日龄以后为产蛋后期。各个时期鸭的生理状况有差异、产蛋情况也有不同,反映在生产上对饲养管理的要求也不尽相同。

正常情况下绍兴鸭、金定鸭、咔叽-康贝尔鸭等著名蛋鸭品种从 120 日龄进入产蛋期,140 日龄前后产蛋率能够达 50%,180 日龄可以进入产蛋高峰,鸭群产蛋率达 90%。如果饲养管理正常,产蛋高峰可维持到 400 日龄,400 日龄以后才开始下降。要达到这样的水平,必须重视产蛋鸭的饲养和管理。

1. 产蛋初期和前期鸭群的饲养管理

(1)饲料与喂饲 产蛋初期的鸭群,由于刚刚进入性成熟阶段,供给的饲料既要满足体重进一步增长的需要,也要照顾鸭群开始产蛋的需要。此时要逐渐地将育成期饲料改为产蛋期的配合饲料,每周用 1/3 的产蛋鸭饲料替换育成期的饲料,到 18 周龄时全部饲喂产蛋期的饲料。

随着产蛋率的不断上升和蛋重的增加,要注意饲料的质量和数量,尽快地把产蛋率推向高峰。不断地提高饲料的质量就是提高动物性饲料所占的比例,同时适当增加饲喂次数,由每天 3 次增至 4 次,白天喂 3 次,晚上 9~10 点喂 1 次。每天每只鸭喂配合料 150 克左右。有条件的外加 50~100 克青绿饲料(或添加多种维生素)。当产蛋率达 90% 以上时,喂含 18.5% 粗蛋白质的配合饲料,并适当增喂青绿饲料和颗粒型钙质饲料。颗粒型钙质饲料可单独放在盆内,放置在鸭舍内,任其自由采食。

整个产蛋期要注意补充沙砾,放在沙砾槽内,让其自由采食。

(2)光照的要求 蛋鸭进入 17 周龄时,每天的光照时间应该逐周增加,大约在 26 周龄时每天光照时间应达 16 小时,并维持稳定。使得光照时间的增加与产蛋率的上升同步。

(3)合理设置产蛋窝 为了减少蛋的破损和蛋壳污染,必须合理设置产蛋窝,产蛋窝必须要用垫草。地面鸭舍可以在靠墙的四周(不要在靠近水槽附近)把垫草加厚,经常添加或更换这地方的垫草以保持其干净和柔软。

(4)加强性刺激 一般的商品蛋鸭群内放入 2% ~3% 的公鸭,用公鸭的交配活动刺激母鸭的性机能。据有关资料介绍,这样能够使产蛋率提高 3% 以上。

(5)适当增加活动量 为了减少胖鸭(呆笨鸭)的出现,在前期的饲养管理中要保证每天鸭群的活动时间。那些待在窝内的鸭要驱赶到运动场,对于在运动场内呆卧一隅的个体要驱赶其站起来活动。如果这些鸭不被动性地运动则体重会明显偏重、体内脂肪沉积增多,不利于长期保持高的产蛋率。

2. 产蛋中期鸭群的饲养管理

产蛋中期阶段的鸭群在经历了约 5 个月的高产期后体力消耗较大,体质不如从前。生产中如果营养不足或其他条件不合适,产蛋率就会下降,甚至掉毛。因此,在管理上尤需操心。

(1)饲料 根据鸭的体重和羽毛情况适当提高饲料的营养水平,如蛋白质含量可由前期的 18.5% 提高到 19% 或 19.5%,维生素添加剂的用量也需要适当增加。青绿饲料可以继续使用。

(2)保持生产条件的稳定 日常的生产操作规程尽量不要变动,不要干扰鸭群的生活规律;环境条件如温度、光照等的变动幅度尽可能小,防止环境条件的急剧变化对鸭群造成应激。

3. 产蛋后期的饲养管理

经过长期的高产后鸭群的生理机能不可避免地要衰退,产蛋率逐渐下降。饲养管理措施执行得是否得当对产蛋率下降的速度影响很大。

(1)根据体重和产蛋率变化调整营养摄入 如果产蛋率维持在 80% 左右而体重有减轻趋势,则应适当增加动物性饲料的喂饲量,如果体重有增加的趋势,则适当控制配合饲料喂量。

(2)适当活动 管理上注意多放鸭、少关鸭、多运动。

(3)保持生产条件的稳定 注意天气变化提早做好防寒保暖措施。

（4）光照　蛋鸭在淘汰前5周可以将每天的光照时间延长为17小时。

（5）鸭群的观察　蛋鸭饲养是否得当，可以通过鸭群的精神状态、体重、蛋重、产蛋时间、蛋壳质量、羽毛、粪便等变化进行调整。盛产期间蛋鸭产蛋率保持不变，7枚蛋的重有500克并且稍有增加，体重基本不变，鸭的羽毛光亮、紧密服帖，产蛋在凌晨2点，产蛋集中，说明用料合理，饲养得当。此时体重如有减轻，说明营养不足，应适当增喂动物性饲料；体重增加，说明鸭肥，则应适当降低饲料的代谢能，增喂青绿饲料和粗饲料，控制采食量，但动物性饲料保持不变。若每天推迟产蛋时间，甚至白天产蛋，蛋产得稀稀拉拉，这是不祥之兆，如不采取措施，就要减产或停产。

（6）粪便的观察　鸭的粪便如果呈全白色，说明动物性饲料喂得过多，消化不良，应适当减少动物性饲料喂量；如果粪便疏松白色少，证明动物性饲料搭配合理；粪便若呈黄白色、灰绿色或血便，表明鸭已患病，应及时诊治。

（7）蛋壳的观察　如果蛋壳厚实光滑，有光泽，说明饲养较好；蛋形变长，蛋壳薄、透亮、有沙点，甚至产软壳蛋，说明饲料质量不好，尤其钙不足或是维生素D缺乏，要及时补充，否则会减产。

（8）鸭群的精神状态观察　如果鸭精神不振，行动无力，羽毛松乱，翅膀下垂，放出后不愿下水，下水后湿毛，以至于沉下水，说明鸭营养不足，预示要减产停产，就要立即采取措施，增加营养，加喂动物性饲料，特别是鲜活的动物性饲料，并补充鱼肝油，最好用液体鱼肝油，每只鸭每天喂1毫升。先把鱼肝油倒在水里，再用鱼肝油水拌料，搅拌均匀，连喂3天。如果产蛋正常，羽毛光亮了就停止饲喂。高峰期饲喂得好，产蛋率在90%以上的时间可以维持20周以上。

鸭群持续产蛋后，蛋鸭的体质下降，产蛋率也明显下降，到产蛋期的最后1~1.5个月，产蛋率会很快下降，达60%左右，就进入休产期。此时，应根据产蛋率和体重确定饲料的质量和喂料量。由于产蛋下降，体重会增加，就致使产蛋率急剧下降，因此要控制喂料量，一般按自由采食量减少5%，或将日粮中的代谢能降低一些，增喂些青粗饲料，不降低蛋白质，尤其是动物性饲料不能降低或略有增加，才能保持较高的产蛋率。当产蛋率低于60%就难以上升，这时对鸭群进行选优去劣，把健康而高产的鸭留下，经过强制换羽，利用其第二个产蛋年。

（四）圈养蛋鸭的补钙

圈养蛋鸭营养需要完全靠商品全价饲料供给，要保持圈养蛋鸭的产蛋率和提高蛋品的商品率,除满足蛋白质、能量营养等需要外,还要注重补钙。

1. 补钙时间

只要蛋鸭发育正常,部分圈养蛋鸭在 100 日龄左右便开始产蛋,因此,15 周龄是开始补钙的最佳时期。补钙要介于青年鸭与产蛋鸭之间,以 2.5% 为宜,以后逐步提高。

2. 产蛋各期的最佳补钙量

蛋鸭对钙的利用率约为 65%,产 1 枚蛋需钙 4.8~5.12 克,实践证明,蛋鸭对钙的合理供应量为:产蛋率在 65% 以下时,需钙 2.5%;产蛋率在 65%~80% 时,需钙 3%;产蛋率达 80% 以上时,需钙 3.21%~3.5%。

3. 选择良好钙源

钙源比较广泛,一般以石灰石、贝壳作为钙的主要来源,且较经济,但比例要恰当。实践证明:石粉、贝壳粉的比例以 2:3 为宜,加喂 1% 的骨粉,蛋壳的强度,光滑度为最佳。

4. 补钙饲料的形状

颗粒状钙在消化道内停留时间长,在蛋壳形成阶段可以均匀地供钙。同时,颗粒状钙在胃内有类似沙子的磨碎作用,可促进饲料的消化利用。试验证明:用 50% 的颗粒贝壳与 50% 的石灰石混合饲喂,可使蛋鸭对钙的吸收良好。

(五)圈养蛋鸭的管理要求

1. 防止垫草潮湿

鸭虽然是水禽,有喜水的天性,但是在鸭舍内若相对湿度过高、垫草潮湿则对鸭的健康和生产都十分不利。高温、高湿影响鸭体热散发且易诱病,低温、高湿也不利于体温保持,湿度高会造成垫料潮湿、泥泞,会增加脏蛋的比例,影响羽毛的沥水性,也容易造成舍内有害气体含量升高。因此,在养鸭生产中应该注意采取措施防止舍内相对湿度过高。

(1)鸭舍位置要相对高燥　鸭场一般都建在河流、湖泊或库塘附近,以便于鸭群下水活动。但是在这些地方要选择较高的位置建房,以使雨后场区内的积水迅速排出,也有利于控制地下水位对舍内地面的影响。

(2)舍内地面应垫高　鸭舍建造时应将舍内地面垫高,一般应比舍外高出 15~25 厘米。这样既有利于舍内水的排出(如冲洗后的水槽或水盆中水外排),又可防止舍外积水的渗入。

(3)运动场地面应有一定坡度　运动场靠鸭舍处应略高、靠水面一侧应略低,这样可减少运动场内(尤其是鸭舍附近)的积水。但运动场的坡度不宜过大,可根据原来环境状况保持在5°~15°。

(4)设置好舍内的供水系统　采用长流水式水槽供水时应注意防止水龙头处漏水,水槽末端向舍外排水处不能向舍内漏水,使用过程中应注意防止其漏水、溢水。在水槽的内侧最好设置一条小沟,使洒到水槽外的水通过这条小沟排出,防止附近垫草吸水受潮。使用水盆供水在加水时也应避免将水洒出盆外。无论是水槽或是水盆供水都必须在其外面加设竹制或金属栅网,以防鸭只跳入其内。

供水系统应尽量靠鸭舍的某一侧,且该侧位置应略低于舍内其他各处。料盆不应与供水系统相距过远,一般应在1~1.5米。

(5)及时更换潮湿垫料　鸭舍内的垫料容易潮湿,需要定期清理、更换,换入的新垫料应清洁、干燥。饮水系统附近的垫料更应经常更换。定期加铺新垫料。

(6)加强通风　无论哪个季节,当鸭群到运动场或水池中活动的时候都应打开风机或门窗以加强舍内的通风量及气流速度,通过通风达到降低湿度的目的。

(7)减少鸭带水入舍　当鸭群在水中洗浴后应让其在运动场上梳理羽毛和休息,待羽毛上的水蒸发干燥后再让其回到舍内。

(8)脏水不要倒入舍内　每次更换水盆中的饮水时,应将盆子端到舍外倒去脏水,然后再洗刷干净放回舍内加水。清洗用具及洗手后的水也应倒在舍外固定的地方。

(9)减少鸭腹泻现象　病理性、营养性等问题都会引起鸭腹泻,稀便不仅含水量高而且排便量较大。腹泻易使垫草潮湿,应针对原因采取相应的预防和治疗措施。

夏季气温高,鸭饮水量大,粪便稀且多,可以考虑让鸭群在舍外活动时间延长以减少在舍内的排便量。

此外,防止屋顶漏雨,舍内喷雾消毒时可加大药物浓度减少药液用量,定期更换垫料,铺新垫料前地面铺生石灰都是可用的措施。

总之,保持鸭舍干燥需要从多个方面努力,采取综合性措施才能收到良好的效果。

2. 产蛋鸭体重的控制

体重变动是蛋鸭产蛋情况的晴雨表。因此,观察蛋鸭体重变化,根据其生长规律控制蛋鸭的体重,是一项重要的技术措施。一般开产鸭的体重要求,如绍兴鸭在1 400~1 500克的占85%以上,为了使蛋鸭产蛋前体质健壮、发育一致、骨骼结实、羽毛着生完全,适时开产,应从青年鸭开始必须实行限制饲养。一般在产蛋前鸭的饲料质量不必过好,也不能喂得过饱,但须多供给青饲料以充肚。料槽、水槽要充足,不可断水。开产以后的饲料供给要根据产蛋率、蛋重增减情况作相应的调整,最好每月抽样称测蛋鸭体重1次,使之进入产蛋盛期的蛋鸭体重恒定在1 450克,以后稍有增加,至淘汰结束时不超过1 500克。在此期间体重如增加或减少,则表明饲养管理中出现了问题,必须及时查明纠正。

3. 随时观察掌握鸭群动态

重点观察鸭的吃食、粪便、产蛋情况。

(1)记录和分析每天采食量 一般产蛋鸭每天喂配合料170克左右(不同品种和产蛋水平在个体间有较大差异),外加50~150克青绿饲料。如果采食量减少,应分析原因,采取措施,要是连续3天采食量减少,就会影响产蛋量。

(2)观察粪便 粪便的多少、形状、内容物、颜色等给人许多启示,也应该熟悉。

(3)记录和分析产蛋情况 每天早上捡蛋时,留心观察鸭舍内产蛋窝的分布情况,鸭每天产蛋窝的多少一般有规律可循,每天产蛋的个数和蛋重要心中有数,最好做记录,绘成图表与标准对照,以便掌握鸭群的产蛋动向。另外,对鸭蛋的形状、大小、蛋壳厚薄等情况都要细致观察,发现问题,就及时采取措施纠正。

4. 稳定饲养管理操作规程,减少各种应激因素

蛋鸭生活有规律,但富神经质,性急胆小,易受惊扰,因此,在饲养管理过程中要注意以下几点:

第一,操作规程和饲养环境尽量保持稳定,养鸭人员要固定,不能经常更换。

第二,舍内环境要保持安静,尽力避免异常响声,不许外人随便进出鸭舍,不使鸭群突然受惊,特别是刚产头几枚蛋时,使之如期达到产蛋高峰。鸭群对环境变化很敏感,受惊后易发生拥挤、飞扑、狂叫等不安现象,导致产蛋减少或产软壳蛋。如遇惊群时,饲养人员应立即吆唤鸭群,使其尽快镇静下来。

第三,饲喂次数和时间相对不变,如本来每天喂4次,突然减少次数或改变饲喂时间均会使产蛋量下跌。

第四，要尽力创造条件，提供理想的产蛋环境，尤其是温度。在圈养条件下又缺少深水运动场的情况下，当环境温度超过30℃时，采食量减少，鸭的正常生理机能受到干扰，产蛋率下降，严重时引起中暑。如温度过低，势必会消耗很多能量，使饲料利用率明显降低。产蛋期最适宜温度是13～20℃，此时产蛋率和饲料利用率都处在最佳状态。要特别注意由天气剧变带来的影响，留心天气预报，及时做好准备工作。每天要保持鸭舍干燥，地面铺垫草，鸭每天放水归舍之前，先让其在外梳理羽毛，待毛干后再放入舍内。

第五，产蛋期间不随便使用对产蛋率有影响的药物，如喹乙醇等，也不注射疫苗和驱虫。

5. 做好鸭病防治

注意鸭舍清洁卫生，进鸭前用2%氢氧化钠、10%～20%石灰乳等消毒，同时保持鸭舍垫草舒适干燥，切忌潮湿，每月清理垫草1次。鸭舍内如气闷、臭味重，要及时打开门窗。料槽、水槽经常刷洗。按时接种疫苗，对患病的鸭只及时挑出分开饲养和诊治。平时留心鸭群的变化，并在饲料和水中有针对性地添加一些药物，最好在用药前能通过药物敏感试验，选择对特定病菌抑杀效果最佳的药物，减少由此带来的损失。

6. 蛋鸭饲养管理日程

目前在蛋鸭生产上，一般春、夏季和冬季执行不同的管理日程，其具体管理日程如下：

（1）春、夏季蛋鸭的饲养管理日程　早晨5点开灯，将鸭群放到运动场，让鸭在运动场采食少量青绿饲料、活动。进舍第一次收蛋。如果天气不好或温度偏低则不让鸭群出舍。早晨6点30分清洗水盆（或水槽）、料盆（或料槽），加水、加料。收鸭进舍采食饮水。上午9点30分将鸭群赶出鸭舍，让它们到池塘洗浴。第二次收蛋。整理舍内垫料，打开门窗及风机进行通风换气、排湿。上午10点30分将鸭群从池塘赶上岸，在运动场活动，可以喂饲一些青绿饲料。中午11点30分舍内加料、换水，将鸭群赶入舍内喂饲。如果天气炎热，可以在运动场的凉棚下喂饲。喂饲后让鸭群自由活动。下午5点30分舍内加料、换水，将鸭群赶入舍内喂饲。下午6点30分根据天气情况，安排开灯。填写当天生产记录。晚上9点关灯，用微光通宵照明。

（2）冬季蛋鸭饲养管理日程　早晨6点开灯，第一次收蛋。早晨7点在舍内驱赶鸭群进行"噪鸭"。7点30分清理水盆（水槽）、料盆（料槽），加水、加料。上午10点将鸭群放到运动场活动（气温过低时不放鸭出舍），并喂饲少量的青绿饲料。第二次收蛋。如果气温过低则推迟鸭群出舍时间至中午喂饲后。10 点 30 分让鸭群到池塘洗浴。打开门窗、风机通风换气。整理垫料。视气温情况将鸭群赶上岸，在运动场活动。11 点 30 分舍内加水、加料。将鸭群赶入舍内喂饲。喂后视天气情况自由活动。下午 4 点视天气情况决定是否提前将鸭群收回鸭舍。下午 5 点喂料。晚上 10 点关灯。

（六）强制换羽

强制换羽是人为地强制鸭群停止产蛋，加快羽毛更换速度，促使鸭群第二个产蛋期开产整齐，这是提高产蛋量的一个重要技术措施。

正常情况下，产蛋鸭每年换羽 1 次，但是在饲养管理不当，出现应激反应时，随时都可能出现掉毛换羽。自然换羽时，由于个体营养状况和生殖机能的不同，换羽的起止时间也参差不齐，如早的在夏末即可出现、多数在秋初换羽、也有的在仲秋才换羽。如果任其自然换羽，前后需持续 4 个月左右的时间，鸭群总体的产蛋率一直徘徊在较低水平。

强制换羽可以使整个鸭群在短期内停产、换羽，明显缩短换羽持续时间，促使鸭群换羽后整齐开产，增加了耐粗、耐寒的能力，而且所产的蛋大而整齐，改善了蛋壳质量。同时，也节省了培育新母鸭的费用，节约开支，对高产母鸭可以再利用半年以上。下面介绍强制换羽的技术措施：

1. 挑选鸭群

实行强制换羽的鸭群必须是健康、第一个产蛋年产蛋水平较高的鸭群，淘汰病、弱、残鸭，已开始换羽的鸭挑出来单独饲养。用于强制换羽的鸭群通常已经产蛋 10 个月左右。在开始之前 9～15 天接种鸭瘟疫苗，并进行驱虫处理。

2. 饲养管理条件的改变

通过减少或停止喂饲饲料，改变环境条件，使鸭群产生应激，身体消瘦，体重减轻，羽根干枯、羽毛脱落。

处理当日把鸭群圈在鸭舍内（如果原来为棚舍则不回原舍、换到有窗房舍内），不让鸭群到运动场活动和到水池中洗浴；将窗户遮挡起来、舍内只给微弱的灯光，只在喂料和供水时提供光照，不除粪也不清理垫草。原来放牧的鸭群不再放牧，原来不放牧的则控制喂料。通常在前 2 天减少一半的喂料量，由每天喂 4 次改为 2 次，全天喂料量每只约 70 克，夜里不喂，在每次喂饲前后供水 1 小时；第三天和第四天只供饮水和少量青饲料，以后只限时供应饮水。也有采用连续 2 天停料，只供饮水，而后只供给青饲料和少量糠麸组成的粗饲料。经过以上处理,几天内鸭群全部停产。

3. 人工拔羽

鸭群全部停产后,由于体内营养的严重不足,鸭的生理上发生很大变化:喙、蹼等处的色素减退近于苍白,两翼肌肉收缩,羽根干枯,通常在停喂饲料后5～7天,待羽轴与毛囊开始脱离时,就可以开始人工拔羽。

大量拔羽前先进行试拔,试拔选择主翼羽,如果拔着感到费劲,拔出的羽根带有肉尖和血,则不能硬拔,要让鸭群再饥饿几天再拔。如果拔着不太费劲,拔出的羽根不带肉尖和血,就可以一次性把翼羽和体羽拔完。主翼羽由内向外,从第一根往第十根依次试拔,再拔副翼羽,后拔胸背部羽毛,最后拔尾羽。拔掉的羽毛要用袋子装起来。

4. 拔羽后的饲养管理

拔羽后要尽快改善饲养环境,提高营养水平,逐渐增加饲喂量,使鸭尽快恢复体质。拔羽后把鸭放在铺有柔软垫草的舍内,供给饮水和少量饲料,7天内不放水、放牧,不受风吹雨淋,以防感染。饲料由粗到精,喂量逐步增加,逐渐加喂动物性饲料,增加多种维生素(比平时多2～3倍)和矿物质饲料,逐步过渡到产蛋期的标准日粮。恢复喂料的当天每只鸭按30克1次性喂给,以后每天每只鸭的喂料量增加15克,直至自由采食。如果急剧增加精料,会引起消化不良,甚至暴食胀死。光照也随着逐渐增加到产蛋鸭的标准。拔羽后5天内避免烈日暴晒,保护毛囊组织。进入恢复期后(通常在10天后)鸭群要放牧游泳,多活动,既可增加运动,不使鸭过于肥胖,又可促使新羽生长。还要改善饲养环境,一切按产蛋鸭的要求进行管理。一般拔羽后25天左右新羽长齐,30～35天开始产蛋,1.5个月左右进入产蛋高峰期。

5. 强制换羽注意事项

(1)鸭龄　强制换羽的时间一般在产蛋10个月前后进行,时间提前则当时鸭群产蛋率较高,损失较大;时间推迟则有一部分鸭已经开始换羽,给强制换羽处理带来困难。

(2)保持环境卫生　强制换羽期间经常扫鸭舍勤换垫草,保持干燥。鸭舍内和周围环境要定期进行消毒。

(3)槽位充足　头2天减料时,槽位充足,能使每只鸭同时吃食,以防采食不均,达不到普遍控制采食量的目的,而影响强制换羽效果;恢复给料时,有充足的槽位和逐渐加料,可减少食滞。

(4)严禁连续强制换羽　在强制换羽开始时已经开始换羽和换羽结束的

鸭只要从大群中挑出单独组群,不能再强制换羽。

（5）公、母鸭分开饲养,分别强制换羽 如果有新公鸭能够及时补充,要将老公鸭全部淘汰,不进行强制换羽。若老公鸭继续留做种用,公鸭应该先比母鸭提早 1~2 周进行强制换羽,使公鸭得到充分休息,恢复强壮的体质,到母鸭产蛋时,才有旺盛的配种能力,以提高种蛋的受精率。

（七）不同季节饲养管理要点

一般的鸭舍建造比较简陋,不能完全控制环境条件,鸭群的生活和生产还受到外界气候条件的影响,会造成应激而影响产蛋率。因此,要维持蛋鸭的稳产高产,必须根据季节的变化,采取相应的饲养管理措施,为蛋鸭创造适宜的产蛋条件和环境。

1. 春季的管理要点

春季气候渐暖,日照时数逐渐增加,气候条件对蛋鸭产蛋很有利。春季蛋鸭的生理机能活跃,精力旺盛,是鸭的产蛋和繁殖季节。要充分利用这一有利条件,使蛋鸭高产稳产。要使鸭多产优质的蛋,必须加强饲养管理。供给鸭的饲料中营养物质要全面,数量要充足,使母鸭发挥最大的产蛋潜力。一般日粮中粗蛋白质在 19%~20%,各种必需氨基酸要保持平衡,钙的含量达到 2.8%~3.2%,以乳酸钙添加效果最好,适当补充鱼肝油、多种维生素。这个季节只要管理好,有些优秀鸭群的产蛋率可达100%,所以这时不要怕鸭饲料吃过头,只怕饲料跟不上,使鸭身体垮下来。

早春时有寒流袭击,要注意天气预报,重视保温工作,室内温度最好维持在 13~20℃。春夏之交,天气多变,会出现早热天气,或连续阴雨,要因时制宜区别对待,打开门窗,充分通风换气,保持舍内干燥。在天气良好的情况下应该让鸭群多在舍外活动,多接触阳光。

春季也是微生物繁殖的活跃季节,为了保证鸭群的健康,需要搞好清洁卫生工作。食槽、饮水器、舍内和运动场定期消毒,舍内垫草不要过厚并定期清除,每次清除都要结合消毒 1 次。运动场的排水沟要疏通,不积污水和粪便。如遇阴雨天,要缩短放牧时间,以免鸭受雨淋。鸭群驱虫也是春季管理的一个环节,以阿苯达唑驱虫为佳。

严格卫生防疫,适当补充营养(尤其是蛋白质、维生素),注意防止温度突然变化所造成的不良影响。

2. 夏季的管理要点

鸭有耐寒怕热的生理习性,虽然鸭群可以在水中活动以散发体热,但是夏季的高温天气仍然会给产蛋鸭造成严重的热应激反应。在生产上表现为鸭的采食减少、粪便过稀、产蛋量减少、蛋壳脏,严重的还可能会出现中暑现象。因此,夏季是蛋鸭生产上容易发生问题的季节,需要采取防热应激措施。缓解蛋鸭在夏季的热应激,可以从以下几方面采取措施:

(1)增强屋顶的隔热效果 屋顶表面在夏季的阳光照射下其温度会明显升高(高于周围的空气温度),热量透过屋顶材料进入舍内会影响鸭舍中下部热空气的上升,使舍温升高。若是用石棉瓦搭建屋顶则应在春末将稻草或其他禾谷类秸秆捆成小捆,摆放在屋面上,这样可有效减轻太阳辐射所造成的屋顶升温现象。据报道,石棉瓦屋顶是否铺草秸,其屋顶内、外面温度可相差2~4℃。

可以在屋顶架设遮阳网以减少屋顶受到的热辐射。

(2)鸭舍及运动场的遮阳 鸭群在舍外活动的时间比较多,在规划鸭场时就应考虑植树遮阳问题,不仅房舍四周要植树,而且在运动场周围、水池边也应植树。种植遮阳效果较好的阔叶速生乔木可在夏天给鸭群提供良好的乘凉休息场所。据测定,夏季树荫下地面的温度比受太阳直接照射地面的温度低5℃以上。若新建鸭场其树木较小而无法利用树荫时,则应在运动场中间及边侧搭设凉棚以方便鸭的纳凉。

(3)降低鸭舍内的相对湿度 在高温的夏季,若舍内相对湿度过高会严重妨碍鸭的蒸发散热。闷热的环境会使热应激反应加剧。由于鸭的生活习性特点很容易造成舍内相对湿度过高。因此,降低舍内湿度是缓解蛋鸭夏季热应激的重要措施。其内容包括减少饮水器、水槽中水的漏洒,鸭洗浴后应等羽毛晾干后回舍,及时排出运动场的积水,更换潮湿垫料和加强通风及防止屋顶漏水等。

(4)加强垫料管理 使用麦秸或稻草做垫料时若铺垫得较厚,在温度高、湿度大的情况下容易被微生物发酵,产生热量,增高舍温,也会产生大量有害气体。因此,在春末或夏初应将舍内积存的垫料进行彻底的清理,等舍内地面稍干燥后再用刨花或锯末或细沙铺垫,或在上面再撒少量垫草。

(5)搞好舍内通风 加大通风量或提高舍内气流速度,不仅可以有效降低舍内温度、改善舍内空气质量,还可以明显缓解鸭群的热应激反应。据报道,当气流速度达到1米/秒时,鸭对30℃的感觉与气流速度为0.2米/秒、气温为26℃时的感觉相似。如同人在天热的时候吹风扇一样,增大身体周围的气流速度,能使鸭感到舒适。

（6）搞好饮水供应　在气温高的夏季,鸭的饮水量会明显增加,使用温度尽量低的饮水可更有效地吸收鸭体内的热量,有助于增加采食量。

鸭吃料和饮水常常是交替进行,而且其喙上黏着的饲料碎粒在饮水时会进入水槽或饮水盆内。槽底和水盆底沉淀的饲料在高温条件下容易腐败,造成水质恶化。因此,在夏季必须及时洗刷水盆水槽,必要时定期对饮水进行消毒处理。饮水供应必须充足,以使鸭随时能喝到清洁的饮水。夏季高温时缺水的威胁要大于其他时期,中暑更易发生。缺少饮水还可能使鸭饮用水池中的脏水,进而诱发肠道感染。

（7）搞好鸭的洗浴管理　高温时节可以让鸭在水池中的洗浴次数和时间适当增加,以增加体热的散发。若是面积较小的池塘还应注意更新池水,以免水质出现腐败。水质恶化后不仅鸭不愿下水池洗浴,甚至有可能成为严重的疫病传播源。定期对池水进行消毒处理也是保持池水水质的重要措施。

（8）露宿乘凉　在夏季气温最高的几天若舍温超过33℃的情况下,前半夜可让鸭在运动场休息纳凉,房舍供鸭出入的小门不要关闭,让鸭群在夜间12点以后回舍产蛋。为了鸭群露宿时不受老鼠、飞鸟等夜间活动动物的惊扰,运动场应有灯光照明。

（9）保持饲料的新鲜　蛋鸭喂养一般都采用湿拌料的形式,夏季采用这种喂料方法应注意每次的拌料量不宜多,每次喂饲后让鸭群在30~40分内能将盆内饲料吃完为宜,若长时间吃不完,则可能会出现饲料发酵变味现象。减少每次喂饲的量、增加每天的喂饲次数,是夏季蛋鸭喂饲的重要措施。

每次加料之前应将料盆内的剩料清出,并用蘸有消毒液的抹布擦拭料盆内壁以避免原有变味的饲料对新料的污染。

（10）调整饲料营养水平　夏季鸭的采食量减少、营养摄入不足是造成鸭群产蛋量下降的重要因素。为了减轻营养摄入不足的问题,应适当提高饲料的营养浓度,尤其是磷及维生素的含量,减少粗饲料的使用量。

夏季有的鸭会出现部分羽毛脱落或折断现象,需要保毛,其方法是在饲料中添加1%~2%炒熟的菜籽或芝麻,连用1周。中午前后在运动场的阴凉处放一些青绿饲料让鸭自由采食。有条件的可以捞取一些鱼虾、螺蛳切碎后作为补充饲料,以增加鸭的食欲和营养摄入。

（11）使用抗热应激添加剂　常用的抗热应激添加剂有维生素C（在饲料中添加量为0.02%）、碳酸氢钠（在饲料中添加量为0.1%）、氯化铵（在饲料中添加量为0.05%）以及某些中草药制剂等,它们可以调整夏季鸭体的某些生理机能,减轻热应激所造成的偏差。这些添加剂一般在上午10点之后使用。

（12）促进采食　通过各种方法促进采食量的增加是缓解热应激造成产蛋性能下降的有效措施。

3. 秋季管理要点

秋季秋高气爽,气温渐降,昼夜温差大,日照时间变短,蛋鸭接近换羽期。9～10月正是冷暖交替的时候,气温多变。如果养的是上一年孵出的秋鸭,经过大半年的产蛋,身体疲劳,稍有不慎,就要停产换毛,故群众有"春怕四,秋怕八,拖过八,生到腊"的说法。所谓"秋怕八"就是指农历八月是个难关,只要渡过这个难关,鸭产蛋直到腊月,有保持80%以上产蛋率的可能,否则也有急剧下降的危险。此时的管理重点是保持环境稳定,尽可能推迟换羽。

（1）保证光照时间　由于自然光照时间逐渐缩短,不利于蛋鸭保持旺盛的繁殖机能,需要补充人工光照,使每天光照时间不少于16小时,稳定光照强度。

（2）保证营养供应　为了保持鸭群高的产蛋率,需要适当增加营养,补充动物性蛋白质饲料。

（3）防止温度突然降低　入秋后刮一场风就会降一次温,温度的突然下降将导致产蛋率的大幅度下降。生产中尽可能减少鸭舍内小气候的变化幅度,保持环境相对稳定。深秋要防寒保暖,使鸭舍保持13～20℃的温度。操作规程和饲养环境保持稳定。

（4）适当补充无机盐饲料　最好在鸭舍内另置矿物质饲料盆（骨粉1份＋贝壳粉5份）,任鸭自由采食。

（5）消灭蚊蝇　蚊蝇不仅干扰鸭群的休息,还传播某些疾病。要定期对鸭舍内外进行处理,消灭蚊蝇。

（6）驱虫　秋季需要进行一次驱虫,以消灭在夏秋季节进入鸭消化道内的寄生虫,同时做好鸭舍防寒等准备工作。

（7）保持鸭舍干燥　秋季是多雨的季节,运动场容易积水,鸭舍内垫草容易潮湿发霉。要采取措施降低舍内湿度,防止垫草泥泞。

4. 冬季管理要点

12月至翌年2月上旬是最冷的季节,日照缩短,寒流、寒潮频繁袭击,地面积雪、水池结冰。低温及其所带来的一系列问题对蛋鸭生产也会产生许多负面影响,因此,冬季要注意防寒保暖和采取防冷应激措施。

（1）防寒保暖　冬季可以将鸭舍西、北面的窗户用草苫进行遮挡，防止冷风直接吹进鸭舍。必要时应该在鸭舍内采取加热措施以提高舍温。尽量使鸭舍内的温度保持在6℃以上。

在北方一些地区，有的鸭场忽视了防寒保暖措施，导致舍内温度过低，出现水盆（或水槽）结冰、鸭蛋壳冻裂等现象，结果鸭群产蛋率急剧下降而且难以恢复。

（2）调整饲料　冬季蛋鸭要适当增加玉米等能量饲料的比例，使代谢能的浓度达每千克12.09～12.49兆焦的水平，还要供给青饲料或补充维生素A、维生素D和维生素E。

（3）饮水　饮水用温水，用热水拌料都有助于减少鸭体热损失和消化道疾病的发生。降雪后要及时清扫运动场的积雪，防止鸭吃雪和饮雪水。

（4）适当增加饲养密度　可以将饲养密度保持在8～9只/米²，适当提高饲养密度，有利于鸭舍内的保温。

（5）垫草　舍内铺厚垫料，以10厘米厚为宜，防止鸭卧在裸露的地面受凉。保持垫料的干燥是一个很重要的工作，冬季鸭群外出活动少很容易导致垫草潮湿、泥泞，这对于鸭舍的保温、空气质量等都是有害的。

（6）舍外活动　一般天气时早上迟放鸭，傍晚早关鸭，减少舍外活动和下水次数，缩短下水时间，晴暖天时间长些（1小时左右），阴天短些。若室内外温差太大时，放鸭前应先打开窗户，赶鸭只在室内慢慢做转圈运动数分，再赶鸭只出舍下水。

（7）通风换气　在注重保温的同时，不能忽视鸭舍的通风换气。在鸭群到运动场活动或放水时，可以打开鸭舍的窗户，使之彻底换气。不能放水时，则在中午先卷起部分草帘，让鸭群逐步适应，然后打开每个窗户的一半进行通风。冬季要防止冷风直接吹到鸭的身上。

（8）噪鸭　饲养人员每天早上捡蛋结束后在鸭舍内驱赶鸭群缓慢地走动，以促进运动。由于鸭群被驱赶走动时不停地鸣叫而被称为"噪鸭"。"噪鸭"还可以防止鸭过于肥胖。

（八）鱼鸭混养的管理

在许多地方将鸭舍搭建在鱼塘附近，利用鱼塘作为鸭群洗浴的场所。鸭群在鱼塘中活动时搅动水面可以起到增氧作用，排泄的粪便也能够直接或间接被鱼所利用。因此，鱼鸭混养在许多地方应用。在鱼鸭混养的管理上需要注意以下几个方面的问题：

1. 防止鸭吃鱼苗

鱼苗投放初期，由于鱼很小，容易被鸭捕食。这一时期需要先将鱼塘的一侧用细空网隔挡出一小片水面，鱼苗放在较大的水面内，鸭群在小水面内洗浴。当鱼体长度达 10 厘米以上时可以将网撤去。

2. 防止塘水过肥

鸭群在鱼塘中活动时粪便排泄到塘内，若排放量大，超过鱼及微生物的利用及分解能力则会造成塘水内有机质含量过高，水体富营养化，水中溶氧含量减少而不能满足鱼的生活需要，造成缺氧，引起泛塘和鱼死亡。

为了防止这种情况的出现，要根据水质情况确定鸭群在水中活动的时间和次数。如果水面小，鸭群也不能大，如果鸭群较大则每天在鱼塘内活动的时间不能长，也可以采用分批洗浴。鸭群喂饲后经过 2 小时再放入鱼塘也可能减少水中的排粪量。

如果鱼塘面积大、水较深，鸭群较小则基本无须担心这个问题。

（九）稻鸭共作

稻鸭共作是生态农牧业生产的一种典型方式，在日本和我国南方地区广泛应用。

在稻秧返青后就可以有计划地让鸭群到稻田中活动、觅食，一直到稻子扬花之前。采用这种方式不仅能够使鸭群充分采食稻田内的杂草、昆虫、鱼虾等天然饲料资源以降低生产成本和提高肉蛋质量，还可以明显减少水稻的病害，减少农药使用，保证水稻的卫生质量，同时由于鸭粪排泄在稻田内，还可以起到肥田的作用，有利于提高作物产量。

五、放牧鸭的饲养管理

在我国南方省区传统饲养蛋鸭多为放牧方式，以放牧为主，补饲为辅。这种方式能充分利用当地野生的饲料资源，投资少，适合于小规模农户经营，迄今仍不失为一种因地制宜、就地取材的饲养方式。放牧饲养的鸭群虽然产蛋量较低，但是鸭蛋的质量较好。

然而，放牧饲养毕竟是粗放的饲养方式，受季节和气候条件影响较大，在实践中，应根据不同季节的气候条件和天然饲料条件、产蛋情况，采取相应的放牧方式。

（一）放牧方法

蛋鸭的放牧方式基本上与青年鸭放牧饲养的方式相同，在不同的放牧场地，须采用不同的放牧方法。以下为蛋鸭的放牧饲养方式：

1. 一条龙放牧法

此法适宜于在刚收割后的稻田放牧。一般由2~3人管理(视鸭群大小而定),由最有经验的牧鸭人(称为主棒)在前面领路,另外两名助手在后方的左右侧压阵,使鸭群形成5~10个层次,缓慢前进,把稻田的落谷和昆虫吃干净。这种放牧法对于将要翻耕、泥巴稀而硬的落谷田更适合,宜在下午进行。

2. 满天星放牧法

将鸭群驱赶到放牧地后,不是有秩序地前进,而是让鸭散开来,自由采食,先将会逃跑的昆虫活食吃掉,适当"尝鲜",留下大部分遗谷,以后再放。这种放牧法适合于干田块,或近期不会翻耕的田块,宜在上午进行。

3. 定时放牧法

群鸭的生活有一定的规律性,在一天中,要出现3~4次积极采食的高潮,3~4次集中休息和洗浴。根据这一规律,在放牧时不要让鸭群整天泡在田里或水面上,而要采取定时放牧法。春末至秋初一般采食4次择性降低,能在短时间内吃饱肚子,然后再下水浮游、洗澡,在阴凉的草地上休息。这样有利于饲料的消化吸收。如不控制鸭群的采食和休息时间,整天东奔西跑,使鸭终日处于半饥饿状态,得不到休息,既消耗体力,又不能充分利用天然饲料,是放牧鸭群的大忌。

(二)放牧管理

由于一年四季的气候条件和天然饲料不同,蛋鸭的放牧应根据季节的不同,进行科学的放牧,以降低饲养成本,提高产蛋量,从而获得最佳的经济效益。

1. 春季放牧

春季气候温和,天然饲料较多,是蛋鸭产蛋的高峰期。要选择好放牧场地提早放牧,并适当延长放牧时间,有利于蛋鸭获得较多的营养和冬后迅速长膘,提早产蛋。充分利用浅水沟渠、湖泊、水塘等场地,春耕开始后,水田里有很多的草籽、草根和过冬的昆虫、蚯蚓、水族活食等,让鸭充分觅食这些水生动植物。为保证高产,每天放牧后,还要加以补饲。补饲量的多少,应根据牧地天然饲料的多少而定。补饲的饲料种类主要有玉米、碎大米、大麦、螺和蚌等,也可补饲全价配合饲料。在有风天气,应逆风而放,这样鸭毛不会被风揭开,鸭体不致受凉。

由于春季的早晚气温还比较低,春季放牧应晚出早归,随天气变暖而逐渐延长时间。清晨待母鸭产蛋结束后,喂少量的饲料,可以驱赶鸭群外出放牧。

如见有母鸭落在大群后面,不断回头顾盼,多是没有产蛋的母鸭,可任其返回舍内产蛋,不要强行驱赶出牧。雨天或大雾时不可放牧。

放牧中,饲养人员应随鸭巡牧,随时观察鸭群的觅食情况,如发生惊群,应立即用建立的音响信号唤鸭群安静下来。放牧鸭群每天的活动,应包括游泳戏水、采食和休息,3 种方式应有节奏地交替进行。放牧过程中要出现 3 ~ 4 个采食高潮、3 ~ 4 次集中休息和休息后的游泳戏水。放牧人员应根据这一规律及具体情况,对鸭群一天的活动进行适当的安排。

初春时节气温低,鸭群不适宜在水中长时间逗留,每次在水中觅食和活动的时间应视气温、水温而定。初春时节,田野内的杂草刚长出,鸭群能够采食的野生饲料较少,不能忽视补饲。

2. 夏季放牧

由于夏季天气炎热,加上春季以来,鸭因一直产蛋而出现的营养不足,往往会产生脱毛现象,此时若饲养管理不当,会停止产蛋。因此,放牧鸭群时,上午要早出早归,下午要晚出晚归,但要在天黑前收牧歇息,清点鸭数。

夏季炎热,气温高,中午要将鸭群赶到鸭舍凉棚下休息,避免烈日直晒,特别要避免鸭群在晒烫的地面上行走,以免烫伤鸭脚或中暑。晚上若鸭群在棚内鸣叫不安,往往是由闷热引起的,应及时开棚放水。放牧途中,如发现个别蛋鸭离群独游,不停叫唤,多是产蛋时间推迟的表现,要挑出来加强饲养,待产蛋时间正常后再放养,以防蛋丢失。

鸭群补饲时,早餐要早,晚餐要晚,还要适当地加喂鲜料以补充营养。夏季除了防暑外,重要的是供给营养丰富的饲料。

夏季多暴风雨天气,必须留心天气预报,避开雷雨和大风天气,减少鸭群损失。在放牧过程中如果发现天气有变化的预兆要提前收牧。

3. 秋季放牧

秋天天气凉爽,是母鸭一生中第二个产蛋旺季,放牧时间应随气温下降而逐渐缩短。稻茬田是鸭群良好的放牧场地,应精心选择放牧路线,及时转换放牧田块,尽量在刚收割后的稻田里放牧(这里的落谷、昆虫、水草都很丰富)。放牧茬田时,要注意吃一段时间后,将鸭群放在净水处饮水和洗澡,避免口渴缺水,引起消化不良。秋季内陆湖河中动物性饲料——螺、蚌等繁殖慢,日趋减少,因此放牧时不要过急地驱赶鸭群,让鸭群随意游动觅食。

秋季放养要早出晚归,放牧途中让鸭慢慢行走,不使其扑翼急行,避免鸭群受惊,减少受伤,特别是下午鸭蛋已在子宫部,受惊后易生畸形蛋、软壳蛋或造成漏蛋。

蛋鸭在秋季要自然换羽,这时产蛋量大大减少,甚至停产,采用人工强制换羽,可以缩短换羽期,并迅速开始产蛋。

秋季放牧也需要注意天气情况。在河流附近放牧要注意安全,防止河水暴涨冲走鸭群。

4. 冬季放牧

冬季寒冷,野生食物很少,一般不经常放牧。此时期以舍饲为主,放牧为辅。特别是水面冻结之后,要增加补饲的精料、鲜料和青绿饲料的数量,以保证产蛋的营养需要。停产时可喂粗饲料。

缩短每天的放牧时间,一般不超过 4 小时,要晚出早归,避免在冰雪中行走和觅食。要放背风朝阳、植物籽实丢失多的牧地。冬季关棚饲养期间,要增加运动量,每次驱赶 4~5 次,每次 3~5 圈,有利于健壮身体,防止鸭过肥,提高冬季产蛋率。鸭舍铺垫干草,鸭群要避风采食。冬季日照缩短,早晚补充光照,每天光照不少于 14 小时。

(三)鸭群放牧注意事项

平时放牧鸭群时,要搞好牧区的群众关系,多向群众了解情况,坚持"四不放":一是刚施过化肥农药的地段田块不放,以防鸭群中毒;二是未割完禾的田块不放,以防糟蹋庄稼;三是发生传染病的疫区不放,以防鸭群染病;四是受"三废"污染或污浊的河流渠道不放,以防鸭群受害。做好"三防"工作:一防兽害,鸭棚最好用塑料网加罩;二防惊扰,夜晚要保持鸭舍安静,不要让陌生人进鸭棚;三防病害,要按免疫程序认真做好鸭瘟、鸭霍乱等疫苗的注射工作。鸭群易患寄生虫病,因此要定期驱虫。

放牧蛋鸭注意补钙,注意防止丢蛋,补饲(饲料成分要考虑野生饲料资源类型、蛋鸭的营养需要)。

六、蛋种鸭的饲养管理

饲养种鸭和商品蛋鸭的基本要求是一致的,饲养方法也基本相似。但饲养种鸭的目的是要获得量多质优的种蛋,孵化出品质优良的雏鸭。因此,饲养管理条件要求比产蛋鸭更高。

(一)种鸭的选留与饲养

1. 种鸭的选留

留种的公鸭经过育雏、育成期、性成熟初期 3 个阶段的选择,选出的公鸭外貌符合品种要求,生长发育良好,体格强壮,性器官发育健全,第二性征明显,精液品质优良,性欲旺盛,行动矫健灵活。

种母鸭要选择羽毛紧密,紧贴身体,行动灵活,觅食能力强;骨骼发育好,体格健壮,眼睛突出有神,嘴长、颈长、身体长。体形外貌符合品种(品系)要求的标准。

2. 种鸭的饲养

在有条件的饲养场所饲养的种公鸭要早于母鸭5周孵出,使公鸭在母鸭产蛋前已达到性成熟,这样有利于提高种蛋受精率。育成期公母鸭分开饲养,一般公鸭采用以放牧为主的饲养方式,让其多采食野生饲料,多活动,多锻炼。饲养上既能保证各器官正常生长发育,又不能过肥或过早性成熟。对性开始成熟但未达到配种期的种公鸭,要尽量放旱地,少下水,减少公鸭间的相互嬉戏、爬跨,形成恶癖。

(二)公、母鸭的合群与配比

青年阶段公、母鸭分开饲养。为了使得同群公鸭之间建立稳定的序位关系、减少争斗,使得公、母鸭之间相互熟悉,在鸭群将要达到性成熟前,如绍兴鸭在15周龄时要进行合群。合群晚会影响公鸭对母鸭的分配,相互间的争斗和争配对母鸭的产蛋有不利影响。

公、母鸭配比是否合适对种蛋的受精率影响很大。国内蛋用型麻鸭,体形小而灵活,性欲旺盛,配种能力强,其公、母鸭配比在早春、冬季为1:18,夏、秋季为1:20,这样的性比例,可以保持高的种蛋受精率;康贝尔鸭的公、母配比在1:(15~18)比较合适。

在繁殖季节,应随时观察鸭群的配种情况,发现种蛋受精率低,要及时查找原因。首先要检查公鸭,发现性器官发育不良、精子畸形等不合格的个体,要淘汰,立即更换公鸭,发现伤残的公鸭要及时挑出补充。

(三)加强种鸭饲养

饲养上除按母鸭的产蛋率高低给予必需的营养物质外,要多喂维生素、青绿饲料。维生素E能提高种蛋的受精率和孵化率,饲料中应适当增加,每千克饲料中加25毫克,不低于20毫克。生物素、泛酸不仅影响产蛋率,而且对种蛋受精率和孵化率影响也很大。同时,还应注意含色氨酸的蛋白质饲料不能缺乏。色氨酸有助于提高种蛋的受精率和孵化率,饼(粕)类饲料中色氨酸含量较高,配制日粮时必须加入一定饼(粕)类和鱼粉。种鸭饲料中尽量少用或不用菜籽粕、棉仁粕等含有影响生殖功能毒素的原料。

（四）提高配种效率

自然配种的鸭,在水中配种比在陆地上配种的成功率高,其种蛋的受精率也高。种公鸭在每天的清晨和傍晚配种次数最多。因此,天气好应尽量早放鸭出舍,迟关鸭,增加户外活动时间。如果不是建在水库、池塘和河渠附近则种鸭场必须设置水池,最好是流动水,要延长放水时间,增加活动量。若是静水应常更换,保持水清洁不污浊。

（五）保持环境的干燥和卫生

1. 保持鸭舍内的干燥

鸭舍内的垫草及时更换和翻晒,保持干燥、清洁,防止种蛋污染。生产中常常有鸭舍内垫草潮湿、泥泞的现象,种鸭蛋壳表面粘有许多粪便或泥巴,这样的种蛋易被污染,孵化过程中其孵化效果会受影响。鸭舍内要通风良好,空气新鲜,温度适宜。

2. 保持舍外的卫生

运动场要平坦,不平的要修补好,每天进行清扫并及时将扫起来的粪便和其他杂物清运到垃圾堆放点。定期对运动场进行消毒处理。连接水面的斜坡上既平整又不能滑。保持池水的清洁,定期补充或更新池水,对于附设的小水池要定期进行清理池底杂物和消毒。

（六）及时收集种蛋

种蛋清洁与否直接影响孵化率。每天清晨要及时收集种蛋,不让种蛋受潮、受晒、被粪便污染,尽快进行熏蒸消毒。种蛋在垫草上放置的时间越长所受的污染越严重。

收集种蛋时,要仔细地检查垫草下面是否埋有鸭蛋;对于伏卧在垫草上的鸭要赶起来,看其身下是否有鸭蛋。

七、蛋鸭生产中常见的问题

（一）羽毛脱落

在蛋鸭生产中,尤其是在产蛋中后期,一部分鸭的背部和后腹部羽毛脱落或折断,露出皮肤。造成羽毛脱落的原因主要有以下几点:

1. 饲料营养方面的问题

饲料中含硫氨基酸、泛酸、维生素 B_6、锰、锌等营养成分不足会造成羽毛散乱、易折断、脱落。饲料中油脂含量过低会影响尾脂腺内油脂的分泌,羽毛上缺少油脂也容易受损。圈养时不使用青绿饲料则会因为肠道缺少粗纤维刺激,鸭出现啄癖,啄食羽毛。

2. 环境因素

若环境温度过高而又没有有效地促进体热散发、降温措施则鸭会出于自我保护性反应,部分羽毛脱落,促进体热散发。饲养密度高也影响羽毛的完整性。

3. 垫草潮湿泥泞

泥泞的垫草黏附在羽毛上,时间长了会使羽毛变脆而容易折断。

(二)羽毛湿水

正常情况下,鸭的羽毛表面涂有油脂,下水活动时能起到沥水的作用。然而,生产中有时会发现鸭不愿意下水活动,下水后羽毛被水打湿,鸭会往水下沉。其原因可能有以下几方面:

1. 饲料中油脂含量不足

尾脂腺不能分泌足够的油脂用于羽毛的滋润。

2. 垫草潮湿泥泞

鸭舍通风不良、垫草潮湿且长期没有更换而变得泥泞,鸭群在这样的垫草上伏卧休息时胸腹部羽毛被泥泞黏附,鸭下水活动洗去泥泞的同时也把羽毛上的油脂洗去,羽毛不能沥水。

3. 饲料中食盐含量高

鸭采食含盐量高的饲料会出现这种问题。

(三)水蛋的发生

"水蛋"指鸭产在水中的蛋。水蛋由于产在水中,一般只有在冬季鱼塘的水抽干后才能够发现,这些蛋已经没有任何价值了。"水蛋"发生的主要原因有以下几种:

1. 鸭群放水过早

尽管鸭的产蛋时间集中在凌晨,但是有少数鸭的产蛋时间会推迟至上午,如果在上午9点之前让鸭群进入水中活动,则可能会有部分鸭将蛋产在水中。如果将鸭群放水时间推迟则可能减少"水蛋"的出现。

2. 鸭群健康问题

健康高产的鸭群产蛋比较集中,绝大多数个体在凌晨都能够产完蛋。而无论任何原因引起的健康问题都会使鸭群的产蛋时间拖延,产蛋迟的个体在水中活动时就可能将蛋产在水中。

3. 高温季节

在高温季节鸭舍内空气闷热,鸭群急于到水池中活动,而且高温会使产蛋时间推迟。这样,在上午会有部分鸭尚没有产蛋就进入水中洗浴并把蛋产在水中。

(四)蛋壳脏污

生产中常遇到许多鸭蛋蛋壳上沾染有粪便、泥巴、垫草等脏污。这些蛋壳受污染的鸭蛋水洗后不能存放,只能立即用于孵化或食用。如果不清洗也不能长期存放,否则微生物会通过气孔进入蛋壳内,污染蛋的内容物。造成这种情况的原因主要有以下几点:

1. 鸭舍垫料潮湿

鸭舍垫料潮湿是蛋壳表面脏污的主要原因,当鸭把蛋产在潮湿泥泞的垫料上后不可避免地会在蛋壳表面黏附污物。防止垫料潮湿,及时清理潮湿的垫料,或在旧垫料上面经常加铺新垫料以保持表面垫料的干净是解决这个问题的主要措施。

2. 产蛋窝内的垫草干燥、柔软

如果产蛋窝内的垫草长时间没有更换,潮湿、板结,就不可能引诱鸭晚上在其中伏卧、产蛋,可能将蛋产在窝外。窝外蛋很容易被污物黏附。定期更换产蛋窝内的垫草、保持窝内的垫草不干燥、柔软以吸引鸭群晚上在其中休息、产蛋,这是减少窝外蛋的主要方法。

3. 鸭消化道感染

当鸭消化道被病原微生物感染后很容易出现腹泻现象,致使泄殖腔内有稀粪残留、肛门下方羽毛被稀粪黏附,鸭产蛋时蛋经过泄殖腔时就被粪便黏附,蛋产出后又被脏污的后腹部羽毛所污染。其他原因引起的腹泻同样会产生这个问题。

第九章　肉鸭生产

　　肉鸭具有生长速度快、肉质好、羽毛价值高、容易饲养等特点，近年来得到了快速的发展。目前，大多数规模化肉鸭生产企业所饲养的鸭都属于快大型品种，主要有北京鸭、樱桃谷鸭、丽佳鸭、狄高鸭、克里莫肉鸭、天府肉鸭等。近年来，樱桃谷鸭在我国规模化肉鸭生产中占重要地位，现以樱桃谷鸭为代表将肉鸭的饲养管理在本章里介绍。

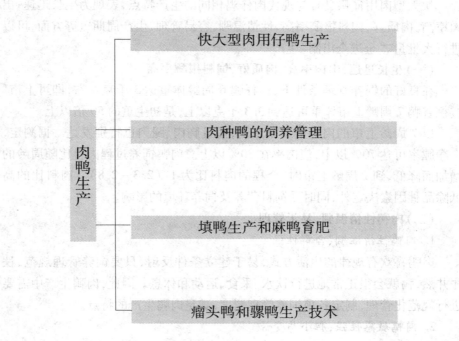

第一节　快大型肉用仔鸭生产

快大型肉用仔鸭是指利用配套系生产的杂交商品代肉鸭,采用集约化、大批量的饲养方式。现将集约化饲养方式下快大型肉用仔鸭的生产特点、环境条件控制、饲养方式、饲养要点和管理要点作一介绍。

一、生产特点

快大型肉用仔鸭具有与现代肉仔鸡相同的生产特点,表现为生长迅速、出肉率高、肉质好、饲料报酬率高、性情温驯、容易管理、生产周期短等方面,可以进行大批量、"全进全出制"生产。

(一)生长迅速、出肉率高、肉质好、饲料报酬率高

在良好的饲养管理条件下,肉仔鸭 6 周龄体重达 3 千克左右,即可上市。樱桃谷鸭 7 周龄上市体重可达到 3.3 千克以上,是初生重的 50 倍以上。

以 7 周龄上市的肉鸭屠宰率最高,而且胸肉、腿肉也特别发达。据测定,全净膛率可达 70% 以上,瘦肉率在 30% 以上。肉鸭饲养过程肉料比随周龄的增加而降低,到 7 周龄上市时,全程的肉料比为 1:(2.3～2.8)。肉料比的高低除品种因素决定外,同时受饲料营养及饲养环境的影响。

(二)肉鸭性情温驯,易于管理

1. 肉鸭性情温驯、合群性强

肉鸭喜欢有规律的生活方式,易于建立条件反射,只要饲养管理规范、秩序井然,鸭就会很正常地进行饮水、采食、运动和休息。因此,肉鸭生产中需要进行规范化管理,制定各项饲养管理制度,满足肉鸭生产的特点。

2. 肉鸭敏感性强,胆小易受惊

一旦环境发生变化或失去规律性的管理,就会出现应激反应。如天气突然变化或陌生人、畜加入舍内,或饲料突然变换,设施设备的更换等都会引起应激,出现食欲下降等现象,这也将导致其生长速度的下降。

3. 肉鸭喜水,好干燥

既喜欢戏水,但又怕鸭舍潮湿。现代工厂集约化饲养的鸭场多是开放式的,不仅有鸭舍,也有水上和陆地运动场,让肉鸭自由选择舒适的活动方式。肉鸭休息时总喜好选择干燥的地方,鸭舍、陆地运动场应以干燥干净为宜。

(三)肉鸭合群性好,适宜于规模化生产

肉鸭性情温驯、相互间的争斗现象很少,大群量饲养能够很好相处。

(四)肉鸭生产周期短,可批量"全进全出"制生产

肉鸭最适宜的上市时间在 6～7 周龄,这时不仅肉的品质好,而且资金周转快,经济效益好。肉仔鸭超过 8 周以后不仅生长速度明显下降,饲料效率也明显降低,生产效益急剧下滑。因此,肉鸭生产一般要求在 7 周龄末以前出栏。

当肉鸭批量上市之后需留出空舍净化时间,对空鸭舍应进行全面清扫、消毒,阻断疫病循环感染的途径。空舍时间至少两周,最好是空舍 1 月。为了加速资金周转,提高鸭场利用率,实行"全进全出"制,1 年可养到 5～6 批,效益比较可观。

二、环境条件控制

饲养商品肉鸭必须首先考虑为鸭群提供良好的环境条件,以便适应它的生理、生长的需要,否则会很难发挥其快速生长的遗传优势。肉鸭的饲养环境条件包括温度、湿度、空气、光照和饲养密度等。

(一)温度

1. 肉鸭对环境温度的要求

肉鸭的生长需要提供适宜的温度。在育雏期提供适宜的温度是饲养肉鸭的关键环节,是培育雏鸭的主要技术之一。3 周龄之前的雏鸭,因自身体温调节机能差,在育雏最初 2 天育雏室温度应达 33～35℃,绝不要使室温低于29℃,否则会造成灾难性的后果。3 日龄后鸭舍温度应逐日下降,3～7 日龄31～33℃,8～14 日龄 25～30℃,15～21 日龄 20～25℃,21 日龄至出栏一般应保持在 20℃左右为最佳。对于 3 周龄后的肉鸭来说,20℃左右的室温对于其生长发育、健康、羽毛生长、饲料效率是最适宜的。

2. 温度对屠体品质的影响

国外用北京鸭进行试验,将 14 日龄的肉鸭在 36℃条件下饲养 14 天(A组),在 22℃条件下饲养 14 天(B 组),在 36℃条件下饲养 10 天(C 组)、在22℃条件下饲养 10 天(D 组),与对照组(E 组,全部在 22℃条件下饲养,自由采食)进行对比,结果见表 9－1。

表 9－1　温度对肉鸭生产性能和屠体品质的影响

指标	A 组	B 组	C 组	D 组	E 组
日增重(克)	49.2	57.2	52.8	57.5	66.2
料肉比	2.44	2.56	2.59	2.57	2.74

指标	A 组	B 组	C 组	D 组	E 组
板油率(%)	3.0	3.6	3.3	3.2	3.7
屠体脂肪(%)	20.7	19.8	20.3	20.1	19.6
屠体水分(%)	51.3	53.8	52.2	53.7	53.8
屠体蛋白质(%)	15.4	15.0	15.0	14.7	14.4

从试验结果可以看出,高温不仅会降低肉鸭的日增重、屠体板油含量和水分含量,而且能够提高饲料效率、屠体脂肪和蛋白质含量。

3. 温度控制方法

育雏前期,可将鸭舍的一部分用塑料布与其他部分隔开,作为取暖区,以减少取暖面积,便于升温,节约费用。以后可随日龄的增加,再逐渐延伸供暖面积及活动场地。在取暖区内的取暖方式很多,有使用地上火龙管道供暖的,经济条件好的也有使用电热伞供暖的。使用电热伞供暖的取暖室内可形成两个区域,一是高温区,二是室温区,以便鸭自由选择适宜的温度区域进行活动与休息。对使用地上火龙管道供暖方式的,可根据室内温度灵活掌握生火的大小。为了随时掌握室内温度是否适宜,可在室内挂上温度计,其高度应置于鸭背以上 20 厘米高度,供暖方式不要使用明煤生火加温,避免引起一氧化碳(煤气)中毒,另外也有利防火安全。鸭苗在进场以前,应提前升温,室温达到32℃。

鸭群的舒适程度,在取暖区内对温度的反映,可根据雏鸭的反应和行为表现观察:温度适宜的时候,雏鸭均匀分散在取暖区周围;温度高的时候则远离取暖区;温度低则向取暖区靠近并拥挤成堆;如果有贼风的时候雏鸭则会靠边挤堆。

4. 降温与脱温

雏鸭 10 日龄前后,鸭舍就要视具体情况决定是否加热和加热的程度,主要看地域、季节与天气情况,灵活掌握。寒冷地区或冬季,夜里或阴雨天气,只要温度达不到上述介绍的适宜温度,就需继续供暖,以避免因温度忽高忽低而引起鸭只感冒,甚至继发疫病,在炎热的夏季若温度超过育雏温度,要注意防暑降温。不论是冬季还是夏季,当雏鸭脱温后,要随时观察鸭群的舒适程度,特别是冬季晴天,当室内外温差比较大时,应在中午放牧。若晒太阳的运动场是水泥或潮湿地面应铺垫干垫草,以避免鸭卧在凉冷而又潮湿地面上而引起着凉及营养消耗。商品鸭在饲养全过程中,温度控制始终是个关键,只要能够认真细心地控制温度,才能保证鸭良好的生长速度。

（二）湿度

鸭舍内应保持适宜的湿度,一般相对湿度以50%～75%为宜,过于干燥或过于潮湿都对鸭的生长不利。鸭具有喜水又怕湿的生物学特性,养鸭必须提供充足的饮水,同时地面的垫草也必须保持干燥,但往往鸭群饮水、戏水会引起垫草潮湿,舍内往往出现湿度大的现象。若鸭舍内通风不良,遇低温高湿,雏鸭体热散失太快,容易着凉生病,而且饲料消耗增加。在舍内温度较高的情况下,水分蒸发量大,加上粪便水分蒸发发出的有害气体,就会出现空气呈高温、高湿、高污染的状况,为致病菌及霉菌等微生物的生长繁殖创造了条件。潮湿肮脏的垫草污染鸭体,使鸭羽毛脏污并导致羽毛上的油脂脱落,甚至影响羽毛的生长或脱落,最终导致鸭群不仅生长缓慢,还会影响鸭体品质。因此,避免垫草出现潮湿是控制舍内湿度大的重要措施。最好在鸭舍的前屋檐下室内外结合部设置饮水槽,槽口不要大于15厘米,使鸭能够饮水为宜,或使用自动供水装置防止鸭跳入水中戏水而污染水质和携带水分浸湿垫草,水槽的四周应用水泥硬化,并同时设置使用漏水盖板的排水沟,以便冲洗消毒。

肉鸭虽然可以旱养,但在运动场上设置比较浅的水面运动场,对于夏季养鸭有一定好处。天气炎热时,可用刚抽取的深井水使鸭通过洗浴来降温,但必须是长流水,这样有利于鸭饮上洁净的凉水增进食欲,多采食,有利增重。但是,鸭在进入鸭舍之前需要在运动场晾干羽毛,避免把水带入鸭舍弄湿垫草。在其他季节一般不要使用水面运动场,以免浸湿垫草。鸭舍内要保持通风良好,有利降低湿度,但要同时注意保持适宜温度,不可顾此失彼。

（三）舍内空气质量

鸭场与鸭舍应保持空气新鲜,对于雏鸭或中成鸭都很重要。只有如此,才能保证鸭的正常新陈代谢和健康生长。

通风是保持空气新鲜的主要措施。鸭在整个生长过程中,从雏鸭到中成鸭,随日龄的增加,其排泄量也相应增加,这些排泄物挥发的氨气等有害气体与鸭舍内产生的其他有害气体对鸭生长发育很不利,甚至引起鸭群发病。在育雏期间或在全室内网上饲养的情况下,既要保持适应的温度,又要排除有害气体,这就形成了矛盾,只有靠科学的通风方式才能解决这个矛盾。通风方式要视不同情况而定,对育雏室的通风要注意三点:一是从鸭舍上部排气,二是使通风速度缓慢,三是要注意根据室内温度、气味进行通风调节。若通过门、窗通风应设置缓冲间,用塑料薄膜隔挡避免室外冷空气直接进入室内,特别要防止空气对流和出现贼风,避免冷风直接吹到雏鸭身体上。

夏季对中成鸭要注意整个鸭场及鸭舍的全面通风降温,室内饲养的还可挂湿布帘,有利于调节温度、湿度、空气三者的关系。在冬季,对中成鸭要注意既通风又保温。对开放式的鸭舍,迎风的一面墙应封闭,鸭舍两端设缓冲间,若是鸭群刚脱温,要视天气情况决定朝南一面墙的门窗或塑料薄膜的开启时间及程度、晴天一般在中午开启,若使用的是塑料薄膜代替鸭舍墙面,应从屋檐连接处开口通风,切忌冷风顺地表袭入鸭舍致使鸭群受冷引起感冒。

育雏室及室内网上养鸭的通风,除以上控制措施外,还应考虑在鸭舍建筑的设计上将鸭舍房顶上设置天窗,最好是用人工手动控制,这种通风方式比较理想。

(四)饲养密度

适当的饲养密度,既可以保证高成活率和鸭群的均匀度,又能充分利用鸭舍面积和设备,从而能够达到增效的目的。饲养密度过大,容易引起鸭群拥挤,采食饮水不均,空气污浊,不利于鸭只生长和羽毛着生,并且易出现应激反应,此种情况最容易引起疫病的发生。如果密度过低,不易保温、饲养设施设备利用率低,影响经济效益。饲养密度应随鸭只日龄、季节、饲养方式的不同而合理变化,见表9-2。

雏鸭饲养密度,一般1~7日龄地面饲养20~25只/米^2,网上育雏25~30只/米^2;8~14日龄地面平养10~15只/米^2,网上育雏15~20只/米^2;15~21日龄,地面平养7~10只/米^2,网上饲养10~15只/米^2。对于育肥鸭地面平养以4~5只/米^{2}为宜,网上饲养4~6只/米^2。冬季与夏季相比,鸭群密度相对应大一些,按以上原则可适当调整。

表9-2 不同日龄鸭的饲养密度

日龄 密度(只/米^2)	1~7	8~14	15~21	育肥期
地面育雏	20~25	10~15	7~10	4~5
网上育雏	25~30	15~20	10~15	4~6

为了很好地控制密度,在鸭舍里应使用围栏或隔墙,育雏室的围栏可使用移动式的,便于随雏鸭的日龄增加而降低密度,小鸭可按500~800只为一群(栏),中大鸭可按300~500只一群(栏)。

(五)光照

光照可以促进鸭只的采食和运动,有利于鸭只的生长,对于雏鸭来说还可以减少老鼠的危害。经过大量的试验表明,采用连续照明,可取得比较好的饲养效果。方法为每天 23 小时光照,1 小时黑暗,让鸭群适应黑暗环境,防止突然停电造成大的应激反应。

在育雏舍的喂料处和饮水处光照要相对亮一些,但光照强度不可过高,雏鸭光照强度应为 10 勒左右。一般开始白炽灯 3 瓦/米^2 的照度,灯泡离地面 2 ~ 2.5 米。光照强度应随日龄的增长可逐渐降低,白天利用自然光照,夜晚使用灯光照明。

脱温后只要提供弱的灯光,能找到采食饮水位置即可,在没有电的地方或停电的情况下,使用油灯照明要注意防火安全。日光照射是非常必要的,太阳光能使鸭只增加血液循环,促进骨骼的增长,增进食欲,有助于新陈代谢。室内饲养应设置透光窗,但要注意夏天不能使鸭只受到暴晒,冬季不能因为让鸭晒太阳而忽视防寒。

(六)保持饲养环境的安静

鸭场除了必须保证提供适宜的温度、湿度、光照、新鲜的空气和适宜的密度外,还需要安静舒适的生存环境,要防止意外情况发生,如噪声引起的惊吓或陌生人、畜的惊吓。如果管理不善,一旦发生惊吓,就会引起鸭群不安、躁动、乱群、影响到正常的采食、饮水和休息。更换饲料、改变饲养环境、改变饲喂时间以及更换饲养用具或改变饲养用具位置等,或者是天气的突然变化,也同样会引起鸭群的不安,食欲减少,导致一时不能适应。这些应激因素都会影响肉鸭的健康生长,甚至会继发感染疫病。因此,必须保持相对稳定的安静舒适的环境条件。

三、饲养方式

肉仔鸭的饲养方式一般有两种,即地面散养和网上平养。

(一)地面散养

即在鸭舍内的地面先撒一薄层生石灰,起到消毒和吸潮作用,两天后在向上面铺一层垫草,垫草厚度约 5 厘米。料槽、饮水器放置在垫草上。肉鸭在垫草上采食、饮水、活动、休息。有的地面散养方式的鸭舍还有舍外运动场。由于鸭的粪便直接排泄在垫草上,如果不注意及时更换或新加铺垫草、保持垫草的干燥则很容易弄脏其羽毛,而且感染消化系统疾病的概率也比较大。

（二）网上平养

即在鸭舍内离地面60厘米高的地方铺设网床,网床有金属的、竹制的或塑料材料的。料槽和饮水器放置在网床上,肉鸭也生活在网床上。这种饲养方式,鸭的粪便通过网床的网眼落到地面,鸭很少与粪便接触,其羽毛比较干净,感染疾病的情况也比较少。

另外,也有采用笼平结合的方式饲养,即在15日龄以前把肉鸭饲养在育雏笼内,之后采取地面散养或网上平养。这种方式应用较少。

四、饲养要点

饲养肉鸭要取得最好的生产效益就需要高标准的、规范化的饲养方法。尤其是在提供出口产品的情况下,科学的饲养方法是十分重要的。

（一）饮水

1. 饮水量

肉鸭从一开始进场至上市出售,要始终供给充足清洁的饮水。鸭缺水比缺饲料危害要大,在饲养全过程中,不论任何时间,如果水源被中断,就应立即移走饲料,防止噎死。要求在有光照的情况下必须保证饮水器内有足够的饮水,饮水不足不仅影响采食和生长,还可能导致鸭饮用脏水而影响健康。

2. 饮水卫生

饮水必须是符合生活饮用水标准的自来水或深井水。不符合标准要求的自来水、地表水、塘水中可能含有大量的病原微生物、寄生虫或有毒有害物质,它们对鸭的健康是十分有害的。鸭由于其生活习性的特点很容易把水盆内的水弄脏,因此需要经常更换。对于饲养户来说,如果没有深井则有必要对饮水进行消毒处理。

3. 饮水温度

1周龄以前的雏鸭最好饮用凉开水,水温略低于或等于舍温,其他生长期可用常温自来水或深井水。深井水以现抽现用为最好,因刚从深井中抽出的水具有冬暖夏凉的特点,一般为9~22℃。夏季饮用凉水可增加鸭的食欲,冬季饮用温水可减少鸭体内的营养消耗,有利增加体重。

4. 饮水器具

不同周龄肉鸭应使用不同的饮水器具,采用不同的饮水方法。1周龄时在育雏室应使用禽类钟形真空饮水器或自动悬挂式饮水器,每只鸭按平均10毫米宽度计算,看饮水器的周长来决定所需饮水器的数量。饮水器的高度要随鸭的生长做适当调整,要求饮水器水盘的上边缘与鸭背的高度一致,避免鸭因戏水浸湿羽毛及垫草。

2 周龄后,应逐渐增添饮水槽,减少钟形饮水器。饮水槽一般长度 2 米,上口宽 15 厘米为宜,槽上缘卷口,以减少溅水,每只鸭要求水槽宽度 16 毫米。从 3 周龄开始,可全部更换为饮水槽饮水,满足饮水槽的数量。有些地区使用大毛竹,沿着纵轴切去 1/3 部分管壁,除去竹节,并将管口磨光以防伤鸭,将其两端固定,饮水口朝上,从一端放入长流水,这种方法既经济又实用。

5. 饮水器放的位置

饮水器与饲料盘要均匀分布,两者之间的距离在 1 米左右,肉鸭随时能够采食、饮水。3 日龄时要逐步将饮水器移至鸭舍的前墙饮水处或者移到鸭舍中筑的饮水台上,防止舍内潮湿。

6. 饮水方法

雏鸭苗到场后,不要急于"开食",应让其先饮水。初次饮水应加适量抗生素及保健药物,对残弱鸭苗或长途运输的鸭苗初次饮水应饮用 5% ~ 10% 的葡萄糖水,或在水中添加口服补液盐,待 2 ~ 3 小时后再喂食,以助清理肠胃,排除胎粪,促进新陈代谢,加快腹内卵黄吸收。

长途运输雏鸭苗,1 日龄鸭当日不能及时到达鸭场,应在途中供给饮水。因鸭苗量大,饮水不便,可利用喷雾器装上清洁的温开水(20 ~ 25℃)对鸭绒毛上轻轻喷雾,使其在绒毛上形成水珠,这样雏鸭苗可以啄到水珠。喷水必须形成雾状,否则会浸湿鸭绒毛,而且鸭还啄不到水喝,最终会导致脱水甚至死亡。

(二)饲喂

肉鸭具有生长迅速的特点。要保证给鸭群提供优质全价的饲料,并且合理饲喂,充分发挥其遗传潜力。

1. 饲料的质量

所用的各种饲料必须确保质量。饲料配合要按照不同品种肉鸭公司所提供的饲养标准进行;采购的原料必须经过检验检测合格,所使用的添加剂是安全的,国家允许使用的;饲料在加工过程中,配料准确、碎粒度小、混合均匀,使用前能及时得到质量检验或检测。

2. 饲料形态选择

(1)颗粒饲料 全价颗粒配合料饲喂方便,鸭不仅能吃饱吃好,而且还不至于浪费饲料。在集约化养鸭场使用最为普遍,一些散养户也习惯使用颗粒料喂鸭。若颗粒饲料中粉状饲料率高,将会影响鸭群的生长,并造成浪费。

颗粒饲料类型一般分为2期饲料:育雏饲料(1～21日龄)和育肥饲料(21日龄至上市)。也有分3期饲料的,即在适宜上市的7周龄前增加了1个后期饲料。

(2)粉状饲料 一般从饲料公司购回添加剂或预混合饲料,自行配制。使用时用水调拌,充分混合均匀,由少到多,逐级混拌,临用时以手捏后再放下不成块为宜。这样的饲料适口性好,但缺点很多:一是费工,二是易浪费,三是营养供应不足,四是热天剩料易酸败,五是如果混拌不均匀而易导致代谢病或中毒性疾病的发生。

3. 饲喂容器

0～7日龄的雏鸭每100只鸭可合用一个管状喂料筒(每只鸭有10毫米的进食空间)。也可以使用料盘,但料盘的缺点是鸭只易践踏饲料,引起污染导致疫病,并且易造成浪费。使用料盘供料,应多备一些料盘,便于周转使用,轮换清洗消毒。国外有采用在舍内垫草上撒喂饲料,认为这样可使鸭只采食均匀,此种喂料方法的缺点是易污染且浪费大,一般不采用。7日龄以后逐步改成使用喂料槽,每250只鸭可合用1只2米长的双边喂料槽,每只鸭合16毫米,喂料槽的大小,见图9-1。这种料槽能使鸭只吃到饲料而不能入内践踏污染。但鸭嘴扁平,嘴角易溢漏饲料至槽外,撒入垫草中易被微生物污染。时间久了,特别是夏季或在室内温度较高的情况下,撒在垫草中的饲料易发霉、变质,鸭吃了会发病。为此,应在放料槽的地面设置一个水泥平台,可及时将撒在平台上的饲料收集起来用于饲喂其他家畜。

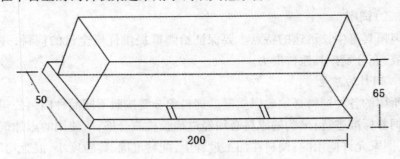

图9-1 肉鸭喂料槽(单位:厘米)

4. 饲料容器的位置

原则上不宜与饮水器或饮水槽距离太远,以能使鸭群随时采食、饮水为宜。但也不宜太近,否则撒在料槽外的饲料易遇水发生霉变,在夏季要注意料槽不能置于阳光下,避免饲料因阳光照射受热而加速氧化。

5. 饲料喂法

饲喂肉鸭要按设计的 2 期饲料或 3 期饲料进行供应。所购进的饲料必须是近期生产出厂的,一般饲料存量不得超过 1 周,并要置于通风干燥防鼠的地方,以免发生霉变或鼠害污染。小鸭"开食"以出壳后不超过 36 小时为宜。"开食"料要求容易消化,不论是颗粒饲料还是粉状饲料,必须很好粉碎,以免影响消化,为此"开食"前要认真检查饲料的粉碎度。最初用"开食"料盘供食,第一天吃食不要供给太多,应试着每天增加喂食量,当雏鸭养到 21 日龄左右,更换育肥饲料,换饲料要平稳过渡。突然换饲料口感改变会造成应激反应。换饲料时可于 19～20 日龄按日采食量在育雏饲料中加入 1/3 育肥饲料,到 21～22 日龄可按 2 期饲料各半的日采食量,到 23 日龄可按 1/3 育雏饲料,2/3 育肥饲料,到 24 日龄以后可全部饲喂育肥料。若是按 3 期饲料喂,按同样程序换料。自由采食。

到鸭群进入上市销售阶段,绝对不得使用任何抗菌、促生长药物,特别是明令限用的药物。一般在上市 10 天以前,有的药物要求在上市 24 天以前停止使用。

同样的饲料,当冬季气温低时,鸭采食量增加,相反,在夏季气温高时食欲降低,营养摄取不足,生长相对要缓慢一些。因此,饲料配方必须随季节气温的变化随时适当调整。

五、管理要点

(一)实行"全进全出"制

鸭苗整批进场,成鸭整批出场,不得留存。这样可以空舍空场,使整个鸭场全部进行清洁消毒,这是预防疫病发生的关键措施。鸭场的规模不宜太大,在设计规模时,应考虑市场容量和屠宰厂的屠宰能力。一般来说,鸭场越大越不易做好防疫管理。若一场一批鸭一次出售不完或养多批鸭群,就无法全面彻底消毒。有些养鸭场在出售成鸭时,将病弱残鸭留下来继续饲养,或卖给场附近群众饲养;有的场清理清扫消毒不彻底,垫草粪便不作发酵产热处理;有的在肉鸭出售后很快就购进下一批鸭苗,间隔时间很短。这些都将会留下疫病的隐患。关于如何清理、清扫与消毒见后述。同一鸭舍在饲养两批鸭之间的间隔时间至少应在两周,最好是 1 个月。因为大多数微生物在环境中的存活时间不少于 2 周,即便是进行了消毒处理也很难把所有的微生物都杀灭。

(二)管理程序化、制度化

鸭场日常实施有规律的饲养管理制度,以适应鸭群有规律的生活特点。

鸭场要实行"五定"：即定人、定时、稳定饲料、设备定位、定行为规则，以避免鸭群发生应激反应。"五定"中任何一个方面发生变化都会导致鸭群出现应激，引起生长速度下降甚至抵抗力降低。

另外，还应做到勤观察，观察鸭的形态、行为、采食、饮水、粪便、呼吸情况等。若发现异常情况，要采取纠正措施或预防措施。对病弱鸭要加强护理，应及时从大群中挑出来，转移到病鸭棚里进行饲养治疗观察，作特别护理，避免病鸭混在鸭群中传播疫病。对于大型肉鸭饲养场如果群内有少数几只病弱鸭则需要及时进行确诊，并将其焚烧以确保大群的安全。

（三）适当运动

运动可以促进骨骼和肌肉的发育。肉鸭习惯在采食后伏卧在地面，每天可定时驱赶久卧的鸭群，以防止发生腿疾。雏鸭所使用的料盘、饮水器都要在育雏室内均匀分布，水和料不可距离太远，以免过分消耗鸭体营养。对于脱温后的鸭群每天应使其在室内外自由运动，夏季在运动场上设水面运动场，其他季节最好不用。注意水位要浅，水质要新鲜，以长流水为好，以防止鸭饮脏水而发病。在运动场适当受到日光照射，对于鸭群的健康也是有益的。

农村有些养鸭场户将鸭群赶到塘、湖、河、水库边围起来饲养，这种方式饲养的鸭干净、羽毛质量高，但因过度运动，大量消耗体内营养导致生长慢，饲料效率下降，影响经济效益，不宜提倡。

采用室内网上饲养方式，密度相对较大，运动范围小，应注意在两次喂饲之间定时缓慢地驱赶使其运动，但是一定要注意防止惊群。靠南侧的窗户要宽大，并设法能采到阳光，以防止腿疾和啄羽。

（四）夏季管理

夏季天气炎热，鸭本身体温就比较高，鸭体全身被覆着羽毛影响散热，每到夏季鸭群总因天气炎热而采食减少，生长缓慢。因此，夏季必须设法做好防暑降温工作，鸭舍棚顶应使用隔温良好的材料或有天窗通风，或在春季栽植藤条类绿色植物使其爬满房顶而起到隔热作用。鸭舍的前后墙应使用花墙便于通风，有条件的可在室内安装电风扇或湿布帘。在大型肉鸭生产企业，鸭舍一般都安装有大直径轴流风机，采用纵向通风以加大舍内气流速度，缓解热应激。

在舍外运动场周围栽植高大树木以形成浓密的树荫，夏季可以让鸭群到运动场采食、活动和休息，也有助于缓解热应激。每天中午让鸭群饮用或采食添加 0.1% 碳酸氢钠的饮水或饲料 2 小时，有利于调节血液的酸碱度和电解质平衡。除了防暑降温外还应注意防鼠、驱蝇，搞好卫生，以免引发疫病。

（五）冬季管理

冬季气温比较低，要注意防寒保暖。鸭舍温度不应低于16℃，这样对脱温后鸭群比较适宜。冬季要注意保持温度相对稳定，温度忽高忽低易引起鸭感冒。室内温度较高，而室外温度较低时，应防止室内外空气直接对流造成室内空气突然下降。冬季不应忽视在天气好的时候将鸭群放到运动场上晒太阳，若天太冷中午前后晒太阳为最佳时间。运动场为水泥地面或潮湿地面，应铺上一层干垫草。冬季鸭只消耗热量大，应当增加高热量饲料，饮水温度不要太凉，饮用太凉的水会过多地消耗体内营养，最好使用现抽取的深井水为宜。

冬季也不能忽视鸭舍在夜间的通风问题，尤其是鸭舍密闭效果好的更是如此。夜间不通风虽然有助于保持舍温，但容易导致舍内空气污浊。通风时注意进风口要用风斗遮挡，避免冷风直接吹到鸭身上。

（六）卫生防疫管理

养鸭最担心疫病，一旦鸭群感染疾病不仅导致生产性能降低、生产成本增高，更重要的是严重影响鸭肉的卫生质量。搞好卫生防疫工作是养鸭成功的关键，在鸭群整个育成过程中每时每刻丝毫都不可麻痹。由于肉仔鸭生长周期短，一旦发病往往很难在出售前恢复，因此必须高度重视卫生防疫工作。主要应从以下3个大的方面来管理：

第一，要注意阻绝传染源，选购鸭苗必须是健康无病的，不要从集贸市场上购同类鸭及其他禽类或其产品进场，防野鸟飞入鸭舍，鸭场内一旦发现有病鸭，要及早隔离治疗，群体进行预防。

第二，要增强鸭群体的抗病能力，要保证全价饲料、清洁饮水供应。尽量创造舒适的环境，若周围同类禽场发生有传染病情况，可根据情况进行免疫注射，但要在兽医指导下进行。

第三，要截断传染途径，建场要相隔距离在1千米以上，也不要建在集镇、村庄及公路旁边，鸭场要与外界隔离，场周围要有围栏或围墙，防止人畜随意乱进。对来往人员的消毒管理是至关重要的，包括场内饲养人员及其家人、客人来访。垫草、饲料、饮水、饲养用具、清洁用具以及运输车辆等都要及时按规定的消毒程序进行消毒。使用后垫草与粪便必须送出场外通过高温发酵。

另外，接种疫苗：1日龄接种病毒性肝炎疫苗，5~7日龄接种里默菌病疫苗。

(七)提高外观品质

水禽产品在进行传统加工时,对外观品质的要求很高,保证屠体美观和加工后成品的美观。即使肉鸭出口,进行分割,对胸部、腿部皮肤也提出很高的要求。肉鸭在出售时,要求羽毛丰满完整,无伤残、畸形;腿部发育良好,无挫伤、瘸腿现象;无腹水和皮下充血、瘀血出现。只有这样,才能保证屠宰后屠体美观,皮肤完整,颜色好看,不发红。褪毛干净,没有新生羽毛羽根残留。为了达到上述要求,应从以下几个方面做好工作:

1. 做好地面垫料的管理

地面饲养肉鸭,垫料的管理非常重要,是提高外观品质的关键。在选择垫料时,要求柔软、干燥、吸水性好,常用垫料有麦秸、稻草、稻壳、锯末等。麦秸、稻草做垫料必须切碎,长度在5厘米以下。铺设垫料时,要尽量铺平、铺实,防止高低不平造成肉鸭腿部受伤。在饲养过程中,应始终保持垫料的干燥,防止由于垫料潮湿使肉鸭受凉,影响生长,同时羽毛生长不良,脏乱。潮湿的垫料要及时更换,饮水器具放置在固定区域、排水沟的上面,不要放在垫料上面。

2. 合理的饲养密度

饲养中如果饲养密度太大,相互啄斗会造成皮肤、羽毛损伤,特别在饲养后期更应注意。

3. 减少抓鸭造成伤残

肉鸭在出售前至少要有6小时的停料时间,防止粪便污染和伤亡。抓鸭应在暗光下进行,防止鸭群躁动、跑动受伤,白天抓鸭要有遮光措施。抓鸭前先把料槽、料筒移出舍外,便于抓鸭操作,防止鸭体碰伤。用围网将大群分成小群,便于抓鸭。抓鸭时应该双手抓鸭的双腿,不能抓翅膀和鸭颈部。

第二节　肉种鸭的饲养管理

现代肉鸭多采用品系配套杂交,分级制种,形成繁育体系,种鸭场包括曾祖代场、祖代场、父母代场,其中父母代场最常见。以下介绍种鸭孵育体系中父母代肉种鸭的饲养管理。肉种鸭的质量好坏不仅直接影响着种蛋、种苗的质量,而且也直接影响商品雏鸭苗的健康生长与育肥品质,还会影响种苗供需双方的直接与间接的经济效益。因此,要养好肉种鸭就必须高标准地进行饲养管理。肉种鸭的饲养管理可分为两个饲养管理阶段,即生长阶段和繁殖阶段。

一、生长阶段的饲养管理

肉种鸭从 1 日龄开始到进入产蛋期前(22 周龄)的整个生长过程为生长阶段,此阶段是养好种鸭的关键性阶段,生长阶段又分为两个时期,即育雏期和育成期。育雏期有按 1 ~ 4 周龄的,也有按 1 ~ 8 周龄的,相应育成期为 5 ~ 22 周龄,或 9 ~ 22 周龄。不论如何划分,这些都不是主要的,关键是肉种鸭进入不同的周龄,就必须按不同周龄的生理生长特点要求来进行合理的饲养管理。以樱桃谷肉种鸭饲养管理的分段方法为例,1 ~ 4 周龄为育雏期,5 ~ 22 周龄为育成期。

(一)育雏期的饲养管理

雏鸭体质娇嫩,发育不完全,对外界抵抗力差。因此,必须保证提供适宜的饲养管理条件,以提高育雏成活率及育雏质量。

1. 育雏舍的准备

种苗到达前至少 1 个月将育雏舍腾空,全面彻底地清扫消毒。检查维修供水、供电、供暖、通风等设施设备,清洗消毒饮水器及供料器具。检修房舍,堵塞所有的孔洞和缝隙,检查门窗的完好性。最后将所有设备、用具、垫料置于育雏室内进行熏蒸消毒,每立方米空间用 24 毫升甲醛溶液,12 克高锰酸钾,熏蒸 12 ~ 24 小时。种鸭苗到达前 3 天将所有用具、垫料都再次按首次熏蒸消毒方法消毒 1 次,24 小时后打开门窗换气。在种鸭苗到达前 12 小时,应将室内温度升至 27℃,育雏区温度升至 35℃,并对饲养区的道路、育雏室的门窗外面进行喷洒消毒。

2. 选好种苗

在选购种苗时,要了解引种祖代场的防疫情况,疫病流行情况,不能从疫区和发病的种鸭场购买种苗。当地没有威胁鸭的传染病流行时,要了解种鸭饲养孵化场内的饲养管理水平及以往种苗销售情况、生长情况。确定好种苗供应场家后,供需双方应就所承担的责任义务达成协议或签订合同,以确保种苗质量。进种苗时要选择个体中等,精神饱满,羽毛金黄色的健康个体,尤其要注意脐部的愈合情况。有些场家往往给一定比例的种鸭苗,以作为途中死亡补偿,切记不能要弱残鸭苗。

3. 种苗运输

接种苗之前必须将育雏室的一切准备工作做好,在接运种鸭苗前还要将运输种苗的准备工作做好,特别是车辆及装苗的容器要干净,并要经过严格消毒。若是短距离运输,既要注意保暖,又要注意通风,还要注意防雨淋。长距离运输最好选用冷暖空调车辆,途中也要适当开窗调节一下车厢内空气,车厢内的温度要控制在26℃以上,夏季中午不要超过33℃。途中每隔2~3小时要对鸭绒毛喷水1次,以免运输时间过长而引起鸭苗脱水。喷水要使用能喷雾的打气式喷雾器,只有喷雾才能在鸭体绒毛上形成雾珠,方可使鸭苗饮上水珠,否则鸭苗是无法补充水分的。刚开始喷水,最好使用放凉的开水,以免因水质差而影响育雏质量。运输途中,人员不得随意上下车,若需上下车,必须得经过严格消毒。如果运输路途时间长还可以考虑用洗干净的绿豆芽撒进雏鸭盒内让其采食。

4. 育雏方式

比较常见的有两种,一种是地面平养育雏,另一种是网上平养育雏,育雏方式与种鸭苗的成活率及育成后的品质关系密切。

(1)地面育雏 地面铺垫清洁柔软舒适的垫料,如铡短的稻草或稻壳,若用麦草,一定要压成扁平状,以防止扎伤鸭腹部,对初生雏第一次至少应垫6厘米厚的垫料,以后要经常铺垫,始终保持垫草清洁、干燥。

(2)网上育雏 在育雏室内设置60~100厘米高的塑料网座,采用这种方法能使雏鸭与粪便隔离,有利于预防和减少疫病发生,而且能节约垫草开支。虽1次性投资较大,但可长期受益。

养种雏鸭一般多采用地面育雏方式,不论采用何种育雏方式,都应将公鸭、母鸭分开放置饲养。对公鸭栏内放入一定数量的有标识印记的母鸭以便刺激鸭性的正常成熟。

5. 环境控制

种鸭苗跟商品雏苗的环境控制要求基本一致,相对讲,种鸭苗的管理要求要更严一些。

(1)温度控制 育雏前4天,应使用两个温度区,育雏伞区下面温度应为33~35℃,室温应控制在27℃,让鸭苗自由选择适温区。4天以后伞下温度每周可下降1~2℃,室温可下降0.5~1℃。以后随着日龄的增加,体温调节机能逐渐完善,在4周龄后的种雏鸭一般适宜生长温度为18~25℃。在供暖方式上,可因地制宜,要使鸭苗感到舒适。饲养管理人员要勤观察,以鸭苗能均匀分布、饮水采食正常为宜。

应在伞下温度降至与室温一致时开始脱温。鸭苗在脱温前1~2天可选择在中午打开南面窗子3~4小时,3~4天要逐渐延长至6~8小时,5天后可全天打开朝阳面窗。在遇到低温天气时,要注意避免空气直接对流,即前后窗不要同时开,以避免使室内温度迅速下降。

（2）湿度控制　要勤铺垫草,经常保持垫草干燥。注意饮水方式,防止鸭苗戏水打湿垫草,这里应特别提醒的是垫草必须质量好,新鲜、无霉变,并且熏蒸消毒过。防止室内出现高温、高湿现象,以免发生疫病,影响鸭苗的健康生长。

（3）光照　光照对种鸭后期繁育的成功影响很大。在购买种鸭时,种鸭苗供应商会提供光照模式,以期通过光照的调整达到适时成熟的目的。各种鸭饲养场必须遵循这一规律,控制光照时间及光照强度。在设计的照明时间内,光的强度不应低于 10 勒,使用普通的白炽灯时,1 米^2 有 5 瓦照度便能达到上述要求。下面提供一个樱桃谷父母代种鸭 SM3 型的光照程序:开始第一天按 23 小时光照时间,以后逐日减少 1 小时,即第二天 22 小时,第三天 21 小时,第四天 20 小时,第五天 19 小时,第六天 18 小时,从第七天开始以后整个育成期始终维持 17 个小时,每天凌晨 4 点至晚上 9 点有光照,光照强度为 20 勒。

（4）饲养密度　雏鸭苗在接入育雏室后,先将其分群放入栏围内,每群 300～500 只。1～7 日龄 1 米^2 饲养 10 只,8～28 日龄 1 米^2 可饲养 2～3 只。29 日龄转入地面平养时,要注意防止出现应激现象,一般来讲,养种鸭苗还是以地面平养为宜。

6. 饮水与"开食"

培育雏鸭要掌握"早饮水、适时'开食',先饮水后'开食'"的原则。一般要求在雏鸭接入育雏室后就可以安排饮水,在饮水前,先使每只雏鸭的嘴在饮水器中沾湿一下,以保证雏鸭及时找到水源,当种鸭苗有 1/2 以上东奔西跑并有啄食行为时即可"开食"。饮水的质量必须是以人可饮用的生活用水。对地表水万万不可饮用,因地表水微生物、有机物质含量高可引起鸭苗发病。

7. 投料及饲喂

雏鸭喂料应遵循"定量、定时、一次投完"的原则。"定量"就是按投料时的存栏数乘以当天的标准日喂量,准确称取;"定时",即每天在同一时间投料,1 次投完;"一次投完",种鸭苗实行的是限制饲喂,为了保证每只鸭苗吃料均匀,应一次性地投完,并要勤观察和记录每天的吃料情况。切记投料时,同时供应充足的饮水。

育雏期种鸭苗每天的饲喂标准应由种鸭苗的供应商提供。表 9－3 提供一个樱桃谷父母代肉种鸭 SM3 育雏期的喂料计划,供参考。其他鸭种都有各自的标准,不可随便机械套用。

表9-3　樱桃谷父母代肉种鸭28天喂料计划

天	温和气候				炎热气候			
	大型(克/鸭)		中型(克/鸭)		大型(克/鸭)		中型(克/鸭)	
	公鸭	母鸭	公鸭	母鸭	公鸭	母鸭	公鸭	母鸭
1	2.5	2.0	2.2	2.0	2.5	2.0	2.2	2.0
2	6.4	6.1	6.5	6.1	6.4	6.1	6.5	6.1
3	8.4	9.2	9.7	9.2	8.4	9.2	9.7	9.2
4	11.1	12.3	12.9	12.3	11.1	12.3	12.9	12.3
5	14.8	15.4	16.1	15.4	14.8	15.4	16.1	15.4
6	18.4	18.4	19.4	18.4	18.4	18.4	19.4	18.4
7	22.1	21.5	22.6	21.5	22.1	21.5	22.6	21.5
8	27.5	26.2	27.5	26.2	27.5	26.2	27.5	26.2
9	33.4	31.3	32.9	31.3	33.4	31.3	32.9	31.3
10	39.8	36.9	38.7	36.9	39.8	36.9	38.7	36.9
11	46.7	42.8	45.0	42.8	46.7	42.8	45.0	42.8
12	54.1	49.2	51.6	49.2	54.1	49.2	51.6	49.2
13	59.0	53.3	55.9	53.3	59.0	53.3	55.9	53.3
14	63.9	57.4	60.2	57.4	63.9	57.4	60.2	57.4
15	68.9	61.5	64.5	61.5	68.9	61.5	64.5	61.5
16	73.8	65.6	68.8	65.6	73.8	65.6	68.8	65.6
17	78.7	69.7	73.1	69.7	78.7	69.7	73.1	69.7
18	83.6	73.8	77.4	73.8	83.6	73.8	77.4	73.8
19	88.5	77.9	81.8	77.9	87.9	77.0	80.9	77.0
20	93.5	82.0	86.1	82.0	92.1	80.0	84.1	80.0
21	98.4	86.1	90.4	86.1	95.7	83.1	87.4	83.1
22	103.3	90.2	94.7	90.2	99.3	86.1	90.6	86.1

天	温和气候				炎热气候			
	大型（克/鸭）		中型（克/鸭）		大型（克/鸭）		中型（克/鸭）	
	公鸭	母鸭	公鸭	母鸭	公鸭	母鸭	公鸭	母鸭
23	108.1	94.3	99.0	94.3	103.0	89.2	93.9	89.2
24	113.1	98.3	103.3	98.3	106.6	92.1	97.1	92.1
25	118.1	102.4	107.6	102.4	110.3	94.7	99.9	94.7
26	123.0	106.5	111.9	106.5	113.5	97.2	102.6	97.2
27	127.9	110.6	116.2	110.6	116.6	99.8	105.4	99.8
28	131.3	114.0	119.7	114.0	117.7	101.6	107.3	101.6

8. 疫苗接种

第一周接种病毒性肝炎、里默菌病疫苗,第四周接种鸭瘟疫苗。

9. 适当的运动和洗浴

7～10 日龄后在适宜的天气里让雏鸭到运动场活动,到水池中洗浴,以促进健康和发育。

（二）育成期的饲养管理

雏鸭从 5 周龄开始至产蛋前的 22 周龄称为育成期,也可称育成阶段。当雏鸭从育雏期进入育成期,各器官系统均进入了旺盛的发育阶段,该阶段的发育对鸭将来的产蛋性能非常关键。

1. 限制饲喂

育成阶段对鸭体重的控制是关键,也是种鸭饲养能否成功的决定因素。该阶段鸭的食欲旺盛,消化能力强,增重迅速(尤其是肉种鸭具有生长快的遗传基础),稍不谨慎体重就会超过标准。饲养种鸭的目的是使种鸭有良好的产蛋性能,并不是增重,必须按标准体重来控制饲喂量。标准体重只能从种鸭苗供应商那里获取。

限制饲喂不是不让育成种鸭吃好,而是要防止育成种鸭吃料过多,导致脂肪大量蓄积而影响将来产蛋,另外也可以节省饲料,提高效益。但是,若过分限制饲喂,使鸭体重达不到标准体重,同样会影响育成鸭进入繁殖阶段的产蛋性能。因此说,必须把握好每天的饲喂量。

喂料量受很多因素影响,如饲料的营养水平、气温的高低等,实际体重是调整喂料量的主要依据。因此,喂养种鸭必须掌握该品种(配套品系)的各周龄喂料量标准和体重发育标准,这两个标准缺少哪一个都会影响生产效果。

樱桃谷父母代肉种鸭育成期的目标体重供参考见表9-4。

表9-4 樱桃谷父母代肉种鸭目标体重

周龄	大型(千克)		中型(千克)	
	公鸭	母鸭	公鸭	母鸭
1	0.12	0.13	0.13	0.13
2	0.37	0.35	0.35	0.35
3	0.72	0.66	0.68	0.66
4	1.14	0.99	1.04	0.99
5	1.55	1.30	1.39	1.30
6	1.90	1.54	1.66	1.54
7	2.19	1.73	1.89	1.73
8	2.44	1.90	2.09	1.90
9	2.67	2.04	2.26	2.04
10	2.88	2.18	2.42	2.18
11	3.09	2.31	2.57	2.31
12	3.27	2.43	2.72	2.43
13	3.45	2.54	2.86	2.54
14	3.58	2.63	2.97	2.63
15	3.73	2.71	3.10	2.71
16	3.86	2.79	3.22	2.79
17	3.98	2.87	3.33	2.87
18	4.09	2.94	3.42	2.94
19	4.14	3.01	3.47	3.01
20	4.18	3.09	3.52	3.09
21	4.21	3.16	3.56	3.16
22	4.25	3.20	3.56	3.20
23	4.25	3.20	3.56	3.20
24	4.25	3.20	3.56	3.20

育成期肉种鸭的限制饲养的实施措施为：

（1）称重　从4周龄开始，每周末喂食前空腹进行称重（计量器具要准确），随机抽查每个群体10%的鸭（弱鸭应剔除），公、母鸭分开单独称重，公鸭栏内的母鸭不称重。计算实际平均体重并与标准体重进行比较，原则上，体重应在体重标准曲线上，起码体重以不超过标准的±5%为宜。

（2）饲喂量调整　实际体重与标准体重进行比较的结果作为饲喂量调整的参考依据。当实际体重大于标准体重时，绝对生长速度过快，可适当减去一定的喂量；如果绝对生长速度较小，可按原饲喂量再延续1周；当实际体重等于标准体重时，饲喂量可按标准延续；当实际体重小于标准体重时，每只鸭每天可酌情增加5~10克的喂量。

（3）投料　每天早上8点至8点半进行投料。为确保种鸭都能够同时采到时，投料时尽量要撒开，撒的面积要足够大，为防止饲料吃不尽而造成浪费及污染现象，可使用大块塑料薄膜铺在地上再撒料。如果使用料槽，必须保证有足够的数量，喂料后每个鸭都能够同时吃到饲料。

有条件时可以在下午喂饲适量的青绿饲料。

2. 饮水

饮水要与水面运动场洗浴水分开，以防种鸭喝脏水。饮水要干净，饮水槽要一天一清洗消毒。当停电缺水时，宁肯不喂料也不能让种鸭缺水，需要储备有一定量的清洁水。水面运动场内的供水应为长流水，尽量防止鸭饮脏水而引起发病。

3. 提高鸭群的整齐度

整齐度是育成种鸭培育效果的重要衡量指标，整齐度高的群体不仅体重和体格均匀，生殖系统发育也相对一致。达到性成熟的时间比较一致则鸭群的生产性能才高。提高整齐度的措施主要有以下几点：

（1）保证均匀采食　由于在肉种鸭育成期间需要限制饲养，鸭整天都吃不饱，每次喂料后鸭群会争相采食，如果相互争抢则会使部分体质弱的个体吃不到应有的饲料份额而影响其发育。均匀进食是鸭群体重和体格均匀发育的重要基础，生产上要注意保证有合适的饲养密度、足够的采食位置、每天一次性的投料、保持合适的群量大小、快速的加料等。

（2）合理分群，抑大促小　在大群饲养情况下鸭群内不可避免会出现个体大小的差异。为了减小这种差异需要及时分群，把体重偏大和偏小的个体从大群中挑出分别组成偏重群和偏轻群，然后减少偏重群的饲料供给量、适当增加体重偏轻鸭群的饲料供给量,最终达到大群体重相近的目的。

4. 公、母鸭分群与并群

育成期公、母鸭分群饲养,公鸭群内要有若干只母鸭(称为印记母鸭)。种鸭在 19 周龄时就应当并群。并群前应当增加母鸭的饲喂量,将公、母鸭的喂量调成一致。选择个体素质较好,健壮的鸭按 1:5 的公、母鸭比例进行搭配。对弱残鸭应予以剔除作淘汰处理。

5. 产蛋槽的设置

19 周龄时放入产蛋槽,按每 3 只鸭一个窝的数量设计,提前训练种鸭的进巢产蛋。

6. 卫生防疫

4 周龄接种鸭瘟疫苗;19 ~ 22 周龄期间接种鸭瘟、里默菌疫苗、病毒性肝炎疫苗。必要时接种禽流感疫苗。

二、繁殖阶段的饲养管理

繁殖阶段种鸭的饲养管理,对母鸭、公鸭应同样重视。此阶段要注重"五率"即:产蛋率、种蛋合格率、入孵蛋受精率、受精蛋出雏率和健雏率。对"五率"指标进行考核与分析,以便及时弥补和修正饲养管理中的不足。繁殖阶段饲养管理稍有不慎,产蛋率就会下降,产蛋率一旦下降,就很难很快恢复到正常。获得良好的产蛋效果是饲养种鸭的目的所在。下面就繁殖阶段的饲养管理介绍如下:

(一)环境管理

鸭群由育成期进入产蛋阶段后,环境要求适宜、稳定,环境的细微变化都会导致种鸭产蛋率下降。因此,必须做好产蛋期种鸭的护理工作。

1. 温度控制

温度对种鸭的产蛋影响较大,特别是夏季,由于天气炎热,鸭群采食减少,很自然地会影响到种鸭的产蛋率、合格蛋率、受精率及孵化率,如果突然遇上超常高温天气,鸭群很容易引起热应激反应,导致了产蛋率突然下降甚至发病。夏季对种鸭的管理重点是搞好防暑工作,这项工作是预防性工作,必须在夏季未到来之前就做好一切防暑准备。在冬季随时注意天气变化,突然发生大雪降温天气,要尽量把室温控制到正常温度,以免影响产蛋率和受精率。

2. 湿度与垫草卫生

鸭舍内要始终保持垫草干净、干燥。每天要在早 8 点及晚上 8 点铺垫草,垫草要铺厚,并保持干燥。铺垫草时应就地摊放,铺垫草时不要腾空撒放,灰尘飞扬。垫草必须来自非疫区的新鲜柔软的稻草或稻壳,并且应在使用前进行熏蒸消毒。在保持垫草干净的同时,还要注意预防鸭因戏水后携带水分打湿垫草。使用设计合理的饮水槽,这样既能使鸭能饮水又不会打湿羽毛。饮水槽下或旁边应有排水沟,能及时排出溢水。

3. 通风

良好的通风能排除灰尘和污浊的空气,同时降低相对湿度和垫草水分。平时注意通风设备的正常维修,保持完好,确保鸭舍环境空气新鲜和干净。若有条件,应进行空气质量检测,氨的含量在任何时候都不应超过 20 毫克/克。

4. 光照控制

从 20 周龄开始,将自然光照改为每周逐步增加人工光照时间,至 26 周龄应保证稳定的光照制度,即每天 17 小时的光照时间(早晨 4 点到晚上 9 点),室内光照强度不低于 10 勒,以确保种鸭的良好的产蛋性能。下面提供一个樱桃谷父母代种鸭 SM3 产蛋期的光照程序,分两种情况:一种是针对温和气候及大陆性气候,每天 17 个小时一直维持到淘汰;另一种是针对炎热气候情况下从 18~22 周由 17 小时逐步增加至 18 小时,时间从凌晨 2 点到晚上 8 点,光照强度为 20 勒。产蛋期间,绝对不能改变光照程序,否则,将会影响鸭群的产蛋效果。

5. 合适的饲养密度与避免应激

产蛋种鸭自育成后期进入 18 周龄起,每只鸭至少应有 0.55 米² 的场地,分圈栏饲养以 250 只为宜。在饲养过程中要保持环境的相对稳定,保证环境安静舒适。

(二)饲养要点

繁殖阶段的饲料、饮水质量,喂法、喂量都直接影响着产蛋率及蛋的品质。

1. 饲料喂饲管理

从育成期进入繁殖阶段,饲料要随之由育成鸭饲料转为产蛋鸭饲料。从育成期饲料改为种鸭产蛋期饲料,每只鸭每天增加 10 克喂食量。开始产蛋大约在 23 周龄,每只鸭每天喂食量再增加 15 克,到产蛋率达 5% 以后,每天再适当递增约 5 克饲喂量,增加 1 周后,使鸭过渡到随意采食。产蛋期饲喂原则是自由采食,饲料营养必须达到要求。进入产蛋中后期也可试着适当限食,以免后期采食量大、脂肪蓄积而影响产蛋率及蛋的品质,并且可以延长种鸭的使用期限。限食是技术性很强而又严肃的一项工作,应把握一个原则,即以不影响产蛋率及产蛋质量为准。定时喂饲,每天 3 次。若使用青绿饲料应先用精饲料,后用青饲料,同时控制青绿饲料的用量。

2. 饮水

与生长期的饮水要求一样,请参照执行。

(三) 管理要点

繁育阶段的管理要求,重点是要通过对员工的管理从而实现各项生产技术的管理。首要的管理措施是要建好员工的岗位责任制,其次是生产技术管理措施,主要是指对鸭的管理、对蛋的管理和对疫病的预防等。

1. 明确员工岗位责任制

对不同岗位的任务、责任、权力、利益等作详细的规定,使工作的质量、数量、效益与工资、福利挂钩,并形成书面文件。

2. 控制好公母配比

原则上应保持1∶5 的公、母鸭配比。有的为了节省公鸭的使用量,采用1∶6的公、母鸭配比也得到了比较好的受精率效果,也有模仿鸡的人工授精技术进行操作,这些都在试验之中。公、母鸭到了产蛋后期,种蛋的品质偏差,为了获得良好的经济效益,于46 周龄以后把老公鸭更换成进入成熟期的青年公鸭,效果也比较好。至于种鸭能延长使用多久,应以蛋产量、品质及效益三个指标综合考虑而定。

3. 种蛋生产管理

少数种鸭开始出现产蛋在23 周龄或24 周龄,但是只有鸭群达到5%的产蛋率时,才认为是产蛋开始。在产蛋初期,相当比例的蛋产在产蛋槽外面,随着产蛋量的增加,这一状况会很快改变。另外一种情况,就是在产蛋初期有相当比例的蛋过小或过大,随着产蛋量的增加,这一现象也会很快过去。蛋留在产蛋槽中的时间越短,蛋越干净,被污染的可能性也越小。因此,收蛋要及时,同时避免产蛋种鸭产蛋争巢而引起蛋的破裂。每天早晨5 点左右即开灯捡蛋,早上6 点第二次捡蛋,早上7~8 点第三次捡蛋。有一些鸭白天产蛋,每天下午4 点再捡第四次蛋。每次捡蛋后及时挑选,剔除不合格蛋(包括破蛋、双黄蛋、小蛋、砂壳蛋、畸形蛋等)。对脏蛋要单独码放,然后将合格蛋及时码盘、消毒。为了强化对产蛋种鸭饲养人员的责任监督,种鸭场与孵化场要密切配合,对不同批次、不同栋别、不同日期的种蛋挑选后分别存放,并且要做好标识。种蛋不宜长久存放,存放不要超过7 天,每个环节不能将标识搞错,以便考核种蛋的受精率、孵化率和健雏率。有条件的还可做微生物检测,通过这些监督手段来促进饲养水平的提高,以确保种蛋质量。

4. 搞好种鸭的卫生防疫

种鸭的饲养、种蛋的质量最主要是搞好卫生防疫,严格控制疫病。种鸭场对外要严格隔离,出入种鸭场、孵化繁殖场及生产区的一切人员、设备、车辆、物品都要进行严格有效的消毒。强化饲养管理,提高鸭群的抗病能力。在场内无病或周边社会上没有疫病发生的情况下,不要使用疫苗,为了确保安全,避免意外情况发生,应在兽医指导下使用。对病死鸭要按兽医卫生要求严格处理。种鸭场不养其他畜禽,工作人员在岗期间不吃其他禽类肉品和同类鸭产品,还要注意控制野鸟及鼠、蝇类的危害。

5. 做好生产记录

做好各项生产记录,以备查考,及时发现问题,及时采取措施,总结改进。生产记录主要包括:①每天记录鸭群变化,包括死亡数、淘汰数、转入隔离间鸭数和实际存栏数。②每天产蛋量、合格蛋数、不合格蛋数、破蛋数、脏蛋数等。③每天按实际喂料的重量记录采食情况。④称合格蛋重,并及时记录。⑤记录预防接种日龄、疫苗种类、接种方法。⑥每天大事记。⑦收入、支出、盈利或亏损等情况。

6. 运动与洗浴

在正常气候条件下,每天上下午让鸭群到运动场活动,并下水洗浴,每次洗浴的时间为 30～50 分。

第三节　填鸭生产和麻鸭育肥

一、填鸭生产

填鸭是我国劳动人民独创的提高肉鸭生产性能和生产特有品质鸭屠体的一种生产技术。早在北魏贾思勰的《齐民要术》中就有了关于填鸭法育肥鸭的记载,现代的填鸭由此演变而来。

(一)填鸭的目的

填鸭的目的是在短期内促进鸭体增重,尤其是皮下脂肪的沉积。填肥鸭主要供制作烤鸭用。近年来,我国科研工作者经过长期育种培育出了北京鸭新品系,由国外引进了优种肉鸭,这些肉鸭不经填肥 6 周龄体重可达 3 千克以上,但制作烤鸭的实践证明,填饲鸭与不填饲鸭在肉的品质上有很大的差异。经填饲的肉鸭肌肉内积聚了一定量的脂肪,并且均匀分布于肌肉纤维之间,使肌肉内形成"五花"肉,同时皮下脂肪沉积比不填饲鸭多。烤鸭在烤炉中烘烤时,炉内温度在 130～250℃,一部分溶化的脂肪渗出皮外,皮下脂肪逐渐把皮炸脆,因此,北京烤鸭烤熟后,全身呈红色,外焦里嫩,肉质鲜美,皮层松脆,肥而不腻,多汁爽口。

(二)填鸭适用的品种

北京鸭、樱桃谷鸭及其与麻鸭的杂交后代都是较为理想的填鸭品种。目前,生产中使用最多的是北京鸭及其杂交后代,因为这些类型的鸭育肥效果好,生长速度与樱桃谷鸭相比稍慢,饲养时间相对较长。其皮肤的坚实度较好,制作烤鸭的时候其成品外观品质更好。

(三)填鸭开始填饲的时间

肉鸭填饲日龄一般在 5～7 周龄(因品种类型不同而异),体重达到 1.75 千克左右时,经过 10～15 天的强制填饲,体重达 2.65～3.0 千克即可上市供制作烤鸭用。若填饲日龄过早,抵抗力差,残鸭多;若填饲过晚,则增重慢,耗料多,填饲的效果不佳。

不同烤鸭店对填鸭的体重要求也不尽相同。经过现代科学育种方法选育的北京鸭新品系及由国外引进的其他良种肉鸭,不需填饲 5 周龄就能达 2.7 千克以上的体重,6 周龄能达 3 千克以上的体重。5 周龄的肉鸭出肉量较少,所以考虑到烤鸭对体重、脂肪、出肉率等方面的需要,可适当提前到 5 周龄之前进行填饲。烤鸭重也比以前有所增加,一般成品要求在 2.5 千克以上,活重一般则在 3.2～3.5 千克。

(四)填鸭前的准备工作

1. 选鸭

根据日龄、体重等选择健壮、大而结实的鸭坯(填饲前的鸭)作填肥用。淘汰病、残、弱小的鸭只。填鸭质量的好坏,与鸭坯优劣有密切关系。骨架大、健壮的鸭坯,填饲所需日程短,全程成活率高,填饲后质量好。若是鸭坯均匀度较差,可将鸭坯分成 2～3 批,先后进行填饲,这样每批体重差距小,便于统一操作管理。

2. 分群

填饲的鸭按体重大小、体质强弱进行分群。分群有利于准确掌握填饲量和提高均匀度。另外,最好将公、母鸭分群填饲。公、母鸭具有不同的生理特点,公鸭的体形较母鸭大,但脂肪沉积能力比母鸭差,所以长膘慢。将公、母鸭分群,适当提高公鸭的饲料能量,并延长填肥期,可收到较好的增重效果,同时有利于鸭只的体重均匀一致,公鸭上市的胴体品质也比较好。

3. 剪趾甲

待填鸭转到填鸭舍后,在分群的同时逐只剪去趾甲,以防在填饲过程中,驱赶、集中鸭群时,鸭互相抓伤,造成皮肤损伤,影响屠体美观,降低产品等级,从而影响经济效益。

4. 人员与设备

专业填鸭生产,每5人1组,5人中1人专门负责卫生、饲料供应等工作,其他4人分为2班,昼夜轮流。人员搭配须分工明确,协调一致,共同做好工作。填饲的主要设备为填饲机,填饲机有两种,即半自动填鸭机和电动填鸭机。前者的使用需用手适当用力操纵压杆,将饲料推进鸭食道膨大部,凭手感确定每只鸭的填饲量,而后者的填饲量固定或由脚踏启动电机时间决定。在设备的准备过程中,应提前检修线路,并检查压杆是否灵活等,将检修好的填饲机固定在填鸭舍内适当位置。按分群数量设置小圈围栏,能容鸭 50～100只。从各小圈到填鸭机处围成鸭群通道,其宽度以并排走两只鸭为宜。通道尽头填鸭者身旁应隔成稍宽一些、容鸭 15～20 只的小围栏,填鸭时便于随手抓鸭,连续填饲操作。小围栏内容鸭也不宜过多,以免鸭只相互挤压碰撞,造成伤残。

(五)填鸭饲料

1. 填鸭日粮配合

填肥期一般为两周左右,填饲日粮分为前期饲料和后期饲料两种,两种饲料各喂1周左右。前期饲料蛋白质水平较高、能量稍低,后期饲料正好相反。使其先放个儿长肉,后快速积脂。前期料粗蛋白质水平为 14%～15%,能量12.10～12.30 兆焦/千克;后期料粗蛋白质水平为 12%～14%,能量 12.30～12.56 兆焦/千克。填饲用的中鸭发育尚未成熟,饲粮中的粗蛋白质水平不能过低。另外,营养不平衡不仅会影响肉鸭的生长发育,而且还会使抗逆力减弱,容易引起脂肪肝或瘫痪。填饲日粮须注意矿物质特别是钙、磷的平衡,以免因矿物质不足引起腿部疾病,影响增重。维生素也是维持填鸭生长发育、健康所必需的,添加的维生素主要有维生素 A、维生素 D、维生素 E、维生素 K,维生素 B_{12}、维生素 B_2、泛酸钙、氯化胆碱、烟酸等。表 9-5 为填鸭日粮配方举例。

表9-5　北京鸭填饲日粮配方

原料(%)	一	二	三	四	五	六
玉米	60	57	57	59	62	65
次粉	9.9		15	8	10	7
高粱		5	5			
麸皮	4	5.9	8	3		
米糠		3				
土面*	9	12		15	10	10
豆饼	10	8	9	12	10	9
鱼粉(秘鲁)	4	6	5	3	5	6
牡蛎粉	0.6		1	1.1	1.6	1.3
骨粉	2	2.6	1.6	1.5	1	1.3
食盐	0.4	0.4	0.4	0.4	0.4	0.4
微量元素预混合饲料	0.05	0.05	0.05	0.05	0.05	0.05
维生素预混合饲料	0.05	0.05	0.05	0.05	0.05	0.05
营养成分含量代谢能（兆焦/千克）	12.07	11.86	12.15	12.45	12.28	12.32
粗蛋白质	14.37	15.00	15.04	14.97	14.94	15.11

注：* 土面是制面粉加工厂从室内地面、设备表面清扫出来的一些含有灰尘的面粉。

2. 填鸭日粮的调制

填鸭饲料要求比其他鸭饲料颗粒细，防止堵塞填饲机活塞筒出口，而且有利于消化。填饲料使用前均需用水稀释，加水调成稠粥状，料水各占1/2左右。填饲初期料可稀些，后期应稠些。为了便于填鸭的消化，填饲前可先用水闷浸饲料4小时，到时用填饲机搅拌后再进行填饲。气温高时，填前饲料不必浸泡或只浸泡1~2小时，以免引起填料的酸败。

3. 填饲日粮的用量

填饲量随填饲日龄的增长而逐渐增加，但切忌突然增加，以防造成消化不良或撑死肉鸭。开始时的填饲为每次150克水料（水料比62∶38或56∶44）为宜，或按鸭体重的1/12计，以后每天填饲量增加30~50克。一般填饲8天以后每次填饲350~400克。气温适宜，鸭只消化良好时可适当增加填饲量。

填饲按每昼夜 4 次,即上午 9 点 30 分,下午 3 点,晚上 9 点 30 分,清晨 5 点。生产中还应根据具体情况灵活掌握。填饲时要注意观察鸭群,发现嗉囊内有未消化的积食,下次填饲时应考虑少填或不填。

(六)填饲的操作要点

手工填饲每人每小时填饲 40~50 只,劳动强度大。手压填鸭机,每人每小时可填鸭 300~400 只,现多采用电动填鸭机,大大提高了劳动效率。

1. 机械填饲

首先将调好的饲料装入填饲机的储料箱内,转动搅拌器以免饲料沉淀。然后将鸭慢慢赶入待填圈内,等候填饲。操作人员先用脚踏填鸭机的离合器,检查唧筒的出料情况,调整出料量,使之达到所需数量。操作人员坐在填饲机前,保定填鸭,有经验的人员都采用抓嗉(嗉囊)的方法,即四指并拢握嗉部,拇指握颈的底部。这样既可将鸭捉稳,又不会引起挣扎伤残。左手握住鸭头,掌心靠着鸭的后脑,用拇指、食指分别在两侧嘴角处轻轻挤压,令鸭喙张开,中指伸进口腔,向外压住鸭舌(中指应戴塑胶指套,防止颚齿裂、喙豆刮伤手指),防止鸭舌外伸带动咽喉口关闭,便于橡胶软管顺利插入,不损伤咽喉口。对准填饲机橡胶软管,迅速稍转动鸭头并上提,此时鸭的脚已落地,橡胶软管已插入鸭食管膨大部,右手松开鸭脖。脚踏离合器,启动唧筒,将饲料压进鸭的食道,左手拇指退至颈部上 1/3 处成环握姿势,将胶管从鸭喙退出,此姿势防止橡胶软管撤出时带出饲料进入气管。总之,填饲操作技术要领为:鸭体平、开嘴快、压舌准、插管适、进食慢、撤鸭快。

在填饲过程中要注意抓鸭方法。抓鸭动作要快、部位要准、捏握力量适宜,既要保证填饲速度,又不损伤鸭体。若因操作不慎,偶尔发生填料误入鸭气管时,应立即倒提鸭,将填料甩出,这样还有救活的可能。填鸭人员在填饲一个阶段后,可不必再伸入手指压舌,只要在提鸭时用拇指、食指稍挤压嘴壳壶部,同时将鸭颈伸直,与地面约呈 45°的斜立姿势,鸭只就会低舌张口,接受插管压料填喂了。

2. 手工填饲

手工填饲是填鸭机尚未问世以前人们普遍采用的一种原始填饲方法。该方法操作烦琐,劳动强度大、效率低,不适于大批量填鸭生产。下面仅简单介绍手工填饲的基本方法。

(1)饲料配制 填饲前将填鸭饲料加水搅拌均匀,然后用手反复揉搓备用。饲料中加水量随不同情况而稍变化,但饲料与水的比例通常以 3∶2 较适宜。饲料调制的一般原则：填饲初期，天气炎热时宜稀，填饲后期，天气适宜或寒冷时宜稠。

饲料调制好后，每次取 20~25 克，用手掌搓成 3~4 厘米长，直径 1~1.5 厘米的"剂子"备用。做好的"剂子"应在短期内用完，不能存放过久，因为饲料含水量过大，存放时间长易发生霉变而影响填饲。初开始填饲时"剂子"的直径可稍小些，中后期可略大些。

（2）填饲方法　填饲者坐在小凳子上，将要填饲的鸭夹在两腿间，头部向右侧进行固定。用左手拇指与食指撑开鸭的上下喙，中指压住鸭舌，右手将做好的"剂子"在水里浸湿使之润滑，然后从口腔中填入，并轻压使之进入食管，必要时将食管中的"剂子"轻轻向下按摩以促进其进入嗉袋。填饲操作要点等和机械填饲法相同。填饲量在初期每次填 4 个左右，中后期每次 6 个左右，每次填饲后当"剂子"停留在咽喉部下方约 10 厘米处，不再向下移动时为止。

（七）填鸭的管理

1. 固定人员

填鸭人员要细致耐心，对工作负责。鸭舍要保持安静，避免噪声和引起鸭群骚动，闲人不得入内。

2. 谨慎驱赶

填鸭体重大，行动笨拙、缓慢，所以驱赶鸭群时要慢，不可粗暴驱赶，不可惊吓鸭群，道路及运动场等要平稳，防止鸭只摔伤。

3. 搞好卫生

填鸭栖息的场地要清洁卫生，垫料（草）要保持干燥。

4. 水浴运动

填鸭后，肉鸭不喜运动，久伏于地面，易导致腿弱、胸部淤血。因此每隔 3 小时应轻轻赶起鸭群，使之运动。此外，填饲后应马上进行水浴，可清洁鸭体，帮助食物消化，促进羽毛生长，增强体质。炎热夏天，应延长水浴时间。

5. 防暑降温

夏季要做好防暑降温工作。鸭体外覆羽毛，体温较高，没有汗腺，只能靠对流和呼吸散热。填鸭的皮下又沉积了大量的脂肪，为了散热鸭呼吸加快，影响育肥效果，甚至造成死亡。因此，在高温、高湿的环境下，宜采取通风，植树种草，屋顶遮阳等防暑降温措施，尽可能地为填鸭创造适宜的生长环境。在填饲时间上，可采取白天少填，晚上多填。

6. 饲养密度

填鸭的饲养密度前期为2.5~3.0只/米²,后期为1.0~2.5只/米²。

(八)填鸭的注意要点

1. 掌握好填饲量

凡是精神好,好动的鸭只,填喂前于胸前有一道深沟,说明上一次的填饲料已完全消化,可适当多填一些。如果鸭食管内积食,胸前胀满,说明消化不良,应暂停填喂或少填,并隔离观察,并在饮水中加入0.3%的碳酸氢钠。凡是发现有垂头、缩颈、羽毛蓬乱、精神状况不良的鸭,应及时隔离,查明原因。

2. 填鸭肥度的检查

填鸭的增重受季节、性别、饲料等条件的影响,一般日增重在50~65克,肥度好的填鸭翅根下肋骨上的脂肪球大而突出,尾根宽厚,背部朝下平躺时腹部隆起。

3. 及时上市

填鸭后要及时检查,抽测体重,及时上市。屠宰率一般在70%~75%,高的达80%,羽绒占活重的2%~5%,血液占活重的4%。

二、麻鸭育肥

麻鸭属于地方品种或种群,为我国广大农村普遍饲养,母鸭用来产蛋,公鸭经过育肥后供应市场或自己消费。麻鸭育肥主要采用自食育肥,不限料,不限时,不限量,自由采食,使其短期内快速增重,以达到上市体重。麻鸭自食育肥的饲养方式分为舍饲(圈养)育肥和放牧育肥两种。

麻鸭的生长速度比较慢,生长期相对较长。但是,其皮下脂肪含量少、瘦肉率高、肉的风味好。因此,无论在乡村还是城市都深受消费者的喜爱,在东南沿海地区,麻鸭的价格比肉鸭高许多。

(一)舍饲(圈养)育肥

舍饲育肥一般从雏鸭出壳到出售一直饲养在鸭舍内,也可以是在出售前约4周在鸭舍内育肥。一般来说,用作育肥的麻鸭多是体形比较大的品种或种群,如四川的建昌鸭、江西的大余鸭、江苏的高邮鸭、昆山麻鸭、安徽的巢湖鸭等。福建的连城白鸭(在南京也称为金陵乌嘴鸭),虽然体形小,但是在一些地方很受消费者喜爱,饲养也较多,蛋用型的康贝尔鸭其公鸭的育肥效果也很好。

1. 鸭舍的建造

育肥舍应尽量选择在四周安静的地方,可采用砖瓦或竹木结构。鸭舍内光线不宜过强,但通风要求良好。

2. 饲养方式

根据地面情况,饲养方式可分为地面散养、网上平养、笼养及地面散养与网养相结合等饲养方式。其中以地面散养最为普遍,其优点是所需要设备简单,生长速度快,缺点是鸭只直接接触粪便,不利于防病。

3. 饲料

在麻鸭育肥中,最好饲喂全价颗粒饲料。颗粒料与粉料相比,具有适口性好,不易挑食,浪费少,采食时间短,采食量大的特点,且增重效果明显。在饲养中后期可以增加青绿饲料和野生动物性饲料(如鱼虾、螺蛳、贝类、昆虫等)的用量。

为了降低成本,可自配饲粮。饲粮中粗蛋白质水平为16% ~ 17%,代谢能水平为11.72 ~ 12.98兆焦/千克。在配制日粮中,应注意氨基酸的含量与平衡,特别是与肉鸭生长密切相关的蛋氨酸和赖氨酸。由于育肥期麻鸭的消化系统已逐渐完善,对饲料的消化和适应能力增强,在日粮配制中,可适当增加粗饲料的用量。在富产鱼虾、螺蛳等动物性蛋白质饲料地区,可因地制宜利用这些饲料资源作为蛋白质补充料。将螺蛳等煮熟杀灭寄生的病原体,再进行饲喂。青绿饲料富含维生素,适当调配可减少维生素添加剂的用量,青绿饲料在饲喂前应洗净切碎,并应注意其含量,不应过大。青绿饲料喂量过多影响精料采食,导致能量获取不足而影响育肥。

每昼夜饲喂4次,白天喂3次,晚上喂1次。

4. 饲养密度

合理的饲养密度可以保证麻鸭育肥的需要,满足麻鸭不断生长的需要,使之不至于过度拥挤,从而影响育肥,同时也要注意充分利用空间。

整个饲养期均采用地面散养方式,在育肥期可以把护板撤去,直接将饲养密度调整到出栏时的水平,3 ~ 4只/米²。同样,全期采用网上饲养,在育肥期间调整饲养密度也可以直接调整为出栏时所需的水平,7 ~ 8只/米²。饲养密度也可以按照周龄随时调整。

5. 旱养

过去人们习惯认为鸭属于水禽,养鸭必须有水。现代麻鸭的育肥生产中,水浴不是必需的,如果安排水浴活动则需要限制时间,而且倾向于不进行水浴。鸭只生性喜水,在水中翻腾追逐,不断地运动,无疑消耗了大量的能量,不利于育肥。麻鸭育肥中不进行水浴,使鸭只饱后休息,减少了活动量,降低了能量的消耗,使更多的能量用于麻鸭增重,既提高了麻鸭的生长速度,又节省了饲料。大量研究和实践证明:麻鸭育肥不进行水浴不但可行,而且可取得更好的经济效益。

6. 注意事项

(1)逐渐换料　雏鸭料和育肥料在营养水平、颗粒、大小等方面存在很大的差异,因此在将雏鸭料更换成育肥料时应采取逐渐换料的方式,不能突然换料,否则会引起育肥鸭对饲料的不适应,造成采食量下降或消化系统的障碍。逐渐换料的方法可采用换料第一天在育雏料中混入30%的育肥料,第二天育肥料加大到60%,第三天育肥料加大到80%,第四天全部换成育肥料。

(2)饲养方式的过渡　当鸭群前一时期采用放牧饲养,之后转入舍饲育肥的情况下,要通过逐渐减少每天放牧时间,增加鸭群在鸭舍内的时间,使鸭群适应这种饲养方式的转变。

(3)加强对垫料的管理　麻鸭育肥期采食量和饮水量增大,排泄物大量增加,排泄物的含水量也大量增加,造成垫料的湿度增加,在高温和高湿的条件下,湿垫料不但易腐败产生硫化氢和氨等有害气体,影响育肥鸭的生长发育,而且湿垫料易弄脏羽毛,影响鸭体美观。所以,要注意更换垫料或在原有垫料的基础上铺上新垫料。

(4)出栏安排　一般的地方麻鸭饲养3个月左右、体重达到1.7千克左右,腿部肌肉发育良好的时候就可以安排出栏。此外,出栏时间的确定还要考虑市场价格变化情况。

7. 屠宰前的抓鸭和装运

(1)停饲　抓鸭前4~6小时停止饲喂,但要供应充足的饮水。

(2)弱光照　抓鸭时应尽量减少光照强度,或者使用蓝色或红色灯泡降低鸭只的视觉效应。

(3)安静　抓鸭时尽量保持安静,以免造成鸭群惊动和骚乱。

(4)避免受伤　抓鸭时应抓鸭的颈部,装笼时轻拿轻放,不要扔掷,以免使鸭致伤。

(5)装笼运输　炎热夏季一般选择早、晚凉爽的时候装笼,运输途中注意通风、防雨。天气寒冷时既要注意保温,又要注意通风。

(二)放牧育肥

我国南方水面广阔,气候温暖,野生饲料资源丰富,麻鸭的放牧育肥可以充分利用这些饲料资源,收到很好的经济效益。麻鸭的放牧育肥主要利用了麻鸭觅食能力强、体格健壮、腿肌发达、行动敏捷、善于行走等适合放牧的特点。放牧育肥的鸭群在 4 周龄前一般是采用舍饲的饲养方式。

1. 农作物收获期育肥

充分利用农作物的收获期是放牧育肥较经济的方法。1 年通常有 3 个可充分利用的放牧育肥期：春花田时期、早稻田时期和晚稻田时期。预先估测到这 3 个时期的收获期，将麻鸭养到 40 日龄左右，在作物收获时期，便可将麻鸭放牧到稻田内，使其充分采食落地的谷物和小虫，经 10~20 天的放牧育肥，体重增加 0.5 千克，可屠宰上市。

2. 稻田育肥鸭群的管理

（1）稻田选择　稻田的选择范围很广，但首先应选择大田、肥田、水源丰富和饲料充足的稻田。可利用离家较近的稻田，这样便于管理，在稻田的选择上，也应重视动物性饲料的获得。

稻田须用围栏围好，既防止鸭只的丢失，又可预防天敌的侵害和偷盗。围栏用竹、木等制成可就地取材。高约 33 厘米，上疏下密。为使鸭只充分休息和便于管理，可垒制栖息埂。栖息埂为双埂一沟的形状，埂高 17~25 厘米，宽 33 厘米，沟宽 65 厘米，深 50 厘米。所需栖息埂的长度可按每只鸭占 23 厘米计算。

（2）稻田放牧时间　稻田放牧一是在稻子生长期、二是在稻子收割后。稻子生长期放牧需要在插上的稻秧返青、根部扎牢、秧苗高度达到 20 厘米后进行，当稻穗灌浆时应停止放牧。稻田生长期放牧主要是让鸭群采食稻田中的杂草、昆虫、鱼虾及其他水生动物。收割后的稻田放牧时间相对较短，以落谷为主要食物。

3. 人工补饲

为了麻鸭放牧育肥快速增重，可以根据放牧过程中鸭的采食情况进行人工补饲，补饲在早晚各补 1 次，最好用颗粒料，若用粉料，应使用食槽，并注意防止饲料浪费。

4. 放牧育肥注意事项

（1）勤观察记录　日常做好巡田管理，查点鸭数是否相符，围栏有无破损，鸭食欲是否旺盛，生长发育是否正常，特别是加强夜间的巡视，以防偷盗和兽害。

（2）防止农药中毒　选择放牧地及稻田的时候要注意农药的残存量，防止鸭群农药中毒。

（3）防暑降温　在炎热高温季节时放牧，应搭棚遮阳，并做好防暑降温工作。

第四节　瘤头鸭和骡鸭生产技术

一、瘤头鸭的生产概况

瘤头鸭是一种优秀的肉用水禽品种，在被驯化的 200 多年来，由于具有较高的经济价值而被逐渐推广到世界大部分国家和地区。瘤头鸭起源于南美洲地区，并在当地被驯化，目前这一地区的国家瘤头鸭的饲养量尽管不太多，但是小群量的饲养却比较普遍。后来，在西欧一些国家大量驯养，直到目前，法国仍然是世界上瘤头鸭饲养和消费量较多、育种技术水平最高的国家。据有关资料介绍，全世界每年瘤头鸭肉的产量约为 20 万吨，其中法国的产量达 15 万吨。

福建是我国最早引进和饲养瘤头鸭的地区，之后扩散到广东、海南和台湾，再逐步引入黄河以南大多数省区。据报道，福建省仍然是我国瘤头鸭饲养量最大的省份，每年出栏的瘤头鸭数量约 0.2 亿只，年提供鸭苗上亿只。河南省瘤头鸭的饲养有 30 多年的历史，最初只是很少量的分散饲养，自 1997 年以来其饲养量才出现大幅度增长，在省内的分布范围不断扩大，目前有 85% 左右的市、县都饲养有数量不等的瘤头鸭，全省总饲养量约有 1 500 万只。

在不少地区，瘤头鸭的发展起伏不定，饲养量忽高忽低，这主要与这种禽类的饲养刚刚起步有很大关系。河南省在 1998 年前后刚开始规模化饲养瘤头鸭，当时一些饲养场、户出于炒种的目的开始了大量言过其实的宣传，并美其名曰"肉鸳鸯""鸳鸯鸭"。当时确实对瘤头鸭的推广起到了推进作用，但是也使一些饲养者遭受了挫折。经过几年的市场风波，近年来，国内瘤头鸭的生产基本处于平稳发展的态势。

从瘤头鸭今后的发展趋势看，瘤头鸭饲养的主要目的是作为肉用。因此，国内在引进一些高产配套品系的同时，还应该在条件较好的瘤头鸭饲养场开展高产种群（或品系）的选育工作，以不断提高商品鸭的生长速度。同时，在一个种群内使羽毛颜色趋于一致。瘤头鸭饲养的另一个目的是作为骡鸭生产的终端父本，与母家鸭杂交生产骡鸭。而且，骡鸭生产的数量也在不断增加并将会在水禽市场上占有一定的份额。

经过选育的瘤头鸭高产品系 10 周龄公鸭体重达 4 400 克，母鸭达 2 700

克,分别为初生时体重的 100 倍和 61 倍。产肉率在 65% 以上。不过,瘤头鸭的早期增重速度较慢,4 周龄公鸭体重为 1 150 克,母鸭 900 克,5 ~ 9 周龄是增重最快的时期。

瘤头鸭可以与家鸭进行经济杂交,其后代(骡鸭)生命力强、生长速度较快、肉的品质好,在国内外被广泛利用。据国内的试验报道,用公瘤头鸭与北京鸭或樱桃谷鸭杂交生产的骡鸭(半番鸭)10 周龄公鸭和母鸭体重分别可以达到 3 500 克和 3 300 克。

瘤头鸭和骡鸭肉的品质好,这是瘤头鸭与肉鸭之间最大的差别,也是瘤头鸭最具有经济价值的一个方面。瘤头鸭属于瘦肉型鸭,其胴体的脂肪含量为15% ~ 18%,与北京鸭和樱桃谷肉鸭(胴体脂肪含量为 25% ~ 28%)相比要少得多。胸肉、腿肉和翅肉在胴体中所占比例接近 1/2,而且其肉及肉汤具有野禽的风味,因而受到消费者的喜爱。在福建、台湾等地被视为滋补的佳品,被认为具有祛寒去湿、舒筋活血、强身健体之功效,在立冬时节常作为药膳原料。在国内近年来兴起的"台湾姜母鸭",就是以瘤头鸭作为主要的原料制作的。另外,用瘤头鸭杂交生产的骡鸭的肉质也与瘤头鸭相似。

瘤头鸭和骡鸭是用于生产肥肝效果比较好的水禽品种。肥肝主要是不饱和脂肪酸在肝脏内沉积形成的,在国际市场上具有很高的经济价值。用 8 周龄前后的瘤头鸭或骡鸭经过 2 ~ 3 周的强制填饲,肝脏重达 300 ~ 400 克,其他部位重也可增加几百克。

二、种瘤头鸭群的饲养管理

尽管目前国内瘤头鸭生产中种群的选育还处于比较落后的状态,专门化配套品系的培育还没有在生产中得到广泛应用。但是,从发展趋势来看,在瘤头鸭的选育中都要培育专门的父本种群和母本种群(我国引进的法国克里莫瘤头鸭就是如此、福建一些种用瘤头鸭企业也在做这方面的工作),而商品肉用瘤头鸭则是两个种群的杂交后代。因此,在种用瘤头鸭的饲养管理上主要是针对父本种群和母本种群而言。

(一)育雏期的饲养管理

从出壳到第四周末的阶段称为瘤头鸭的育雏期,这个阶段是饲养种鸭的重要时期,育雏效果的好坏直接影响到以后种鸭的成活率及生产性能。在这个时期内饲养管理的重点是考虑如何提高雏鸭的成活率和体重。

1. 育雏前的准备工作

开始饲养种用瘤头鸭雏鸭之前必须做好一些相关的准备工作,为雏鸭的健康和生长提供必要的条件。可以说,准备工作做得如何,在很大程度上决定了育雏效果的好坏。

(1)制订育雏计划　根据资金、生产目的和场地的具体条件制订和落实育雏计划,每批进雏数应与育雏室、成鸭舍的容量大体一致,一般育雏室和成鸭舍比例为1:2。进雏数决定了当年新母鸭的需要量,在这个基础上再加上育成期间死亡淘汰数,即是需要进入的雏鸭数。如计划饲养新种用瘤头鸭1 000只,考虑到正常情况下育雏和育成期的成活率约为90%、选留率为90%,则需要饲养雏鸭1 234只。不要盲目进雏,否则数量多,密度大,设备不足,饲养管理不善会影响鸭群的发育,影响饲养效果。

(2)育雏室的准备　育雏室离其他瘤头鸭舍的距离要保持在100米以上,有条件的地方可不与其他阶段的瘤头鸭混养一场,以减少被疾病感染的机会。育雏室总的要求是保温效果好,因为育雏阶段要求舍温比较高,尤其是在寒冷季节能够保持室温达到标准,并能调节空气,在炎热夏季能通风透气。育雏室内的布局要合理,以利于雏鸭的生活,方便饲养员的操作,有利于防疫工作的开展。育雏室要有良好的密闭效果,屋顶、地面和墙壁上没有孔隙,能够防止其他动物进入室内。

育雏室在使用前两周要进行彻底的清扫和消毒。首先,将屋顶、墙壁和地面的浮尘清扫干净,必要时用水冲洗墙壁和地面,待地面干燥后可撒一些生石灰消毒并吸干地面潮气。彻底消灭昆虫,放置灭鼠药。之后将地面再次进行清理,然后铺好垫料,最好用干燥的机械刨花,厚度为5~8厘米,垫料要铺匀铺平,不得含有可能损伤鸭只的异物。安装维修育雏室全部设备,注意各种线路(供电、供水、供暖)的完整性、安全性和机件设备的性能。

上述工作结束后用喷雾器对垫料及整个育雏室进行喷洒消毒,喷洒消毒所使用的药物一般为卤素类或季铵盐类。在雏鸭引进前3~4天进行熏蒸消毒,1米³空间用25毫升甲醛+12.5克高锰酸钾+25毫升热水,放入搪瓷盆或陶瓷盆内。根据育雏室面积的大小确定放置瓷盆的数量,一般每间房用1个盆,使药物及热水添加后的容量不超过盆深度的1/2。加药顺序是先将高锰酸钾溶于热水中,然后加入甲醛(甲醛与高锰酸钾混合后会发生剧烈的化学反应,挥发出刺激性很强的甲醛气体,需要注意防止眼和鼻受刺激)密闭24小时后彻底通风1~2天备用(要求雏鸭接入时育雏室内感觉不到明显的刺眼刺鼻)。雏鸭接入前5小时对育雏室门窗外面进行喷洒消毒。

雏鸭到达前24~48小时提前为育雏室供暖,提高墙壁、水泥地面和室内空气的温度,使达到预热的目的;育雏室温度的调试与温度、湿度和通风是紧密联系的,只有把这三者结合起来考虑才能起作用,雏鸭生活环境的理想温度为 31～33℃;一般不需要大量通风,但如果有甲醛异味或需要抽湿气时则应该通风;起始光照强度为 50～100 勒,最初几天,必要时在育雏区安装一串灯。

(3)饲料、垫料及药物的准备

1)饲料 按雏鸭的营养标准配合或购买相应的雏鸭料,并保证饲料的质量(要求营养全面、颗粒大小适中、无霉变现象、适口性好、容易消化)。

2)垫料 是指育雏室内各种地面铺垫物的总称。地面育雏时一般都用垫料。垫料要求干燥、清洁、柔软,吸水性强,灰尘少,切忌霉烂。常用的有稻草、麦秸、锯木屑、碎刨花等。优质的垫料对雏鸭腹部有保温作用。垫料在使用前需要经过日晒,以起到消毒和干燥的目的。

3)药物 备好常用的药物和疫苗。抗生素如土霉素、青霉素、链霉素、恩诺沙星、抗球虫药物等主要用于雏瘤头鸭细菌性疾病和球虫病的防治。抗球虫药如磺胺类药,疫苗如鸭细小病毒疫苗、鸭病毒性肝炎疫苗、鸭瘟疫苗等用于相关病毒性传染病的预防。

(4)人员选择与培训 要做好育雏工作既要有技术又要有耐心,选择育雏人员时要求能吃苦,工作细心。对于没有专业知识的人员要进行必要的培训,使其了解育雏期间应该做什么。

(5)初生雏的运输 初生雏运输时,要注意天气的变化,并做到迅速及时,舒适安全,注意卫生。最好在雏鸭出壳后 8～12 小时内运到育雏室,相距较远的运雏也不应超过 48 小时。运输雏鸭要有专用运雏箱,箱四周与顶盖开有通气孔,箱内有"十"字隔板,防止挤压,箱底可铺细软垫料,以减轻震动。每个运雏箱放置的雏鸭数要符合规定,不能多放。装卸雏鸭箱时要平稳小心,不能倾斜,运输工具可用飞机、火车、汽车与船舶等。运输时要注意防寒、防热、防闷、防晒、防雨淋、防颠簸震动、防挤压等,路途较远时应中途检查雏鸭情况。

2. 严格选择优良雏鸭

选好初生雏鸭是提高育雏效果的关键,因为育雏成绩与雏鸭的健康有关。为使鸭群生长发育一致,便于管理,育雏前必须对雏鸭进行选择。一般根据出壳时间和雏鸭的表现通过"看、摸、听"的方法判断其强弱(参照蛋鸭雏鸭的选择方法)。

为了防止雏瘤头鸭群内混入家鸭(刚出壳的瘤头鸭与家鸭十分相似,绒毛都是黄色的），可以提住颈部把雏鸭拿起来用另一手掌碰雏鸭的脚爪，雏瘤头鸭会用爪去抓碰到的物体，而雏家鸭则没有这种反应。

3. 育雏方式

人工育雏按雏鸭占用的面积和空间，归纳起来大致可分为平面育雏和立体育雏两大类。又有根据供暖方式和设备的不同而定名。

（1）平面育雏　雏鸭饲养在铺有垫料的地面上或饲养在离地 50 ~ 60 厘米的平面金属网（塑料网上），称为平面育雏。平面育雏的热源种类有：电热伞形育雏器、红外线灯、地上或地下烟道式加热、烟囱式煤炉加热等。

垫料地面育雏是在育雏室内的地面上铺一层厚度约 6 厘米的垫料，雏鸭在垫料上生活。网上育雏是在育雏室内将金属网或竹制网（栅格的宽度约 1 厘米）架设在离地面约 50 厘米高处，并在上面再铺一层塑料网（目的是既增加底网的弹性又防止网的栅格大影响雏鸭活动）。由于鸭的粪便较稀，饮水量大，易造成地面潮湿、污染，根据多年来的实践和鸭生活习性及生理特点，采取网上育雏简单易行，效果较好，已被广大规模饲养场户采用。其优点是可节省大量垫料，雏鸭不与粪便接触，减少疾病传播的机会。由于雏鸭不接触土壤，日粮中必须补充微量元素，并保持通风良好。

（2）立体育雏（笼育）　此法是现代化和规模化工厂养鸭的一种普遍育雏方式。可采用手工，也可用机械化和半机械化操作。一般用 3 ~ 4 层分层育雏笼，叠层式排列。笼内的热源可用电热丝或热水管供给，室温用煤炉或热风供暖。笼育比平面育雏更有效地利用鸭舍和热能，鸭群采食均匀，发育整齐，减少疾病感染，成活率高，还可提高劳动生产率，适于规模化育雏。但需要一定的投资，对营养和管理技术的要求更高。

由于雏瘤头鸭的生长速度相对较快，在笼养条件下需要经常注意分笼和调群，保证雏鸭有适宜的生活空间。

4. 创造良好的环境条件

雏鸭培育效果的好坏，除与遗传、营养等有关外，良好的环境也是不可缺少的条件。其中以温度、湿度、通风、密度和光照最为重要。

（1）适宜的温度　适宜的温度是育雏的首要条件，是育雏成功的关键，必须严格而正确地掌握。在平养条件下用保姆伞加热时的温度参考标准见表 9 – 6。

表9-6　种用瘤头鸭育雏温度推荐标准

日龄	温度(℃)		
	加热器下	活动区域	周围区域
1~3	37~35	29~30	30
4~7	35~33	28~29	29
7~14	33~31	26~27	27
15~21	32~29	25~26	25
21~28	30~27	22~24	22
29~35	28~22	20	不低于18

　　注意:冬天育雏室与外界环境的温度相差较大,要有一个逐渐脱温的过程,以便转群后,鸭只能适应新的环境温度。

　　育雏室里的温度是否适宜,一方面通过观察温度计显示的温度,另一方面看鸭的活动情况而定,一般以鸭均匀分散不打堆为宜。温度偏低则雏鸭容易挤堆,往往会造成下面的雏鸭被压死或压伤,而且下面的雏鸭由于热闷其绒毛上面出现水滴,雏鸭如同出汗一样,当绒毛上面的水汽蒸发后雏鸭容易受凉而发生感冒。如果雏鸭远离热源并张口呼吸,且饮水增加说明温度偏高。

　　(2)合适的湿度　育雏室内的湿度是否适宜,对雏鸭的体热散发和舍内的卫生状况关系密切。一般情况下,湿度不像温度那样要求严格。可是在极端情况下或与其他因素共同发生作用时,如相对湿度超过80%或低于40%以下,与温度过高或过低、通风不良共同发生作用时,就会对雏鸭造成很大危害。湿度过高容易使环境中霉菌滋生,地面散养时垫料也容易发霉,球虫病危害严重;湿度过低则会使雏鸭绒毛变得干燥、散乱、易折断,还会使鸭舍内空气中灰尘飞扬而引起呼吸道感染。

　　刚出壳的雏鸭体内水分含量在70%以上。从高温的环境中转到育雏室,雏鸭随呼吸散失大量水分。对10日龄前的雏鸭,要采取人工供湿的方法来提高室内空气的湿度(尤其是在采用地下火道加热的情况下),使室内相对湿度保持在60%~65%。湿度不足,加上高温,就会发生"脱水"现象,以致造成雏鸭生长不良,成活率低。雏鸭在10日龄后,由于个体增大,饮水、戏水抛洒量和排粪量也随之增加,垫草的含水量也有所增加,育雏室易潮湿,导致湿度过大。因此,10日龄后,应根据湿度增高的具体原因,采取适当措施降低湿度,其中主要是加强通风换气,勤换垫料,及时调整雏鸭密度,清除粪便,防止饮水器漏水,使室内相对湿度保持在60%左右。在南方特别是在梅雨季节育雏,更应注意防湿。

(3)良好的通风 通风换气的作用是排出室内污浊的空气,换进新鲜空气,并调节室内的湿度和温度。所以,在保持室内温度适宜的前提下,同时做好通风换气工作,勤换垫料,勤除粪便,保持室内干燥清洁。

育雏前期由于雏鸭呼出的二氧化碳总量比较少,加上保温要求高,一般不需要过分强调通风,但如果鸭舍内氨气过大,清理粪便或雨季潮湿时,需进行适量通风,开放式鸭舍主要靠开门窗,利用自然通风来解决。密闭式鸭舍则采用机械通风换气,通风换气的好坏,要求人进入室内时,不感到闷气,不刺激眼、鼻为适宜。

在较寒冷的冬季或早春,通常需要设置窗帘、棉门帘等,通风时不能让冷空气直接吹到雏鸭身上。如果采用热风炉供温,由于热风吹进舍内,可以通过正压换气,效果更理想。

(4)合理的饲养密度 饲养密度是指育雏室内1米²饲养面积所容纳的雏鸭数,密度的大小与雏鸭的生长发育有着密切的关系。密度小饲养效果好,但房舍设备和人力费用大,成本高。密度过大,鸭群拥挤,活动受到限制,易造成空气污浊,鸭吃食不均。因而生长慢,发育不整齐,易感染疾病,诱发啄癖,死亡率增高。

饲养密度以能使雏鸭群获得足够的活动范围和新鲜空气为准。在实践中,应根据育雏舍的结构、饲养方式、季节、周龄、品种(体重)、管理技术水平等具体情况而灵活调整,保持合理的密度。雏鸭饲养密度可参见表9-7。

表9-7 不同育雏方式雏鸭饲养密度

地面平养		立体笼养		网上平养	
周龄	饲养密度(只/米²)	周龄	饲养密度(只/米²)	周龄	饲养密度(只/米²)
0~3	22	0~1	45	0~3	24
3~6	15	1~3	35	3~6	17
6~12	8	3~6	30	6~12	10
		6~12	20		

饲养雏鸭除注意密度外,还应注意鸭群的大小,一般小群饲养效果好。群过大,给管理带来困难,容易引起发育不整齐。平面饲养以每群200只为宜,公、母雏鸭应分开饲养。

（5）光照　光照对雏鸭的生长、生活和健康都有很重要的作用,雏鸭阶段光照的作用在于方便雏鸭的采食、饮水、运动,便于工作人员的操作。为保证雏鸭生长发育和以后的生产性能,合理的光照方案应从雏鸭开始。

光照分为自然光照（阳光）和人工光照（灯光）。阳光对雏鸭的健康作用很大,它促进鸭的新陈代谢,促进食欲,使红细胞血红素的含量增加;阳光中的紫外线可使鸭体内的 7 - 脱氢胆固醇转化维生素 D_3,促进体内钙磷代谢,使骨骼正常生长。因此,在笼养条件下采用人工光照时,则应该充分利用门窗采光或每千克饲料中添加维生素 D_3 200 国际单位以促进骨骼发育。

一般生产中白天尽量利用阳光照明,早晚采用灯泡补充照明。育雏期的光照程序可参见表 9 - 8。其中的光照强度主要是指用灯泡补充照明时的强度,笼养时如果白天光线过强则需要对窗户采取遮挡措施。

表 9 - 8　瘤头鸭育雏期光照要求

日龄	光照强度（勒）	光照时间（时/天）
1 ~ 3	80	24
4 ~ 7	70	20
8 ~ 14	50 ~ 60	18
15 ~ 21	40 ~ 50	16
22 ~ 28	30 ~ 40	14

5. 科学的饲养管理

（1）接雏　首先做好接雏前的准备工作,如饮水器清洗干净并装好水,提前放入育雏室以使水温接近室温。放置好干净的料盘,育雏料也应提前按饲喂标准称好并运至育雏室。

接雏要求:接雏途中要提供适宜的温度和通气环境以减小运输对雏鸭的应激,装雏鸭及运输的工具在使用前要用福尔马林熏蒸消毒。接雏途中要随时查看雏鸭的状况,检查温度是否适宜,观察呼吸是否正常,防止由于温度过高或氧气不足出现闷死现象。

（2）雏鸭饮水　让雏鸭尽早饮水有重大作用,可以补充雏鸭生理上所需的水分,促使肠道蠕动,吸收剩余卵黄,排出胎粪,促进新陈代谢、增进食欲,帮助饲料消化和吸收,并有助于防治疾病。雏鸭的饮水,可以使用经过消毒处理的井水,水温一般以 20 ~ 25℃ 为宜。为了提高雏鸭生长速度和健康状况,可以在前 5 天的饮水中添加 5% 的葡萄糖,另外每升水加 2 克电解多维。为防止细菌性疾病(如白痢等)可以在饮水中添加合适的抗生素药物,连用 3 天。

每天至少用干净水清洗饮水器 1 次,确保饮水器内随时有清洁的饮用水,要求在有光照的时间必须保证饮水器内有水。缺少饮水会影响雏鸭的采食和消化,恢复供水后雏鸭会因干渴而暴饮,容易导致疾病。

刚开始可以用雏鸡用的钟形饮水器或盘子供水,以后随着雏鸭日龄的增大,其体格也不断长大,可以使用较大的饮水器或水槽。

(3)雏鸭的饲喂 雏鸭第一次吃料称为"开食",一般在初次供水 1 小时后"开食"。1~5 天采用小鸭破碎料,以后改为种雏鸭细颗粒料,将饲料均匀撒在料盘上,1 周后改为小鸭食槽,头两周自由采食,第三、第四周每天喂 3 次。必要时在晚上关灯前再次饲喂小鸭,确保小鸭在睡觉前吃饱喝足。饲喂量以每次给料 20~30 分吃完为适量。

饲喂方法有干喂和湿喂,用干粉料喂鸭省工,但要求日粮营养更完善,质量好,否则雏鸭不喜欢吃,影响生长发育。喂雏鸭多采用湿喂法,湿料能促进食欲,雏鸭喜欢吃,但在喂法上应注意,少吃多餐、少喂勤添,现拌现喂,尽量使每顿都吃完,避免饲料酸败变质。

1 周后可逐渐加喂洗净切碎的青饲料,用量占配合饲料的 5%~30%。如果不喂青饲料,可使用多种维生素添加剂。

(4)细心观察,适时分群 雏鸭到场后,管理人员要认真细致地观察鸭群状况,根据观察到的情况采取相应的处理措施,使雏鸭尽快适应新的环境,为养好整群鸭有一个良好的开端。观察的内容包括:活动情况、脱水情况、呼吸情况、消化情况、脱水程度、伤残情况、鸭群分布、饮水量及采食量等,挑出伤残及弱小雏鸭,精心饲养,待恢复后放回鸭群。每个小群内的瘤头鸭雏鸭大小、强弱相似。

由于公母瘤头鸭雏鸭生长发育速度差别很大,在 2 周龄后其体重的差异表现就比较突出。因此,必须将公、母雏鸭分群饲养。

(5)定期称重 可以检查雏鸭的生长发育情况和了解饲养管理水平。一般做法是两周称重 1 次,每次在喂食前随机抽称 50 只,将每次称测的平均体重与相应类型鸭标准体重进行比较,如果体重显著低于标准的,说明饲养管理有问题,需查出原因,采取相应措施,促进生长发育,以提高育雏效果。

(6)断趾 目的在于防止鸭之间互相打斗或交配时互相抓伤,瘤头鸭断趾一般在两周左右进行,也可以与断喙同时进行,公、母鸭都需要断趾。

1)操作方法 手术者左手抓鸭,右手拿剪刀,将两只脚的趾甲(爪)在其生长的基部剪掉。

2)注意事项　①断趾前两天开始补充维生素K,每千克水加2毫克维生素K。②断趾前1天在饮水中加电解多维,断趾后要连喂2~3天。③术前要检查鸭群是否有异常情况(咳嗽、病弱、死亡、采食量等),并铺好舒适的垫料,前一天晚上禁止供食。④手术过程中要禁止穿堂风。⑤处理后由于热量散发会发冷,故在24~48小时内要加强保温。⑥断趾后要立即给食。⑦观察鸭群状况,挑出弱者安置在专用鸭舍内,淘汰无法康复者。

(7)断喙　种用瘤头鸭雏鸭在2~3周龄时应该进行断喙处理。其目的在于防止育成期鸭相互之间啄羽或成年鸭啄蛋。断喙通常只对母鸭进行处理而不能对公鸭处理,公鸭断喙后在繁殖期间会影响交配过程。

1)操作方法　本操作需要助手协作,助手左手抓住鸭翅膀,右手托鸭胸部,手术者左手食指伸进鸭嘴并压住鸭舌,左手拇指轻压在鸭头顶上,右手持专用断喙剪刀从鸭上喙前端的喙豆中部将前端剪掉并对断面进行烧烙止血,即完成断喙操作。也可以使用非插孔式雏鸡断喙器进行断喙。雏鸭的下喙不进行切断处理,使处理后的鸭上喙短、下喙长。

2)注意事项　与断趾相同,请参考。

(8)切除指骨　瘤头鸭羽毛长齐后会高飞,这给大群的饲养管理带来了一定的困难。因此,在2~3日龄时需要对种用瘤头鸭雏鸭进行切除指骨处理。其方法是用剪刀将其翅骨上第三指的第二指节骨(小翅尖的中部)切除,并进行消毒处理。处理后鸭的身体失去平衡,不能高飞。

如果不进行切除指骨处理,在育成期则必须在运动场(包括活动的水面)周围和上面架设围网以防止瘤头鸭逃跑。

(9)卫生防疫工作　建立严格的卫生防疫和消毒制度,这是维护鸭群健康、正常生产的根本保证。严格贯彻卫生消毒制度,进场内大门的消毒、育雏用具、食槽、饮水器、工作人员的衣服、鞋帽、鸭舍等的定期消毒;在日常工作中应保持水、料、垫料干净;开窗换气,清除粪便,保持室内干燥;每养一批都要进行彻底清扫和消毒。同时,建立隔离制度,新购进的鸭要有隔离舍,发现病鸭和疫情要及时隔离,死鸭需要在专门的地方解剖或处理,切忌到处乱扔。按规定及时接种各种疫苗。接种病毒性肝炎疫苗、番鸭细小病毒病疫苗。

(10)做好育雏记录　认真做好各种记录,作为了解生产情况和育雏成绩的依据。记录内容:育雏舍号、批次、日期、品种、数量、温度、每天饲料量、每天鸭群变动(病死、伤亡、淘汰)与累计数,存活数及每天重要记录等,形成表格。

计算每月存活数、成活率和用料量。育雏结束计算雏鸭成活率和饲料用量。雏鸭管理使用的表格见表9-8。

表9-8　瘤头鸭育雏期管理计划日报表

日期	日龄	当日存栏只数	当日死淘只数	平均喂料量（克/只）	当日使用药物	免疫接种情况	当日温度（晨/午）	光照起止时间	其他工作

（11）弱雏复壮　瘤头鸭的育雏阶段，在批量饲养情况下群内不可避免会出现一些弱小的个体，这些个体发育慢，容易被感染，死亡也多。因此，做好弱雏复壮工作是提高雏鸭成活率的重要措施。其做法：一是隔离，即将弱小的个体从大群内取出，放在专门设置的弱雏栏内。因为它们在大群内只能吃剩料，其他鸭跑动时也容易将它们撞翻，或被踩踏。二是适当增温，在弱雏栏内应采取额外的加温措施，让雏鸭感到温暖，减少体热散失。因为弱雏采食少、体内营养积蓄少，体热散失过多会加重其虚弱。三是补充营养，除正常的喂饲外，每天应固定时间在饮水中添加一些速溶多维（或拜固舒、电解多维等同类制剂）、葡萄糖或蔗糖，给它们额外增加营养物质。此外，还要根据情况使用合适的抗生素用于防治感染。

（二）种番鸭育成期的饲养管理

5～24周龄称为瘤头鸭的育成期，此时期的鸭也称为青年鸭。育成期达20周，这个阶段是饲养瘤头鸭的关键时期，育成期饲养效果的好坏直接影响到种鸭的产蛋性能及种蛋的受精率。

育成期的工作重点是控制种鸭的体重，使其按照瘤头鸭的生长曲线健康成长，防止过肥或过瘦，并保持鸭群的良好均匀度。同时，使其体重和体形的增长与性器官的发育相协调，适时达到性成熟。

1. 育成鸭的生理特点

（1）体重生长　育成前期鸭的生长仍然比较迅速,体重增加较快,如法国克里莫瘤头鸭 DC 系母鸭,4 周龄体重 650 克,而在 12 周龄体重达 1 830 克(8 周内体重净增加 1 180 克),是性成熟时(24 周龄)体重(2 200 克)的 83.18%。12 周龄后青年鸭的体重增长速度比较缓慢,13～24 周龄的 12 周内体重的净增长仅 370 克。因此,在生产中要注意育成前期饲料营养的供应,而在育成后期则适当限制营养的摄入量。

（2）体形变化　育成期青年瘤头鸭的骨骼和肌肉的生长都处于旺盛时期,育成前期鸭的骨架发育也很快,12 周龄时瘤头鸭的体斜长达到性成熟时体斜长的 85% 左右。为了保证育成前期青年瘤头鸭的骨架发育,饲料中钙的含量要适宜,维生素 D 的含量要足够,以保证室外活动的时间。

（3）生殖器官发育　14 周龄后,母鸭卵巢上的卵泡开始积累营养物质,卵泡逐渐长大,但是卵泡重增长幅度有限。到育成后期(18 周龄以后)性器官发育加快。在性成熟前的 21～24 周龄这个时期,卵巢和输卵管重增加是十分明显的。这一时期的饲养管理水平,在一定程度上决定了种鸭繁殖性能的优劣。根据育成鸭生理上的这些特点,要求在保证骨骼和肌肉系统的充分发育下,通过调节饲料营养水平,严格地控制性器官的过早发育,使其适时达到性成熟期,对提高开产后的生产性能是非常重要的。

（4）消化机能　育成期瘤头鸭的消化系统机能发育已健全,采食量与日俱增,自身对钙质沉积能力有所提高。饲养上可以适当增加青绿饲料和粗饲料的使用量以降低培育成本。

2. 育成期的环境条件控制

尽管育成期瘤头鸭对环境的适应能力增强,但是适宜的环境条件对于瘤头鸭的健康和生长是有利的。因此,要创造合适的环境以保证青年瘤头鸭的发育。

（1）温度　青年鸭各项生理机能发育基本趋于完善,对环境温度的适应性比较强。但是,如果处于寒冷的冬季和早春季节,由于外界气温低,对于刚进入育成期(6 周龄前)的鸭来说,羽毛还在更换阶段,它们对低温的反应比较敏感,需要考虑保温。其他季节则可以对保温不过多关注,对于 8 周龄以后的青年瘤头鸭只要环境温度在 10～32℃ 都能够适应。

（2）湿度　青年鸭舍内湿度偏高的比较常见。湿度过高不仅容易弄脏羽毛,影响羽毛的生长和完整性,垫料在微生物的作用下容易产生和蓄积有害气体,还容易诱发曲霉菌病、寄生虫病等。生产中需要采取措施降低湿度。湿度高在夏季和冬季最容易引起瘤头鸭的不适,而且在这两个季节也容易出现鸭舍湿度偏高。

(3)通风 必须保证鸭舍内的空气质量,尽可能降低空气中灰尘、微生物、有害气体的浓度。只要不是雨雪以及严寒天气,在育成期瘤头鸭的饲养中春季、秋季和冬季每天中午前后都应该打开门窗进行通风换气,而晚春、夏季和初秋应该经常开窗换气。要求饲养人员进入鸭舍后无明显的刺眼和刺鼻感觉。

(4)光照 育成后期光照时间不仅影响瘤头鸭的活动、采食和休息,而且对鸭的生殖系统发育有较大影响,尤其是在 16 周龄后。

在 16 周龄以前每天的光照时间可以考虑以自然光照为主,每天照明时间控制在 13 小时以内。16 周龄后采用逐渐缩短照明时间或保持短日照的情况下有助于控制青年鸭生殖系统的发育。一般情况下,以自然光照为主,当白天时间超过 12 小时的情况下可以在早晨和傍晚对门窗进行遮光处理,尽量将照明时间控制在 12 小时以内。也可以在 5 周龄时采用 14 小时或 15 小时的日照时间,以后每周将日照时间缩短 10 ~ 20 分,在 22 ~ 24 周龄时日照时间不超过 12 小时。

3. 育成期饲养要点

(1)育成期的饲料 育成期的饲料可以两段配制:5 ~ 14 周龄为育成前期,15 ~ 24 周龄为育成后期。也可以按照 3 阶段配制:5 ~ 12 周龄为前期,13 ~ 18 周龄为中期,19 ~ 24 周龄为后期。

总体看前期饲料中较少使用粗饲料,中后期可以逐渐加大粗饲料的使用量。同样,要求不能使用发霉变质的原料,饲料的变换要有一个过渡时期。青年鸭在条件许可的情况下可以喂饲青绿饲料,既可以切碎拌入配合饲料中使用,也可以直接放在运动场地面让鸭群自由采食。

(2)根据各阶段特点调节营养需要 育成前期是青年瘤头鸭体重和骨架生长比较快的时期,需要较多的营养供给;育成后期的体重和骨架生长比较缓慢,所需要的营养较少,应该注意控制营养的摄入量。

为使骨骼和生殖系统得到正常发育,同时为防止过肥和过早的性成熟而影响其终身产蛋量,饲养上需逐渐降低饲料中蛋白质水平和能量水平。若在育成中后期仍饲喂高水平的蛋白质日粮,会加速鸭性腺的发育,催其早熟,而此期鸭的骨骼则没有得到充分发育,致使鸭的骨骼纤细,体形变小,提前开产,这样不仅产的蛋小,而且造成短期产蛋后停止一个时期,然后重新恢复产蛋。说明鸭体内各种生理机能不够协调,生殖机能虽发育成熟,但体发育仍不成熟,体质较差,产蛋后由于体力消耗导致停产。采用较低的蛋白质日粮有利于骨骼的充分发育,也有利于生殖器官的发育。

育成前期日粮中粗蛋白质水平以17%为宜,中期时骨骼已接近发育完全,蛋白质水平可控制在15.5%左右,后期为了防止性成熟过早,蛋白质水平应降低至14.5%。育成期日粮中的代谢能水平控制在11.0～11.6兆焦/千克为宜。

在育成期中不要喂过多的钙,特别是育成后期的母鸭,应喂含钙量较少的日粮,可提高母鸭体内保留钙的能力。当产蛋时,再喂以含钙量较高的产蛋日粮,母鸭就能维持这种留钙的能力,以保证产蛋的需要。青年鸭饲料中钙的含量偏高还会诱发肾脏尿酸盐沉积和粪便含水量较高等问题。

(3)青年瘤头鸭的喂饲 喂饲次数在前期可以每天3次,中后期每天2次,如果限制饲养则仅喂饲1次。一般采用湿拌料的形式喂给。

(4)限制饲养 为了恰当地控制育成鸭的性成熟,除按营养标准配合饲粮和逐渐减少光照时间外,还必须采取限制饲养措施。10周龄以后的育成鸭,生长快,吃得多,是骨骼、肌肉、羽毛生长最快的时期,这时若让鸭自由采食,势必使鸭体重过重或过肥,导致过早开产,产蛋率低。所以,10周龄后要限制喂料,目的在于控制体重,使其具有适合产蛋的体重,提高种鸭的产蛋性能,延长种鸭有效利用期。节省饲料,提高饲料转化率,从而达到提高饲养种鸭的经济效益,投喂料量参照青年种鸭饲喂量计划表进行。

限制饲养通常把每天每只瘤头鸭的喂料量控制在自由采食量的80%～90%,公鸭的限制幅度可大一些,母鸭小一些。实际喂料量在各品种(品系、种群)之间有差别。表9-10提供的是福建农业大学选育的RF系瘤头鸭的喂料量参考标准。在应用时它还受季节、饲料营养水平和质量等因素的影响,应与体重测定结果相结合。

表9-10 RF系瘤头鸭喂料量参考标准[克/(只·天)]

周龄	5	6	7	8	9	10	11～20	21	22	23	24
公鸭	120	126	135	140	145	150	155	160	175	180	200
母鸭	70	78	83	85	90	95	98	100	105	115	125

育成期瘤头鸭的限制饲养一般采用每天限饲的方法,即在每天上午或下

352

午把全天的喂料量一次性地加入到料槽或料桶中。为了保证每只鸭都能及时吃到饲料,必须适当降低饲养密度,保证每只鸭有10厘米的槽位。在下午可以把适量的青绿饲料放置在运动场让鸭采食。由于限饲期间鸭群吃不饱,有可能会去寻找鸭舍内或运动场中的杂物吃,因此,每天必须注意打扫卫生。

由于喂料量是由鸭的体重决定的,因此,在限制饲养前必须根据体重大小将鸭群分为若干小群,公、母鸭必须分开饲养。

(5)称重检查与控制　检查鸭的体重发育情况是了解鸭群发育是否符合标准以及确定喂料量的主要依据。从5周龄开始,每周每栏抽10%的鸭在上午空腹时称重,按照称重结果确定本周的投料量。如果鸭群的实际体重与标准体重之间的差别小于8%的,可以按照原来确定的喂料量执行;如果体重低于标准的8%则应该在下周增加喂料量;体重超过标准的8%则应适当减少下周的喂料量;喂料量增减的多少应该看实际体重与标准体重之间的差别大小。

各个品种的瘤头鸭都有各自的体重发育标准,以克里莫瘤头鸭(CR系、DT系公鸭,CA系、DC系母鸭)和福建农大选的(RF系)为例,其育成期体重控制要求见表9-11。

表9-11　番鸭体重发育参考标准(克/只)

周龄	CR系、DT系	CA系、DC系	RF系♂	RF系♀
4	950	650	800	750
6	1 420	1 000	1 220	1 050
8	2 220	1 430	2 200	1 400
10	2 500	1 600	2 600	1 700
12	2 910	1 830	3 100	1 850
14	3 310	1 880	3 220	1 950
16	3 600	1 950	3 550	2 000
18	3 770	2 020	3 750	2 050
20	3 810	2 080	3 850	2 100
22	3 980	2 140	4 300	2 150
24	4 100	2 200	4 450	2 220

体重发育的均匀度也是衡量育成效果的重要指标之一。尤其是对于母瘤头鸭群更是如此。均匀度高则性成熟期接近,开产后产蛋率上升快,相反均匀度差则开产时间不一致,群体产蛋率低。育成期每次抽测体重后要统计测定

结果(参考表9－12)，如果有不足**70%**的个体体重与标准体重相近，则说明鸭群发育均匀度不够理想，应寻找体重悬殊的原因，适当地调整饲喂量，从10周龄开始应达到推荐标准。

表9－12　青年瘤头鸭体重抽测结果统计表

鸭栏号	周龄	标准体重（克）	抽测的每只体重（逐只登记）	标准体重±10%范围内的只数与比例	体重抽测结论与建议

　　每次测定体重后进行统计，根据各个鸭栏的体重抽测结果调整下周的喂料量(参见表9－13)。

表9－13　育成期瘤头鸭体重与喂料管理报表

鸭栏编号：

周龄	标准体重（克）	实测体重（克）	喂料标准[克/(只·天)]	下周实际喂料量[克/(只·天)]
4				
6				
8				
10				
12				
14				
16				
18				
20				
22				
24				

　　提高均匀度应该采取综合措施，因为影响这一指标的因素很多，如栏舍面积，采食和饮水位置等对鸭群能否均匀一致的生长影响很大。因此，在培育育成鸭时，饲养密度应随鸭的生长逐渐减小，以保证它们有足够的活动面积，提

供足够的食槽和饮水器,使体弱胆小的鸭也能同时吃到饲料,并能得到应得的数量。除把公母分群饲养外还要把体重过大、过小的鸭分群饲养,对于体重大的群体适当减少配合饲料喂量,体重小的群体适当增加喂料量,通过"抑大促小"措施可以使群体的均匀度更高。

(6)饮水管理 同育雏期一样,在育成期饮水的供应应该充足、清洁。

4. 育成期的管理要点

(1)公、母鸭分开饲养 瘤头鸭的公、母个体之间体重差别很大,分群饲养对于提高鸭群发育的整齐度、控制体重增长速度、减少残弱个体的出现都有利。公、母鸭在育成期内的喂料量也不同。公、母鸭分开饲养也可以防止公鸭过早配种。

(2)选择与淘汰 结合转群进行选择与淘汰。第一次于4周龄即由幼雏转中雏时进行,将畸形(上下喙交叉、单眼、跛脚、体形不整)、发育不良和有疾病者(严重贫血导致面部、眼、皮肤苍白、皮肤触摸有肿瘤者)均淘汰。第一次选择结合进行公、母鸭分开饲养,每栏饲养200只左右,公鸭除留苗种外,其余的都淘汰。第二次选择在转入成年鸭舍即24~25周龄时进行,此次选择主要观察鸭全身的发育情况,个体间要均匀,体重达标准要求,骨骼发育良好,体质结实,选择应准确,逐只进行。

淘汰工作在整个育成期分散进行。凡发现发育不良鸭每周集中1天从鸭群中取出,在舍内的记录表中注明日期和鸭的数量。此法可及时淘汰,减少开支,避免与转群同时进行,不致拖延转群时间。

(3)适当增加运动量 在育成期应该让鸭群有足够的时间在运动场活动,目的在于提高鸭的体质。每周至少保证鸭在水池中洗浴1次。

(4)转群 如果青年瘤头鸭与成年瘤头鸭不是在同一个鸭舍饲养的话,在20周龄前后需要进行转群,将青年瘤头鸭转入成年鸭舍。转群前将成年鸭舍清扫干净,铺好垫草,做好产蛋窝,维修线路及设备,然后进行彻底消毒。如果鸭舍大,可以用金属或塑料网将鸭舍分为若干个小圈以便于管理。

转群时公鸭比母鸭提前1周转入成年鸭舍,以使公鸭先熟悉环境。转群过程中注意原来是同一小群的尽量在转群后仍放置在一个群内;对体重大小差异明显的要分圈安放,以便于通过调整饲料喂量来提高整齐度;在转群过程中应注意防止瘤头鸭受伤,可以考虑在晚上光线暗淡的情况下转群。

(5)其他应注意的问题 选择合适的密度,一般1米² 鸭舍可饲养4~5只成年瘤头鸭种鸭;禁止完全一样的颜色但不同品系的种鸭相接触;设置坚实的隔离物,高度要求1米,并带有附着物以防鸭移动产生的压力,防止鸭从隔离物上跨过。没有进行指骨切断处理的鸭群需要在运动场加围网和顶网,防止鸭逃跑。每天填报要求的报表见表9-14。

表9-14 育成期瘤头鸭日常管理报表

周龄	本周死淘数	周末存栏数	本周喂料量	免疫接种情况	药物使用情况	管理计划工作	备注

(三)繁殖期种鸭的饲养管理

瘤头鸭种鸭繁殖期的饲养目标是提高鸭群的产蛋量、种蛋受精率、合格率,降低饲养成本和死淘率。为了达到这些目标,必须注意繁殖期鸭群的饲料与喂饲、环境控制、疫病防治等工作。

1. 环境条件及环境的控制

影响种鸭的环境条件主要指环境温度、湿度、光照和空气质量。这些条件控制的是否适宜对鸭群的健康、产蛋、饲料效率、种蛋质量等都有很大的影响。

鸭所处的环境及所受的影响,因季节和鸭舍的类型而不同。目前,在瘤头鸭种鸭生产中使用的鸭舍一般为有窗式鸭舍,饲养于这种鸭舍内的种鸭受自然条件的影响很大,随着季节变换鸭舍内温度的升降与日照的长短均随之发生变化。因此,饲养于有窗式鸭舍的种鸭,必须根据自然气候变化的规律性及其特点,因时制宜地采取相应的措施,尽量减少外界的环境因素对鸭的影响。

(1)温度 环境温度可以影响种鸭的饲料利用率,产蛋量、蛋重和蛋壳厚度、受精率及孵化率。成鸭的适宜环境温度为15~30℃。产蛋期最适宜的温度为18~25℃。

高温环境会明显影响种鸭的生产性能。当环境温度高于32℃时,鸭体内的一些生理机能出现异常变化以适应环境不适宜的影响,当环境温度高于35℃时鸭的体温自我调节机能失常而出现热应激,发生采食减少、产蛋量、蛋品质和受精率明显下降的现象。在32℃以上温度情况下环境温度越高则危害越严重,如果温度高于40℃时,产蛋完全停止,甚至发生死亡。

相对来说,瘤头鸭比较耐寒,能够忍受较低的温度。但是,这主要是针对其生长和生活而言的。从繁殖角度看,瘤头鸭对低温的敏感性更强,当温度低于12℃时,种鸭用于维持自身体温的热量大量增加,饲料转化率低。当温度低于5℃时,可使初产鸭开产时间推迟,产蛋量明显下降或停产。因此,为提高种鸭的繁殖性能,冬季需要采取一定保温措施,使鸭舍温度不低于10℃。

(2)湿度 繁殖期鸭舍内适宜的相对湿度为65%左右。相对湿度低于40%,成鸭羽毛凌乱,皮肤干燥,空气中尘埃飞扬,容易诱发呼吸道疾病。相对湿度高于70%,会引起羽毛粘连、污秽、关节炎病例增多。

在一般生产情况下,鸭舍容易潮湿,而很少出现过于干燥的情况。湿度大小对于鸭体的作用往往是同环境温度密切相关的。高温、高湿环境对瘤头鸭最为不利,在此环境中,体热散发困难,还利于病原微生物的繁殖,诱发疾病;低温、高湿环境易使鸭体失热过多,垫料潮湿,易感冒患病,对鸭体都是有害的。

防止潮湿是管理上一个相当重要的问题,需采取综合措施。建造鸭舍时应选择高燥向阳的地方,能保温、通风良好。鸭舍内地面比舍外高30厘米左右,鸭舍周围及运动场排水良好,雨后不积水。生产中尽量减少漏水,尤其是防止饮水设备内水跑到鸭舍地面。鸭群洗浴后应该让它们在运动场晾干羽毛后再回鸭舍。及时清除粪便,勤换潮湿的垫草,适当通风,保持干燥,通常不会发生湿度过高的问题。

(3)舍内空气 经常保持鸭舍空气的清洁新鲜是保证种鸭正常繁殖所必需的。鸭舍内的有害气体主要是二氧化碳、氨气和二氧化硫,冬季加热过程中还可能产生一些一氧化碳,空气中有害气体含量过多会危害鸭的健康。

氨气主要是舍内的粪便、破鸭蛋、漏下的饲料等含氮有机物腐烂分解产生的。氨浓度过高,鸭表现为流鼻涕、流泪、肺部水肿、充血,对疾病抵抗力降低、易感染疾病、影响生长和产蛋。一般要求氨浓度不超过10毫升/升,以人进入舍内不感觉刺鼻、刺眼、不感觉胸闷即可。

硫化氢主要是破碎的鸭蛋以及其他有含硫氨基酸成分的物质被微生物分

解后产生的。硫化氢对眼结膜、呼吸道黏膜的刺激性较强。二氧化碳则是鸭群在生活中通过呼吸产生的,它本身对瘤头鸭的影响很小,但是如果鸭舍内二氧化碳含量偏高则说明鸭舍的通风不良,其他有害气体的含量高。

气温较低的情况下鸭舍的通风一般在当天气温较高的中午前后进行,平时将南侧的窗户打开几个即可;气温较高时,当鸭群到舍外活动的时候可以进行充分的通风。

(4)光照 光照分自然光照和人工光照两种,前者指阳光,后者指各种灯光,生产中一般是采用自然光照和人工光照结合的光照制度。半开放式鸭舍应充分利用阳光的作用,密闭式鸭舍则完全采用人工光照。

1)光照时间 在一定范围内,延长光照时间有利于提高产蛋量,但长期的光照处理后,再延长光照时间,对种鸭并无良好作用。繁殖期种鸭光照时间超过 16 个小时,对产蛋会造成不良影响。

2)光照强度 光照强度要合适,早晚在鸭舍内用灯泡照明时,光线太弱会影响种鸭的活动和采食,通常要求在 30 勒左右;在鸭舍内密集饲养的情况下,光线太强容易诱发啄斗、啄羽、啄肛等恶癖,必要时对窗户进行遮光处理;当鸭群在舍外活动时,白天光线的强度大些并不会有明显的不良影响。

3)光照颜色 人工光照和自然光照有同样的生理效应。不同颜色的光对性腺的刺激作用有所差别。不同颜色的光对繁殖机能的刺激作用从大到小的顺序是:红、橘红、黄、绿、蓝。但是,在生产中人工照明主要是使用普通的白炽灯泡,没有过多考虑光的颜色。

4)光照控制的原则 人工光照总的原则是光照时间在生长期不宜延长,在产蛋期不宜缩短。生长期采用恒定短光照和逐渐缩短的光照制度,控制育成鸭适时开产;临近开产之前逐渐延长光照时,刺激适时达到产蛋高峰,产蛋期间力求保持光照时间与强度的稳定。对于育成后期光照时间较短的鸭群,其产蛋期的光照管理可参照表 9 - 15。

表 9 - 15 产蛋期光照管理程序

第一产蛋期		第二产蛋期	
周龄	光照时间(时/天)	周龄	光照时间(时/天)
24	12	64	13.5
25	13	65	14

第一产蛋期		第二产蛋期	
周龄	光照时间(时/天)	周龄	光照时间(时/天)
26	13.5	66	14.5
27	14	67	15
28	14.5	68	15.5
29	15	69 ~ 75	16
30	15.5	76 ~ 84	16.3
31 ~ 50	16		

对于育成后期日光照射时间多于 12 小时的鸭群,24 周龄、25 周龄、26 周龄的日光照射时间应该分别比上一周增加 40 分,从 27 周龄起每周递增 20 ~ 35 分,在 31 周龄时日照时间达 16 小时,以后保存稳定。

产蛋期的种鸭群很容易受光照时间不规则变化的影响,无论何种原因造成的当日光照射时间延长或缩短都会影响到其后数天的产蛋。

2. 饲养方式

(1)半舍饲与全舍饲

1)半舍饲 是指在一侧或两侧带有运动场、洗浴池的鸭舍。鸭可自由进入运动场,接触土壤和阳光,体质强健,对饲粮中的维生素和微量元素要求不一定很严格。这种鸭舍建筑要求也不高,投资较少。但这种鸭舍受外界气候变化影响大,需经常清扫粪便,消毒防疫工作也难以彻底进行。半舍饲方式的饲养密度 4 ~ 6 只/米²(指舍内面积)。这种管理方式是目前种用瘤头鸭生产中最常用的,应用中需要注意冬季的加温或保温。

2)全舍饲 是指鸭群饲养全过程都在舍内,一般不接触阳光和土壤。全舍饲节省土地建筑面积,便于防疫,但要求饲粮的营养成分完善。

(2)厚垫料平养 是舍饲方式的地面处理方法,目前在瘤头鸭生产中的秋季、冬季和春季多数都是采用半舍饲厚垫料的饲养方式。具体就是在鸭舍内地面上铺 20 ~ 25 厘米厚吸水性良好的垫料,如干燥的玉米心、锯末、稻草、稻壳、刨花等。厚垫料平养最好是水泥地面或在地势高燥的地方。发现垫料板结时,用草杈上下抖动,以保持松软、干燥,这种方式平时不清粪,不更换垫料,省工省时;鸭在垫料上增加了运动量,减少啄癖的发生;粪便在垫料中发酵产热,能产生维生素 B_{12} 和提高冬季舍温,这种方式适合北方垫料充足的地区采用。厚垫料平养要求舍内通风良好,加强垫料管理,注意防止垫料潮湿,否则会出现氨浓度上升,易诱发眼病和呼吸道疾病。

对垫料的要求是干燥,松软,有弹性,吸水性强,无异味,不发霉,无毒性,粉尘少。

(3)网上平养 将瘤头鸭饲养在高弹塑料网上或木条、竹片构成的栅状地面上,粪便可以从缝隙漏下去。优点是鸭不接触粪便,减少粪便传播疾病的机会,饲养密度大,便于机械化操作;缺点是鸭在网上行动不自如,易受惊,破蛋较多,种蛋受精率较低。网上平养一般是采用全舍饲方式,目前这种方法在种用瘤头鸭生产中应用较少。

此外,还有网上和垫料的混合地面饲养方式,两者的比例是6:4或2:1。

3. 繁殖期瘤头鸭饲养要点

(1)适时更换饲料 从24周龄开始将育成期饲料转换成产蛋期饲料,或从22周龄开始将育成期饲料和产蛋期饲料掺在一起混合喂饲,在产蛋率达10%以后完全更换为产蛋期饲料。产蛋期一般采用一个营养标准,在产蛋率高于80%的情况下,饲料中另外添加1%的优质鱼粉。

产蛋期的饲料要保持相对稳定,不要突然改变饲料的来源或大宗的饲料原料、饲料的颜色、形状等以免造成应激。

(2)控制喂料量 为了防止种鸭体重过大、过肥,产蛋期间配合饲料的喂量同样需要控制见表9-16。

表9-16 产蛋期间瘤头鸭的参考喂料量

第一产蛋期喂料量[克/(只·天)]			第二产蛋期喂料量[克/(只·天)]		
周龄	公鸭	母鸭	产蛋周	公鸭	母鸭
24	200	125	1	200	125
25	210	130	2	205	130
26	225	135	3	210	135
27	225	135	4	215	140
28	220	140	5	220	145
29	215	145	6	225	145
30	210	155	7	230	140
31	195	165	8	235	140

第一产蛋期喂料量[克/(只·天)]			第二产蛋期喂料量[克/(只·天)]		
周龄	公鸭	母鸭	产蛋周	公鸭	母鸭
32	190	173	9	240	140
33	185	180	10 以后	自由采食	自由采食
34	180	190			
35	170	205			
36 以后	自由采食	自由采食			

（3）喂饲方法与次数 产蛋期的饲料仍然以湿拌料的形式喂饲,每天可以喂饲 3 次,第一次喂饲在早晨开始照射光照后的 2 小时内进行,这样有助于某些产蛋较晚的个体把产蛋时间提前;最后一次喂饲应在当天停止照射光照之前 4 小时左右,保证鸭群夜间不感到饥饿;中午前后再喂饲 1 次。

产蛋期间每只瘤头鸭每天可以提供 100 克左右的青绿饲料。青绿饲料可以在白天鸭群喂饲配合饲料后到运动场活动期间使用,喂饲前需要清洗干净。

（4）沙砾的补饲 如果在黏土土质的地方建鸭舍,需要在运动场的两侧设置小木槽或用砖砌池,放置沙砾(大小与绿豆或黄豆相似),供鸭自由采食以帮助消化饲料。

（5）饮水 产蛋期瘤头鸭的饮水量也增加,必须保证饮水的充足供应。水盆或水槽要定时清洗、消毒以保证其卫生。另外,要注意水盆不能与料盆相距过远,以不超过 1.5 米为宜,相距过远会造成瘤头鸭采食期间往返于料盆和水盆之间的路途太远,体力(营养)损耗大,而且洒落在地面(垫料)上的饲料过多。

4. 繁殖期瘤头鸭管理要点

（1）适时投入公鸭 至少在性成熟前 2 周将公鸭放入母鸭群中,以便相互熟识并建立其群体级别,避免在性成熟时因啄斗影响产蛋。

掌握适当的公、母鸭比例。鸭群中公鸭过多过少都影响受精率。公、母鸭比例为:轻型鸭1:(6~8);重型1:(4~5)。公、母鸭比例在上述的下限,对维持高的受精率更为有效。注意观察公鸭的配种能力,对配种能力差的公鸭及时淘汰,补充新的公鸭,以保持适当的比例。

（2）鸭群和饲养密度大小要适当 鸭群大小适中,使每只公鸭都能够随机与母鸭交配,才能获得较高的受精率。在采用自然交配繁殖方式的情况下,

第九章 肉鸭生产

361

每个群体的数量控制在 200 ~ 300 只,并且一栋鸭舍只饲养杂交组合相同的鸭。

饲养密度要合适,采用半舍饲的饲养方式,由于鸭群有一部分时间可以在运动场活动,按 1 米² 鸭舍内部面积计算可以饲养 4 ~ 5 只。如果采用全舍饲或在冬季鸭群到舍外活动时间少的情况下,1 米² 鸭舍内部面积可以饲养 4 ~ 4.5 只。饲养密度大不仅影响鸭群的运动、采食、休息,也影响其繁殖效果。

(3)保证公鸭的配种能力   在将公鸭与母鸭混群之前,对公鸭进行一次严格的选择,应将第二性征不明显、体重过大、过轻,羽毛着生不良,眼、脚有疾病的、精神不振的、生殖器发育不好或有疾患的公鸭淘汰掉;采用人工授精时,最好先进行精液品质的检查再决定公鸭的选留。

(4)合理配置产蛋箱(窝)   合理设置产蛋箱(窝)有助于减少种蛋的脏污和破损。鸭舍内靠近墙壁要设置产蛋箱,产蛋箱为单层、单侧(或双侧),规格:每个产蛋窝 40 厘米深,40 厘米宽,40 厘米高,每箱有 5 或 10 个产蛋窝,每个窝可供 4 只母鸭产蛋用。

不使用产蛋箱的可以在靠近墙壁约 1 米处摆放一层砖,在砖围与墙壁之间放置干燥、柔软的垫草,吸引鸭群夜间在此产蛋。

(5)及时收集种蛋   为了减少蛋在鸭舍内的存放时间、减轻种蛋的污染,每天至少捡蛋 3 次。每天早上开始照明后 2 小时内开始收集,以后每隔 2 小时收集 1 次,另外下午还要捡蛋 1 次。

捡蛋的时候将蛋重过大、过小、畸形、破裂等明显不合格的蛋单独放置在蛋盘或蛋筐内;将蛋壳表面脏污的蛋也单独放置,以尽快清洗消毒后进行孵化。如果是开展选育工作的种瘤头鸭场,要将不同鸭群的蛋进行标记后分别放置,以免因为种蛋混淆而影响选育工作。

(6)卫生管理   加强卫生管理是提高鸭群健康和生产水平的重要条件,只有健康的鸭群才会有高产的鸭群。日常的卫生管理主要有如下几方面:一是经常对料盆、水盆进行刷洗和消毒,尽可能减少微生物通过消化道侵入鸭体内;二是经常对鸭舍内部和运动场进行消毒处理,把环境中微生物的浓度降低到最低的水平;三是定期清理粪便和潮湿的垫料并进行无害化处理,限制微生物和寄生虫滋生的环境;四是经常清扫运动场,为鸭群提供一个干净的活动场所;五是禁止无关人员和其他动物进入鸭舍和运动场,控制疾病传播途径。

(7)洗浴管理   种用瘤头鸭在没有水面的情况下虽然也可以进行配种,但是在生产中一般还是设置有洗浴设施。通常情况下,每天早晚可以让鸭群在水中各洗浴 1 次,每次时间为 0.5 ~ 1.5 小时。夏季的洗浴次数和时间可以适当增加,以期缓解热应激;冬季则不必每天洗浴,每周可以选择在晴朗温暖无风的天气让鸭群在水中进行短时间的洗浴。

对于在运动场一侧设置沟渠式洗浴场所的,由于水面小,水质容易受污染则必须定期更换池内的水,以保持其卫生。夏季至少两天更换 1 次,其他季节可以在 1 周内更换两次,必要的情况下可以在水池内加入适宜的消毒药物。

鸭群在水中洗浴后需要在运动场休息一段时间,待羽毛晾干后才能回到鸭舍,这样有助于保持鸭舍内的干燥。

(8)生产记录 在日常的饲养管理中必须坚持记录,完整的记录有助于了解生产状况、分析生产中出现的问题。种鸭群生产记录可见表 9 – 17、表 9 – 18。

表 9 – 17 种鸭群生产情况日报表

日期	日龄	死亡数	死亡率	淘汰数	转出数	转入数
当日鸭数量	饲料类型	耗料总量	平均耗料	产蛋总数	合格种蛋	破蛋数
当天最低温度	天气概况	使用药物	管理措施	填表人		

日报表是要求每个种鸭舍的饲养人员在当天傍晚填写,然后送交技术室或经理室,由技术员或经理把当天全场各个鸭舍的资料进一步汇总,填写到种鸭群生产统计月报表(表 9 – 18)中。

表 9 – 18 种鸭群生产统计月报表

月　　　　批次　　　　品系　　　　鸭舍　　　　号

日期	1	2	3	4	5	6	7	8	9	10	11	12	13	14	15	16	17	18	19	20	21	22	23	24	25	26	27	28	29	30	31
当日存栏(只)																															
当日死亡(只)																															
当日淘汰(只)																															
当日产蛋量(枚)																															
合格种蛋数(枚)																															
产蛋率(%)																															
总耗料(千克)																															

日期	1	2	3	4	5	6	7	8	9	10	11	12	13	14	15	16	17	18	19	20	21	22	23	24	25	26	27	28	29	30	31
平均耗料（克/只）																															
平均蛋重（克）																															
当日防疫措施																															
其他																															

（9）季节性管理要点　对于瘤头鸭生产来说，冬季是需要加强管理的一个重要季节，繁殖期的瘤头鸭对低温比较敏感，鸭舍温度低于10℃就会使产蛋率和种蛋受精率下降。同时，多数饲养者在冬季忽视鸭舍的通风问题，造成鸭舍内有害气体含量过高，也影响种鸭生产。因此，在冬季寒冷的北方地区，必须在鸭舍内采取加温措施以保证良好的产蛋量。

夏季环境温度过高也影响瘤头鸭的繁殖，可以参考实施蛋鸭生产中相关的环节热应激措施。

（10）繁殖期瘤头鸭管理日程　以中原地区瘤头鸭生产为例，其管理日程如下：饲养者在实际生产中可根据具体情况进行适当的调整。

早晨：5点30分开灯、捡蛋、清理喂饲和饮水用具，7点喂饲。

上午：8点捡蛋、观察鸭群、打扫运动场，9点30分将鸭群放到运动场活动、进水池洗浴、清理鸭舍内的卫生，11点添加饲料、清理饮水用具。11点40分将鸭群赶回鸭舍喂饲。

下午：2点将鸭群放到运动场活动、进水池洗浴，3点30分在运动场放些青绿饲料供鸭采食，4点30分整理鸭舍内的垫草和产蛋窝、捡蛋，5点30分清理喂饲和饮水用具、添加饲料，6点喂饲。

晚上：9点30分关灯。

5. 强制换羽

强制换羽的目的是延长种瘤头鸭的利用时间、弥补由于新鸭群不能及时产蛋所产生的种蛋供应空当期。成功的换羽是提高瘤头鸭产蛋量的有效措施，当年的种瘤头鸭产蛋高峰期过后（一般在50周龄前后）产蛋率下降到15%以下需要进行换羽工作，为下一个阶段的高产提供条件。

（1）换羽前的准备工作　最后产蛋周的周二改用换羽饲料，减少光照时间或停止人工光照（在自然光照时间长的情况下可以对窗户进行早晚遮光），逐渐减弱光照强度。注意观察鸭群状态，将公母鸭进行分群，筛选出极瘦弱的鸭单独组群（处理或不进行强制换羽）。

（2）换羽程序　第一天和第二天停止供水和供料，将鸭群圈在鸭舍内不让到运动场活动和进入水池洗浴，有条件的可以采取遮光措施；在此后的1周内限制饲料喂量，每只每天可以按50克供给，可以按隔日饲喂的方式供料，饮水正常供应。在第五天时可以进行试拔毛，即随机抓几只母鸭，然后用左手保定，右手直接拔主翼羽和尾羽。如果主翼羽和尾羽容易拔掉，毛根末端已经干枯而且没有连带肉丝或血痕则说明羽毛大量脱换的时间已到，可以把双翅和尾部的主羽拔掉；如果试拔的时候很费力，拔出羽毛的羽根带有肉丝或有血痕则说明毛根没有完全萎缩，需要继续等待2~3天再进行试拔。

一般情况下，当鸭群饥饿8天左右，多数个体的毛根都会萎缩，主翼羽和尾羽容易拔掉。拔毛后的鸭群在1周内不能下水活动，也不适宜在室外长时间活动，而且还要注意保持鸭舍内的卫生，以防鸭受感染和影响羽毛的再生。

在拔毛后的第二天每只鸭每天可以供给60克饲料，以后每只每天递增15克，直至135克/只·天，并采用每天喂饲的方式供给。

（3）换羽的后续工作　强制换羽尽可能避免在严冬和酷暑时节进行。全封闭鸭舍换气时保持舍温不低于15℃，冬季要加热，密切观察鸭群状态，挑出瘦弱母鸭（把治好的放回去，挑出其他疲弱者）。

换羽第三周：羽毛脱落，每只鸭每天供给135克青年鸭饲料，以后可以每天适量喂饲青绿饲料。

换羽第四周：把鸭放入有垫料的舍内，并确保产蛋箱关闭。每只鸭每天供给140克青年鸭饲料。

换羽第五周：检查鸭群，挑出瘦弱母鸭，隔离治疗。每只鸭每天供给145克青年鸭饲料。

换羽第六周：每只鸭每天供给150克青年鸭饲料。

换羽第七周：确保鸭群不带沙门菌和其他致病菌，如发生病情，要隔离治疗。每只鸭每天供给155克青年鸭饲料。

换羽第八周：每只鸭每天供给160克青年鸭饲料，并把公、母鸭进行混群。

换羽第九周或第十周：接种疫苗期间，保持每舍鸭数相同，第一次产蛋开始，打开产蛋箱。每只鸭每天供给170克饲料（用青年鸭饲料和成年鸭饲料混合使用）。从第九周开始每天的光照时间每周递增1小时。

换羽第十一周：有2%~4%的鸭开始产蛋。每只鸭每天供给175克成年鸭饲料。此后转入正常饲喂，当每天光照时间达到16小时后保持稳定。

（4）注意事项

第一，在对种鸭进行人工强制换羽之前，需对鸭群进行一次严格的筛选，挑出瘦弱的母鸭，淘汰无法再利用的种鸭，整个换羽期间也要坚持挑选，挑出的鸭只放入专用舍中进行精心饲养，待康复之后放回鸭群中。

第二，如第一次产蛋期发现有公鸭生殖器被啄伤或啄斗现象，或产蛋期缩短（特别是产蛋率在60%以上时），建议在换羽期把雌雄分栏，公鸭在垫料区最多1米²5～6只，母鸭在运动场上最多1米²9～10只，公、母鸭分栏一般为5周，必要时可延续，但不能超过10周。

第三，除最初两天其余任何时候均不限制饮水。

第四，恢复喂料的最初几周由于不能保证每只鸭的足够采食，为了保证鸭群的均匀采食，必须注意增加采食位置，适当减少密度。

6. 解除母鸭的抱窝

抱窝是母瘤头鸭仍然保留的一种生理特性，有的群体抱窝习性还比较强。抱窝的鸭在临床上表现为停止产蛋，生殖系统萎缩，骨盆闭合，形成孵化板；常鸣叫，在产蛋箱内滞留时间延长或长时间伏卧在垫料上抱窝、采食减少，产蛋停止，羽毛变样。

（1）鉴别抱窝的标准　凡是在产蛋窝内滞留时间长或在产蛋箱出现争窝现象的个体，从产蛋箱（窝）内赶出后很快又回到产蛋箱（窝）内、对喂饲无兴趣的个体一般都是就巢鸭。

（2）确定瘤头鸭抱窝的最佳时机　在上午8～10点和下午3～4点。当其他鸭到运动场活动或到水池洗浴的时候，抱窝的鸭在这时间内喜欢待在窝内。

（3）诱发母鸭抱窝的因素　抱窝是由于瘤头鸭体内促乳素的分泌突然增多引起的，它是由基因所调控的。生产中饲养密度过大，产蛋箱太少，光照分布不均匀或较弱，温度不适，采食不足，运动不足、捡蛋不及时等都会诱发母鸭发生抱窝。

（4）开始出现抱窝的时间　在第一个产蛋期内，鸭群产蛋3～9周后，在第二产蛋期内鸭群产蛋4～5周后，开始出现首批抱窝鸭（抱窝率2%～10%），此后抱窝鸭的数量增加很快，整群食量减少10%左右。

（5）解除瘤头鸭抱窝的方法　目前最有效的方法是定期转换鸭舍，第一次换舍是在首批抱窝鸭出现的那一周（或之后）。在夏季，两次换舍的间隔平均为10～12天，冬季则为16～18天，换舍必须在傍晚进行，把产蛋箱打扫干净,重新垫料,扫除料盘内的料粉。

加强饲养管理,尽量消除引起抱窝的不利条件,使用集中舍,该方法要求设置 4 个集中舍:

第一舍:100% 塑料条缝地板,不舒适、无饲料、无产蛋箱。

第二舍:一般塑料条缝地板,撒些饲料,无产蛋箱。

第三舍:一般塑料条缝地板,撒些饲料,有产蛋箱。

第四舍:一半为塑料地板,一半有垫料,撒些饲料,有产蛋箱。每隔 24 小时就将抱窝鸭从一舍转到另一舍(第三舍除外,鸭在此舍中停留 4 小时)。

此外,使用醒抱灵或其他醒抱药物进行处理也有一定效果。任何醒抱处理都是越早越好,发现就巢个体及早处理。

三、肉用瘤头鸭的饲养管理

(一)肉用商品瘤头鸭的环境条件要求

1. 温度

瘤头鸭对温度要求较高,对于 4 周龄后的肉用瘤头鸭一般以 25℃ 左右为宜,25℃ 以下,温度每下降 1℃,饲料转化率就随之降低 3%、增重降低约 2%。温度是瘤头鸭生产过程中的重要因素,它直接影响瘤头鸭的健康和生产性能。适宜的温度能充分发挥瘤头鸭的生产性能,提高饲料转化率。

4 周龄前的小龄瘤头鸭对温度的敏感性比较强,对不适温度的反应也很明显。温度过高易出现热休克,表现为腹泻、喘气、不活动甚至昏睡;温度太低则引起瘤头鸭挤堆、容易伤残,由于挤堆会导致雏鸭羽毛上黏附水蒸气而变湿,当水蒸气蒸发时易引起雏鸭受凉。低温时雏鸭还容易感染细菌。育雏室里的温度是否适宜视鸭只的活动情况而定,一般以鸭均匀分散不打堆为宜。雏鸭重叠打堆,说明育雏温度偏低,如果雏鸭远离热源并张口呼吸,且饮水增加说明育雏温度偏高。肉用瘤头鸭各周龄适宜的温度,见表 9 – 19。

表 9 – 19 瘤头鸭育雏温度参考标准

日龄	温度(℃)		
	加热器下	活动区域	周围区域
1 ~ 3	33 ~ 35	29 ~ 30	30
4 ~ 7	31 ~ 32	28 ~ 29	29
7 ~ 14	28 ~ 30	26 ~ 27	27
14 ~ 21	25 ~ 27	25 ~ 26	25

日龄	温度(℃)		
	加热器下	活动区域	周围区域
21~28	23~26	22~24	22
28天后	20~25	20	18~22

说明:冬天育雏室与外界环境的温度相差较大,要有一个逐渐脱温的过程,以便转群后能适应新的环境温度。

2. 环境相对湿度

瘤头鸭属栖鸭属,适合于舍内饲养,但必须保证充足、清洁的饮水供应。瘤头鸭对水的需求量较大,每只鸭每天约需0.5升水,其中有一部分被鸭弄洒在地面,这不利于舍内保持卫生、干燥。

潮湿的环境,会使舍内氨气、硫化氢气体浓度增大,影响瘤头鸭的健康,在高温的情况下,更易引起微生物和寄生虫病的感染。湿度偏大也不利于羽毛的生长。通常育雏期的前10天鸭舍内不会出现湿度过高现象,以后则容易出现这种问题,防止潮湿的措施主要是减少饮水设施中水的洒出和雏鸭进入饮水器内,及时更换潮湿的垫料,进行合理的通风。

3. 通风换气

瘤头鸭对氧的需要量较大,一般比鸡高出20%,故鸭舍要求宽敞、通风。饲养密度对通风换气有较大影响,密度大则要求换气量也大,一般的饲养密度以3~4只/米^{2}成品肉鸭为宜。换气量按0.5~6米^3/(小时·千克)活体重计算,气流速度控制在0.2~0.5米/秒;夏季气流速度可以高一些,在0.5米/秒以上,换气量取高限。但是,在冬季则相反,只要满足舍内空气中有害气体含量不超标即可,气流速度过快,鸭对低温的不适感觉会越强。

鸭龄小以及在舍内外温差较大的情况下进行通风,必须注意不能使风直接吹在鸭体表面。

4. 光照

商品瘤头鸭在第一周可以采用连续照明,第二周每天照明20小时,第三周以后可以采用每天照明18小时或白天用自然光照,夜间开灯喂饲1~2次,每次2小时,以保证鸭的采食时间和采食量。人工照明的光照强度按照使用普通灯泡第一周每平方米舍内地面4.5瓦(18~20勒),第二周起改为每平方米1.5瓦(6~7勒)。

现代水禽生产技术

（二）商品肉用瘤头鸭的特点

1. 前后期生长差别大

瘤头鸭前期(4周龄前)发育较慢,后期发育较快,雏鸭出羽较晚、早期绒毛保暖效果差。因此,早期需保温,以防受凉。但瘤头鸭生长发育的补偿能力极强,后期增重快,特别是胸肉和腿肉,到饲养末期每天增重约3%。

2. 喜安静

瘤头鸭喜欢安静的环境,不爱运动。因此,有时要强迫其运动,特别是白天,但也要防止外来因素给它带来的应激。

3. 味觉敏锐

瘤头鸭的营养需求虽然较低,但味觉极敏锐,故提供的日粮必须新鲜可口,不掺土、不变质,饲料更换应逐渐进行。

4. 啄癖

在肉用瘤头鸭的饲养过程中,经常在群内出现啄其他鸭身体上的羽毛的现象,在饲养密度高、营养不完善、鸭舍潮湿的情况下更明显。

5. 公、母鸭体重差异大

公瘤头鸭增重快、成品体重大,如克里莫瘤头鸭在10周龄时公鸭体重可达4 300克,母鸭仅2 700克。因此,在饲养肉用瘤头鸭时应该公、母分开饲养,这样有利于各自的生长发育;有利于提高商品规格的统一性。公鸭在10~13周龄期间仍然保持较快的增重速度,而母鸭10周龄后的生长速度则显著下降。

（三）肉用瘤头鸭的饲养方式

1. 厚垫料地面平养

厚垫料地面平养是肉用瘤头鸭生产中普遍采用的一种方式,在地面上铺一层厚8~10厘米的干燥垫草,长短以5厘米左右为宜。可用稻草、玉米心、刨花、锯末等,以后定期在旧垫草上面添加新垫草。鸭在上面散养,可用育雏伞、火墙、地面水平烟道、暖气等加温取暖。厚垫草饲养要加强垫草的管理,垫草要垫平,厚度一致,不露出地面;及时将饮水器周围的湿垫草取出更换,并经常用耙齿松动垫草,使粪便落在下面,以免垫草板结,保持其松软干燥。夏季高温情况下,应经常清理垫草并减低厚度,也可以用细沙作垫料以避免垫草产热对鸭群造成不良影响。

此法的优点是对房舍质量要求不高,设备简单,投资少,雏鸭平养适应性好,增重快,可减少胸囊肿和软脚病,残次品少。缺点是易感染球虫及其他肠道感染性疾病,药物和垫料费用多。

2. 弹性塑料网上平养

在鸭舍内砌设离地高 60~80 厘米的砖柱,在其上面放置金属框架,金属架上用铁丝网覆盖,并在其上面铺 1 厘米×1 厘米孔眼的弹性塑料网以提高其弹性,外缘设置高 50 厘米的隔栏以防鸭跳下网架。可用地下火道、烟道式火炉、火墙或暖气等加温设施取暖。

弹性塑料网上平养饲养方式,瘤头鸭在网上饲养,排泄的粪便、洒落的饲料和弄洒的水均落在网下,鸭不直接与粪便接触,鸭的羽毛很干净,还可减少许多疾病的发生,提高雏鸭成活率和商品合格率。本饲养方式的缺点是易造成鸭舍潮湿和有害气体蓄积,需要注意通风和及时清理粪便。如果网的质量不好或规格不合适有可能导致雏鸭落入网下或腿脚被网孔卡住。

(四)肉用瘤头鸭的饲养要点

1. 分阶段饲养

大型瘤头鸭的饲养期一般为 10 周,国内普通型瘤头鸭的饲养期约 15 周。在饲养的不同时期瘤头鸭的生长速度不同,对饲料营养水平的要求不同,这就要求根据不同的阶段配合日粮。根据肉用瘤头鸭不同生长阶段的特点,可分为两个时期:

(1)雏鸭期 3 周龄以前称为雏鸭期。该阶段雏鸭生长发育较快,但是对饲料的消化利用能力较低,采食量小,易饥饿。要求饲粮中有较高的粗蛋白质和充足的维生素和微量元素,以满足骨骼、肌肉生长发育的需要。喂饲次数较多,饲料易于消化。

(2)育肥期 4 周龄后称为育肥期。育肥期又分育肥前期和育肥后期。育肥前期瘤头鸭是长骨架和肌肉的时期,羽毛的更新和生长也需要消耗较多的蛋白质,要求饲料中蛋白质和钙的含量充足;育肥后期(出栏前 2 周)的鸭不仅大量长肉,还要储存脂肪,饲料中的代谢能要高于前期,粗蛋白质比前期稍低,需补饲含脂肪的动物性饲料和谷物饲料。

在实践中,雏鸭期应十分重视满足肉用雏鸭对蛋白质的需要;育肥期着重提高能量水平,才能提供符合生长规律和生理要求的蛋白能量比值。因为,如果前期蛋能比值小(即蛋白低能量高),雏鸭会过量采食,以此来获得生长所需的蛋白质数量,进一步补充氨基酸的需要量,只有氨基酸的需要量得到满足时才会停止采食。多消耗的饲料不会提高增重,其结果会降低饲料效果。肉用瘤头鸭后期沉积脂肪能力强,蛋白质在体内的比例逐渐减少,为此后期饲料必须与这种生理要求相适应,改变蛋白能量比。否则能量不足影响增重,蛋白过多造成浪费。

2. 合适的饲喂方式

肉用瘤头鸭常采用自由采食,即食盆(槽)里随时都有饲料,供鸭任意采食。应设法让鸭多吃,吃得愈多、长得愈快,饲料利用率就愈高。要根据鸭的采食量和食槽大小,少给勤添,保持不断料。饲料不要加得太满,保持占槽内容积的1/3即可。

目前大多数饲养户多采用湿料分顿喂鸭,湿料喂鸭可提高鸭的适口性,增强食欲、减少饲料抛撒浪费。分顿饲喂必须有充足的食槽,每只鸭的槽位是:0~4周龄5厘米,4周龄以上8厘米。夏季使用湿拌饲料要防腐败,冬季要防冻,一般每次添料30分吃完为宜。饲喂方式不要轻易改变。

3. 饲料

为了保证肉用瘤头鸭良好的生长速度和饲料效率,要求使用高能量、高蛋白、营养全面、消化率高的配合饲料。饲料原料不能发霉变质、混合要均匀,无异味。加工后的饲料存放时间不能过久,一般要求夏季不超过1.5个月,其他季节不超过2个月。

3周龄后的鸭群可以适当喂饲一些青绿饲料,但是其用量要合理控制,以免影响配合饲料的采食量。青绿饲料的用量为配合饲料的50%左右(按重量计算)。青绿饲料最好是多种搭配食用。

(五)肉用瘤头鸭雏鸭期的饲养管理

1. 接雏

1)做好接雏前的准备工作 将饮水器清洗干净并装好水,提前放入育雏室以使水温和室温一致。放入干净的料盘,雏鸭料也应提前按饲喂标准称好并运至育雏室。

2)接雏要点 接雏途中要提供适宜的温度和通气环境以减少运输时对雏鸭的应激,装雏鸭及运输的工具,在使用前要用福尔马林熏蒸,接雏途中要随时查看雏鸭的状况,检查温度是否适宜,观察呼吸是否正常,重点检查中间位置的雏鸭箱,防止由于温度过高或氧气不足出现闷死现象。

2. 雏鸭饮水

雏鸭的饮水温度一般以20~25℃为宜,为了增加营养摄入、调节体液平衡,可以在5日龄前的饮水中添加5%的葡萄糖,1克/升电解质和1克/升复合维生素制剂(或速溶多维);为了防止细菌性疾病的发生,也可以在饮水或饲料中添加抗生素药物,连用 3 天。至少每天用干净水清洗饮水器 1 次,确保饮水器有清洁的饮用水,供水 12 小时后"开食"。在以后的饲养过程中饮水管理要遵从"清洁、充足"的原则。

3. 雏鸭的饲喂

前 5 天采用小鸭破碎料,以后改为小鸭细颗粒料,直径在 2~3 毫米,也可以直接使用粉状饲料。将饲料均匀撒在料盘上,要少喂多餐,少给勤添,前 4 周自由采食,第五周开始适当限制给料,以防浪费。(注意:白天要强制小鸭活动,并确保小鸭在睡觉前吃饱喝足)

4. 细心观察,适时分群

雏鸭到场后,技术人员要认真细致地观察鸭群的状况,根据观察到的情况相应处理,使雏鸭尽快适应新的环境,为养好整群鸭打下一个良好的基础。

观察的内容包括:活动情况、脱水情况、呼吸情况、消化情况、脱水程度、伤残情况、鸭群分布、饮水量及采食量等,挑选出伤残和弱小的雏鸭,放入专用舍中精心饲养,待恢复后放回鸭群。

5. 断趾

断趾的目的在于防止鸭只之间互相打斗、互相抓伤以提高产品的外观质量,瘤头鸭断趾一般在 2 周龄前后进行。操作方法和注意事项参考种鸭的育雏部分内容。

6. 卫生防疫

雏鸭阶段要注意细小病毒病、花肝病、鸭疫巴氏杆菌、感冒和球虫病等易发病的防治。做好环境和设备的消毒工作,杜绝传染媒介的接近也是重要的措施之一。

(六)瘤头鸭育肥期的饲养管理

从 4 周龄起至出栏称为瘤头鸭的育肥期,此阶段是饲养瘤头鸭生产的关键时期,育成期的好坏直接影响到肉用瘤头鸭的生产效益。育成期的工作重点是促进瘤头鸭快速增长,并保持良好的均匀度,以便获得较好的经济效益。这个阶段的饲养管理工作要点是:

1. 分栏饲养

每栏饲养 200 只左右,群量过大不利于饲养管理,也影响生长速度和合格率。根据体质的强弱分栏饲养,尤其注意挑出大群中全部弱小鸭,放入专用的鸭舍或鸭栏精心饲喂,待康复后放回鸭群。

公、母鸭要分开饲养,因为它们的生长速度差异很大。混群饲养则群内个体之间体重差异很大,母鸭的生长会受到影响。

2. 控制合适的密度

在全舍饲的情况下一般 1 米^2 鸭舍可养 4 只成品肉用瘤头鸭;如果有运动场则可适当提高饲养密度。但是,密度过高会影响鸭的生长发育和健康,也不利于羽毛生长。

3. 各群之间的隔离物牢固

要在每个群之间设置坚实的隔离物,高度要求不低于 1 米,在隔离网、板或栅的两侧要带有固定装置,以防鸭群活动时产生的压力将隔离物碰倒,或从隔离物上跨过。

4. 保持鸭舍清洁、干燥

在外界条件适宜的情况下每天让鸭群到运动场活动一段时间以增强其体质。当鸭群在舍外活动时,应安排人员清理鸭舍,清除粪便和潮湿结块的垫草,进行通风。

5. 断喙

断喙的目的在于防止啄癖,避免鸭群的骚乱不宁,减少饲料浪费,瘤头鸭断喙一般在 3 周龄进行。方法可以参照前面的要求。

6. 饲料与喂饲

根据所饲养的品种类型和生长阶段配制饲料,满足鸭群生长发育的需要。对于育肥期的鸭群需要促进采食,尤其在育肥后期要设法提高其采食量。每天喂饲 4 次,保证夜间开灯喂饲 1 次。

四、骡鸭生产

瘤头鸭体形大、生长快、瘦肉率高的特点在公鸭表现更突出,而家鸭没有母瘤头鸭那种就巢性,产蛋率更高。用公瘤头鸭与母家鸭进行杂交生产没有繁殖能力的骡鸭(在福建等地也称为半番鸭),结合了两者的优点:种鸭繁殖力高、杂交鸭生长快、公母体重差别小、瘦肉率高、肉的风味好,十分符合当今消费者的需要。而且,在生活力方面骡鸭也表现出了很好的杂种优势,体质健壮、抗病力强。与某些品种家鸭杂交生产的骡鸭也很适合肥肝生产,如公瘤头鸭与母北京鸭、建昌鸭的杂交后代,经过 3 周的填饲其肝脏重达 300 ~ 400 克。因此,无论是在国外,还是在国内(主要是在东南沿海各省),都有大量的骡鸭生产。据资料介绍,仅福建省在 2000 年就出栏骡鸭近 4 000 万只,约占当年出栏鸭总数的 44.14%。

(一)制种方式

目前,生产骡鸭的制种方式有两种:两元杂交和三元杂交。但是,都是以公瘤头鸭作为终端父本的(这种杂交方式也称为正交),见图9-2所示。

瘤头鸭♂×家鸭♀　　　　　白羽肉鸭♂×麻鸭♀

↓　　　　　　　　　　　↓

骡鸭　　　　　　杂交家鸭♂×瘤头鸭♀

↓

骡鸭

图9-2　骡鸭生产制种模式(左为二元杂交、右为三元杂交)

据有关资料介绍,三元杂交生产的骡鸭生长速度更快,在同样饲养管理条件下,9周龄的平均体重二元骡鸭为1 684克,三元骡鸭为2 273克。而江苏泰州的试验报道:10周龄时瘤头鸭的平均体重2 949克、瘤头鸭(公鸭)与金定鸭(母鸭)的杂交后代(二元骡鸭)为3 223克、瘤头鸭(公鸭)与肉鸭与麻鸭(公樱桃谷鸭和母金定鸭)的杂交母鸭所产生的后代(三元骡鸭)则达3 868克。

生产中一般不采用反交方式,即用公家鸭与母瘤头鸭杂交以生产骡鸭。因为瘤头鸭作母本其产蛋率相对于家鸭来说较低,其体重比公瘤头鸭小很多、生长速度也慢很多。更重要的是这样生产的骡鸭生长速度慢、公母体重差异大。用正交方式生产的骡鸭12周龄平均体重可达3.5~4.0千克,而反交生产的骡鸭在12周龄时公鸭体重可达3.5~4.0千克,母鸭体重仅2.0千克。因此,反交方式基本上不采用。

(二)骡鸭生产的亲本

骡鸭生产的目的是肉用,追求的是生长速度快、瘦肉率高。但是,并非所有品种的家鸭与瘤头鸭杂交生产的骡鸭都具有生长速度快的优点。因此,在骡鸭生产中亲本的选择十分重要。

1. 母本的选择

一般来说,体形大的家鸭与公瘤头鸭杂交后,所生产的骡鸭体形也大,生长速度也较快。金定鸭是国内作为骡鸭生产母本使用最多的家鸭品种,近年来以北京鸭、天府肉鸭、樱桃谷肉鸭等大型白羽肉鸭品种作骡鸭生产母本的报道越来越多。此外,还有用上述白羽肉鸭与麻鸭进行杂交,用杂交后代作为骡鸭生产的母本。据江苏泰州的试验报道:10周龄时瘤头鸭(公鸭)与樱桃谷肉鸭(母鸭)杂交后代的体重达4 230克,而瘤头鸭(公鸭)与金定鸭(母鸭)的杂交后代为 3 223 克,由此可见,母本的生产性能对骡鸭性能的影响。

2. 父本的选择

作为父本的公瘤头鸭其生长速度、体重对骡鸭的生产性能同样具有影响。如用生长速度较慢的地方瘤头鸭作父本与金定鸭杂交,其骡鸭的生长速度就没有用快大型瘤头鸭与金定鸭杂交产生的骡鸭快。

(三)骡鸭的饲养管理

由于杂交组合不同,骡鸭的饲养时间一般在 10 周左右。骡鸭的饲料、环境条件控制和饲养管理方法可以参照肉用瘤头鸭生产部分的相关内容。

第十章　鹅业生产

　　鹅的繁殖率低于鸡和鸭,种鹅的品质和生产性能直接关系到鹅产品的数量和质量,只有养好种鹅,才能获得大量优质的种蛋、鹅苗,保证养鹅有高的产出和高的收益。因此,种鹅的饲养管理是养鹅的关键,我国是鹅种资源最丰富的国家,但缺乏对其进行系统的研究、选育和提高,长期以来都是小规模分散饲养种鹅,自然孵化。近年来随着鹅产品开发和养鹅经济效益的提高,规模化的种鹅场不断涌现,对种鹅的饲料营养研究、疾病预防、日常管理研究进一步深入。生产中常常把种鹅饲养划分为育雏期、后备期、产蛋期和休产期等几个阶段,各阶段在饲养管理上有不同的要求。

─── 【知识架构】 ───

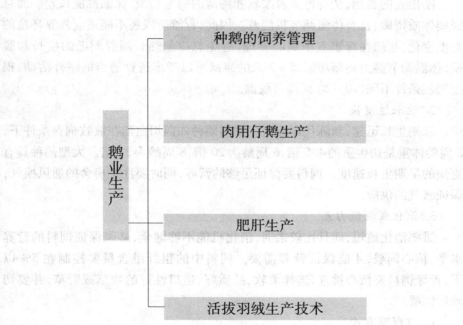

种鹅的饲养管理

肉用仔鹅生产

鹅业生产

肥肝生产

活拔羽绒生产技术

第一节 种鹅的饲养管理

一、雏鹅的饲养管理

雏鹅是指 0 ~ 4 周龄阶段的幼鹅。

（一）雏鹅的生理特点

1. 体温调节机能较差

刚出壳的雏鹅，全身覆盖着柔软和稀薄的初生羽绒，保温性能较差。而且雏鹅体质娇嫩，自身体温调节机能差。因此，育雏阶段还不能适应外界环境的温度变化，必须在育雏室中精心管理，避免忽冷忽热。随着羽毛的生长和脱换，体温调节能力逐渐增强，5 ~ 7 天的雏鹅可以考虑进行适当的室外活动，根据气候条件不同，10 ~ 20 天即可脱温。

2. 生长速度快

雏鹅生长迅速，新陈代谢旺盛。中型鹅种如四川白鹅在放牧饲养条件下，2 周龄体重是初生重的 4.5 倍，6 周龄为 20 倍，8 周龄为 32 倍。大型鹅种具有更快的早期生长速度。饲料要保证足够的营养，同时要注意房舍的通风换气，保证氧气的供应。

3. 消化吸收能力差

雏鹅消化道短，而且比较柔弱，消化机能不够健全，必须保证饲料的营养水平，精心饲喂，才能保证营养需要。饲料中的粗纤维含量要控制在 5% 以下，青绿饲料要精心挑选，选择柔软、品质好、适口性好的牧草或野草，并要切碎后饲喂。

（二）育雏方式

1. 自温育雏

此种方式是在养鹅数量较少时用得比较普遍。育雏室中可以不设垫料，而是准备直径在 75 厘米左右竹箩筐（竹篮），箩筐底铺设柔软干燥垫草（如稻草），筐上用小棉罩遮盖，将雏鹅放在箩筐内利用自身产生的热量来保持育雏温度。这种育雏不需加温设备，因此称自温育雏。也可以在地面用 50 厘米高的竹围围成直径 1 米左右的小栏，栏内铺设垫草进行自温育雏，每栏饲养20 ~ 30 只雏鹅。自温育雏要求舍内温度保持在 15℃ 以上，如果舍温低于 15℃，可以在雏鹅箩筐或围栏中放置装有热水的玻璃瓶，可以有效提高育雏温度和育雏效果。

2. 地面散养

鹅的育雏方式主要以地面垫料平养为主，育雏室要求保温性能好。春季和冬季育雏要有加温设施，以保证室内有高而均匀的温度，避免忽冷忽热。要求垫料应柔软，吸水性好，不易霉变。常用的垫料有锯屑、稻壳、稻草、麦秸等。地面平养常采用的加温方式为电热育雏伞，直径1.5米，可以育雏鹅100只左右，耗电多，运行成本高，不适合电费较高的农村采用。

在北方农村可以结合火炕进行平面育雏。炕面与地面平行或稍高于地面，方便操作。另外，要设置生火间，保证舍内卫生。火炕育雏鹅接触的是温暖的炕面，温度均衡，感觉舒适。炕面的温度利用生火的大小和时间的长短来控制。火炕育雏运行成本低，育雏效果好，应推广使用。

3. 网上平养

有条件的饲养者，也可进行网上平面育雏，使雏鹅与粪便彻底隔离，减少疾病的发生，同时还可增加饲养密度。网的高度以距地面60~70厘米为宜，便于加料加水。网的材料为铁丝网或竹板条，网眼大小1.25厘米×1.25厘米。网上平养常用火炉加温，运行成本较低，适合大多数饲养户采用。

(三)育雏条件

合理的育雏条件是保证雏鹅健康成长的前提。育雏条件主要包括温度、湿度、通风、光照和饲养密度等。

1. 温度

温度是育雏鹅的首要条件。温度与雏鹅的体温调节、运动、采食、饮水以及饲料的消化吸收密切相关。雏鹅自身调节体温的能力较差，在饲养过程中必须保证均衡的温度。保温期的长短，因品种、气温、日龄和雏鹅的强弱而异，一般需保温2~3周，北方或冬春季保温期稍长，南方或夏、秋季节可适当缩短保温期。适宜的育雏温度是1~5日龄时为27~28℃，6~10日龄时为25~26℃，11~15日龄时为22~24℃，16~20日龄时为20~22℃，20日龄以后为15~18℃。

生产中具体的温度调节应通过不断观察雏鹅的表现来进行。当雏鹅挤到一块(打堆)，绒毛直立，躯体蜷缩，发出"叽叽"叫声，采食量下降，属温度偏低的表现；如果雏鹅表现张口呼吸，远离热源，分散到育雏舍的四周，特别是门、窗附近，饮水增加，说明温度偏高；在正常适宜温度下，雏鹅均匀分布，静卧休息或有规律地采食饮水，食欲旺盛，间隔10~15分运动1次，呼吸平和，睡眠安静。育雏室加温的设施主要有火炕加温、火炉加温、育雏伞加温、红外线灯加温,各生产场应根据实际情况选择一种或几种并用。

2. 湿度

鹅属于水禽,但干燥的舍内环境对雏鹅的生长发育和疾病预防至关重要。地面垫料育雏时,一定要做好垫料的管理工作,防止垫料潮湿、发霉。在高温、高湿时,雏鹅体热散发不出去,容易引起"出汗",食欲减少,抗病力下降,病原微生物大量繁殖;在低温、高湿时雏鹅体热散失加快,容易患感冒等呼吸道疾病和腹泻等消化道炎症。育雏室相对湿度一般要求维持在60%~65%,为了防止湿度过大,饮水器加水不要太满,而且要放置平稳,避免饮水外溢,对潮湿垫料要及时更换。育雏舍窗户不要长时间关闭,要注意通风换气,降低舍内湿度。

3. 通风

雏鹅新陈代谢旺盛,除了要保证饲料和饮水外,还要保证有新鲜空气的供应。同时雏鹅要排出大量的二氧化碳,鹅排泄的粪便、垫料发酵也会产生大量的氨气和硫化氢气体。因此,必须对雏鹅舍进行通风换气。夏、秋季,通风换气工作比较容易进行,打开门窗即可完成。冬、春季节,通风换气和室内保温容易发生矛盾。在通风前,首先要使舍内温度升高2~3℃,然后逐渐打开门窗或换气扇,避免冷空气直接吹到鹅体。通风时间多安排在中午前后,避开早晚时间。鹅舍中氨气的浓度应控制在20毫克/千克以下,硫化氢浓度10毫克/千克以下,二氧化碳相对浓度控制在0.5%以下。

4. 光照

育雏期间,一般要保持较长的光照时间,有利于雏鹅熟悉环境,增加运动,便于雏鹅采食、饮水,以满足生长的营养需求。1~3日龄24小时光照,4~15日龄18小时光照,16日龄后逐渐减为自然光照,但晚上需开灯加喂饲料。光照强度,0~7日龄每15米²用1盏40瓦灯泡,8~14日龄换用25瓦灯泡。高度距鹅背部2米左右。太阳光能提高鹅的生活力,增进食欲,有利于骨骼的生长发育。5~10日龄起可以逐渐增加室外活动时间,增强体质。

5. 饲养密度

一般雏鹅平面饲养时的密度为:1~2周龄20~15只/米²,3周龄8只/米²,4周龄5只/米²,随着日龄的增加,密度也逐渐减少。饲养密度过小,不利于保温,同时造成空间浪费;饲养密度过大,生长发育受到影响,表现群体平均体重下降,均匀度下降,出现啄羽、啄趾等恶习。

(四)育雏舍及设备用具的准备

1. 育雏舍的检修

首先根据进雏数量计算出育雏舍的面积,对舍内照明、通风、保温和加温设施进行检修。还要查看门窗、地板、墙壁等是否完好无损,如有破损要及时修补。舍内要灭鼠并堵塞鼠洞。

2. 清扫与消毒

进雏前要对育雏舍彻底清扫和消毒,将打扫干净的育雏舍用高压水冲洗地板、墙壁,晾干后铺上垫料,饲喂饮水器械放入后进行熏蒸消毒(1 米^3 空间用福尔马林 42 毫升,高锰酸钾 21 克。把高锰酸钾放在瓷盘中,再倒入福尔马林溶液,立即有烟雾产生,密闭门窗,经过 24 ~ 48 小时熏蒸后,打开门窗,彻底通风)。如果是老棚舍,在熏蒸前地面和墙壁先用 5% 来苏儿溶液喷洒一遍。

3. 育雏设备、用品准备

育雏保温设备有育雏伞、红外线灯、火炉、火炕、箩筐、竹围栏等,饲喂设备有"开食"盘、料桶、料盆、水盆等,应根据育雏数量合理配置。育雏用品有饲料(青绿饲料、精饲料)、塑料布、垫料、药品和疫苗等。

4. 预热

消毒好的育雏舍经过 1 ~ 2 天的预热,使室内温度达 30℃,即可进行育雏。火炕育雏生火加温后,应检查炕面是否漏烟,测定炕面温度是否均匀和达到育雏温度。育雏伞伞下温度的高低是否达到要求。火炉加温后,舍内各点温度是否均衡,避免忽冷忽热。

(五)雏鹅的选择

健壮的雏鹅是保证育雏成活率的前提条件,对留种雏鹅更应该进行严格选择。引进的品种必须优良,并要求雏体健康。健康的雏鹅外观表现绒毛粗长,有光泽,无黏毛;卵黄吸收好,脐部收缩完全,没有脐钉,脐部周围没有血斑、水肿和炎症;手握雏鹅,挣扎有力,腹部柔软有弹性,鸣声大;体重符合品种要求,群体整齐。小鹅瘟是雏鹅阶段危害最严重的传染病,在疫区,种鹅开产前 1 个月要接种小鹅瘟疫苗,以保证雏鹅 1 个月内不发生小鹅瘟。如种鹅没有接种疫苗,雏鹅要注射小鹅瘟高免血清或卵黄。

(六)雏鹅的运输

雏鹅出壳后最好能在 12 小时内到达目的地。运输雏鹅的工具为纸箱或竹筐。纸箱尺寸为 120 厘米×60 厘米×20 厘米(长×宽×高),内分 4 格,每格装 20 只雏鹅。纸箱四周应留有通风孔,便于进行通风换气。运雏竹筐直径为 100~120 厘米,每筐装雏鹅 80~100 只。运雏过程中应防止震荡,平稳运输,长途运输火车是首选,但不能直接送到鹅场。汽车运输灵活、方便,可直接运送到目的地,但要求司机责任心强,中速行驶,避免突然加速或紧急刹车。

冬季和早春运输时要注意保温,要有覆盖物,防止雏鹅受寒,并且要随时检查,防止闷死。高温期间运输要防止日晒、雨淋,最好用带顶棚的车辆。运输过程中不需要饲喂,但长途运输尤其是夏季要让鹅饮水,避免发生脱水现象。

雏鹅安置:雏鹅运到育雏室后,按照每个小圈的大小,放置适当数量的雏鹅。注意根据雏鹅的性别、出壳时间的早晚、体重大小等分小圈放置。

(七)潮口与"开食"

1. 潮口

雏鹅第一次下水运动与饮水称为潮口。雏鹅出壳后 24 小时左右,即可潮口。一般在水盆中进行,将 30℃ 左右温开水放入盆中,深度 3 厘米左右,把雏鹅放入水盆中,把个别雏鹅喙浸入水中,让其喝水,反复几次,全群模仿即可学会饮水。夏季天气晴朗,潮口也可在小溪中进行,把雏鹅放在竹篮内,一起浸入水中,只浸到雏鹅脚,不要浸湿绒毛。雏鹅第一次饮水,掌握在 3~5 分。在饮水中加入 0.05% 高锰酸钾,可以起到消毒和预防肠道疾病的作用,一般用 2~3 天即可。长途运输后的雏鹅,为了迅速恢复体力,提高成活率,可以在饮水中加入 5% 葡萄糖,还可按比例加入速溶多维和口服补液盐。

2. "开食"

雏鹅第一次喂饲称为"开食",雏鹅"开食"时间一般在出壳后 24~30 小时为宜,保证雏鹅初次采食有旺盛的食欲。"开食"料一般用黏性较小的籼米,把米煮成外熟里不熟的"夹生饭",用清水淋过,使饭粒松散,吃时不黏嘴。最好掺一些切成细丝状的青菜叶,如莴笋、油菜叶等。"开食"不要用料槽或料盘,直接撒在塑料布或席子上,便于全群同时采食到饲料。第一次喂食不要求雏鹅吃饱,吃到半饱即可,时间为 5~7 分。过 2~3 小时后,再用同样的方法调教采食,等所有雏鹅学会采食后,改用食槽、料盘喂料。一般从 3 日龄开始,用全价饲料饲喂,并加喂青饲料。为便于采食,精饲料可适当加水拌湿。

(八)雏鹅的管理

雏鹅的管理要做好以下几方面的工作:

1. 合理饲喂,保证营养

雏鹅阶段消化器官的功能没有发育完全,因此要饲喂营养丰富、易于消化的全价配合饲料,另需优质的青饲料,不要只喂单一原料的饲料和营养不全的饲料。饲喂时要先精后青,少吃多餐。2~3日龄雏鹅,每天喂6次,日粮中精饲料占50%;4~10日龄时,消化力和采食力增加,每天饲喂8~9次,日粮中精饲料占30%;11~20日龄,以食青饲料为主,开始放牧,每天饲喂5~6次,日粮中精饲料占10%~20%;21~28日龄,放牧时间延长,每天喂3~4次,精饲料占日粮的7%~8%,逐渐过渡到早晚各补1次。雏鹅精料中粗蛋白质控制在20%左右,代谢能为11.7兆焦/千克,钙含量为1.2%,磷含量为0.7%。另外,注意添加食盐、微量元素和维生素添加剂。雏鹅的饲料消耗见表10-1。

表10-1 100只雏鹅的饲料消耗

日龄	2	3~6	7~9	10~15
精饲料(千克)	0.4	0.7	2.0	3.5
青饲料(千克)	0.7	2.0	35.0	70.0

2. 及时分群、合理调整饲养密度

雏鹅刚开始饲养,饲养密度较大,1米² 饲养30~40只,而且群体也较大,300~400只/群。随着雏鹅不断长大,要及时合理分群,减少群体数量,降低饲养密度,这是保证雏鹅健康生长、维持高的育雏成活率、提高均匀度的重要措施。

分群时按个体大小、体质强弱来进行,这样便于对个体较小、体质较弱的雏鹅加强饲养管理,使育雏结束时雏鹅的体重能达到平均水平。第一次分群在10日龄时进行,每群数量150~180只;第二次分群在20日龄时进行,每群数量80~100只;育雏结束时,按公、母不同性别分栏饲养。在日常管理中,发现残、瘫、过小、瘦弱、食欲不振、行动迟缓者,应早做隔离饲养、治疗或淘汰处理。

3. 适时放牧

放牧能使雏鹅提早适应外界环境,促进新陈代谢,增强抗病力,提高经济效益。一般放牧日龄应根据季节、气候特点而定。天暖的夏季,出壳后5~6天即可放牧;天冷的冬、春季节,要推迟到15~20天后放牧。刚开始放牧应选择无风晴天的中午,把鹅赶到棚舍附近的草地上放牧20~30分。以后放牧时间由短到长,牧地由近到远。每天上下午各放牧1次,中午赶回舍中休息。上午出放要等到露水干后进行,以上午8~10点为好;下午要避开烈日暴晒,在下午3~5点进行。雏鹅抵抗力相对弱,放牧应避开寒冷大风天和阴雨天。雏鹅饲养到 4 周龄羽毛长出后才可下水活动,应选择晴天,将鹅群赶到水边戏水,逐渐适应水中生活。

4. 做好疫病预防工作

雏鹅时期是鹅最容易患病的阶段,只有做好综合预防工作,才能保证高的成活率。

(1)隔离饲养 雏鹅应隔离饲养,不能与成年鹅和外来人员接触,育雏舍门口设消毒间和消毒池。定期对雏鹅、鹅舍及用具用百毒杀等药物进行喷雾消毒。

(2)接种疫苗 小鹅瘟是雏鹅阶段危害最严重的传染病,常常造成雏鹅的大批死亡。购进的雏鹅,首先要确定种鹅有是否用过小鹅瘟疫苗免疫。种鹅在开产前 1 个月接种,可保证半年内所产种蛋含有母源抗体,孵出的小鹅不会得小鹅瘟。如果种鹅未接种,雏鹅可在 3 日龄皮下注射 10 倍稀释的小鹅瘟疫苗 0.2 毫升,1~2 周后再接种 1 次;也可不接种疫苗,对刚出壳的雏鹅注射高免血清 0.5 毫升或高免蛋黄 1 毫升。还要注意预防鹅副黏病毒病,鹅新型病毒性肠炎。

(3)饲料中添加药物防病 ①土霉素片(每片 50 万国际单位)拌料,每片拌 500 克,可预防雏鹅腹泻。②发现少数雏鹅腹泻,使用硫酸庆大霉素片剂或针剂,口服 1 万~2 万国际单位/只,每天 2 次。③雏鹅感冒,用青霉素 3 万~5 万国际单位肌内注射,每天 2 次,连用 2~3 天,同时口服磺胺嘧啶,首次 1/2 片(0.25 克),以后每隔 8 小时服 1/4 片,连用 2~4 天。

二、后备种鹅的饲养管理

后备种鹅是指从 1 月龄到开始产蛋这一阶段的留种用鹅。种鹅的后备期时间较长,在生产中又分为 30~70 日龄、71~100 日龄、101 日龄至开产前 30 天之前、开产前 1 个月 4 个时期。每一时期应根据种鹅的生理特点不同,进行合理的饲养管理。

(一)30~70 日龄鹅的饲养管理

这一阶段的鹅又称为中雏鹅或青年鹅。中雏鹅在生理上有了明显的变化,消化道的容积明显增大,消化能力逐渐增强,对外界环境的适应性和抵抗力大大加强。这一阶段是骨骼、肌肉、羽毛生长最快的时期。饲养管理上要充分利用放牧条件,节约精饲料,锻炼其消化青绿饲料和粗纤维的能力,提高适应外界环境的能力,满足快速生长的营养需要。

1. 饲养方式

（1）放牧饲养　中雏鹅以放牧为主要的饲养方式,有草地条件的地方应积极推行放牧饲养。在广大农区草地资源有限的情况下,可采用放牧与舍饲相结合的饲养方式。

（2）关棚饲养　主要用于大规模、集约化饲养,喂给全价配合饲料,饲养成本较高,但是便于管理,可以发挥规模效益。在饲养冬鹅时,由于气候原因,也可采用关棚饲养。

2. 放牧管理

中雏鹅的放牧管理是养好后备鹅的关键。放牧可使鹅群获得充足的青绿饲料,减少精料用量,降低饲养成本。放牧鹅群的采食习性是缓慢行走,边走边食,吃一顿青草后,就地找水源饮水,饮水后休息一阵,然后再行走采食青草。放牧时一定要按鹅群采食—饮水—休息这一习性,有节奏地放牧,保证鹅群吃得饱,长得快。放牧要选择水清草茂的地方,对于没有充足水源的草地上放牧,要有拉水车,配备饮水盆等设备,有规律地让鹅饮水。中雏鹅放牧饲养要注意适当补饲,在由雏鹅转为中雏鹅阶段更应补饲,随着放牧时间的延长,逐步减少补饲量。补饲时间在每天收牧以后进行,补饲料由玉米、谷粒、糠麸、薯类等组成,同时加入1%的骨粉,8%贝壳粉,0.3%食盐。补饲量根据草场情况和鹅只日龄而定。有经验的牧鹅者,结合在茬地或有野草种子草地上放牧,能够获得足够的谷实类精料。具体为"夏放麦茬,秋放稻茬,冬放湖塘,春放草塘"。在夏季牧鹅,应适时放水,一般每隔30分放水1次。而且夏季中午应在高燥通风阴凉处休息,可选择在大树下或有遮阳棚的地方。

（二）71～100日龄鹅的饲养管理

这一时期是鹅群的调整阶段。首先对留种用鹅进行严格的选择,然后调教合群,减少"欺生"现象,保证生长的均匀度。

1. 种鹅的选留

选好后备种鹅,是提高种鹅质量的重要工作。一是种鹅在71日龄时,已完成初次换羽,羽毛生长已丰满,主翼羽在背部要交翅,留种时一要淘汰那些羽毛发育不良的个体。二是后备种公鹅应具有本品种的典型特征,身体各部发育均匀,肥度适中,两眼有神,喙部无畸形,胸深而宽,背宽而长,腹部平整,脚粗壮有力、距离宽,行动灵活,叫声响亮。三是后备种母鹅要求体重大,头大小适中,眼睛明亮有神,颈细长灵活,体形长圆,后躯宽深,腹部柔软容积大,臀部宽广。体重上要求达到成年标准体重的70%,大型品种5～6千克,中型品种 3 ~ 4 千克,小型品种 2.5 千克左右。四是留种还要考虑到留种季节,一般南方养鹅在 12 月至翌年 1 月选留,到 9 月正好赶上产蛋;东北地区养鹅,最好选留 9 ~ 10 月的中鹅,翌年 5 ~ 6 月刚好产蛋;中原地区适宜选留春季出雏的春鹅,5 ~ 6 月进行选择,冬季即可开始产蛋。

2. 合群训练

后备种鹅是从鹅群挑选出来的优良个体,有的甚至是从上市的肉用仔鹅当中选留下来的。这样来自不同鹅群的个体,由于彼此不熟悉,常常不合群。合群时注意事项:一要注意群体不要太大,以 30 ~ 50 只为一群,而后逐渐扩大群体,300 ~ 500 只组成一个放牧群体;二要注意同一群体中个体间日龄、体重差异不能太大,尽量做到"大合大,小并小",以提高群体均匀度;三是合群后饲喂要保证食槽充足,补饲时均匀采食。

(三)101 日龄至开产前 30 天之前鹅的饲养管理

这一阶段是鹅群生长最快的时期,采食旺盛,容易引起肥胖。因此,这一阶段饲养管理的重点是限制饲养,配合限制饲养,公、母鹅最好分群饲养。公、母鹅分开饲养还可以避免部分早熟个体乱交配,影响到全群的安定。

后备母鹅 100 日龄以后逐步改用粗料,每天喂 2 次,饲粮中增加糠麸、薯类的比例,减少玉米的喂量。草地良好时可以不补饲,防止母鹅过肥和早熟。但是在严寒冬季青绿饲料缺乏时,则要增加饲喂次数(3 ~ 4 次),同时增加玉米的喂量。正常放牧情况下,补饲要定时、定料、定量。实行限制饲养,不仅可以很好地控制鹅的性成熟,达到同期产蛋,而且可以节约饲粮,降低饲养成本。

(四)开始产蛋前 1 个月鹅的饲养管理

这一阶段历时 1 个月左右,饲养管理的重点是加强饲喂和疫苗接种。

1. 加强饲喂

为了让鹅恢复体力,沉积体脂,为产蛋做好准备,从 151 日龄开始,要逐步放食,满足采食需要。同时,饲料要由粗变精,促进生殖器官的发育。这时要增加饲喂次数到每天 3 ~ 4 次,每次让其自由采食,吃饱为止。饲料中增加玉米等谷实类饲料,同时增加矿物质饲料原料。这一阶段放牧不要走远路,牧草不足时要在栏内补充青绿饲料,逐渐减少放牧时间,增加回舍休息时间,相应增加补饲数量(中型鹅种每天每只补饲 50 ~ 70 克),接近开产时逐渐增加采食精饲料量。

2. 疫苗接种

种鹅开产前 1 个月要接种小鹅瘟疫苗,所产的种蛋含有母源抗体,可使雏鹅产生被动免疫。具体方法见后述。另外,还要接种鸭瘟疫苗和禽霍乱菌苗。所有的疫苗接种工作都要在产蛋前完成,这样才能保证鹅在整个产蛋期健康、高产。禁止在产蛋期接种疫苗,防止应激反应的发生,以免引起产蛋量下降。

3. 加光

每天光照时间控制在 10 小时左右,自然光照时间不足时夜间适当补光。

三、产蛋期种鹅的饲养管理

鹅群进入产蛋期以后,一切饲养管理工作都要围绕提高产蛋率、增加合格种蛋数量来做。

(一)产蛋前的准备工作

在后备种鹅转入产蛋期时,要再次进行严格挑选。对公鹅选择较严格,除外貌符合品种要求、生长发育良好、无畸形外,重点检查其阴茎发育是否正常。最好通过人工采精的办法来鉴定公鹅的优劣,选留能够顺利采出精液者、阴茎较大者。母鹅只剔除少量瘦弱、有缺陷者,大多数都要留下作种用。另外,还要修建好产蛋鹅舍,准备好产蛋窝或产蛋棚。饲养管理上逐渐减少放牧的时间,更换产蛋期全价饲料。母鹅在开产前 10 天左右会主动觅食含钙多的物质,因此,除在日粮中提高钙的含量外,还应在运动场或放牧点放置补饲粗颗粒贝壳的专用食槽,让其自由采食。

(二)产蛋期的饲喂

随着鹅群产蛋率的上升,要适时调整日粮的营养浓度。

1. 产蛋期日粮营养水平

中等体型鹅营养需求为:代谢能 11.1 兆焦/千克,粗蛋白质 15%,钙 2.2%,磷 0.7%,赖氨酸 0.69%,蛋氨酸 0.32%。大体型和小体型鹅的营养需求在此基础上适当调整。饲料配合时,要有 10% ~20% 的米糠、稻糠、麦麸等粗纤维含量高的原料。在喂精饲料的同时,还应注意补喂青绿饲料,防止种鹅采食过量精饲料,引起过肥。喂得过肥的鹅,卵巢和输卵管周围沉积了大量脂肪,会影响正常排卵和蛋壳的形成,引起产蛋量下降和蛋壳品质不良。有经验的养鹅者通过鹅排出的粪便即可判断饲喂是否合理。正常情况下,鹅粪便粗大、松软,呈条状,表面有光泽,易散开。如果鹅粪细小、结实,颜色发黑,表明精料过多,要增加青绿饲料的饲喂。

2. 喂料要定时、定量,先喂精料再喂青饲料

青饲料可不定量,让其自由采食。每天饲喂精饲料量,按照当日平均产蛋重量的 2.5 ~3 倍提供。早上 9 点喂第一次,然后在附近水塘、小河边休息,草

地上放牧;下午 2 点喂第二次,然后放牧;傍晚回舍在运动场上喂第三次。回舍后在舍内放置清洁饮水和矿物质饲料,让其自由采食饮用。

(三)产蛋期的管理

产蛋期要做好以下几方面的工作:

1. 搭好产蛋棚

母鹅具有在固定位置产蛋的习惯,生产中为了便于种蛋的收集,要在鹅棚附近搭建一些产蛋棚。产蛋棚长 3.0 米,宽 1.0 米,高 1.2 米,每 1 000 只母鹅需搭建 3 个产蛋棚。产蛋棚内地面铺设软草做成产蛋窝,尽量创造舒适的产蛋环境。母鹅的产蛋时间多集中在凌晨至上午 9 点以前,因此,每天上午放牧要等到上午 9 点以后进行。为了便于捡蛋,必须训练母鹅在固定的鹅舍或产蛋棚中产蛋,特别对刚开产的母鹅,更要多观察训练。放牧时如发现有不愿跟群、大声高叫,行动不安的母鹅,应及时赶回鹅棚产蛋。一般经过一段时间的训练,绝大多数母鹅都会在固定位置(产蛋棚)产蛋。母鹅在棚内产完蛋后,应有一定的休息时间,不要马上赶出产蛋棚,最好在棚内给予补饲。

2. 合理控制交配

为了保证种蛋有高的受精率,要按不同品种的要求,合理安排公、母比例。我国小型鹅种公、母比例为 1:(6～7),中型鹅种公、母比例为 1:(5～6),大型鹅种公、母比例为 1:(4～5)。鹅的自然交配在水面上完成,陆地上交配很难成功。一般要求每 100 只种鹅有 45～60 米² 的水面,水深 1 米左右,水质清洁无污染。种鹅在早晨和傍晚性欲旺盛,要利用好这两个时期,保证高的受精率。早上放水要等大多数鹅产蛋结束后进行,晚上放水前要有一定的休息时间。

3. 搞好放牧管理

母鹅产蛋期间应就近放牧,避免走远路引起鹅群疲劳。一般春季放牧觅食各种青草、水草,夏、秋季多在麦茬田、稻田中放牧,冬季放湖滩或圈养。放牧途中,应尽量缓行,不能追赶鹅群,而且鹅群要适当集中,不能过于分散。放牧过程中,特别应注意防止母鹅跌伤、挫伤而影响产蛋。鹅上、下水时,鹅棚出入口处要求用竹竿稍加阻拦,避免离棚、下水时互相挤跌践踏,保证按顺序下水和出棚。每只母鹅产蛋期间每天要获得 1～1.5 千克青饲料,草地牧草不足时,应注意补饲。

4. 控制光照

许多研究表明,鹅每天需要 13～14 小时光照时间、5～8 瓦/米² 的光照强度即可维持正常的产蛋需要。在秋、冬季光照时间不够时,可通过人工补充光照来完成光照控制。在自然光照条件下,母鹅每年(产蛋年)只有1个产蛋周期,采用人工光照后,可使母鹅每年有2个产蛋周期,可多产蛋5~20枚。

5. 注意保温

南方和中部省份,严寒的冬季正赶上母鹅临产或开产的季节,要注意鹅舍的保温。夜晚关闭鹅舍所有门窗,门上要挂棉门帘,北面的窗户要在冬季封死。为了提高舍内地面的温度,舍内不仅要多加垫草,还要防止垫草潮湿。天气晴朗时,注意打开门窗通风,同时降低舍内湿度。受寒流侵袭时,要停止放牧,多喂精饲料。

(四)种鹅群的配种管理

我国是世界上鹅饲养量最多的国家,鹅存栏量和鹅肉产量均占世界总量的90%左右,特别是在近年来鹅业生产的发展更迅速。然而,在鹅业生产发展中重要的制约因素是种鹅的繁殖力比较低,如大多数地方鹅种年产蛋在20~50枚(豁眼鹅和五龙鹅年产蛋量最高,约100枚),种蛋的受精率在70%左右。种蛋受精率受多种因素的影响,加强种鹅群的配种管理是提高种蛋受精率、加快繁殖进程的根本途径。

1. 种公鹅的管理

(1)公鹅选择 公鹅对后代体形外貌和生产性能的影响比较大,也直接影响种蛋受精率,在种鹅选择时对公鹅的选择尤其重要。

1)体形外貌选择 后备公鹅在接近性成熟的时候应该进行1次选择,把发育不良、品种特征不明显、有杂毛、健康状况不良的个体淘汰。在达到性成熟后再次进行选择,应选留体大毛纯,胸宽厚,颈、脚粗长,两眼突出有神,叫声洪亮,行动灵活,具有明显雄性特征的公鹅;手执公鹅颈部提起离开地面时,两脚做游泳状猛烈划动,同时两翅频频拍打的个体往往是雄性比较强的。淘汰不合格的种鹅,如体重过大、发育差、跛足等。

2)对生殖器官的检查 在种鹅产蛋前,公、母鹅组群时要对公鹅的外生殖器官进行检查,并对公鹅进行精液品质鉴定。因为,在某些品种的公鹅生殖器官发育不良的情况较为突出。比如生殖器萎缩,阴茎短小,甚至出现阳痿,精液品质差,交配困难。解决的办法是在公、母鹅组群时,对选留公鹅进行精液品质鉴定,并检查公鹅的阴茎,淘汰有缺陷的公鹅,保证留种公鹅的质量。

检查公鹅阴茎发育情况的方法是:一个操作人员坐在方凳上将公鹅保定在并拢的双腿上,鹅尾部朝前;另一个操作者用采精的方法先对鹅的背腰部按摩数次,之后按摩鹅的泄殖腔周围,当鹅的阴茎勃起后伸出泄殖腔就可以观察。凡是阴茎长度少于7厘米、淋巴体颜色苍白或有色素斑,阴茎伸出后没有精液流出或精液量少于0.2毫升、颜色不是乳白色的个体均应淘汰。

(2)公母混群 后备种鹅一般采用公、母分群饲养的方法,当鹅群达到性成熟的时候需要进行混群。混群时一般要求将公鹅提前7~10天放入种鹅圈内,使它们先熟悉鹅舍环境,之后再按照公、母配比放入母鹅。这样能够使公鹅占据主动地位,提高与母鹅交配的频率和成功率。

(3)减少择偶现象 一些公鹅具有选择性的配种习性,这种习性将减少它与其他母鹅配种的机会,某些鹅的择偶性还比较强,从而影响种蛋的受精率,在这种情况下,公、母鹅的组配要尽早,如发现某只公鹅只与某只母鹅或几只母鹅固定配种时,应及时将这只公鹅隔离,经1个月左右,才能使公鹅忘记与之固定配种的母鹅,而与其他母鹅交配,有利于提高受精率。

(4)公鹅更新 公鹅的利用年限一般为2~3年,母鹅一般利用3~4年,优秀的可利用5年。所以种鹅每年都应有计划地更新换代,以提高其受精率。母鹅年龄会影响其种蛋受精率,据报道,鹅群在水中进行自然交配,1岁母鹅种蛋受精率69%,受精蛋孵化率87%,2岁母鹅则分别为79.2%和90%。同样,公鹅年龄也影响种蛋受精,据对第二个产蛋年种母鹅群的观察用第一个繁殖年度的公鹅配种,种蛋受精率为71.3%,用第二个繁殖年度公鹅则达到80.7%,用第三个繁殖年度的公鹅则为68.3%。

(5)减少公鹅之间的啄斗 公鹅相互啄斗影响配种,在繁殖季节公鹅有格斗争雄的行为,往往为争先配种而啄斗致伤,这会严重影响种蛋的受精率。为了减少这种情况,公鹅可分批放出配种,以提高种蛋受精率。多余公鹅另外饲养或放牧。

2. 公、母配种比例

公、母鹅配种比例适当与否对种蛋的受精率影响很大。在生产实践中,一般先按1:(6~7)选留,待开产后根据母鹅性能、种蛋受精率的高低进行调整,一般公、母鹅配比以1:5为宜,可使种鹅受精达85%以上。公鹅多,不仅浪费饲料,还会互相争斗,争配,影响受精;公鹅过少,也会影响受精效果。

乌鬃鹅的交配能力强,公、母鹅配种比例为1:(8~10)只,种蛋的平均受精率为87%。而狮头鹅由于体形大,其公、母鹅配种比例为1:(5~6)只。尽管昌图鹅、豁眼鹅属于小型鹅种,但是其公母鹅配种比例为1:(4~5)。

在生产实践中,公母鹅比例的大小要根据种蛋受精率的高低进行调整。

小型品种鹅的公、母比例为1:(6~7),而大型品种鹅为1:4~5。大型公鹅要少配,小型公鹅可多配;青年公鹅和老年公鹅要少配,体质强壮的公鹅可多配;水源条件好,春夏季节可以多配;水源条件差,秋冬季节可以少配。

3. 洗浴管理

(1)放水时间 种鹅的配种时间相对比较集中,早晨和傍晚是交配的高潮期,而且多在水中进行,与在陆地相比鹅水中交配容易成功。在种鹅的繁殖季节,要充分利用早晨开棚放水和傍晚收牧放水的有利时机,使母鹅获得配种机会,提高种蛋的受精率。在配种期间每天上午应多次让鹅下水,尽量使母鹅获得复配机会。鹅群戏水时,不让其过度集中与分散,任其自由分配,然后梳理羽毛休息。

(2)水体管理 鹅的交配多在水面上进行,水体的大小影响鹅群的活动,一般每只种鹅应有$1~1.5$米^{2}的水面运动场,水深1米左右。若水面太宽,则鹅群较分散,配种机会减少;水面太窄,过于集中,则会出现争配现象,都会影响受精率。如果是圈养种鹅,水池小的话则应该分批让种鹅进入水池,保证洗浴和配种时每只种鹅的活动面积。

放水的水源要清洁,最好是活水面,缓慢流动,水面没有工业废水、废油的污染,水中不可有杂物、杂草秆等物,以免损伤公鹅的阴茎,影响其种利用价值。

4. 环境管理

(1)缓解高温的影响 高温对鹅繁殖力的影响很大,一般的鹅在夏季都停产。在初夏时期的高温对公鹅的精液质量影响也很大,而且也减少公鹅的配种次数。因此,在初夏季节鹅舍要保持良好的通风,保证充足的饮水,保持适宜的饲养密度,鹅舍和运动场应有树荫或搭盖遮阳棚。在我省一些地方,夏季采用降温措施后能够使种鹅的产蛋期拖延至7~8月。

(2)合理的光照 光照影响种鹅体内生殖激素的分泌,进而影响到其繁殖。在我国,南北方鹅之间存在明显的繁殖季节性差异。南方鹅种大多数为短日照繁殖家禽,例如在广东鹅的非繁殖季节内(3~7月),每天光照9.5小时,4周后公鹅的阴茎状态、性反射、精液品质、可采率等,均明显优于自然光照的对照组;母鹅则在控制光照3周后开产,并能在整个非繁殖季节内正常产蛋。控制光照组平均每只母鹅产蛋12.85枚。当恢复自然光照后,试验组鹅每天光照时数由短变长,约7周后,公鹅阴茎萎缩,可采精率下降直至为零,约2个月后又逐渐好转;母鹅在恢复自然光照约3周后也停止产蛋,再经11周的停产期后才重新开产,而对照组此时也正常繁殖。北方鹅种则是长光照家禽,当光照时间延长时进入繁殖季节。因此,在种公鹅的管理上应该考虑到不同地区的差异。

5. 饲料与饲养

后备公鹅一般采用青粗饲料饲喂,在性成熟前4周开始改用种鹅日粮,粗蛋白质水平为15%~16%。根据体形大小,在整个繁殖期间每天每只应喂给140~230克精饲料,并配以食盐和贝壳粉等。每天饲喂2~3次,同时供应足够的青饲料及饮水。有条件的地方也可放牧,特别是2岁龄的种鹅应多放牧,以补充青饲料和增加运动。

6. 日常管理

(1)公、母鹅日合夜分 白天让公、母鹅在同一个圈内饲养或放牧,共同戏水、交配,晚上把它们隔开关养,让它们同屋不同圈,虽彼此熟悉,互相能听见叫声,因不在同圈,造成公、母鹅夜晚的性隔离,有利于第二天交配。据报道,这一做法可以提高自养种鹅交配成功率达85%以上。

(2)保证公鹅健康 健康状况对公鹅的配种能力影响很大。据张仕权等报道,蛋子瘟(大肠杆菌病)在公鹅中的发病率比较高,根据调查病鹅群中的1720只公鹅,患病公鹅的主要临床症状限于阴茎,阴茎出现病变者有530只,占总数的30.8%。轻者整个阴茎严重充血,肿大2~3倍,螺旋状的精沟难以看清,在不同部位有芝麻至黄豆大黄色脓性或黄色干枯样结节。严重者阴茎肿大3~5倍,并有1/3~3/4的长度露出体外,不能缩回体内。露出体外的阴茎部分呈黑色的结痂面。阴茎外露的病鹅将失掉交配能力而必须及时更换。

其他疾病所引起的公鹅健康不良同样会影响其配种能力。

(3)种群大小 农村往往采取大群配种,即在母鹅群内按一定的公、母比例,放入一定数量的公鹅进行配种。此种方法管理方便,但往往有个别凶恶的公鹅会霸占大部分母鹅,导致种蛋的受精率降低。这种公鹅应及时淘汰,以利提高种蛋的受精率。在实际生产中,每群3~5只公鹅和15~25只母鹅组成一个小群的效果比较好。

(4)防止腿脚受伤 运动场地面应保持平整,地面上避免存在尖利的硬物,驱赶鹅群不要太快以防止公鹅腿和脚受伤。腿脚有伤的公鹅其配种能力会明显降低。

在小规模饲养的条件下,可以采用人工辅助配种,这对于提高种蛋受精率的效果比较明显。

四、休产期种鹅的饲养管理

母鹅经过 7 ~ 8 个月的产蛋期,产蛋明显减少,蛋形变小,畸形蛋增多,不能进行正常的孵化。这时羽毛干枯脱落,陆续进行自然换羽。公鹅性欲下降,配种能力变差。这些变化说明种鹅进入了休产期。休产期种鹅饲养管理上应注意以下几点:

(一)饲喂方法

种鹅停产换羽开始,逐渐停止精饲料的饲喂,此时应以放牧为主,舍饲为辅,补饲糠麸等粗饲料。为了让旧羽快速脱落,应逐渐减少补饲次数,开始减为每天喂料 1 次,后改为隔天 1 次,逐渐转入 3 ~ 4 天喂 1 次,12 ~ 13 天后,体重减轻大约 1/3,然后再恢复喂料。

(二)人工拔羽

恢复喂料后 2 ~ 3 周,鹅的体重恢复,可进行人工拔羽,可以大大缩短母鹅的换羽时间,提前开始产蛋。人工拔羽有手提法和按地法,手提法适合小型鹅种,按地法适合大中型鹅种。拔羽的顺序为主翼羽、副翼羽、尾羽。拔羽要一根一根地拔,以减少对种鹅的损伤。人工拔羽,公鹅应比母鹅提前 1 个月进行,保证母鹅开产后公鹅精力充沛。拔羽应选择温暖的晴天进行,寒冷的冬季不适宜拔羽。人工拔羽后要加强饲养管理,头几天鹅群实行圈养,避免下水,供给优质青饲料和精饲料。如发现 1 个月后仍未长出新羽,则要增加精料喂量,尤其是蛋白质饲料,如各种饼、粕和豆类。

(三)种鹅群的更新

为了保持鹅群旺盛的繁殖力,每年休产期间要淘汰低产种鹅,同时补充优良鹅只作为种用。淘汰的对象一般为老弱低产和雄性不强的种鹅。更新鹅群的方法如下:

1. 全群更新

将原来饲养的种鹅全部淘汰,全部选用新种鹅来代替。种鹅全群更新一般在饲养 5 年后进行,如果产蛋率和受精率都较高的话,可适当延长 1 ~ 2 年。有些地区饲养种鹅,采取"年年清"的留种方式,种鹅只利用 1 年,公、母鹅还没有达到最高繁殖力阶段就被淘汰掉,这是不可取的。

2. 分批更新

在鹅群中,保持一定的年龄比例,1 岁鹅占 30%,2 岁鹅占 25%,3 岁鹅占 20%,4 岁鹅占 15%,5 岁鹅占 10%。根据上述年龄结构,每年休产期要淘汰一部分低产老龄鹅,同时补充新种鹅。

四川白鹅在第二个繁殖年度的产蛋性能最好。

第二节 肉用仔鹅生产

鹅肉是传统养鹅的主要产品之一。据测定,8 ~ 9 周龄的仔鹅肉水分含量为68% ~ 72%,蛋白质含量为18% ~ 22%,脂肪含量为6% ~ 10%。其中脂肪分布于肌肉间和皮下,且多为不饱和脂肪酸,适合传统的加工方法,如烤鹅、烧鹅和糟鹅等。鹅肉加工产品具有风味独特、味道鲜美、容易消化等优点。鹅属于草食性禽类,可以很好地消化利用青绿饲料和粗饲料。无论以舍饲、圈养或放牧饲养,都可以节约大量精饲料,生产成本费用较低,经济效益显著。随着国家对农业产业结构调整步伐的加快,鹅产品以其优质无污染将受到消费者的青睐。种草养鹅,退耕还林、还草养鹅将逐步兴起。

一、仔鹅的生长发育规律

(一)仔鹅的增重规律

鹅具有早期生长快的特点,一般在 10 周龄时仔鹅体重达到成年体重的70% ~ 80%,虽因品种不同而有所差异,但各品种鹅的增重规律是一致的。以豁眼鹅为例,可以将其生长阶段分为 4 个时期,即快速生长期(0 ~ 10 日龄)、剧烈增重期(10 ~ 40 日龄)、持续增重期(40 ~ 90 日龄)和缓慢生长期(90 ~ 180 日龄)具体数据见表 10 - 2。

表 10 - 2 不同日龄豁眼鹅平均体重

日龄	0	10	20	30	40	50	60	70	90	120	180
公鹅重(千克)	73	212	638	1 052	1 524	1 788	2 228	2 535	2 994	3 379	3 819
母鹅重(千克)	71	217	494	977	1 390	1 637	2 009	2 255	2 658	3 288	3 358
平均重(千克)	72	216	539	1 000	1 430	1 684	2 077	2 342	2 762	3 425	3 501

(二)骨骼生长发育规律

体斜长的变化,可以间接反映出部分躯干骨的生长情况。据测定,四川白鹅 30 日龄体斜长为 13.27 厘米,60 日龄为 21.77 厘米,90 日龄为 25.61 厘米。体斜长生长最快的在 30 ~ 60 日龄,此阶段是骨骼发育最快的时期。

(三)腿肌的生长发育规律

据测定,太湖鹅初生时腿肌重 5.8 克左右,10 日龄平均为 12.5 克,20 日龄平均为 38.2 克,30 日龄时平均为 82.5 克,以后腿肌生长加快,6 周龄时为

173 克,8 周龄时为 240 克。腿肌的生长高峰在 50 日龄左右,不同品种间有一定差异,生长慢的品种高峰期晚一些,生长快的品种高峰期出现得早。另据测定,国外一鹅种腿部重,公鹅在 43 日龄时达最佳水平,为 129.8 克;母鹅在 39 日龄达最佳水平,为 104 克。

(四)胸肌的生长发育规律

据测定,太湖鹅初生时胸肌不足 1 克,10 日龄时为 1.2 克,20 日龄为 3.5 克,30 日龄为 7 克,6 周龄时为 18 克,从 8 周龄开始胸肌生长加快,9～10 周龄是生长高峰期,10 周龄时太湖鹅胸肌重约 146 克。

(五)脂肪的沉积规律

胴体中脂肪的含量随日龄的增长而明显增加。太湖鹅从 4 周龄开始腹内脂肪沉积加快。一般鹅在 10 周龄以后脂肪沉积能力最强,皮下脂肪、肌间脂肪可以增加到体重的 25%～30%,腹脂增加到 10% 左右。一般如在 70 日龄屠宰,皮下脂肪占 2%～4%,腹脂占 1.5%～3%,因品种和育肥方式不同而异。

二、肉用仔鹅生产的特点

(一)季节性

肉用仔鹅生产的季节性是由种鹅繁殖产蛋的季节性所决定的。我国的地方鹅种众多,其中除了浙东白鹅、溆浦鹅、雁鹅可以四季产蛋,常年繁殖外,其他鹅品种都有一定的产蛋季节。南方和中部地区主要繁殖季节为冬、春季,5 月开始肉仔鹅陆续上市,8 月底基本结束。而在东北地区,种鹅要等到 5 月才开始产蛋,8 月开始肉仔鹅上市,一直可持续到年底结束,而这时南方食鹅地区当地已没有仔鹅,所以每年秋、冬季都有大量仔鹅从东北贩运到南方。目前鹅的饲养仍以开放式饲养为主,受自然光照和气候影响较大,这种产品的季节性不会改变。

(二)效益显著

鹅属草食性禽类,以放牧为主,养鹅的基本建设与设备投资少。除了育雏期间需要一定的保温房舍与供暖设备外,其余时间用能遮挡风雨的简易棚舍即可进行生产。另外,无论以舍饲、圈养还是放牧饲养,肉仔鹅可以很好地利用青绿饲料和粗饲料,适当补饲精饲料即可长成上市,饲料费用投入少。而且鹅肉的价格比消耗大量精料的肉仔鸡、肉鸭都高,肉仔鹅生产属投入少、产出高的高效益畜牧业。另外,除了鹅肉,羽绒也是一笔不小的收入,目前 1 只仔鹅屠宰时,光羽绒就可获利 7 元左右。

（三）生产周期短

鹅的早期生长速度比鸡、鸭都快,一般饲养60~80天即可上市,小型鹅种达2.3~2.5千克,中型鹅种达3.5~3.8千克,大型鹅种达5.0~6.0千克。青饲料充足时圈养或放牧,精饲料与活重比为(1~1.7):1,舍饲以精饲料为主,适当补喂青饲料,精饲料与活重比为(2~2.5):1。

（四）仔鹅属无污染绿色食品

我国具有丰富的草地资源,仔鹅以放牧饲养为主,适当补饲谷实类精料,生长迅速。仔鹅放牧所利用的草滩、草场、荒坡、林地、滩涂等一般没有农药、化肥等污染,精料中不加促生长的药物,鹅肉是目前较安全的无污染食品,将受到越来越多消费者的喜好。

三、肉用仔鹅生产常用的品种和杂交配套组合

现代肉用仔鹅生产为了满足大规模、集约化生产,首先要求鹅种具有较高的产蛋性能。中国鹅的大部分品种繁殖性能比国外鹅品种要高,而且适应性强,其中四川白鹅、太湖鹅、豁眼鹅以及籽鹅产蛋量较高,为最常用的肉用仔鹅生产品种。

鹅的品种间杂交,利用杂种优势来进行肉仔鹅生产的研究报道很多,结果均表现出一定的杂种优势。主要表现为杂种后代生活力、抗病力增强,早期生长速度加快,肉质变好。一般在选择杂交亲本时,将产蛋性能较好的中小型鹅种作母本,将生长速度较快的大中型鹅种以及国外引进鹅种作父本,必要时采用人工授精方法来配种。

（一）不同地方品种间杂交

张连连等(1992年)报道,四季鹅(公鹅)与太湖鹅(母鹅)的杂交后代68日龄体重及饲料报酬均极显著高于太湖鹅纯繁组。杨茂成等(1993年)用太湖鹅、四川白鹅、豁眼鹅、皖西白鹅4个品种进行品间配合力测定,筛选最优组合用于肉仔鹅生产。结果表明:杂交后代60日龄、70日龄活重以豁眼鹅为母本的3个杂交组合表现出杂种优势,其余组合的杂交效应均小于4个品种的平均纯繁效应,并且得出四川白鹅适合作为父本。陈兵等(1995年)利用四川白鹅(公鹅)、皖西白鹅(公鹅)与太湖鹅(母鹅)杂交,结果表明:杂交组仔鹅的日增重及饲料转化率极显著地高于太湖鹅,而且肉质也优于太湖鹅。杨光荣等(1998年)用四川白鹅和凉山钢鹅进行正反杂交,杂交后代120日龄体重高于四川白鹅,但与凉山钢鹅无显著的差异。骆国胜等(1998年)用四川白鹅(公鹅)与四季鹅(母鹅)杂交,杂交鹅的生长速度极显著高于四季鹅,与四

川白鹅相比,也表现出一定的杂种优势。江苏扬州大学利用太湖鹅作母本,产蛋性能较好的四川白鹅作父本,杂交后代再自交,培育出了新太湖鹅,肉质和生长速度得到了提高,在江苏省推广后,效果良好。

(二)引进优良鹅种与中国地方良种杂交

我国从国外引进的优良鹅种主要是朗德鹅和莱茵鹅。段宝法等(1994年)利用朗德鹅、莱茵鹅(公鹅)与四川白鹅杂交,杂交后代80日龄体重比四川白鹅分别提高了31%和14%。李洪祥等(1994年)报道,用豁眼鹅作母本,分别与皖西白鹅、莱茵鹅、朗德鹅公鹅杂交,结果60日龄、70日龄体重以莱茵鹅与豁眼鹅杂交组合最高,比豁眼鹅纯繁组分别高759克和810克,分别提高了37%和35%。其他2个杂交组合也表现出较大的杂种优势。

四、肉用仔鹅的育肥

肉用仔鹅是指从30日龄育雏结束到70日龄左右上市这一阶段的鹅只。由于饲养方式不同,上市日龄有所差异。在一般放牧育肥、适当补饲的条件下,要到80日龄左右上市;舍饲喂给全价配合饲料,60~70日龄即可上市;农村粗放式散养,则要到90~100日龄才能达到上市体重。上市体重要求大型鹅种达5.5~6.0千克,中型鹅种达3.0~3.5千克,小型鹅种达2.25~2.5千克。不论哪一种饲养方式,上市前10~15天都要加强饲喂,喂给高能高蛋白配合饲料,使仔鹅快速育肥。

(一)放牧育肥

放牧育肥是一种传统的育肥方法,也是目前养鹅最广泛采用的方法。放牧育肥可以很好地利用自然资源,达到节约饲料的目的,同时放牧饲养鹅增重快,成活率高,饲养管理方便,设备投资少。由此可见,放牧饲养是一种最经济、值得推广的育肥方法。

1. 牧场要求

放牧育肥对牧场要求较高,一般要求在水草丰盛的草原、坡地草场、河流滩涂、林间草地、湖边沼泽等野生牧场放牧较为合适。根据牧草生长情况,每亩地可放养20~40只育肥鹅。如果利用人工种植草场,每亩地可放养80~100只肉仔鹅。另外,还可以在收获后的稻田、麦田中放牧,采食落谷。对于一些干旱地区的荒漠型草场,不适合肉仔鹅放牧。

2. 放牧时间的安排

雏鹅在10~15日龄开始短时间放牧,刚开始选择天气暖和、无风雨时进行,在上午8~9点和下午2~3点放牧。第一次放牧20~30分,以后逐渐延长放牧时间。1月龄以后可采用全天放牧,刚开始每天 8~10 小时,以后逐渐延长到 14~16 小时,使鹅只有充分的放牧采食时间。天气暖和时早出晚归,天气较冷或大风要晚出早归,但要注意早上放牧最早要等到露水干后进行,否则鹅采食到含有大量露水的牧草会引起腹泻,影响到生长。

3. 鹅群的划分

大批饲养肉用仔鹅,放牧时要有合适的群体规模。群体太大,走在后边的鹅采食不到足够的牧草,影响生长和群体的均匀度;群体太小,劳动生产率不高,不能完全利用牧草。一般大中型鹅种群体大小以 300~500 只为宜,最多不超过 600 只;小型鹅种以 700~800 只为宜,最多不超过 1 000 只。为使鹅群均匀采食、均匀生长,在育雏期间就要控制群体大小,一般在育雏室内头几天应隔成 20~30 只一群。在育雏期间要定期强弱分群,大小分群,尽量保证育雏结束时生长均匀。

4. 实行轮牧

无论是野生牧场还是人工草场,为了保证牧草的再生利用,避免草场退化,仔鹅在放牧过程中要实行轮牧。实行轮牧要按照鹅群大小,划定固定的草地,每天在一小块上放牧,15 天新草长出后再放牧 1 次。实行轮牧可以保证草地的可持续利用。划定每天放牧草地的大小,应根据草的生长情况和鹅采食量来定。每只鹅每天采食青草数量为 1.0~1.5 千克。

5. 牧鹅技术

放牧鹅群的关键是要让鹅听从指挥,这就需要使鹅群从小熟悉指挥信号和语言信号,形成条件反射。从雏鹅开始,饲养人员每当喂食、放牧和收牧前,要发出不同而又固定的语言信号,如大声吆喊、打口哨等。另外,在下水、休息、缓行、补饲时都要建立不同的语言信号和指挥信号。牧鹅的另一技术是"头鹅"的培养和调教,"头鹅"反应灵敏,形成条件反射快,其他鹅只的活动要看"头鹅"来完成。"头鹅"一般选择胆大、机灵、健康的老龄公鹅。为了容易识别"头鹅",可在其背部涂上颜色或颈上挂小铃铛,这样鹅群也容易看到或听到"头鹅"的身影或声音,增加安全感,安心采食和休息。鹅群放牧时由 2~3 人来完成。3 人放牧,左、右、后各 1 人;2 人放牧左、右各 1 人。这样可保证鹅群在一定草场区域缓慢行走采食。

6. 放牧方法

鹅群在放牧时的活动有一定的规律性,表现为采食—饮水—休息。鹅群采食习性是缓慢游走,边走边吃,采食 1 小时左右,从外表看出整个食管发鼓发胀,表明已吃饱。这时应赶到水塘中戏水和饮水,然后上岸休息和梳理羽毛,每次放水0.5小时左右,上岸休息0.5~1小时后再进行采食。如果草场附近没有水源,放鹅时要有拉水车,准备水盆让鹅饮水。鹅休息时,应尽量避开太阳直晒,尤其是夏天的中午,可以在树荫下或搭建的临时凉棚下休息。

在水草丰盛的季节,放牧鹅群要吃到"五个饱",才能确保迅速生长发育和育肥。"五个饱"是指上午能吃饱2次,休息2次;下午吃饱3次,休息2次后归牧。

7. 补饲

放牧育肥的肉仔鹅,食欲旺盛,增重迅速,需要的营养物质较多,除以放牧为主外,还应补饲一定量的精饲料。传统的补饲方法是在糠麸中掺以薯类、秕谷等,供归牧后鹅群采食,这种补饲方法难以满足肉仔鹅营养的需要。建议补饲精饲料改为全价配合高能、高蛋白质日粮,可以使鹅生长迅速,快速育肥,提前上市。每天补饲的次数和数量,应根据鹅的品种类型、日龄大小、草场情况、放牧情况来灵活掌握。30~50日龄,每天补饲2~3次;50~70日龄,每天补饲1~2次。补饲时间最好在归牧后和夜间进行。补饲量中小型鹅每天100~150克,大型鹅每天150~200克。在接近上市前10~15天,如发现鹅体型较小,更要加强补饲,增加补饲次数和喂量,每天3~4次,每只每天补饲200~250克。

8. 放牧鹅群注意事项

(1)固定人员　放牧要固定专人,不能随意更换放牧人员,否则很难形成条件反射,不便于放牧。

(2)定期驱虫　绦虫病是放牧鹅群的常发病,分别在20日龄和45日龄,用硫氯酚每千克体重200毫克,拌料喂食。线虫病用盐酸左旋咪唑片,30日龄每千克体重25毫克,7天后再用1次,可彻底清除体内线虫。

(3)放牧方式　在青草茂盛草地,可高密度集中放牧。相反,在青草生长不良草地,放牧要分散开进行。这样可以合理利用草地资源。

(4)注意观察　在放牧过程中要仔细观察鹅群的精神状态,及时发现问题并加以解决,归牧后要清点鹅数量。雏鹅刚开始放牧,不要到深水区饮水,防止落水溺死。

(5)隔离放牧　不要到疫区草地放牧。鸡、鸭的一些烈性传染病,如鸭瘟、鸡新城疫、禽流感、大肠杆菌病等也会传染给鹅。

（二）舍饲育肥

舍饲育肥方法是指将育肥肉仔鹅限制在一定的活动范围内,饲料以全价配合饲料为主,这样增重比放牧育肥要快,可以提前上市。舍饲育肥的应用不如放牧育肥那么广,但是有发展的趋势,因为这种方法生产效率较高,适合人工种草养鹅。在一些天然放牧条件较差的地方和季节以及大规模集约化鹅业生产,都离不开舍饲育肥。舍饲育肥可以从刚开始购进鹅苗时开始,也可以前期放牧,50日龄以后逐渐缩短放牧时间,转为舍饲。

黑龙江省依安县每年饲养商品白鹅400万只,被农业部授予"白鹅之乡",主要饲养方式为舍饲快速育肥,饲养期比传统放牧饲养缩短30%,60天左右即可上市。

1. 舍饲育肥对栏舍的要求

对栏舍的基本要求是尽量宽敞,能够遮风挡雨,通风采光良好。为了节省投资,鹅舍可以利用闲置厂房、农舍,农村还可以在田间地头搭建简易棚舍。舍内设置有以下3种方式:

(1) 栅饲 将舍内地面用木条、竹条、树枝等围成许多小的围栏,每个围栏大小 $1 \sim 2$ 米²,可饲养育肥鹅 $5 \sim 10$ 只。食槽和饮水器放在栏外,让鹅只从间缝中伸头采食和饮水。围栏的高度一般为 $50 \sim 60$ 厘米,有的地方在围栏上加栅状盖,鹅不能抬头伸颈鸣叫。栅饲适合农村小规模育肥肉仔鹅,育肥时间较短,一般从50日龄开始抓入栅栏内育肥。由于群体较小,便于喂食和管理,鹅生长均匀。

(2) 圈养 将鹅舍内用砖或竹木隔成几个大的圈栏,每个圈面积为 $15 \sim 25$ 米²,1米² 饲养 $4 \sim 6$ 只育肥鹅。圈的高度为 $50 \sim 60$ 厘米。食槽和饮水器放置在圈内,圈外最好连接有河塘,供鹅自由采食和洗浴。圈养育肥鹅,活动范围加大,适合大规模集约化饲养,可以从育雏结束后放入圈中,管理方便。圈养育肥在入圈前,要进行挑选,体形过大、过小的鹅只要单独饲喂,否则放入大群影响到群体的均匀度。

(3) 棚架 在华南一带,地面潮湿,可以用竹条搭成棚架,棚高度60厘米左右,将鹅养在棚架上,与粪便和潮湿的垫料隔离,有利于疾病的预防和仔鹅的生长。棚架的大小以饲养 $5 \sim 10$ 只鹅为宜,面积 $1 \sim 2$ 米²。四周用竹条围起,食槽和饮水器放在栏外。

2. 舍饲育肥的饲喂方法

舍饲育肥饲料以配合饲料为主,适当补充青绿多汁饲料。一般配合饲料蛋白质含量为 16% ~ 19%,代谢能水平 11.8 兆焦/千克,粗纤维含量为 3.5% ~5%,育肥后期要求适当低蛋白质含量和高粗纤维含量,有利于肉仔鹅生长。配合饲料有粉状饲料和颗粒饲料,增重效果差不多,但喂颗粒料均匀度稍好。喂粉料最好拌湿,便于采食。刚开始青绿饲料比例稍大,青饲料和精饲料比例为 3:1,先喂青饲料再喂精饲料;后期减少青饲料量,而且先精后青,促使肉仔鹅增膘。

肉用仔鹅舍饲一般采用自由采食,每天白天加料 3 ~ 4 次,夜晚补饲 1 次,自由饮水。

3. 舍饲育肥的管理

舍饲育肥管理的目标是饲养的仔鹅成活率高,生长均匀一致,上市日龄早,产品质量高。为了达到上述要求,应做好以下工作:

(1)入舍前分群 育肥前的肉仔鹅来源不同,个体差异较大,应尽量将同一品种、同一性别、体重相近的鹅放入同一栏内。注意饲养密度合适,保证均匀生长。对于弱小的肉仔鹅,切不可放入大群。

(2)注意鹅舍的通风 在鹅舍的纵向两端要设置通气口,安装风机,以保证舍内空气的新鲜。

(3)做好栏舍内的卫生工作 在栅饲和圈养时,垫草潮湿后要及时更换。定期清洗消毒食槽和饮水器,舍内地面、鹅、用具也要定期喷洒消毒。

(4)做好疫苗接种工作 育肥仔鹅易患的传染病有小鹅瘟和巴氏杆菌病。

1)预防小鹅瘟 进雏后,用小鹅瘟弱毒疫苗皮下注射或滴鼻,5 天后产生免疫力;也可皮下注射 0.5 毫升高免血清,保证育肥期不会发生小鹅瘟。

2)预防巴氏杆菌病 用禽巴氏杆菌苗肌肉注射,3 月龄鹅每只为鸡用量的 5 倍。注意应用巴氏杆菌苗前 1 周和后 1 天,饲料中不能添加抗菌药物,也不能注射抗菌药物。

(5)加强运动 圈养育肥时,每天傍晚应放鹅游泳 1 次,时间为 0.5 小时。这样做不仅可以加强鹅的运动,增进食欲,还可以清洁羽毛。

(三)种草养鹅

鹅是草食性家禽,对青草的利用率特别高,随着养鹅业的迅速发展,单靠现有野生饲草资源已远不能满足需要。大规模集约化肉鹅生产在舍饲的情况下,为了降低饲养成本,节约精料,需要大量的优质牧草。人工种植牧草具有品质优良、产量高等特点,因此,种草养鹅已成为调整畜牧业、种植业产业结构的良好项目。据报道,江苏省金坛市一农民从1995年开始种草养鹅,种植50亩黑麦草,每批次出栏肉鹅3 200只,获净利润2.3万元。

1. 牧草种植

鹅比较喜欢采食豆科和禾本科牧草。种植模式上各地可按照作物接茬情况安排播种。一般在秋季种植的牧草或饲料作物有大白菜、黑麦草、燕麦、紫云英,可供当年冬季和翌年春季利用。每亩草地可供100只鹅利用,产草3 000~7 500千克。春季种植牧草为苜蓿、三叶草、聚合草、美国籽粒苋、天星苋、苦荬菜等,夏季即可利用,每亩可供100只肉仔鹅利用,亩产草5 000~8 000千克。

2. 牧草利用

鹅虽然能消化一定的粗纤维,但喜欢采食柔软、细嫩、多汁的青饲料。因此,牧草的利用期一般比饲喂反刍动物要提前,禾本科牧草在抽穗前,豆科牧草在蕾期或稍提前。如多花黑麦草,播种后60天左右、植株长到30厘米左右即可利用。

鲜草可进行刈割直接饲喂,一般每千克精饲料配7千克鲜草。另外,可以直接放牧,但要注意放牧不可过食,一般每次采食50%~80%时就应更换草地,以有利于牧草的恢复,放牧间隔20天左右。对于盛草期过剩的鲜草,可以晒干或烘干后冬季备用,用时加工成草粉,拌入精料中。干草粉的用量占饲粮的15%左右即可。

(四)冬季养鹅要点

肉仔鹅生产一般都是在每年的上半年进行,在东北地区可推迟到10月左右。在这一时期内,气候适宜,牧草丰富,仔鹅便于管理,成活率较高。随着集约化养鹅业的发展,人工控制环境特别是人工控制光照技术的应用,冬季肉仔鹅生产发展起来。冬鹅生长快,肉质好,价格高,而且羽绒品质好,饲养冬鹅比其他季节具有较高的经济效益。冬鹅在饲养管理上要注意以下几点:

1. 以舍饲为主

冬季气候寒冷多变,野外饲草匮乏,适合舍饲育肥,只是在天气暖和的午后适当外出戏水。鹅舍应选择背风、向阳、清静的地方修建,最好靠近水源。房舍设计要防寒、保暖。在南方稍暖和的地方,可以适当在鹅舍附近林地、堤坡地、湖滩地放牧。

2. 选择适宜的品种

冬鹅应选择耐寒、生长快、耐粗饲、抗病力强的品种,最好是当地品种。如四川白鹅、四季鹅、皖西白鹅等都可进行冬鹅生产。另外,也可用四川白鹅和当地鹅种进行杂交来生产肉仔鹅。

3. 准备充足的饲草、饲粮

冬季自然牧草少,需人工种植一定数量的青绿饲料,如青菜、大白菜以及抗寒牧草(冬麦—70 黑麦)等。另外,要备足粗饲料米糠、麸皮等。精饲料可以用全价配合饲料或者用玉米、稻谷加添加剂和矿物质配制。各种干草粉如苜蓿草粉、黑麦草粉等也是冬季养鹅的优质饲料。冬鹅饲养一般每增重 1 千克耗精饲料 2 千克、粗饲料 3 千克、青饲料 20 千克。

第三节　肥肝生产

传统水禽饲养的主要产品为鹅(鸭)肉和羽绒,20 世纪 80 年代初出现了一种新型的水禽产品,这就是备受欧美市场青睐的肥肝。肥肝是指鹅、鸭(主要为肉仔鸭,也包括瘤头鸭、骡鸭)经过专门强制填饲育肥后,脂肪在肝脏中快速大量沉积而形成的特大脂肪肝。肥肝的体积是正常肝脏的几倍到十几倍,而且营养丰富,质地细腻,柔嫩可口,为西方餐桌上的珍贵佳肴。

鹅肥肝个大养分含量高,为肥肝中的上品,属高档食品,1 千克鹅肥肝国际标价为 25～40 美元,远远超过了鸭肥肝。就肥肝产量来看,由于鸭的繁殖力比鹅高,饲养成本低,所以在世界肥肝的总产量中,鸭肥肝占主要地位,约占 67%。

法国是最大的肥肝生产国,也是最大的进口国和消费国。法国同时又是肥肝贸易大国,垄断着世界肥肝市场,从匈牙利、以色列等国进口肥肝,然后向 100 多个国家转口肥肝。匈牙利、以色列、波兰等国也是肥肝生产大国,产品主要出口。肥肝生产属于劳动密集型产业,而我国具有丰富的水禽资源和劳动力资源,大力发展肥肝生产,增加出口创汇收入,必将推动我国产业结构的调整和优化,提高我国畜牧业在国际市场上的竞争力。我国自 20 世纪 80 年代初进行肥肝的研究和生产以来,取得了较好的成果,江苏、山东两个省被确定为肥肝生产基地,生产工艺得到国外专家的赞赏,已批量出口日本、法国等国家。随着中国加入世贸组织以后关税的降低,我国肥肝生产将面临新的机遇,广大水禽生产企业和饲养户要学好肥肝生产技术,提高肥肝的品质,增加在国际市场上的竞争力。

据报道,广西鸿雁食品有限公司与法国最大的鹅肥肝生产商之一 Midi 公司签署合作协议,共同开发肥肝生产,肥肝基地在北海市合浦县。目前广西全区饲养溆浦鹅1 000万只,而溆浦鹅是我国生产肥肝的最好鹅种。

一、肥肝的营养特点和营养价值

肥肝与普通肝相比,可增重5～10倍,而且营养成分发生了很大变化。通常情况下鸭、鹅的肝脏重50～100克,而形成肥肝后重为300～900克。据报道,国外最大的鹅肥肝重为1 800克,国内最大的鹅肥肝重为1 330克。

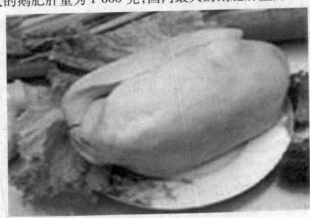

图10-1 鹅肥肝

从成分来看,鸭、鹅正常肝脏水分含量较高,脂肪含量较低。而肥肝的脂肪含量大幅度提高,水分则相对减少。据报道,经过填肥以后的鹅肥肝,三酰甘油含量增加176倍,磷脂增加4倍,核酸增加1倍,酶活性增加3倍。另据测定,肥肝比正常肝水分减少29%,干物质中粗脂肪含量由4.1%升高到50.7%,鸭、鹅肥肝的主要成分大致相似见表10-3。

表10-3 鸭、鹅肥肝与正常肝脏主要成分比较

种类	肝类型	水分(%)	粗脂肪(%)	粗蛋白质(%)
鸭	肥肝	36～64	40～52	7～11
	正常肝	68～70	7～9	13～17
鹅	肥肝	32～35	60	6～7
	正常肝	76	2.5～3	7

水禽的普通肝脏色泽暗红,而肥肝为淡黄色或粉红色,这是由于肝脏中沉积了较多脂肪的原因。肥肝粗脂肪中有60.2%为不饱和脂肪酸,与植物油接近。不饱和脂肪酸能降低人体血液中胆固醇的含量,减少胆固醇类物质在血

管壁的沉积,减少动脉硬化的发病率。另外,肥肝中色氨酸、蛋氨酸、缬氨酸等必需氨基酸水平都有明显提高。因此,肥肝是一种高能量、易消化的高档保健型食品。

二、肥肝生产利用的主要品种和配套系

鹅的品种是影响鹅肥肝生产的首要因素。通常情况下,生产肥肝都是选择体形大,肉用性能好的鹅品种。在生产实践中,为了提高肥肝的产量,通常采用肥肝性能好的大型品种作父本,产蛋较多的品种作母本,杂交后代来生产肥肝,取得了良好的效果。

(一)肝用品种

1. 朗德鹅

法国朗德鹅体形中等偏大,是世界上最著名的肥肝鹅品种,也是目前各国肥肝生产中利用最多的品种,其平均肝重为 700～800 克。一些养鹅发达的国家都引进朗德鹅,除直接用于肥肝生产外,主要用作父本与当地鹅杂交,提高后代的产肝性能。

2. 图卢兹鹅

图卢兹鹅是世界上体形最大的鹅种,肥肝重达 1 000～1 300 克,缺点是肝脏大而软,脂肪充满在肝细胞间隙,品质较差,目前已很少用于肥肝生产,只用作杂交鹅的改良,来提高肥肝性能。

3. 其他鹅品种

匈牙利鹅的平均肥肝重为 464 克,意大利鹅 396 克,莱茵鹅 379 克。据我国科研工作者测定,作为我国唯一的大型鹅种,狮头鹅的平均肥肝重为 706 克,而溆浦鹅的肥肝重为 600 克,武冈铜鹅为 472 克,浙东白鹅为 438 克,浙南灰鹅为 478 克,太湖鹅为 313 克。可见,我国的一些地方鹅种具有较好的肥肝性能,通过选育还可进一步提高。其中,溆浦鹅肥肝具有个大、品质优良等优点,为我国主要的肥肝鹅品种。

(二)配套系

目前国内外普遍利用杂种鹅来生产肥肝,这样不仅可以利用母系产蛋多的优点,大量繁殖肥肝用鹅苗,而且可以利用杂种优势来提高肝重。

匈牙利的肥肝鹅是采用四系配套杂交而来,利用的品种主要有朗德鹅、图卢兹鹅和本国鹅种。法国主要以二系杂交为主,用图卢兹鹅作父本,玛瑟布鹅或朗德鹅作母本。我国主要以大型品种狮头鹅和引进品种朗德鹅、莱茵鹅作父本,以各地产蛋较多的地方鹅种为母本,进行二系杂交。据樊永青等(1994

年)测定,用朗德鹅、莱茵鹅、皖西白鹅公鹅分别与豁眼鹅母鹅杂交,结果莱茵鹅公鹅与豁眼鹅母鹅杂交后代填饲后平均肝重407.3克,产肝性能最好,而纯种豁眼鹅只有173.2克。段宝法等(1992年)报道,朗德鹅公鹅与四川白鹅母鹅杂交,肥肝性能较好,填饲19天后,平均肝重为408克,纯种四川白鹅只有158.3克。另据测定,朗德鹅公鹅与太湖鹅母鹅杂交后代平均产肝382克,狮头鹅作父本,太湖鹅作母本为331克。

三、肥肝鹅的填饲技术

为了使肥肝鹅快速增重,增加单个肥肝的重和提高等级,缩短饲养期,降低饲养成本,要对其进行强制填饲。

(一)填饲日龄与季节

鹅的年龄对肥肝生产有较大的影响。一般开始填饲日龄应掌握在水禽体成熟后进行,肉仔鹅在16周龄左右。这时,鹅的肝细胞数量较多,肝中脂肪合成酶的活性较强,消化吸收的养分除用于维持需要外,大部分转化为脂肪,沉积于与肝脏,有利于肝脏的快速增重。

鹅属于季节性产蛋禽类,因此,肥肝生产也具有季节性。我国南北方种鹅的产蛋时间不同,肉仔鹅填饲获取肥肝的时间也有所差异。由于鹅填饲的最适合温度为10~15℃,肉仔鹅皮下沉积大量的脂肪,不能很好散热,因此特别怕热。气温超过25℃时,不能进行填饲,炎热夏季不适合肥肝生产。相反,寒冷的冬季也限制了肥肝生产,一般要求在0℃以上。

(二)填饲饲料的调制

1. 填饲饲料

玉米是目前世界上普遍采用的填饲饲料。玉米的能值高,达13.38兆焦/千克,而且容易消化吸收,容易转化为脂肪沉积。玉米中胆碱含量低,有利于脂肪在肝脏中沉积,可以得到更大的肥肝。每千克玉米胆碱含量为441毫克,而燕麦为958毫克,大麦为991毫克,小麦为1 205毫克。玉米种植面积大,产量高,价格低廉,生产肥肝成本低。因此,玉米是肥肝生产最理想的饲料原料。

另外,玉米的种类较多,填饲效果不同。一般小粒玉米出料好,填饲效果好。从色泽来看,黄色、红色玉米填饲获得的肥肝色泽深,而白色玉米填饲的肥肝色泽浅,可以满足不同的需求。玉米质量要好,不能有霉变。

填饲原料除了玉米外,还需要少量食盐和多种维生素添加剂。

2. 饲料的调制

首先,填饲用玉米要求整粒饲喂,粉碎后影响填饲机的正常工作。为了减

少摩擦,提高填饲机出料效率,要加入一定量的油脂。为了提高玉米的消化率,在填喂前要经过特定工序的处理,方法有以下几种:

(1)浸泡法 将玉米粒直接放入冷水中浸泡8～12小时,沥去多余水分。按浸泡后的重量加入0.5%～1.0%食盐和1.0%～2.0%动(植)物油脂,另外每100千克加入10克复合维生素。

(2)水煮法 饲喂前,先将整粒玉米水煮10～15分,焖1～2小时捞出后加入2%的油脂和1%的食盐,每100千克加入10克复合维生素。搅拌均匀后即可进行填饲。

(3)炒玉米法 根据规模大小的不同,用手工或机械方法将整粒玉米文火炒制,八成熟时起锅。放凉后装袋备用,喂前用温水浸泡1～1.5小时,使玉米起皮捞出,沥干水分,加入0.5%～1.0%食盐后即可填饲。

用上述3种方法处理后的玉米,均能取得良好的填肥效果。其中浸泡法简单易行,节省劳动力,在生产中最常用。

(三)预饲期的饲养

鹅肥肝生产分为预饲期和填饲期两个阶段。从非填饲期进入填饲期,在饲养管理上有着明显的区别。预饲期饲养的关键是让鹅有一个逐渐的适应过程,使其适应高营养水平的日粮,适应大的精饲料饲喂量。预饲期饲养的好坏直接影响到肥肝的生产效果。

1. 预饲期的饲养方式

肥肝鹅进入预饲期后,要逐渐缩短放牧时间,改为在舍内和运动场补饲青粗饲料和精饲料。1周以后停止放牧,完全转为舍饲。

2. 预饲期的饲料配合

预饲期要逐渐减少青粗饲料的喂量,逐渐增加精饲料的喂量。精饲料的配方为:玉米60%、麸皮15%、豆粕18%、花生粕5%、骨粉2%。拌湿后让鹅自由采食。

3. 预饲期的长短

当采食量每天达250～300克时,体重增长10%,转为填饲期。预饲期一般为7～10天。

4. 预饲期免疫驱虫

填饲前1周,接种禽霍乱菌苗,每只肌内注射1毫升;用硫氯酚驱除体内寄生虫,每千克体重用药200毫克。

5. 预饲期的饲养管理

在填饲前,鹅以粗饲、放牧饲养为主,自由采食。进入预饲期后逐渐由放牧转为舍饲,由粗饲转为精饲的过渡期,到预饲期结束前几天,要停止放牧和防水。预饲期每天喂料3次,自由采食,喂料量要逐渐增加。并且在饲料中逐渐加入整粒玉米,使其习惯填饲料。预饲期除了放牧采食青饲料外,舍内仍要投放青饲料,自由采食,不限量,目的是使鹅的消化道逐渐膨大、柔软,便于以后的填饲。

(四)填饲器械的选择

人工强制填饲是肥肝生产的主要手段,而填饲器械是完成这种手段必不可少的工具。填饲器械是伴随着填饲技术而出现的,随着填饲规模的不断扩大,填饲器械不断得到改进。在古代,人们完全靠手工来填饲,效率很低。以后逐步发展到利用漏斗填饲,随后出现了手摇漏斗式填饲器械。20世纪出现了手摇填饲机和电动填饲机,从而使填饲效率得到了大幅度的提高。目前国内外普遍采用电动填饲机,可以进行大规模肥肝生产。

电动填饲机分为两大类型。一类是螺旋推动式,在填饲管中装有螺旋推动装置,靠弹簧的旋转将整粒玉米填入鹅食管。这种类型装置最早应用于法国,后来我国的科研工作者根据我国水禽的实际,对其加以改进,设计出我国自己的填饲机,应用效果良好。另外一种类型为压力泵式,利用电动机带动压力泵,使饲料通过填饲管进入水禽食管。压力泵式填饲机的填饲管为塑料或橡胶软管,不易造成咽喉和食管的损伤,但只适合糊状饲料的填饲,饲料水分太大,不利于形成肥肝,要延长填饲期。

我国的鹅种颈部细长,国外的填饲机不适合,只能用自行研制的填饲机。20世纪70年代末,我国开始了填饲机的研制,上海松江首先研制成功仿法式填饲机。1982年无锡市农业科学研究所研制出9DJ—82—A型鸭鹅填饲机(图10-2),1984年北京农业大学同时研制出了9TFL—100型(图10-3)和9TFW—100型(图10-4)两种填饲机。目前从使用情况来看,9TFL—100型和9TFW—100型填饲机应用效果良好(特别是填饲鹅),得到普遍认可,市场占有率较高。这两种填饲机均设有固禽器。9TFW—100型为卧式,操作方便,有手摇皮带轮,停电时仍能使用,深受用户欢迎。

4种填饲机的技术指标见表10-4。

图 10 - 2 9DJ—82—A 型鸭鹅填饲机

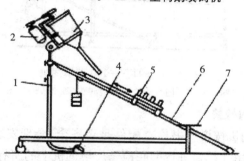

图 10 - 3 9TFL—100 型填饲机

1. 机架 2. 电动机 3. 饲喂机构 4. 脚踏开关 5. 固禽器 6. 滑道 7. 坐凳

表 10 - 4 4 种填饲机的技术指标

项目		上海仿法改良式	9DJ—82—A 型	9TFL—100 型	9TFW—100 型
外形尺寸 （毫米）	长	1 150 ~ 1 300	500	1 300 ~ 1 400	1 900
	宽	540	500	520	700
	高	1 250	700 ~ 1 300	1 200 ~ 1 300	1 400
型式		立式	立式	立式	卧式

项目	上海仿法改良式	9DJ—82—A 型	9TFL—100 型	9TFW—100 型
整机重（千克）	52	22	35	35
料斗容积（升）	24	8～10	9	9
电机功率（千瓦）	624～880	560	580	580
出料量（千克/分）	1.9	1.5	1.0～1.5	1.0～1.5
填饲机操作人数	2	2	1	1
填饲管内径（毫米）	18～20	18～20	18～20	18～20
填饲管长度（毫米）	240	240	500	500

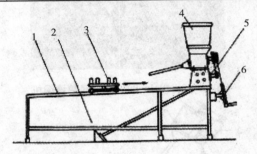

图 10 - 4　9TFW—100 型填饲机
1. 机架　2. 脚踏开关　3. 固禽器　4. 饲喂漏斗　5. 电动机　6. 手摇皮带轮

（五）填饲机的检修

新购进的填饲机按说明书检查配件是否齐全，合理安装。新旧填饲机放置一段时间后，使用前都要进行彻底检修。填饲机上的所有螺丝都要拧紧，避免在使用中脱落；填饲机放置在水平地面上要求稳定，不能来回摇晃；储料桶、螺旋推进器、填饲管不能有铁锈和污染；填饲管管口应该光滑、没有破损和缺口；填饲管中的螺旋弹簧应凹入管口1厘米左右，不同突出管口，以免造成鸭、鹅咽部和食管的损伤；电机和手轮皮带是否老化，及时更换。

检查完毕后，接通电源，电源电压要与电机要求电压一致。踩动脚踏开关，检查机器运转情况。听螺旋推进器在填饲管中运转的声音，正常运转，噪声越小越好。如果声音特别大，而且手摸填饲管感觉发热，说明安装角度不正确或者弹簧不直，应立即停机修理。运转正常后，将少量玉米装入储料桶中，启动开关，检查玉米的推进情况，出料是否正常。

填饲管外涂抹食用油，使其润滑，便于伸入鸭、鹅食管。

（六）填饲操作

填饲操作分为仿法式和中国式两种操作方法,其中中国式比较适合中国鹅种的填饲。

1. 仿法式填饲操作

9DJ—82—A 型鸭鹅填饲机要采用仿法式操作,这种方法需两人完成。助手将调制好的玉米倒入填饲机料斗中,要求温度适宜。随后抓鹅保定,两手拇指按紧两翅,其余手指抓紧鹅体,将鹅轻捧到填饲机前。注意使鹅两脚向后伸,防止挣扎蹬地。填饲人员先在填饲管上涂抹油脂,然后右手抓住鹅头,拇指和食指按压嘴角两侧,使喙部张开。左手食指深入喙部,压住舌根部向外牵引,将舌头拉出并固定好,防止鹅缩舌。最后将张开的喙朝向填饲管口,逐渐套上。喂料管通过咽部时要特别小心,如遇阻力说明角度不对,应退出重套。

将填饲管(24 厘米)全部插入食管后,固定鹅体和鹅头,不让其乱动,同时保持鹅颈部伸直。填饲人员左脚踩动填饲开关,填入少量玉米,然后用右手手指将填入的玉米捋入食管膨大部。接着再开动开关,填入较多的玉米,继续用右手将玉米捋下。这样,每踩一次开关,捋几下。添满膨大部和食管下部后,逐渐将鹅体往下退,继续填饲。玉米填到距喉头 10 厘米处为止,关闭机器,全部退出喂料管。

2. 中国式填饲操作

中国鹅的颈部较长,一般为 35 ~ 38 厘米,如采用仿法式填饲操作需要多次捋食,势必会造成鹅颈部皮肤、羽毛的损伤,同时诱发食管炎症。中国式填饲操作对填饲机进行改进,延长了填饲管,使其长度达到 50 厘米。以 9TFL—100 型和 9TFW—100 型填饲机为例介绍填饲方法。

填饲人员先将鹅固定在固禽器上,往料斗中加料,在填饲管上涂抹油脂。一手抓住鹅头,用拇指和食指打开鹅嘴,另一手食指伸入口腔,压住舌根部向外拉舌,使鹅嘴尽量张开。然后向上拉鹅头,渐渐套入喂料管,将喂料管前端一直送到食管膨大部的上方。喂料管通过咽部时要特别小心,如遇阻力说明角度不对,应退出重套。喂料管插入后,填饲员踩动开关,先将膨大部和下部食道填满,然后边退、边填,将玉米一直填到距喉头 5 厘米处为止。这样就省去了烦琐的捋饲操作,大大减少了对食管的损伤,增加了填饲量,缩短了填饲期。

(七)填饲期的饲养要点

1. 饲养方式

填肥鹅最普遍的饲养方式为舍饲平养,不让其运动和游泳。舍内设水泥地面,便于冲洗消毒,冬天天冷时适当铺设垫料,1米²饲养鹅3~4只。舍内要围成小栏,每栏饲养鹅不超过10只。饮水槽放置在栏外,以保持栏内的干燥。肥肝鹅也可采用单笼饲养,笼的尺寸为500毫米×280毫米×350毫米。填喂时,直接将填饲机推至笼前,拉出鹅颈,进行填饲。笼养鹅活动少,易于育肥,鹅肝品质高,但设备费用高。

填饲期设水槽与沙槽自由饮水,自由采食沙砾。

2. 填饲期长短与填饲量的控制

鹅的填饲期一般为3~4周,具体时间长短应根据品种、年龄、体重和个体差异来定。4周以后体增重和肥肝增重减缓,易出现消化不良现象,应及时屠宰取肝。填饲量应由少到多,第一周每天填喂0.6~1.0千克,每天填喂3~4次;第二周后每天填喂1.5~2.0千克,每天填喂4次。每只鹅在填饲前先用手触摸食管中玉米的消化情况,如有玉米残留,说明消化不良,可适当减少填饲量。经常出现消化不良的鹅要尽早屠宰取肝。

北京鸭每天填喂3次,平均每天填喂500~600克,填饲期12~14天,消耗玉米8千克;骡鸭每天填喂2次,平均每天填喂700~1000克,填饲期18天,消耗玉米14~18千克。

每次填饲前要详细观察鸭、鹅的体况和外形,淘汰部分有病个体。然后用手触摸颈下部,估计有多少饲料存留其中,以便确定每次的填饲量。消化快的鹅要多填,消化慢的要少填或停止填饲一次。

每次填饲后将鹅放开进行观察,如鹅表现精神愉快,展翅饮水,说明填饲正常。如出现用力甩头,将玉米吐出,说明填饲距喉头太近。

四、肥肝鸭鹅的屠宰、取肝及肥肝的包装和储存

(一)屠宰期的确定

肥肝鹅不能确定统一的屠宰期,个体不同,屠宰期不同,要做到适时屠宰。肥肝鹅填饲期一般为3~4周,肥肝鸭2~3周。具体肥肝鹅何时屠宰,主要看鹅的外观表现。如出现前胸下垂,行走困难,步履蹒跚,呼吸急促,眼睛凹陷,羽毛湿乱,精神萎靡,这时消化机能下降,应及时屠宰取肝。无此现象者,可继续填饲。

（二）肥禽的运输

强制填饲结束后，要经过一夜的断饲，次日清晨及时运往屠宰加工场。肥肝鸭、鹅填饲结束后肝脏增大数倍，不能进行长途运输，否则会造成肝破裂而死亡。因此，最好就地、就近屠宰。短途运输要求保证平稳，免受颠簸，有河道的地方最好用轮船载运。汽车运输时，要用专用的塑料运输笼，不能用铁丝笼。每只笼尽量减少装入数量，防止挤压造成肝脏破裂。笼底要多铺设垫草，装车时动作要轻。抓取肥禽时，要双手捧住翅膀，轻捉轻放。

（三）肥肝鹅的屠宰取肝

1. 宰杀

宰前要禁食 8~12 小时（一般经过一夜的断饲，第二天清晨屠宰）。倒挂在屠宰架上，头部向下，割断颈部血管和气管，放血 5~10 分。放血要彻底，使屠体皮肤发白，肝脏色泽正常，避免肝脏郁血，形成血斑。

2. 烫毛

烫毛时水温应控制在 65~73℃，并不停翻动 1~2 分。水温不能太高，否则容易烫破皮肤，影响肥肝质量。

3. 脱毛

不能使用脱毛机，应完全采用手工拔毛。将浸烫好的屠体放置在桌面上，要立即拔毛，首先将鹅胫、喙、蹼上的表皮脱干净。然后依次拔去翼羽、尾羽、背部羽毛、胸腹部羽毛、颈部和腿部羽毛。拔毛时动作要轻，防止肝破裂。

4. 冷却

鹅的脂肪熔点较低，为 32~38℃，拔毛后直接取肝，容易造成脂肪流失。拔毛后，腹部向上放置在 0~3℃冷藏室中 6~10 小时或 4~10℃下 12~18 小时，使屠体坚实，易于取肝。

5. 剖腹与取肝

首先将冷却后的鹅屠体腹部向上平放在操作台上，沿腹部正中切开腹腔，轻轻摘取肝脏，小心剪去胆囊。

6. 肥肝修理

用小刀切除附着在肝脏上的神经纤维、结缔组织、残留脂肪和胆囊下的绿色渗出物，切除肥肝上的瘀血和出血斑。

7. 漂洗

将肝放在 1% 盐水中漂洗 5~10 分，去除血污和杂质。

8. 包装

将肝用薄膜包装机包装,一般每个肥肝要单独包装。若出售鲜肝,包装盒中需加碎冰。长期保存,需在-25~-18℃条件下冷冻保存2~3月。

五、肥肝的质量监测与等级划分

(一)填饲鹅的监测

要求供填饲的鹅来自非疫区;为3~5月龄的鹅,健康无病;要经过预饲期的观察,无疫病发生。

(二)填饲饲料的监测

填饲饲料中不能含有激素类、禁止使用抗菌药物和其他对人体有害的化学添加剂。玉米不能有霉变。

(三)屠宰前监测

要有兽医检疫证明和填饲记录(饲料消耗、平均增重、伤残率等)。

(四)屠体及组织器官监测

1. 屠体

外表色泽是否正常,皮肤有无溃疡、脓肿、肿瘤等。

2. 体内组织器官有无病变

体内组织器官有无病变包括肝脏色泽,消化道浆膜、黏膜有无出血。气囊是否浑浊,有无异常。

(五)肥肝的分级

主要按肥肝重和感官来进行分级。

1. 肥肝重分级

个大质优的肥肝在市场上售价最高,因此,影响肥肝等级的首要因素为肥肝重。对鹅肥肝重的要求:特级肝600~900克,一级肝350~600克,二级肝250~350克,三级肝150~250克。

2. 感官分级

(1)色泽 色度均匀,颜色为浅黄色或粉红色为正常,肥肝表面有光泽。油脂渗出少。

(2)组织结构 肝体完整,无血斑、无血肿、无胆汁的绿斑,按压有弹性,软硬适中。

(3)气味 具有鲜肝的正常气味,无异味。

鹅肥肝的分级标准见表10-5。

414

表 10 - 5　鹅肥肝的分级标准

项目	特级	一级	二级	三级	级外
重（克）	600 以上	350~600	250~350	150~250	150 以上
色泽	浅黄或粉红	浅黄或粉红	可较深	较深	暗红
血斑	无	无	允许少量		
形状与结构	良好无损伤	良好	一般		

第四节　活拔羽绒生产技术

鹅、鸭羽绒具有柔软轻松、弹性好、保暖性强等特点，经过简单加工后是一种天然、高级的填充料，是制作羽绒服、羽绒被等高档防寒服装和卧具的很好材料。本节将鹅和鸭的活拔羽绒生产技术一并介绍。

一、水禽羽毛的生长规律

羽毛是皮肤的衍生物，羽毛生长前，先形成羽囊，产生羽根，羽根末端与真皮结合形成羽毛乳头，血管由此进入羽髓。羽髓里充满明胶状物质和丰富的血管，血管为羽毛生长提供营养物质。羽毛成熟后，血管从羽毛上部开始萎缩、干枯，一直后移至羽根。故成熟脱落的羽毛，羽根白色而坚硬；没有成熟的羽毛，羽根中充满带有血管的羽髓，呈现红色且质地较软。

鹅绒包括绒毛和羽片下部的绒。

鹅的羽毛是在孵化的过程中出现的。当鹅胚发育到 11 天时，羽毛开始萌发；15 天时，全部躯干出现绒毛；17 天时，全身布满绒毛；在孵化的后 13 天中，绒毛逐渐生长成熟。白羽鹅品种雏鹅出壳后全身长满丰盛的金黄色绒毛，这时的绒毛具有纤细的羽茎，顶端有小羽枝，保暖性好，为刚出壳雏鹅提供御寒屏障。随着日龄的增大，逐渐脱换为成年羽毛。现以太湖鹅仔鹅期羽毛生长情况为例，说明鹅羽毛的生长规律，表 10 - 6 供参考。鸭的羽毛生长规律见表 10 - 7。

表 10 - 6　太湖鹅仔鹅期羽毛生长规律

俗名	日龄	羽毛变化概况
收身	3~4	全身绒毛稍显收缩贴身，显得更精神
小翻白	10~12	绒毛由黄变浅，开始转白色
大翻白	20~25	绒毛全部变成白色

俗名	日龄	羽毛变化概况
四搭毛	30~35	尾、体侧、翼基部长出大毛
滑底	40~45	腹部羽毛长齐
头顶光	45~50	头部羽毛长齐
两段头	50~60	除背腰外,其余羽毛全长齐
交翅	60~65	主翼羽在背部相交,表明羽毛已基本成熟
毛足肉足	70~80	羽毛全部成熟,并开始第二次换毛

表10-7　北京鸭、樱桃谷鸭的羽毛生长规律

俗名	日龄	羽毛变化概况
鸭黄	1~7	全身覆盖黄色绒毛
发白	8~15	黄色绒毛逐渐变成白色
浮四点	25~30	从两肩部、腰部前方四点开始脱换青年羽
平肚	31~45	两侧四点羽毛沿前方换生,相互结合;前胸羽毛沿腹部换生,腹部羽毛平滑整齐
狗牙	46~60	主翼羽、轴羽、副主翼羽成排出现
四面光	61~75	全身羽毛长齐,翼羽贴于腰部呈圆形合拢
交翅	76~90	两翅在尾部交叉

不同的品种,第一次换毛的日龄有所差异。羽毛的脱换变化情况受制于遗传、环境和营养条件,其中饲料中蛋白质的含量和优劣对羽毛的生长和更换影响很大,特别是含硫氨基酸(胱氨酸和蛋氨酸)的多少,影响更大。羽毛中的角蛋白,其主要成分为胱氨酸。蛋氨酸可以通过转化成为胱氨酸而参与羽毛角蛋白的合成。因此,饲料中胱氨酸的含量应占含硫氨基酸总量的54%,羽毛成熟后可以下降。应该强调指出,羽毛的生长发育是与整个机体的发育和新陈代谢伴行的。在鸭鹅的日粮中,既要注意羽毛的营养需要,又要注意整个机体的营养需要。机体营养不良时,羽毛生长缓慢,优于肌肉和脂肪的生长。

二、羽毛的类型和特征

羽毛是禽类表皮细胞角质化而形成的。鸭、鹅的羽毛在体表不同部位,形状和结构有所差异,可以分为正羽、绒羽、纤羽3种类型,正羽、绒羽见图10-5。

图 10 - 5　羽毛形态

1. 正羽　2. 绒羽

（一）正羽

正羽是覆盖鸭、鹅体表绝大部分的羽毛，在层次上看生长在最外部，形状呈片状。分布于翼、尾、头、颈和躯干等部位。成熟的正羽又分为飞翔羽（含翅膀上的主翼羽和副翼羽）、尾羽和体羽。体羽生长在躯干、颈、腿等部位。正羽的结构形态包括羽轴和羽片两部分。

1. 羽轴

为羽毛中间较硬而富有弹性的中轴。羽轴分为羽根和羽茎两部分。羽根位于羽轴的下端，基部生长在皮肤羽囊中，质地粗而硬。羽茎位于羽轴的上端，较尖细，两侧生长有羽片。

2. 羽片

由许多相互平行的羽枝构成，羽枝又上生有左右两排小羽枝，小羽枝上生有小钩，相互勾连交织起来形成羽片。

（二）绒羽

位于正羽下层，被正羽所覆盖。绒羽在构造上与正羽有明显的区别，绒羽的羽茎短而细，甚至呈核状，部分羽枝直接从羽根部长出。绒羽羽枝较长，蓬松而柔软，呈放射状生长。绒羽的羽小枝没有小钩或者小钩不明显，因此，羽枝间互不勾连，看上去很像一个绒核放射出细细的绒丝，呈现朵状，故称绒朵。

绒羽主要分布在胸、腹部，位于正羽的下层，背部也有一定的分布。绒羽由于形态、结构的不同，可以分为朵绒、伞形绒、毛形绒和部分绒等几种类型。绒羽是构成商品羽绒的最主要成分，也是品质最优的羽毛。

（三）纤羽

纤羽纤细如毛，又称毛羽，着生在羽内层无绒羽的部位。其特点是细而长,为单根存在的细羽枝或在羽轴的顶部有2~3根羽枝。

三、商品羽绒的构成

商品羽绒是体表多种羽毛的混合物(除去翅膀和尾部大的羽翎),羽绒根据生长发育程度和形态的差异,又可分为以下几种类型:

(一)毛片

毛片是羽绒加工厂和羽绒制品厂能够利用的正羽。其特点是羽轴、羽片和羽根较柔软,两端相交后不折断。生长在胸、腹、肩、背、腿、颈部的正羽为毛片。毛片是鸭鹅羽绒重要的组成部分,长度一般在6厘米以下。

(二)朵绒

朵绒又称纯绒。其特点是羽根或不发达的羽茎呈点状,为一绒核,从绒核放射出许多绒丝,形成朵状。朵绒是羽绒中品质最高的部分。

(三)伞形绒

伞形绒是指未成熟或未长全的朵绒,绒丝尚未放射状散开,呈伞形。

(四)毛形绒

毛形绒指羽茎细而柔软,羽枝细密,具有羽小枝,小枝无钩,梢端呈丝状而零乱。这种羽绒上部绒较稀,下部绒较密。

(五)部分绒

部分绒系指一个绒核放射出两根以上的绒丝,并连接在一起的绒羽。部分绒看上去就像是绒的一部分。

(六)劣质羽绒

生产上常见有以下几种劣质羽绒:

1. 黑头

黑头指白色羽绒中的异色毛绒。黑头混入白色羽绒中将大大降低羽绒质量和货价。出口规定,在白色羽绒中黑头不得超过2%,故拔毛时黑头要单独存放,不能与白色羽绒混装。

2. 飞丝

飞丝即每个绒朵上被拔断了的绒丝。出口规定,"飞丝"含量不得超过10%,故飞丝率是衡量羽绒质量的重要指标。

3. 未成熟绒子

未成熟绒子指绒羽的羽管内虽已没有血液,但绒朵尚未长成,绒丝呈放射状开放。未成熟绒子手触无蓬松感,质量低于纯绒,影响售价,不宜急于拔取。

4. 血管毛

血管毛指没有成熟或完全成熟的羽毛。

四、活体拔毛技术

鹅、鸭的活体拔毛起源于欧洲。早在纪元前的古罗马时代，欧洲人就开始活拔鹅羽绒，认为白鹅的羽绒最珍贵，保管得好，能使用 70～80 年，故售价最高。欧洲人在仔鹅 14 周龄时开始活体拔毛，以后每隔 7 周拔毛 1 次。在法国的波尔多地区，活体拔毛很盛行，且远近闻名。在英国也有活体拔毛的传统，每只鹅每年拔毛 5 次。后来，欧洲人移居到美国，把活拔鹅毛技术传到了美国，他们是在种鹅停产后和换毛前以及 8 月中旬，各拔毛 1 次，即每年拔毛 3 次。

匈牙利是世界上养鹅较多和盛行活拔鹅毛的国家，该国有"青草换鹅毛"的口号，使养鹅数不到我国的 1/10，而鹅羽绒产量却相当于我国羽绒产量的 1/3，羽绒总产值与我国接近，成为世界上第二个羽绒生产国和出口国。

我国历史上还没有发现有关活拔鹅毛的文献资料，1986 年陈耀王等考察匈牙利养鹅业，引进了鹅的活体拔毛技术，并大力推广，成为我国鹅业羽绒生产中的创新工程，对我国羽绒产量的增加和品质的提高发挥了极大的推动作用。

（一）活体拔毛的优点

活体拔毛技术合理利用了家禽的新陈代谢规律和羽绒生长发育规律，具有以下几方面的优点：

1. 方法简单，容易操作

活体拔毛不需要什么复杂设备，只需准备拔毛人员坐的木凳，盛放羽绒的塑料盆和布袋即可。活体拔毛操作简单易学，容易掌握，男女老幼均可进行。因此，活体拔毛是目前畜牧生产中投资少、效益高的一项新技术。

2. 周期短，见效快

鹅羽绒生长迅速，尤其在有水面的情况下，每隔 40 天左右拔毛 1 次，1 只种鹅利用停产换羽期间可拔毛 3 次，而专用拔毛的鹅、鸭可以常年拔毛，每年可以拔 5～7 次。中型鹅种每次可拔取羽绒 50～100 克，效益显著。四川白鹅母鹅每次拔毛可产绒 30 克、公鹅约 50 克；皖西白鹅分别为 50 克和 70 克。

3. 提高羽绒的产量和质量

活体拔毛在不影响禽体健康和不增加养鹅、鸭数量的情况下，比屠宰取毛法能增产 2～3 倍的优质羽绒。活拔毛绒无须经过热水浸烫和晒干，毛绒的弹性强,蓬松度好,柔软洁净,色泽一致,含绒量达 20% ~ 22%。其加工产品使用时间比水烫毛绒延长 2 倍左右。

4. 提高水禽饲养的综合经济效益

在自然资源较好的放牧条件下,利用青草茂盛季节对肉用仔鹅、停产的种鹅、后备种鹅和淘汰鹅进行活体拔毛。后备鹅和停产种鹅可拔毛 3 ~ 4 次,在不消耗大量饲料的情况下,可增产优质羽绒 0.3 ~ 0.4 千克,增加收入 16 ~ 20 元。肉用仔鹅和淘汰鹅尽量延长饲养期,待枯草期集中屠宰,鹅肉进行传统的深加工,能大幅度提高养鹅的经济效益。

(二)活体拔毛选用的品种

活体拔毛是一项颇有推广价值的新技术,但不是所有的鹅、鸭都可以用来活拔毛,也不是任何时候都可以活拔毛,更不是任何部位的毛都可以活拔利用。

1. 活体拔毛鹅

按生长和生产阶段不同,适于活体拔毛的鹅有以下几类:

(1)肉用鹅　在没有吃肉仔鹅习惯的广大地区,把仔鹅养到"立冬"前后,青草枯老,鹅已养得肥大毛丰时,再出售或屠宰,这就是有别于"肉用仔鹅"的"肉鹅"。这样的鹅养到 90 ~ 100 日龄,可以开始活体拔毛。一般活重 3.5 千克以上的鹅,第一次拔毛可以获得含绒量达 22% 左右的羽绒约 80 克。拔毛后再养 40 天左右,新毛长齐后可进行第二次拔毛。这样可连续拔毛 3 次,到初冬再把鹅出售或屠宰。这时的肉鹅,体重大,肥度好,比夏、秋季节售价也高。在青草丰盛的地方,将肉鹅以放牧为主进行饲养,连续 3 次拔毛后再出售,1 只鹅可以增收 16 ~ 18 元。但若以舍饲为主拔毛,那就不一定能增收。

(2)后备种鹅　当后备种鹅养到 90 ~ 100 日龄时,即可进行首次拔毛,以后每隔 40 天左右拔毛 1 次,直到开产前 1 个月停止拔毛,一般可拔毛 3 ~ 4 次。后备种鹅通过活体拔毛,每只鹅可增收 16 ~ 20 元。

(3)种鹅　种鹅到夏季一般都停产换羽,必须在停产还没有换羽之前,抓紧进行活体拔毛,直到下次产蛋前 1 个月左右,连续拔毛 3 ~ 4 次。种鹅体形大,产羽绒也多。对种鹅进行活体拔毛,是降低种鹅饲养成本,增产增收的有效措施。如雁鹅、皖西白鹅、浙东白鹅、莲花白鹅、兴国白鹅、狮头鹅、马岗鹅等。这类鹅在当地于当年的 9 ~ 10 月开始产蛋,第二年的 4 ~ 5 月结束,一直休产到 9 ~ 10 月再产蛋。利用种鹅休产期活体拔毛几次,既不影响产蛋和健康,也不增加饲料开支,还能卖毛增收。特别是皖西白鹅,体形大,产毛多,含绒量高,适合活体拔毛。

东北地区的豁眼鹅、籽鹅等小型鹅种。这些鹅种产蛋多,同时为适应寒冷的气候条件,产羽绒量多,羽绒品质优良。种鹅利用休产期,可拔毛 3 次,每次可拔含绒量 30% 以上的羽绒 90 克左右,最多达 130 克

(4)肥肝鹅　肉用仔鹅的羽毛刚长齐,体重还不够,不能用于填饲生产肥肝,需要再养一段时间,在这一阶段可拔毛 1 次,等新毛长齐后再填饲。若当时气候炎热,不能填饲,还可以继续拔毛 1~2 次,等到天气凉爽后新毛长齐,再填饲生产肥肝,这是增收的好办法。

(5)专用拔毛鹅　养鹅为拔毛,不论公、母鹅,也不论季节,可常年连续拔毛 6~7 次。

2. 活体拔毛鸭

可以用来进行活体拔毛的鸭品种的选择主要是一些羽毛白色、产绒量高的肉用类型,如北京鸭、樱桃谷鸭、狄高鸭等。按不同的生长阶段和生产阶段分为以下几类:

(1)专用拔毛鸭　用于拔毛的肉鸭养到 90 日龄左右即可第一次拔毛。通常拔毛后一周,新的羽毛开始生长,毛绒长齐进行下一次拔毛需 5 周左右。在正常情况下每年可拔毛 6~7 次,利用 3~4 年。

(2)淘汰的种鸭　肉种鸭经过 1 年或 2 年的产蛋期后,可以用来进行活拔毛绒。

(3)种鸭的休产期　在炎热的夏季,利用种鸭自然换羽的有利时机,拔取可利用的毛绒。这样既有利于种鸭快速度过换羽期,提高产蛋量,同时增加羽绒的收入。

(4)宰杀前的肉仔鸭　准备加工分割肉的白色肉仔鸭,没有必要保持鸭体皮肤的完整性,宰杀前可进行一次活体拔毛。

这里应该强调指出,种鹅在产蛋繁殖季节和严冬缺乏青绿饲料时期,肉用仔鹅和后备种鹅的羽绒还没有长齐的时候,都不能随意进行活体拔毛。

(三)不适合活体拔毛的鹅鸭类型

南方的灰鹅,体形较小,天气炎热,产毛少且含绒量低,而且灰色羽绒的售价低于白色羽绒 20% 左右,不适合活体拔毛;另一类是分布于江、湖平原地区的体形较小的鹅种,如太湖鹅,产蛋较多,但羽毛较薄而紧贴,产毛量少,含绒量不足 20%,活拔羽绒效益不高。地方麻鸭为有色羽,而且羽绒品质差、产量低,不适合活体拔毛。

(四)羽绒生产的季节性

羽绒的产量和品质与季节密切相关,随着季节的变化,大体可将羽绒分为冬春羽绒和夏秋羽绒两种。

1. 冬春羽绒

北方各省区在 10 月下旬至翌年 5 月中旬,南方各省区在 11 月中旬至翌年 4 月中旬,鹅、鸭的羽绒毛片大、绒朵厚而丰满、柔软蓬松、色泽良好、弹性强、血管毛少、含杂质少、产量高、纯绒多。

2. 夏秋羽绒

北方各省区在 6~9 月,南方各省区在 5 月中旬至 10 月,鹅、鸭的羽绒毛片小、绒毛少、绒朵小、血管毛多、含杂质多、产量低、品质差。

鹅、鸭羽绒的生长与脱落随季节的变化而变化,冬春羽绒比夏秋羽绒好,冬毛含绒量比夏毛高出 20%~40%。因此,在开展活体拔毛时要注意这一点。

(五)活体拔毛前的准备工作

1. 人员准备

在拔毛前,要对初次参加拔毛的人员进行技术培训,使其了解鹅、鸭羽绒生长发育规律,掌握活体拔毛的正确操作技术,做到心中有数。

2. 鹅、鸭的准备

选择适于活体拔毛的鹅、鸭群,并对鹅、鸭群进行检查,剔除发育不良、消瘦体弱的鹅。拔毛前几天抽检几只鹅、鸭,看看有无血管毛,当发现绝大多数羽毛的毛根已经干枯,用手试拔容易脱落,表明已经发育成熟,适于拔毛。若发现血管毛较多,且不易拔脱,就要推迟一段时间,等羽毛发育成熟后再拔。拔毛前一天晚上要停止喂料和饮水,以免在拔毛过程中排粪污染羽毛。如鹅、鸭体羽毛脏污,应在拔毛前几小时让鹅、鸭下水洗浴,羽毛洗净后迅速离水,在干净、干燥的场地晾干羽毛后再拔毛。拔毛应在风和日丽、晴朗干燥的日子进行。

为了使初次拔毛的鹅、鸭消除紧张情绪,使皮肤松弛,毛囊扩张,易于拔毛,可在拔毛前 10 分左右给每只鹅、鸭灌服 10~12 毫升白酒。方法为用玻璃注射器套上 10 厘米左右的胶管,然后将胶管插入食管上部,注入白酒。

3. 场地和设备的准备

拔毛必须在无灰尘、无杂物、地面平坦、干净(最好是水泥地面)的室内进行。拔毛过程中将门窗关严,以免羽绒被风吹走和到处飞扬。非水泥地面,应在地面上铺一层干净的塑料布。室内摆好足量的存放羽毛的干净、光滑的木桶、木箱、纸箱或塑料袋以及保存羽绒用的布袋。备好镊子、酒精、脱脂棉球，以备在拔破皮肤时消毒使用。另外，还要准备拔毛人员坐的凳子和工作服、帽子、口罩等。

（六）活体拔毛的操作方法

1. 适于拔毛的部位

胸部、腹部、体侧和腰部是绒朵含量较高的部位，是主要的拔毛地方，其他依次为颈下部和背部。翼羽和尾羽不宜拔。

2. 拔毛鹅、鸭的保定

（1）双腿保定　拔毛者坐在凳子上，用绳捆住鹅的双脚，翻转过来，使其胸腹部朝上，背置于操作者腿上，头朝操作者。用两腿同时夹住鹅的头颈和双翅，使其不能动弹（但不能夹得过紧，防止窒息）。此法容易掌握，较常用。拔毛时，一手压住鹅皮，一手拔毛。两只手还能轮流拔毛，可减轻手的疲劳，有利于持续工作。

（2）半站立式保定　操作者坐在凳子上，一手抓住鹅颈上部，使其呈站立姿势，用双脚轻轻踩住鹅脚趾和蹼（也可踩鹅的两翅）。使鹅体向操作者前倾，然后开始拔毛。此法比较省力，但不适合初次拔毛应用，鹅容易挣扎。

（3）卧地式保定　操作者坐在较矮的凳子上，双手抓住鹅颈部和双脚，使其横卧在操作者面前的地面上。用一脚踩住鹅颈肩交界处及翅根部，然后进行拔毛。此法保定牢靠，但鹅体容易受伤。

（4）专人保定　1人专门保定，1人进行拔毛。此法操作简便，鹅体不容易受伤，但需要的人力较多，不适合规模化生产。

3. 拔毛方法

拔毛一般有两种方法：一种是毛片和绒朵一起拔，混在一起出售，这种方法虽然简单易行，但出售羽绒时，不能正确测定含绒量，会降低售价，影响到经济效益；另一种是先拔位于体表的毛片，放入专用容器，然后紧贴皮肤拔取绒朵，使其与毛片分开存放。毛片价低，绒朵价高，而且相差很大，分开出售能增加经济收入。鹅的活体拔毛方法见图10-6。

在正式拔毛前要先拔去黑头或灰头等有色毛绒，予以剔除，以免混合后影响售价。

拔毛的基本要领：腹朝上，拔胸腹，指捏根，用力均，可顺逆，忌垂直，要耐心，少而快，按顺序，拔干净。具体拔法是：先从颈的下部开始，顺序是胸部、腹

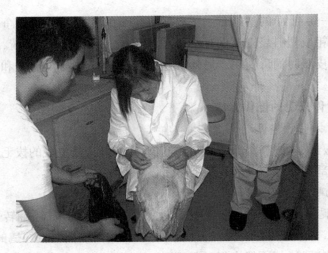

图 10-6　鹅的活体拔毛

部,由左到右,用拇指、食指和中指捏住羽绒,一排挨一排,一小撮一小撮地往下拔。切不要无序地东拔一撮,西拔一撮。拔毛时手指紧贴皮肤毛根,每次拔毛不能贪多(一般 2~4 根),特别是第一次拔毛的鹅,毛囊紧缩,一撮毛拔多了,容易拔破皮肤。胸腹部拔完后,再拔体侧、腿侧、肩和背部。除头部、双翅和尾部以外的其他部位都可以拔取。因为鹅、鸭身上的毛在绝大多数的部位是倾斜生长的,所以顺向拔毛可避免拔毛带肉、带皮,避免损伤毛囊组织,有利于毛的再生长。拔毛时,应随手将毛片、绒朵分开放在固定的容器里,绒朵一定要轻轻放入准备好的布袋中,以免折断和飘飞。放满后要及时扎口,装袋要保持绒朵的自然弹性,不要揉搓,以免影响质量和售价。

　　为了缩短拔毛时间,提高工作效率,可安排 3 人拔毛,1 人抓鹅、鸭交给拔毛者,也就是 4 个人为 1 组。初拔者,拔 1 只鹅、鸭的毛大约需要 15 分,熟练者 10 分左右即可完成。4 个人每天工作 8 小时,平均每人每天拔 50 只鹅、鸭左右。

　　4. 拔毛注意事项

　　(1)降低"飞丝"含量　在拔毛特别是在拔绒朵的过程中,要防止将毛拔断。因为拔断的绒丝成为"飞丝","飞丝"多了会降低羽绒的品质。出口规定,"飞丝"的含量超过 10%,要降低售价。

　　(2)防止皮肤感染　拔毛时若拔破皮肤,要立即用红药水或紫药水涂擦伤部,防止感染。

　　(3)防止攻击　刚拔毛的鹅、鸭,不能放入未拔毛的鹅、鸭群中,否则会引起"欺生"等攻击现象,造成伤害。

(4)拔毛时机　鹅羽毛完全成熟以后或是在自然换羽时进行拔毛。拔毛时若遇血管毛太多,应延缓拔毛,少量血管毛应避开不拔。

(5)减少肉质毛根　少数鹅、鸭在拔毛时发现毛根部带有肉质,应放慢拔毛速度;若是大部分带有肉质,表明鹅体营养不良,应暂停拔毛。

(七)拔毛后的饲养管理

活体拔毛对鹅、鸭来说是一种较大的外界刺激,一般刚拔毛后会出现精神委顿、愿站立不愿卧下、活动量减少、行走时步态不稳、胆小怕人、翅膀下垂、食欲减退等不良反应。个别鹅、鸭出现体温升高、脱肛等不良反应。上述反应在拔毛后的第二天即见好转,第三天基本恢复正常,通常不会引起发病和死亡。为了确保拔毛后的鹅群尽快恢复正常,应注意以下几点:

1. 饲养环境

拔毛后的鹅、鸭放在事先准备好的具有安静、背风保暖、光线较暗、地面清洁干燥、铺有干净柔软垫草条件的圈舍内饲养。

2. 营养供给

每天除供给充足的优质青绿饲料和饮水之外,还要给每只鹅、鸭补喂配合饲料150～180克,增加含硫氨基酸和微量元素的供应,促进鹅、鸭体恢复健康和羽毛的生长。

3. 下水洗浴

拔毛后鹅、鸭体表裸露,对外界环境的适应力减弱,3天内不要在烈日下放养,7天内不要让鹅、鸭下水洗浴或淋雨。7天后,鹅、鸭的毛孔已基本闭合,可以让其下水洗浴,多放牧,多吃青草。经验证明,拔毛后恢复放牧的鹅、鸭,若能每天下水洗浴,羽绒生长快,洁净有光泽,更有利于下次拔毛。

4. 公、母鹅、鸭分群

种鹅、鸭拔毛后,最好公、母分开饲养放牧,防止公鹅、鸭踩伤母鹅、鸭。

5. 脱肛处理

对脱肛的鹅、鸭,要单圈饲养,用0.2%高锰酸钾溶液清洗患处几次,即可恢复。对病、弱的鹅、鸭应隔离饲养,加强管理。

6. 拔毛周期

据安徽省六安市畜牧兽医站试验观察,拔毛后4天,鹅体上开始长出小绒毛,经过35天左右,新的羽绒即可长足。其生长过程是:拔毛后4天腹部露白,10天腹部长绒,20天背部长绒,25天腹部绒毛长齐,30天背部绒毛长齐,

35天全部毛绒复原。所以,一般规定40天为一个拔毛周期。第二次拔毛比第一次拔毛容易,鹅也比较适应,不像第一次那样惊恐和痛苦,第二次拔毛的含绒量比第一次提高5%左右,以后再进行拔毛,鹅已习以为常了。

(八)羽绒的分选

目的是将各种类型毛绒分开,分类利用,同时清除混入毛绒中的皮屑、皮膜等杂质。各类羽绒的大小、形状、重量不同,在同一风力的吹动下,落地的位置不同。利用这一特点,设计出了分选机,减轻了劳动强度。将烘干后的羽绒放入分选机中,调整风力,将绒毛和大、中、小毛片分开,分散到不同的集毛箱中,分类收集,见图10-7。

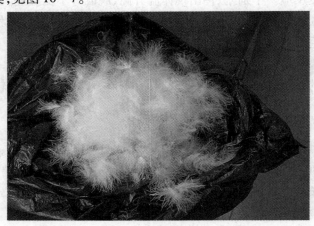

图10-7 羽绒单独收集

(九)活拔毛绒的包装和储藏

1. 毛绒的包装

鹅、鸭活体拔下的毛绒属高档商品,其中最可贵的是绒朵,它决定着羽绒的质量和价格。绒朵是羽绒中质地最轻的部分,遇到微风就会飘飞散失,所以要特别注意包装,操作时绝对禁止在有风处进行,且包装操作必须轻取轻放。包装袋以两层为好,内层用较厚的塑料袋,外层为塑料编织袋或布袋。先将拔下的羽绒放入内层袋内,装满后扎紧内袋口,然后放入外层袋内,再用细绳扎实外袋口。

2. 毛绒的储藏

拔下的羽绒如果暂时不出售,必须放在干燥、通风的室内储藏。由于羽绒的组成成分是蛋白质,不容易散失热量,保温性能好,且原毛未经消毒处理,若储藏不当,很容易发生结块、虫蛀、发霉。特别是白鹅绒受潮发热,会使毛色变黄。因此,在储藏羽绒期间必须严格防潮、防霉、防热、防虫蛀。储藏羽绒的库房,一定要选择地势高燥、通风良好的地方修建。储存期间,要定期检查毛样,如发现异常,要及时采取改进措施。受潮的要晾晒,受热的要通风,发霉的要烘干,虫蛀的要杀虫。库房地面一定要放置木垫,可以增加防潮效果。不同色泽的羽绒、毛片和绒朵,要分别标志,分区存放,以免混淆。当储藏到一定数量和一定时间后,应尽快出售或加工处理。

(十)羽绒的洗涤

部分鹅、鸭在全舍饲饲养,不进行洗浴时,身上的羽绒不可避免地会受到灰尘、油脂等污染。这样获得的羽绒要进行洗涤。羽绒的主要成分是蛋白质,受到酸、碱刺激容易发生变性、变色,所以一定要用中性洗涤剂漂洗。为了增强去污效果,水温要求在 50～55℃,而且要有专用的清洗机。最后甩干与烘干,清除洗涤后羽绒中的水分,使羽绒变得干燥、蓬松,恢复原来应有的状态,便于下一步分选。先将羽绒放入甩干机中甩掉大量水分,然后在烘干机中烘干。注意:每次放入的量不能太大,否则影响甩干和烘干的效果。

不经水洗的加工程序为将羽绒放入除尘机中,除去羽绒中的杂质和灰尘,然后进行分选。对比较干净的羽绒,可以采用这种初加工程序。

五、羽绒质量评定

(一)千朵重、绒羽枝长度及细度

千朵重、绒羽枝长度及细度是影响羽绒的弹性和蓬松度的主要指标。千朵重越重,绒羽枝越长、越粗,羽绒质量越高。

(二)蓬松度

蓬松度是反映羽绒在一定压力下保持最大体积的能力,是羽绒制品保持特定风格和具有保暖性的主要原因。蓬松度是综合评定羽绒质量的指标之一。蓬松度越大,质量越高。

(三)透明度和耗氧指数

透明度和耗氧指数是反映羽绒清洁度及所含还原物质多少的指标,因此与水禽品种无关。清洁度越高的羽绒,透明度越高,而耗氧指数越低。

(四)含脂率

含脂率是反映羽绒防水性能的重要指标,一般水禽羽毛的含脂率高于鸡形目禽类。鸭鹅羽绒的含水率越高,品质越好。

几种水禽羽绒的上述几项指标的平均值见表 10－8,供参考。

表 10－8　不同品种羽绒质量评定

品种	绒羽枝长（毫米）	细度（毫米）	千朵重（克）	含水率（%）	含脂率（%）	透明度（%）	耗氧指数	蓬松度（厘米³/克）
四川白鹅	18.19	11.35	1.311	16.6	1.10	41.26	23.89	450
朗川杂交鹅	22.35	11.87	1.812	14.0	0.53	49.76	19.37	500
天府肉鸭	16.75	12.08	1.060	15.9	0.86	20.56	59.98	400
建昌鸭	15.27	10.81	0.420	17.2	1.10	16.39	78.55	350

（五）含绒率

羽绒收购一般按含绒率来确定价格。含绒率的测定方法为：从同一批要出售羽绒中抽检有代表性的样品，称取重，然后分别挑出毛片和绒朵（纯绒），称出各自的重，计算含绒率。如羽绒合计重为 100 克，其中绒朵 36 克，毛片 60 克，杂质（皮屑、异质纤维等）4 克，计算出此批羽绒的含绒率为 36%，毛片含量为 60%。

（六）羽绒计价

羽绒计价是按照纯绒、毛片的含量和单价分别计算。如混合的羽绒重 1 000 克，含绒率 36%，毛片含量 60%，杂质含量 4%。纯绒价格为 250 元/千克，毛片价格为 30 元/千克。

纯绒值 = 绒重（含绒率 × 总重）× 绒单价 = 36% × 1 千克 × 250 元/千克 = 90 元

毛片值 = 毛片重（毛片含量% × 总重）毛片单价 = 60% × 1 千克 × 30 元/千克 = 18 元

总值 = 纯绒值 + 毛片值 = 90 元 + 18 元 = 108 元

六、鹅裘皮生产

将 1 年以上的成年鹅体表正羽拔取，仅留下绒羽。剥取后进行硝制，可以制作衣服和饰品。